J. C. POGGENDORFF

BIOGRAPHISCH-LITERARISCHES HANDWÖRTERBUCH DER EXAKTEN NATURWISSENSCHAFTEN

Herausgegeben von der

Sächsischen Akademie der Wissenschaften zu Leipzig

Band VII b • Teil 7

5. Lieferung

Leitung der Redaktion

DR. LEBRECHT WEICHSEL

AKADEMIE-VERLAG · BERLIN

1984

Dieser Lieferung liegt das Titelblatt von Teil 7 : R-SM bei.

Redaktionsschluß: 31. 3. 82
Erschienen im Akademie-Verlag, DDR-1086 Berlin, Leipziger Straße 3—4

Lizenznummer: 202 · 100/403/84
Printed in the German Democratic Republic
Gesamtherstellung: VEB Druckerei „Thomas Müntzer", 5820 Bad Langensalza
LSV 1007
Bestellnummer: 763 301 6 (3050/VII/5)
02400

J. C. POGGENDORF

Biographisch-literarisches Handwörterbuch
der exakten Naturwissenschaften

J. C. POGGENDORF

BIOGRAPHISCH-LITERARISCHES HANDWÖRTERBUCH DER EXAKTEN NATURWISSENSCHAFTEN

Herausgegeben von der
Sächsischen Akademie der Wissenschaften zu Leipzig

Band VIIb · Teil 7: R–Sm

Berichtsjahre 1932 bis 1962

Leitung der Redaktion

DR. LEBRECHT WEICHSEL

AKADEMIE-VERLAG · BERLIN
1985

Erschienen im Akademie-Verlag, DDR-1086 Berlin, Leipziger Straße 3—4

Lizenznummer: 202 · 100/407/85
Printed in the German Democratic Republic
Gesamtherstellung: VEB Druckerei „Thomas Müntzer", 5820 Bad Langensalza
LSV 1007
Bestellnummer: 763 330 7 (3050/VII/E)

W. Modern theory of functions [japan.] (Tokyo '36) 298 S. — Tôkeiki sûchi keisan hô (Tokyo '51) 2 + 3 + 150 S. — Hisenkei shindô ron [Theory of non-linear oscillations] (Tokyo '65) 292 S.

Collected Papers Fac. Sci., Osaka imp. Univ., Ser. A On the linear functions of automorphism for meromorphic functions: **1** ('33) Nr. 4, 6 S. — A condition for a function of a complex variable to be regular: **10** ('42) Nr. 13, 2 S. [ ].

Mathematica japon. Analytic operations and analytic operational equations, 1: **1** ('48) 36–40. — Solutions of non-linear equations by punched-card methods [3]): 92–97. — On the existence of limit cycles for some non-linear differential equations: 125–34. — On differential equations for non-linear oscillations, 1: **2** ('51) 86–96. — Non-linear differential equations with discontinuous terms, 1: **6** ('62) 113–24; ~ 2: **10** ('65) 49–62. — Computer-programming for problem-solving of verbal problems in arithmetic and algebra [6]): **8** ('63) 47–57.

Proc. imp. Acad., Tokyo On some property of regular functions in $|z| < 1$: **18** ('42) 140–43.

Proc. Japan nation. Congress appl. Mech. Subharmonics for non-linear differential equations: **3**. 1953 ('54) 421–23. — Resonant oscillations for some non-linear differential equations: **4**. 1954 ('55) 443–46. — Forced vibrations with Coulomb damping: **6**. 1956 ('57) 503–06.

Proc. physico-math. Soc. Japan On the iteration of algebraic functions, 1: (3) **13** ('31) 255–66; ~ 2: 292–96. — On the function-group for a meromorphic function, 1: 297–301; ~ 2: **14** ('32) 36–40. — Miscellaneous remarks on power series: 112–24. — On the existence of meromorphic functions which are automorphic with respect to some function-groups: **15** ('33) 433–48. — On meromorphic functions, 1 [7])[2]): **17** ('35) 1–10.

Sûgaku Non-linear oscillations connected with differential equations of the Duffing type: **13** ('62) 203–14 [japan.]. — Experiments in solving arithmetic problems given by sentences by electronic computers [6])[4]): **15** ('63) 55–62 [~].

Tôhoku math. J. On the linear functions of automorphism for meromorphic functions: **38** ('33) 219–24.

TRU Math. [Tokyo] Contribution to the theory of numerical integration of non-linear differential equations, 1: **2** ('66) 55–70; ~ 2: **4** ('68) 80–93; ~ 3: **5** ('69) 51–66; ~ 4: **6** ('70) 47–58; ~ 5: **7** ('71) 45–57; ~ 6: **10** ('74) 83–96; ~ 7: **12** ('76) 41–49; ~ 8: **13** ('77) 65–75. — Accumulation of round-off errors in some linear multi-step methods for ordinary differential equations: **3** ('67) 41–47. — Errors in numerical integration of ordinary differential equations: **8** ('72) 27–32. — Numerical integration of differential equations on $0 \leqq x < \infty$: **9** ('73) 63–67. — Rounding errors in floating point addition [5]): **11** ('75) 41–50.

Mit: [1]) —; [2]) S. Kakutani; [3]) Y. Katayama; [4]) H. Morimoto; [5]) T. Oohashi; [6]) M. Sugibayashi; [7]) K. Yosida.

VI **SHINJO,** Shinzô. Geophysik, Astron. — Until 1895 Stud., Tokyo Imperial Univ.; then Lecturer, Military College of Artillery and Engng., Tokyo; 1900–05 Assist. Prof., '08–33 Prof., '10 Founder of the Astron. Observat., '18 Inaugurator of the Cosmophysical Inst., '29–33 Pres., Kyoto Imperial Univ.; '05–07 Research Stud., Univ. Göttingen; '34–38 Dir., Natural Sci. Research Inst., Shanghai. (⊠)

* 1873, Aug. 20, Aizu-Wakamatsu, Fukushima Prefecture;

† 1938, Aug. 1, Nanking.

Nekr. *I. Yamamoto, Astronomische Nachr. **267** ('38/39) 367f. [engl.]. — Rep. Nation. Res. Council Japan **2** ('39) 667–74 (m. Bildn.).

Einige Publikationen zur Geschichte der chinesischen Astronomie [japan.].

VI **SHINODA,** Junzo. Pharmakol. — Until 1914 Stud., Tokyo Imperial Univ.; Ph.D. (Pharm.); '23–25 Research Stud. in USA, England and Germany; '25– Prof., Tokushima Higher Technical School, Tokushima, Shikoku; '34–35 Chief Engr., '35–38 Dir., '38–47 Managing Dir., '47–63 Pres., Daiichi Seiyaku Pharmaceut. Co., Tokyo; '47–71 Pres., Daiichi Pure Chemicals Co., Tokyo; '50–56 Chairman, Tokyo Pharm. Manufacturers' Assoc.; '50–66 Dir., Japan Chem. Industry Assoc.; '52–53 Pres., Japan Pharm. Soc.; '52–66 Dir., Federat. of Econ. Organizations of Japan; '54 Chairman, Federat. of Pharm. Manufacturers Associations of Japan; '54–66 Dir., Federat. of Japan Employers' Assoc. — '32 Gakujutsu Shorei-Sho Award (Japan Pharm. Soc.); '60 Medal of Honor with Blue Ribbon, '64 3rd Class Order of the Sacred Treasure (Japanese Governm.).

* 1889, Febr. 21, Aichi Prefecture;

† 1975, Juni 9, Kamakura, Kanagawa.

Ber. dtsch. chem. Ges. Über einen Bestandteil der Polygara tenuifolia [4])[3]): **65** ('32) 1219–23. — Über das Flavanon-Glucosid in Glycyrrhiza glabra

L. var. glandulifera, Regel et Herder [5]): **67** ('34) 434–40.

J. pharm. Soc. Japan Über Päonolderivate und einen Fall von Bromverschiebung [3])[2]): **52** ('32) 766–77 [japan.]; 91–94 [deutsch]. — Über Kristallwasser des Iridins [3]): 821 f. [japan.; deutsche Zusammenfassg. S. 139]. — Untersuchung über die Farbstoffe der Fukugirinde: Über Fukugetin: 1009–24 [japan.; deutsche Zusammenfassg. S. 167f.]; ~: ≈ [5]): **53** ('33) 921–31 [japan.]; 167–70 [deutsch]. — On coumarin glucoside and a synthesis of melilotoside [1]): **54** ('34) 617–20 [japan.; engl. Zusammenfassg. S. 107f.].

Kôgyô Kagaku Zasshi Jetziger Stand der pharmazeutischen Industrie in Japan: **60** ('57) 1087–92 [japan.].

Mit: [1]) M. Imaida; [2]) M. Kawagoye; [3]) D. Sato; [4]) S. Sato; [5]) S. Ueeda.

VI **SHIPLEY,** John Wesley. Chem. — 1904–08 Stud., Wesley College, Univ. of Manitoba, Winnipeg, Manitoba; '08–10 High School Teacher, Okotoks and Calgary, Alberta; '10–11 Stud., '13 Ph.D., Harvard Univ., Cambridge, Mass.; '14–16 Assist. Prof., Ohio State Univ., Columbus, O.; '16–19 Assist. Prof., Manitoba Agricultural College, Winnipeg; '19–30 Assoc. Prof., Univ. of Manitoba, Winnipeg; '30–42 Prof. and Head of the Departm. of Chem., Univ. of Alberta, Edmonton, Alberta.

* 1878, Febr. 14, Stonewall, Manitoba, Can.;

† 1943, Juli 1, Edmonton, Alberta, Can.

Nekr. Canadian Chem. and Process Industries **27** ('43) 488 (m. Bildn.). — Proc. roy. Soc. Canada **1944**, 125–28 (m. Bildn.).

Canadian J. Res. The sulfur content of crude naphtha from Turner Valley in relation to refining practice: **8** ('32) 119–28. — The evolution of carbon dioxide in the alternating current electrolysis of sodium carbonate and bicarbonate solutions, and the discharge potentials of carbonate and bicarbonate ions: **11** ('34) 539–46.

Canadian J. Res., Sect. B The electrolytic preparation of anthranilic acid [1]): **13** ('35) 123–32. — The electrode potential of iron in relation to hydrogen-ion concentration [4]): **14** ('36) 31–40. — The corrosion of iron electrodes by a.c. in aqueous electrolytes [2]): **17** ('39) 99–104. — The electrolysis of some organic compounds with alternating current [3]): 147–58. — The production of ethane, quinhydrone, and potassium cupric cyanide by a.-c. electrolysis [3]): 167–77.

Mit: [1]) J. M. Calhoun; [2]) G. R. Finlay; [3]) M. T. Rogers; [4]) J. H. Shipley.

VI **SHÔDA,** Kenjirô. Math. (Algebra). — 1933– Prof., '49–53 Dean of Fac. of Sci., '54–60 Pres., '62–65 Dean of Fac. of Engng. Sci., Osaka (Imperial) Univ. — '49 Japan Acad. Prize (Japan Acad.); '69 Japan Culture Medal (Japan. Governm.).

* 1902, Febr. 25, Tatebayasi, Gunma Prefecture;

† 1977, März 20, Ashikaga, Tochigi Prefecture.

Nekr. *H. Nagao, Osaka J. Math. **15** ('78) 1–5 (m. Schr.verz.).

Collected Papers Fac. Sci., Osaka imp. Univ., Ser. A Über die Darstellung einer endlichen Gruppe durch halblineare Transformationen [3]): **4** ('36) Nr. 2, 14 S.

Osaka math. J. Allgemeine Algebra: **1** ('49) 182–225. — Zur Theorie der algebraischen Erweiterungen: **4** ('52) 133–43. — Berichtigungen zu den Arbeiten über die Erweiterungen algebraischer Systeme: **9** ('57) 239f.

Compositio math. Zur Theorie der Darstellungen einer endlichen Gruppe durch Kollineationen [1]): **2** ('35) 230–40.

Japanese J. Math. Bemerkungen über die Faktorensysteme einfacher hyperkomplexer Systeme: **10** ('33/34) 57–70. — Über die endlichen Gruppen der Algebrenklassen mit einem Zerfällungskörper: **11** ('34/35) 21–30. — Hyperkomplexe Bedeutung der invarianten Idealklassen relativ-galoisscher Zahlkörper: **12** ('35/36) 59–64. — Über die Darstellung einer endlichen Gruppe durch halblineare Transformationen [3]): 109–22. — Einige Sätze über Matrizen: **13** ('36/37) 361–65. — Über die Maximalordnungen einer normalen einfachen Algebra mit einem unverzweigten galoisschen Zerfällungskörper: 367–73. — Über die Invarianten endlicher Gruppen linearer Substitutionen im Körper der Charakteristik p: **17** ('40) 109–15.

Mathematische Ann. Über die Galoissche Theorie der halbeinfachen hyperkomplexen Systeme: **107** ('32/33) 252–58.

Proc. imp. Acad., Tokyo Ein Kriterium für normale einfache hyperkomplexe Systeme: **10** ('34) 195–97. — Diskriminantensatz für normale einfache hyperkomplexe Systeme: 315–17. — Diskriminantenformel für normale einfache hyperkomplexe Systeme: 318–21. — Über das Produkt zweier Algebrenklassen mit zueinander primen Diskriminanten [2]): 443–46. — Über die Äquivalenz der Darstellungen endlicher Gruppen durch halblineare Transformationen: **14** ('38) 278–80. — Über die Invarianten der

Bitte Anmerkung auf Seite 4201 beachten!

endlichen Gruppen halblinearer Transformationen: 281–85. — Über die allgemeinen algebraischen Systeme, 1: **17** ('41) 323–27; ~ 2: **18** ('42) 179–84; ~ 3: 227–32; ~ 4: 276–79; ~ 5: **19** ('43) 114–18; ~ 6: 259–63; ~ 7: 515–17; ~ 8: **20** ('44) 584–88. — Bemerkungen über Ringelemente: **17** ('41) 328f. — Bemerkungen über die induzierten Charaktere endlicher Gruppen: **18** ('42) 336–38. — Über die Schreiersche Erweiterungstheorie: **19** ('43) 518f.

Proc. Japan Acad. Ein Satz über die Abelschen Gruppen mit Operatoren: **28** ('52) 241f. — Über die nicht algebraischen Erweiterungen algebraischer Systeme: **30** ('54) 70–73. — Bemerkungen über die Existenz der algebraisch abgeschlossenen Erweiterung: **31** ('55) 128–30.

Proc. physico-math. Soc. Japan Über die monomialen Darstellungen einer endlichen Gruppe: (3) **15** ('33) Nr. 7, 249–57.

J. math. Soc. Japan Über den Kommutator der Matrizen: **3** ('51) 78–81.

Ferner Lehrbücher in japan. Sprache: [Abstract algebra] (Tokyo '32). — [Theory of associative algebras] (Tokyo '36). — [Elements of algebra] (Tokyo '44). — [Theory of general algebra] (Tokyo '47). — [Elements of number theory] (Tokyo '48). — [Algebra I] (Tokyo '52).

Mit: [1]) K. Asano; [2]) T. Nakamura; [3]) T. Nakayama.

VI **SHOHAT,** James Alexander. Math. — 1923–24 Assist., Univ. of Chicago, Ill.; '24–29 Assist. Prof., Univ. of Michigan, Ann Arbor, Mich.; '29–30 Research Scientist, Inst. Henri Poincaré, Paris; '30–31 Lecturer, '31–36 Assist. Prof., '36–42 Assoc. Prof., '42–44 Prof., Univ. of Pennsylvania, Philadelphia, Pa.

* 1886, Nov. 18, Rogozno, Brest-Litowsk, Rußl.;

† 1944, Okt. 8, Philadelphia, Pa.

Nekr. *J. R. Kline, Science [USA] **100** ('44) 397f.

W. Théorie générale des polynômes orthogonaux de Tchebycheff (Paris '34) 2 + 68 S. (Memorial des sciences mathématiques 66). — A bibliography on orthogonal polynomials (m. E. Hille, J. L. Walsh) (Washington, D.C. '40) 9 + 204 S. (Bulletin of the National Research Council 103). — The problem of moments (m. J. D. Tamarkin) (New York '43) 14 + 140 S. (Mathematical surveys, 1), ('50) 14 + 144 S., (Providence, R. I. '63) 144 S. — Notes on Tchebycheff polynomials (I. M. Sheffer) (University Park, Pa. '60[?]) 67 S. [Vorlesungsskript, Pennsylvania State University].

American J. Math. On Stieltjes continued fractions: **54** ('32) 79–84. — On the continued fractions associated with, and corresponding to, the integral $\int_a^b \frac{p(y)}{x-y}\,dy$: **55** ('33) 218–30. — The relation of the classical orthogonal polynomials to the polynomials of Appell: **58** ('36) 453–64.

American math. Monthly On a certain transformation of infinite series: **40** ('33) 226–29. — Definite integrals and Riemann sums: **46** ('39) 538–45.

Annali Mat. pura ed appl. Application of orthogonal Tchebycheff polynomials to Lagrangean interpolation and to the general theory of polynomials: (4) **18** ('39) 201–38.

Annals Math. On interpolation: **34** ('33) 130–46. — On the convergence properties of Lagrange interpolation based on the zeros of orthogonal Tchebycheff polynomials: **38** ('37) 758–69.

Bull. amer. math. Soc. On the development of functions in series of orthogonal polynomials: **41** ('35) 49–82. — Note on closure for orthogonal polynomials: **48** ('42) 488–90.

C. R. hebd. Séances Acad. Sci., Paris Sur les polynômes orthogonaux généralisés: **207** ('38) 556–58.

Duke math. J. A differential equation for orthogonal polynomials: **5** ('39) 401–17. — Laguerre polynomials and the Laplace transform: **6** ('40) 615–26. — Best polynomial approximation of functions possessing derivatives: **8** ('41) 376–85.

Econometrica [USA] On interpolation: **1** ('33) 148–58.

J. appl. Physics [USA] A new analytical method for solving van der Pol's and certain related types of non-linear differential equations, homogeneous and non-homogeneous: **14** ('43) 40–48. — On van der Pol's and non-linear differential equations: **15** ('44) 568–74.

J. Math. and Physics On some applications of the Tchebycheff inequality for definite integrals [2]): **21** ('42) 211–17.

Matematičeskij Sborn. On the classical orthogonal polynomials: (N.S.) **4** ('38) 357–69.

Mathematica [Cluj] Sur certains développements en séries des polynômes orthogonaux de Tchebycheff [1]): **7** ('33) 38–50.

Mathematics Mag. Orthogonal polynomials and polynomials in general: **21** ('47) 3–21.

Proc. nation. Acad. Sci. USA On the numerators of the continued fraction $\frac{\lambda_1 |}{|x - c_1} - \frac{\lambda_2 |}{|x - c_2} - \dots$ [3]): **18** ('32) 283–87.

Rend. Circolo mat. Palermo On mechanical quadratures [4]): **58** ('34) 153–65.

Tôhoku math. J. A simple proof of a formula of Tchebycheff: **36** ('33) 230–35.

Trans. amer. math. Soc. On mechanical quadratures, in particular with positive coefficients: **42** ('37) 461–91.

Mit: [1]) H. Bushey; [2]) A. V. Bushkovitch; [3]) J. Sherman; [4]) C. Winston.

VI **SHOOK,** Glenn Alfred. Physik. — 1918–48 Prof., '27–48 Dir. of the Observat., '48 Prof. Emer., Wheaton College, Norton, Mass.

* 1882, Juli 16, Osgood, Ind.;

† 1954, Aug. 26, Eliot, Me.

Bildn. Wheaton Alumnae Quarterly **1948**, Juli-Nr., S. 10.

Todesanzeige Science [USA] **120** ('54) 451.

W. Sound and musical instruments (Norton, Mass. '44) 3 + 292 S. — Mysticism, science and revelation (Wheatley, Oxford '53) 10 + 145 S.; Neuauflagen: (London '64), (Wilmette, Ill. '67) 10 + 145 S.

Popular Astron. The Angstrom pyrheliometer in the laboratory: **41** ('33) 254–59.

Review sci. Instruments The Weston photronic cell in optical measurements [1]): (N.S.) **3** ('32) 553–55.

School Sci. and Math. Some applications of the photronic cell [1]): **1932**, 845–51.

Ferner als Privatdruck u. d. T.: "Youth and the modern world" (31 S.) 5 Artikel: "The decline of mechanism", "Mysticism and its implications", "Meditation and the modern mind", "Elements of a world commonwealth", "A divine administrative order".

Mit: [1]) B. J. Scrivener.

VI **SHOPPEE,** Charles William. Chem. (org.). — 1921–24 Stud., '26 Ph.D., '31 D.Sc., '45–48 Reader at Roy. Cancer Hospital, Univ. of London; '26–28 Senior Stud., '29–39 Assist. Lecturer → Lecturer, Univ. of Leeds; '39–45 Rockefeller Research Fellow at Pharm. Inst., '41 Dr. phil., Univ. Basel; '48–56 Prof., Univ. College of Swansea, Univ. of Wales; '56–69 Prof., Univ. of Sydney; Visiting Prof.: '63 Duke Univ., Durham, N.C., '66 Univ. of Georgia, Athens, Ga., '68 Univ. of Mississippi, University, Lafayette Co., Miss.; '70–75 Welch Prof., Texas Tech Univ., Lubbock, Tex.; '76–79 Hon. Professorial Fellow, Macquarie Univ., North Ryde, N.S.W. (near Sydney); '80– Hon. Visiting Prof., La Trobe Univ., Bundoora, Victoria (near Melbourne).

* 1904, Febr. 24, London.

Bitte Anmerkung auf Seite 4201 beachten!

Zur Biogr. Nature [London] **161** ('48) 1004; **178** ('56) 777.

H. Excited states of matter (Lubbock, Tex. '73).

MH. Current trends in heterocyclic chemistry. Proc. of a symposium, Canberra 1957 (London–NewYork '58).

S. Proc. 11th International Congress of pure and applied chemistry, London 1947, **2** (London '50) 307–09: A direct proof of the stereochemical orientation of the hydroxyl group in cholesterol. — Symposium sur la biochimie des stéroïdes (Paris '52) (2e Congrès international de biochimie, Paris 1952, Rapports des symposiums, 7) 5–12: Structure and shape of steroid molecules in relation to biological activity. — Chemistry of carbon compounds (E. H. Rodd) **IIB** (Amsterdam–Houston, Tex.–London–NewYork '53) 765–1049: Steroids [120]). — Symposium on phytochemistry, Hongkong 1961. Proc. of a meeting as part of the Golden Jubilee Congress of the University of Hong Kong (H. R. Arthur) (Hongkong '64) XIII–: Chairman's Opening address; 86–: The digitanol glycosides and aglycones; 92–: Azasteroids.

W. Beiträge zur Kenntnis der Konstitution und Konfiguration der aus Nebennieren isolierten Sterinderivate (Basel '41) 4 + 69 S. [Dissertation]. — The carbon atom (Swansea, Wales '49) 32 S. (Inaugural lecture, delivered at the University College of Swansea). — Some aspects of steroid stereochemistry (NotreDame, Ind.–NewYork '53) 30 S. (The Peter C. Reilly Lectures in chemistry, 6). — Chemistry of the steroids (London–NewYork '58) 7 + 314 S.; [2](London–Washington, D.C. '64) 8 + 483 S.

Annual Rep. Progr. Chem. Steroids and related compounds: **43**. 1946 ('47) 200–31. — Steroids and related compounds: Steroids: **44**. 1947 ('48) 170–90; ~: Marrianolic, doisynolic and allenolic acids and related compounds: 190–216.

Annual Rev. Biochem. Chemistry of the steroids: **11** ('42) 103–50. — The chemistry of cortisone: **22** ('53) 261–98.

Australian J. Chem. The chemical constituents of the leaves of Digitalis lanata [54])[70]): **16** ('63) 896–99. — Some metabolites of Nectria radicicola Gerlach et Nilsson (syn. Cylindrocarpon radicicola Wr.):

The structure of radicicol (monorden) [65][87][102][106]: **19** ('66) 1265–84.

Biochemical J. [Potential carcinogens, 2:] Investigations of D-homosteroids as potential carcinogens [35]: **54** ('53) 630–32.

Biographical Mem. Fellows roy. Soc. Christopher Kelk Ingold, 1893–1970: **18** ('72) 349–411.

Bull. Soc. chim. France The i-steroid rearrangement: 120C–124C.

Chemical Commun., Chem. Soc., London Line widths of nuclear magnetic resonance signals due to tertiary methyl groups [47][54][102]: **1965**, 347. — Electrocyclization of the 1,5-diphenylpenta-1,4-dienyl anion [37]: **1974**, 561f. — Orientation of photodimerization by metal ions: The crystal structure of bis(dibenzylideneacetone) uranyl dichloride [3][38][50]: **1975**, 785f.

Chemistry and Industry Anionotropic and prototropic changes in 4-hydroxycyclopentenones [12]: **10** ('32) 981. — The configuration of deoxycholic acid: **1947**, 109–12. — Testosterone: Proof of configuration at C_{17} [55][28]: **1950**, 454. — "α"- and "β"-Dihydroequilenin: Configuration at C_{17}: 810. — Steroid nomenclature [13][14][18][27][31][32][52][61][64][66][75][78][83][86][90][93][94][100][111]: **1951**, SN (23. Juni) 1–10. — The boat conformation of cyclohexane: **1952**, 86f. — Urane derivatives as D-homosteroids [52]: 470f. — Catalytic hydrogenation of 3α-hydroxy-Δ^5-steroids and derivatives [56]: **1953**, 897. — Ergosta-7,22-diene-3β,5α,6β-triol (Cerevisterol) [7]: 947. — The conformation of cyclohexene [5][20][52]: **1954**, 21f. — The configuration of Marker's cholesteryl-3-carboxylic acid [101]: 278f. — The reduction of a toluene-p-sulphonate with sodium borohydride [101]: 311. — Saturated electrophilic rearrangements: 759f. — Catalytic hydrogenation of epicholesteryl chloride [56]: 933. — Reduction of steroid ketoximes [29][104]: 1535f. — Application of the Favorskij reaction to steroid 3-ketones [29][74][115]: **1955**, 355f. — Configuration at C-22 of 20-isosapogenins: **1956**, 476f. — Sapogenin configuration: 931. — 5α-Cholestan-6α-yl halides [40]: **1958**, 414f.

Discuss. Faraday Soc. Chromatography of steroids and other colourless substances by the method of fractional elution [83]: **7** ('49) 305–11.

Experientia The Serini reaction: **4** ('48) 418–20 [m. deutscher Zusammenfassg.].

Helvetica chim. Acta Über Bestandteile der Nebennierenrinde und verwandte Stoffe, 38: Umwandlung von Substanz A in Substanz N [83]: **23** ('40) 729–39; ~ 39: Chemischer Beweis für die Anwesenheit des Sauerstoffatoms in 3-Stellung: 740–46; ~ 40: 17-Iso-desoxy-corticosteron: 925–34; ~ 44: 11-Dehydroprogesteron [83]: **24** ('41) 351–60; ~ 57: [≙ Die Umlagerung von 17-Oxy-20-keto-steroiden, 1:] 17-Oxy-20-ketosteroide und der Mechanismus ihrer Umlagerung zu Polyhydrochrysen-Derivaten [79]: **26** ('43) 185–200; ~ 58: [= ≈ 2]: Über Umlagerungen von 17-Oxy-20-ketosteroiden in Polyhydrochrysen-Derivate; Acetylierungen in Gegenwart von Borfluorid [79]: 201–23; ~ 63: 11-Epicorticosteron-acetat und zwei isomere Anhydrocorticosteron-acetate [83]: 1316–28. — Diginin, 1 [83]: **23** ('40) 975–91; ~ 2: Zur Konstitution der Diginose [83]: **25** ('42) 1611–23; ~ 3: Abbau des Diginigenins zu einem Kohlenwasserstoff Diginan $C_{21}H_{36}$: **27** ('44) 246–60; Diginin und Diginigenin, 4: 426–35. — Die Umlagerung von 17-Oxy-20-keto-steroiden, 3 [79]: **26** ('43) 1004–16; ~ 4: Die Umsetzung von 3 (β), 17 (α)-Diacetoxy-allo-pregnanon-(20) mit Methylmagnesiumbromid [79]: 2089–95; ~ 5: 17a-Methyl-D-homo-ätiocholan und einige Derivate: **27** ('44) 8–23. — Androsten-(9)-dion-(3,17). Bemerkungen zu H. Reich und A. Lardon, Androsten-(9)-ol-(3β)-on-(17): **30** ('47) 766–68. — Vorschläge zur Nomenklatur der Steroide [13][14][18][27][31][32][52][61][64][66][75][78][83][86][90][93][94][100][111]: **34** ('51) 1680–93.

Heterocycles [Sendai] Electrocyclic reactions of some penta-1,4-diene systems: **5** ('76) Spec. Issue, 605–30.

J. amer. chem. Soc. Allylic rearrangements, 42: The preparation and some reactions of 3β-chlorocholest-4-ene and 3α-chlorocholest-4-ene [117][44][116][1][104]: **81** ('59) 1452–54.

J. chem. Soc., London Symmetrical triad prototropic systems, 8: The analogy between symmetrical triad systems and aromatic side-chain reactivity and the effect of m-substitution on mobility and equilibrium in the α,γ-diphenylmethyleneazomethine system: **1932**, 696–711; ~ 9: The influence of polynuclear aryl groups upon mobility and equilibrium in the α,γ-diarylmethyleneazomethine system: **1933**, 37–45. — Anionotropic and prototropic changes in cyclic systems, 1: Hydroxycylopentenones [12][114]: 720–31; ~ 2: The hydroxy-3,4-diphenyl-5-benzylidenecyclopentenones [12]: **1934**, 197–201; ~ 3: The isomeric chloro-3,4-diphenylcyclopentenones [12]: 201–05; ~ 4: Hydroxy-3,4-diphenyl-5-isopropylidenecyclopentenones [12]: 205–07; ~ 5: The system derived from 1-hydroxyindene [12]: **1935**, 1156–61; ~ 6: cis- and trans-3,4-Diphenylcyclopentanones; the structure of the ketone obtained by reduction of 2-hydroxy-3,4-diphenyl-Δ^2-cyclopentenone with hydriodic acid [12]: **1939**, 567–73; ~ 7: Structure of the chlorodiphenylcyclopentenone obtained by the action of hydrogen chloride on anhydroacetonebenzil [12]: 1408–15. — The effect of nuclear halogen substituents on triad prototropic systems in relation to aromatic side-chain reactions: **1933**, 1117–20. — The mechanism of aromatic side-chain reactions with special reference to the polar effects of substituents, 6: The effects of p-alkyl substituents on prototropy in the methyleneazomethine system [4]) [67]): **1935**, 1847–49. — On the possibility of ring-chain mesomerism, 2: Properties of $\Delta^{\alpha E}$-hexadiene-ααγγδδζζ-octacarboxylic esters [43]) [73]): **1936**, 142–53. — 1,2,3-Triketotetramethylcyclopentane: a blue triketone: 269–74. — s-Di-p-anisylpinacol: 506f. — αβ-Diphenylpropaldehyde [12]): **1937**, 546–49. — Reconversion of D-homoandrostane compounds into derivatives of androstane [79]): **1946**, 494–99. — The structure of adrenocortical metabolites: $\Delta^{9,11}$-Androstene-3,17-dione: 1134–37. — Steroids and the Walden inversion, 1: Derivatives of androstane and cholestane: 1138–47; ~ 2: Derivatives of cholest-5-ene and androst-5-ene: 1147–51; ~ 3: (a) Derivatives of 6-ketocholestane, (b) A direct proof of the stereochemical orientation of the hydroxyl group in cholesterol: **1948**, 1032–43; ~ 4: Derivatives of 6-ketositostane and 6,17-diketoandrostane: 1043–45; ~ 5: The Serini reaction: **1949**, 1671–80; ~ 6: Reduction of 5-cholesten-3-one with lithium aluminium hydride [104]): **1950**, 687–89; ~ 7: The stereochemistry and the mechanism of the i-steroid rearrangement [104]): **1952**, 3361–74; ~ 8: The epimeric 6-hydroxy-2,3-secocholestane-2,3-dicarboxylic acids [104]): 3374–81; ~ 9: Epimerisation at C-17 [28]): **1953**, 241–45; ~ 10: The reconversion of D-homosteroids into steroids [22]) [34]): 1847–52; ~ 11: Acetolysis of the coprostanyl halides [10]): 1709–15; ~ 12: The epimeric 3-cholesterylacetic and 3-cholestanylacetic acids [101]): **1954**, 2230–42; ~ 13: The epimeric cholest-5-ene-3-carboxylic acids and the epimeric cholestane-3-carboxylic acids [88]) [101]): 2705–15; ~ 14: 5-Hydroxycholestane-3β-carboxylic acid and related compounds [88]) [101]): 3178–83; ~ 15: The mechanism and stereochemical course of some Grignard carboxylations and oxygenations [88]): 3418–22; ~ 16: The epimeric cholestan-7-ols [22]): 3515–18; ~ 17: The configuration of ψ-cholesterol and the attempted preparation of 4β-methoxy-5,7-cyclocholestane [22]) [82]): 3790–94; ~ 18: The preparation and configuration of the epimeric 7-chlorocholestanes [22]): 3794–97; ~ 19: The configurations of the bromination products of 6-oxocholestan-3β-yl acetate [45]): 4224–27; ~ 20: A kinetic study of the acetolysis of cholesteryl bromide [25]) [63]): **1955**, 679–86; ~ 21: A kinetic study of the acetolysis of epicholesteryl bromide and toluene-p-sulphonate [112]): 686–90; ~ 22: The configuration of cholesterylamine [77]) [104]): 690–93; ~ 23: The production of 3α-substituted Δ^5-steroids in replacement reactions of 3β-substituted Δ^5-steroids [77]) [85]) [101]) [104]): 694–703; ~ 24: The methylation of 3-hydroxy-steroids [56]): 1375–78; ~ 25: A kinetic study of the methanolysis of cholesteryl toluene-p-sulphonate in the presence of methoxide ions [110]): 1891–96; ~ 26: 4β-Methoxycholest-5-ene, 6β-methoxycholest-4-ene, and related compounds [49]) [56]) [104]): 2876–87; ~ 27: 3α-Cholesterylamine and coprostan-3α-ylamine [85]) [98]) [104]): **1956**, 1054–59; ~ 28: The structure of the lactonic acid derived from 6α-hydroxy-2,3-secocholestane-2,3-dioic acid [45]): 1059–64; ~ 29: The configurations of the bromination products of 7-oxocholestan-3β-yl acetate [45]): 1064–67; ~ 30: The epimeric coprostan-3-ylamines and cholest-4-en-3-ylamines [29]) [85]) [104]): 1649–55; ~ 31: The solvolysis of cholest-4-en-7β-yl (ψ-cholesteryl) toluene-p-sulphonate [104]) [113]): 1893f.; ~ 32: The 3,5-cyclo-steroid rearrangement [112]): 2488–91; ~ 33: The configuration of the coprostanyl halides [10]) [49]) [104]): 2492–99; ~ 34: Solvolysis of cholesteryl toluene-p-sulphonate with thiophenoxide ions [85]) [104]): 4817–21; ~ 36: The mechanism of deamination [29]) [104]): **1957**, 97–103; ~ 37: The epimeric cholestane-2,3-diols [49]) [104]): 3100–07; ~ 38: The deamination of epimeric cholestan-2-, -4-, and -7-ylamines [22]) [29]) [104]): 4364–69; ~ 39: The halogenation of 5α-cholestan-6-one and the pyrolysis of 5-chloro-5α-cholestan-6-one [46]) [104]): **1958**, 1657–63; ~ 40: The configurations of the bromination products of androstan-17-one [46]) [104]): 3048–58; ~ 41: The deamination of some A-nor-, B-nor-, and 17-amino-steroids [98]): **1959**, 345–56; ~ 42: 5α-Cholestan-4-one and some derivatives thereof [40]) [51]) [104]): 630–36; ~ 43: The bromination of 3,5-cyclosteroids [82]) [104]) [76]): 2786–95; ~ 44: The acetolysis of cholesteryl iodide [16]) [25]): **1960**, 4857–64; ~ 45: 6β-Chloro- and 6β-bromo-5α-cholestane [54]): 4864–73; ~ 46: 6α-Chloro- and 6α-bromo-5α-cholestane [40]) [54]): 4874–79; ~ 47: 5α-Cholestan-1-one, A-nor-5α-cholestan-1-one, and some derivatives thereof [91]) [118]): **1961**, 1583–90; ~ 48: The solvolysis of some 3-epimeric 4,4-dimethyl-steroid toluene-p-sulphonates [48]): 3261–71; ~ 49: Further observations on the bromination of 5α-cholestan-4-one [54]): 3271–77; ~ 50: Comparative studies of α-bromo- and αα′-dibromo-ketones derived from friedelin and from 5α-cholestan-6-one [48]): **1962**, 1246–54; ~ 51: The solvolysis of 4,4-dimethyl-cholest-5-en-3α-yl toluene-p-sulphonate [48]): 2684–91; ~ 52: The bromination of 5α-cholestan-2-one [6]): **1963**, 3366–71; ~ 53: Substitution reactions of the 3β-acetoxy-, 3α-acetoxy-, 3β-chloro, and 3α-chloro-5α-cholestan-6α-ols: some further examples of Walden retention [54]) [58]): **1964**, 4996–5002; ~ 54: The Grignard oxygenation of epicholesteryl bromide and partial synthesis of 3α-hydroxycholest-6-ene [39]) [71]): **1965**, 2349–54; ~ 55: 2α- and 2β-Chloro-5α-cholestane, and 3α-chloro-5-methyl-5β-cholestane [6]) [54]): 6450–58; ~ 56: The bromination of 5β-cholestan-3-one [26]) [54]): 6458–63. — Metabolism of polycyclic compounds: The configuration of the dihydroxy-dihydroanthracenes produced from anthracene [9]): **1947**, 801–04. — Steroids, 1: A new preparation of the cholesteryl halides [104]): **1952**, 1786–90; ~ 2: The preparation of epicholesteryl chloride and bromide [104]): 1790–95; ~ 3: 3-Methyl-A-norcholest-3(5)-ene [104]): 2528–30; ~ 4: Solvolysis of epicholesteryl-toluene-p-sulphonate and other steroid toluene-p-sulphonates [29]): **1953**, 540–47; ~ 5: Partial

Bitte Anmerkung auf Seite 4201 beachten!

synthesis of 9,11-anhydrocorticosterone acetate [21-acetoxypregna-4,9(11)-diene-3,20-dione] [15][104]): 2983–92; ~ 6: Partial synthesis of 9,11-dehydroprogesterone [92][104]): 3683–90; ~ 7: Some 5-hydroxy derivatives of cholestane [33][104]): **1954**, 958–64; ~ 8: 3,5-Cycloergosta-7,9(11),22-trien-6β-ol (i-dehydroergosterol) [82]): 3422–28; ~ 9: The catalytic hydrogenation of 3α-substituted Δ^5-steroids [56]): **1955**, 1365–70; ~ 10: The preparation of unsaturated steroids [45][82]): 1370–75; ~ 11: The 3,5-cyclosteroid rearrangement of dehydroergosteryl toluene-p-sulphonate [69]): **1957**, 93–96; ~ 12: Some examples of the Favorskij reaction [29][74][115]): 1451–58; ~ 13: Catalytic hydrogenation of 3α- and 3β-substituted Δ^4-steroids [1][104]): 3107–12; ~ 14: Some 3β-fluorosteroids [104]): 4813–16; ~ 15: The tribromination of 5α-cholestan-3-one [54][95]): **1962**, 2233–38; ~ 16: The bromination of some 3-keto-steroids methylated in ring A [48][54]): 3604–10; ~ 17: The structure of diginin and diginigenin [54][89]): 3610–24; ~ 18: The preparation of some 11-ethynyl steroids [54]): 3624–29; ~ 19: The structure of digifolein and digifologenin [54][102]): **1963**, 3281–86; ~ 20: The stereochemistry of the homolytic addition of thioacetic acid to olefins of the cholestane series [2][54]): **1964**, 877–82; ~ 21: The structure of digacetigenin [54]): 3611–18; ~ 22: The configuration of 14α-digiprogenin [54]): 3619f.; ~ 23: The polyhalogenation of 5α-cholestan-3-one [119][54]): 4992–95; ~ 24: The preparation and nuclear magnetic resonance spectra of some 6-substituted 4-methylcholest-4-enes [47][54][81][102]): **1965**, 2476–82; ~ 25: The stereochemistry of ring A and the nuclear magnetic resonance spectra of some steroidal α-halogenoketones [6][54][102]): 2483–89; ~ 26: Virtual allylic coupling in the 60 Mc N.M.R. spectrum of 7,7-ethylenedithiocholest-4-en-3-one [47][54][102]): 2489–92. — Potential carcinogens, 1: Δ^6-Steroids [34]): **1953**, 245–49. — Quinolizines and quinolizidines, 1: Reduction of 4-oxoquinolizidines by lithium aluminum hydride [122]): **1956**, 313–18. — Infrared absorption of halogeno-steroids [5][72]): 331–36. — Aza-steroids, 1: 3-Aza-A-homo-5α- and -5β-cholestane [98]): **1958**, 3458–65; ~ 2: 3-Aza- and 4-aza-A-homo-5α- and -5β-androstane, and the structure of neosaman [53]): **1961**, 3641–55; ~ 3: 3-Aza-A-homo-cholest-4a- and -5-ene and related compounds [53][65]): **1962**, 1050–55; ~ 4: 3-Aza-5α- and -5β-cholestane, 4-aza-5α- and -5β-cholestane, and related compounds [51][53]): 2275–85; ~ 5: 1-, 2-, 3-, and 4a-aza-A-homo-5α-cholestane and 6-aza-B-homo-5α-cholestane [54][91]): **1963**, 3767–74; ~ 6: Beckmann rearrangement of some α-hydroxy-ketoximes [91]): 3774–77; ~ 7: 3-Aza-A-homopregn-4a-ene and related compounds [54][70]): **1964**, 3388–92; ~ 8: 7a-Aza-B-homo-5α-cholestane and 7a-aza-B-homocholest-5-ene [2][54]): 3392–95; ~ 9: Approaches to the partial synthesis of 11-aza-progesterone [60]): **1965**, 1971–79; ~ 10: 4-Aza-3-oxo-A-homo-5α-cholest-1-ene [54][65][99]): 5868–70. — Acetylenic alcohols derived from α-alkyldeoxyanisoins, and the α-alkyl-β-ethynyl-stilbenes [21][54]): **1961**, 1311–21; ~ 4: The preparation of α-alkyl-β-ethynyl-4,4′-dihydroxystilbenes [21][54]): 2291–98. — Constituents of the bark of Balanops australiana F. Muell. [40][48]): **1962**, 498–501.

J.chem. Soc., London, Sect. C Steroids and Walden inversion, 58: The deamination of 3β- and 3α-amino-5α-cholestane [54][80]): **1966**, 1018–23; ~ 59: Reactions of some steroid α-hydroxyamines [80][91]): 1023–26; ~ 60: Some reactions of the epimeric 5α-cholestan-1-ols and the solvolysis of their toluene-p-sulphonates [54][97][99]): **1967**, 1155–59; ~ 61: Chlorination of 5α-cholestan-2-one [97]): 2385–91; ~ 62: The chlorination of 5α-cholestan-1-one [97]): **1968**, 245–49; ~ 63: Substitution reactions of the 5α-cholestan-4-ols: a further example of Walden retention [54][97]): 2083–86; ~ 64: A reinvestigation of the deamination of 2α-, 4α-, and 7β-amino-5α-cholestane [30][36][54][105]): 2211–15; ~ 65: Comparative experiments on the deamination of cis- and trans-4-t-butylcyclohexylamine [23][54]): **1969**, 506–08; ~ 66: 5β,14α-Androst-15-en-17-one [70]): 2767–70; ~ 67: Substitution reactions of the 19-nor-5α-cholestan-2-ols [17]): **1970**, 1121–23; ~ 68: A re-examination of the substitution reactions of the 5α-cholestan-3-ols [17]): 1124f. — Steroids, 27: Modification of 14α-methyl group in 4,4,14α-trimethyl steroids [41][54]): **1966**, 2359–65; ~ 28: The structure of digacetigenin: Comparative experiments with ruscogenin and related compounds [54][70]): **1967**, 339–43; ~ 29: The structure of digacetigenin [41][54]): **1968**, 786–93; ~ 30: Some properties of the cholest-5-ene-3β,7ξ-diols and their esters [70]): 981–83; ~ 31: Attempted modification of the 14α-methyl group in 4,4,14α-trimethyl steroids [17][54]): 1581–85; ~ 32: The epoxidation of 3β-acetoxy-5α-lanosta-7,9(11)-diene [17]): **1969**, 2157f.; ~ 33: Attempted preparation of 19-nor-5α-cholestanes via 2β-hydroxy-5α-cholestan-19-oic acid [6][17][54]): 2734–38; ~ 34: 17-β-Hydroxy-5β,17α-pregnan-20-one and related compounds [41][70]): **1970**, 558–60; ~ 35: Removal of the 4-methyl groups in 4,4,14α-trimethyl steroids: Conversion of lanosterol into 14α-methylcholest-4-en-3-one [41][54][123]): 1443–47; ~ 36: Some 13,17-secoandrostanes [51]): 1513f.; ~ 37: Preparation of the epimeric 2-hydroxy-19-nor-5α-cholestanes [17][54]): 1893–900. — Intramolecular electrocyclic reactions, 1: Structure of "bromohydroxyphorone": 3-bromo-2-hydroxy-4,4,5,5-tetramethyl-cyclopent-2-enone [54]): **1969**, 1346–49. — Structures of some hexa-1,5-diene-1,1,3,3,4,4,6,6-octacarboxylic esters [41]): **1971**, 3673–79. — Tetramethyl 2,2,4,4-tetramethoxycarbonylcyclobutane-1,3-dimalonate [41][102]): 3679–81.

J. chem. Soc., London, Perkin Trans., I Intramolecular electrocyclic reactions, 2: Reactions of 1,5-diphenylpenta-1,4-dien-3-one [19]): **1972**, 2271–76. — 2,2,6,6-Tetramethylheptane-3,4,5-trione [103]): 3015–20. — Steroids and Walden inversion, 69:

Bitte Anmerkung auf Seite 4201 beachten!

Substitution reactions of the 5α-androstan-11-ols [68]): **1973**, 542–45; ~ 70: Re-examination of the substitution reactions of 5α-cholestan-6α-ol [57]): **1975**, 2205–08. — Electrocyclic reactions, 3: Some reactions of 2,4-dimethyl-1,5-diphenylpenta-1,4-dien-3-one (αα'-dimethyldibenzylideneacetone) [19]): **1973**, 1026–30; ~ 4: Some reactions of 2,4-dibromo-1,5-diphenylpenta-1,4-dien-3-one (αα'-dibromodibenzylideneacetone) [19]): 2197–202; ~ 5: The structure of the product from trans,trans-dibenzylideneacetone and sulphuric acid–acetic anhydride [19]): **1974**, 189f.; ~ 6: Thermal reactions of 1,5-diphenylpentadienide ion and the anions derived from cis- and trans-3,4-diphenylcyclopentene [37]): **1975**, 765–72; ~ 7: Irradiation of 3,5-dibromo-2,6-dimethylhepta-2,5-dien-4-one (αα'-dibromophorone) [109]): 1595–600; ~ 8: Some reactions of trans,trans- and cis,trans-2-bromo-1,5-diphenylpenta-1,4-dien-3-one (α-bromodibenzylideneacetone) [19]): 2210–15; ~ 9: Photolysis of trans,trans-2,4-dibromo-1,5-diphenylpenta-1,4-dien-3-one (αα'-dibromodibenzylideneacetone) [109]): **1976**, 695–704; ~ 10: Photochemical cyclisation of trans,trans-dibenzylideneacetone [109]) [102]) [11]): 1880–86; ~ 11: Further attempts to generate the 1,5-diphenylpentadienide ion [37]): **1977**, 1028–30. — Steroids, 38: 5-Chloro-5α-cholestane [57]): **1975**, 2208–10; ~ 39: 5-Chloro-5β-cholestane [121]) [40]): **1980**, 1904–08.

J. Endocrinology Recent advances in the chemistry of the adrenal cortex: **5** ('47) XXXVII–XLI.

Nature [London] Nature of the C/D-ring union in the œstrogenic hormones: **160** ('47) 64–66; **161** ('48) 207. — Cytochemical demonstration of ketosteroids [8]) [59]) [24]): **162** ('48) 572. — The Sommelet reaction: 619f. — Stereochemical course of reactions at steroid C_{17}: **166** ('50) 107f.

Organic Mass Spectrometry The mass spectra of some C_{19} modified 5α-cholestane derivatives [17]) [54]) [96]): **4** ('70) Suppl., 373–82.

Proc. chem. Soc., London The structure of diginin and diginigenin [54]) [89]): **1962**, 65f.

Records austral. Acad. Sci. Ernest Ritchie, 1917–1976: **3**. 1974/1977 ('77) Biographical Mem., 111–42.

Steroids The reaction of 5α-cholestan-6α-ol with phosphorus pentachloride and with thionyl chloride [57]): **26** ('75) 470–76.

Tetrahedron Letters The constitution of radicicol [65]) [87]) [106]) [102]): **1964**, 365–70. — Long-range spin–spin coupling involving the angular methyl groups in steroids [47]) [54]) [102]): 2319–22. — Modification of the 14α-methyl group in lanosterol [17]) [41]) [54]): **1965**, 3249–51. — The synthesis of 3β-hydroxy-4,4-dimethyl-5α-cholest-8-en-11-one from lanosterol [41]) [54]): **1966**, 5235–37. — The structure of digacetigenin [41]) [54]) [70]): **1967**, 3171–74; ~ [41]) [54]): **1968**, 3897–99.

Tetrahedron, Suppl. Steroids and Walden inversion, 57: Deamination of some allylic amines [42]) [54]) [80]) [91]): **7** ('66) 315–23. — Line widths of nuclear magnetic resonance signals of tertiary methyl groups [47]) [54]) [96]) [102]): **8** ('66) Part II, 421–42.

Vitamins and Hormones The hormones of the adrenal cortex [83]): **1** ('43) 345–413. — Steroid configuration: **8** ('50) 255–308.

Einige weitere Beiträge in Kongreßberichten.

Mit: 1) B. D. Agashe; 2) M. I. Akhtar; 3) N. W. Alcock; 4) J. W. Baker; 5) D. H. R. Barton; 6) T. E. Bellas; 7) J. G. Blears; 8) R. J. Boscott; 9) E. Boyland; 10) R. J. Bridgwater; 11) G. C. Brophy; 12) H. Burton; 13) R. S. Cahn; 14) R. K. Callow; 15) R. Casanova; 16) W. Connick; 17) J. C. Coll; 18) J. W. Cook; 19) B. J. A. Cooke; 20) R. C. Cookson; 21) J. C. Craig = J. Cymerman-Craig; 22) R. J. W. Cremlyn; 23) C. Culshaw; 24) J. F. Danielli; 25) R. H. Davies; 26) A. B. Devine; 27) E. C. Dodds; 28) J. Elks; 29) D. E. Evans; 30) J. G. Feher; 31) L. F. Fieser; 32) M. Fieser; 33) A. J. Fudge; 34) D. L. Garmaise; 35) N. Gough; 36) R. M. Hall; 37) G. N. Henderson; 38) N. Herron; 39) T. F. Holley; 40) M. E. H. Howden; 41) N. W. Hughes; 42) J. K. Hummer; 43) C. K. Ingold; 44) R. E. Ireland; 45) D. R. James; 46) R. H. Jenkins; 47) F. P. Johnson; 48) G. A. R. Johnston; 49) D. N. Jones; 50) T. J. Kemp; 51) R. W. Killick; 52) W. Klyne; 53) G. Krueger; 54) R. E. Lack; 55) D. G. Lewis; 56) J. R. Lewis; 57) R. D. Lundberg; 58) B. McLean; 59) A. M. Mandl; 60) L. N. Mander; 61) G. F. Marrian; 62) —; 63) S. Meecham; 64) K. Miescher; 65) R. N. Mirrington; 66) G. Müller; 67) W. S. Nathan; 68) J. Nemorin; 69) W. R. Nes; 70) B. C. Newman; 71) G. P. Newsoroff; 72) J. E. Page; 73) M. M. Parekh; 74) A. C. de Paulet; 75) A. Petit; 76) G. D. Phillips; 77) J. H. Pierce; 78) P. A. Plattner; 79) D. A. Prins; 80) P. Ram; 81) R. J. Rawson; 82) R. W. Rees; 83) T. Reichstein; 84) —; 85) H. C. Richards; 86) B. Riegel; 87) E. Ritchie; 88) G. Roberts; 89) A. V. Robertson; 90) R. Robinson; 91) S. K. Roy; 92) A. Ruff; 93) L. Ružička; 94) C. R. Scholz; 95) J. Scott; 96) J. S. Shannon; 97) S. C. Sharma; 98) J. C. P. Sly; 99) L. R. Smith; 100) F. S. Spring; 101) R. J. Stephenson; 102) S. Sternhell; 103) D. Stevenson; 104) G. H. R. Summers; 105) L. Tarasoff, jr.; 106) W. C. Taylor; 107) —; 108) —; 109) Y. Wang; 110) D. T. Westcott; 111) A. Wettstein; 112) D. F. Williams; 113) R. J. W. Williams; 114) C. L. Wilson; 115) F. Winternitz; 116) T. I. Wrigley; 117) W. G. Young; 118) B. S. Goodrich; 119) P. J. Havlicek; 120) E. Shoppee; 121) R. J. Hart; 122) H. R. Lewis; 123) J. T. Pinhey.

VI **SHORT,** Wallace Frank. Chem. (org.). — 1919 M.Sc., '29 D.Sc., '33–38 Senior Lecturer, Univ. of Manchester; '20–33 Lecturer and Head of Departm. of org. Chem., Auckland Univ. College, Auckland, New Zealand; '38–44 Assist., '44–46 Dir. of chem. Research, '46–55 Head of the Chem. Divis. of the Research Departm., Boots Pure Drug Co., Ltd., Nottingham.

* 1898, Okt. 4, Kimbolton, Huntingdonshire;

† 1955, Juni 7, Nottingham.

Bitte Anmerkung auf Seite 4201 beachten!

Nekr. *J. C. Smith, J. chem. Soc., London **1956**, 2569–72.

Biochemical J. Notatin: an anti-bacterial glucose-aerodehydrogenase from Penicillium notatum Westling and Penicillium reticulosum sp. nov. [10][27][48][45][44][4][39]: **39** ('45) 24–36.

Chemistry and Industry Constitution of cedrene: **13** ('35) 874. — Hexoestrol: **18** ('40) 703. — Production of NN'-diphenylacetamide [32]: **1949**, 274. — Arylsulfonylcyanamides [32][33][34]: 419. — Preparation of nitriles [32][33]: **1951**, 77.

J. amer. chem. Soc. The alleged formation of aliphatic keto-anils [30][46]: **55** ('33) 2805f.

J. chem. Soc., London A synthesis of 4-methylphenanthrene [38][43]: **1931**, 2293–97. — The reducing action of bornylmagnesium chloride [43]: 3340. — A synthesis of diphenyl [43]: **1932**, 1641. — The preparation of unsymmetrical diphenyl derivatives [43][46]: 1832–35. — 1-Methyl- and 1,7-dimethyl-4-isopropylnaphthalene [40]: **1933**, 128–30. — The preparation of chloromethylnaphthalenes and 1,5-dimethylnaphthalene [1]: 485. — The hydrolytic fission of aromatic ketones by acids [19]: **1935**, 1123–26. — Syntheses in the phenanthrene series, 1: 2-Methoxy-1-methylphenanthrene [19][18]: **1936**, 317–19; ~ 2: 7-Methoxy-1-methylphenanthrene and a new route to phenanthrene [47][52]: 319–22; ~ 3: 9-Hydroxyphenanthrene [43][53]: 322–24; ~ 4: 1-Methoxy-2-methylphenanthrene and the preparation of substituted phenylacetic acids [19]: **1937**, 260–63; ~ 5: 4-Methoxy-1-methylphenanthrene [18][19]: 263–66; ~ 6: 3-Methoxy-1-methylphenanthrene [19][47][52]: 510–13; ~ 7: 5,9-Dimethoxy- and 5-methoxy-1-methylphenanthrene [19][47]: 937–41; ~ 8: 8-Methoxy-1-methylphenanthrene [19][47]: 1619–22; ~ 9: 6-Methoxy-1-methylphenanthrene [37][19]: **1938**, 694–97; ~ 10: 8-Methoxy-1-methylphenanthrene [25]: **1939**, 787–90; ~ 11: 1-Methyl-8-isopropylphenanthrene [49]: **1950**, 991–94. — Anisoxide, 1 [22]: **1937**, 513–16. — Totarol, 1 [47]: 516–20; ~ 2 [49][15]: **1951**, 2979–87. — Synthetical experiments relating to carpaine, 2 [2][41]: **1937**, 715–18. — Podocarpic acid, 1 [43]: **1938**, 1006–13. — Leptospermone, 1 [5][35]: 1193–95; ~ 2 [5][17]: **1945**, 706–09. — Aromadendrene, 2 [38]: **1938**, 1200–03. – Interconversion of hexoestrol and isohexoestrol [dimethyl ethers] [34]: **1943**, 232. — Dienoestrol [20]: 609–12. — p-Sulfonamidobenzylaniline and related compounds of pharmacological interest [23][42]: **1945**, 240–42. — Alkyl derivatives of sulfapyridine [23]: 242f. — Amidines, 1: Preparation of amidines from cyanides [32]: **1946**, 147–50; ~ 2: Preparation of cyanides, amides, and amidines from carboxylic acids [32][33][42]: 763–71; ~ 3: Preparation of substituted amidines from ammonium or substituted ammonium salts and N-acylbenzenesulfonalkylamides or acylbenzenesulfonanilides [32]: **1947**, 382–89; ~ 4: Preparation of amidines from cyanides and ammonium thiocyanate or substituted ammonium thiocyanates [33]: 390–94; ~ 5: Preparation of amidines from cyanides and substituted amino-magnesium halides [21][28]: 394–96; ~ 6: Preparation of 2-substituted 4,5-dihydroglyoxalines and ring homologues from cyanides and alkylenediamines [32]: 497–505; ~ 7: Preparation of amidines from cyanides, aluminium chloride, and ammonia or amines [32][33]: 1110–16; ~ 8: Amidines from cyanides, ammonia, or an amine and an ammonium or substituted ammonium salt [32][33]: **1948**, 303–09; ~ 9: Preparation of substituted amidines from ketoxime sulphonates and ammonia or amines [32]: 1514–27; ~ 10: Preparation of amidines from substituted amides, a sulphonyl chloride, and an amine [32][34][9]: 1618f.; ~ 11: Preparation of amidines by ammonolysis of N-arylamidinium salts [32][33]: **1949**, 449–56; ~ 12: Preparation of 9-substituted phenanthridines from N'-2-biphenylylamidines [11]: 703–07; ~ 13: Preparation of 2-substituted 4,5-dihydroglyoxalines and ring homologues from substituted amidines and alkylenediamines [32]: **1950**, 859–64; ~ 14: Preparation of Δ^2-oxazolines and 4,5-dihydro-1,3-oxazines from hydroxylalkylamines and N-substituted amidines or ketoxime sulphonates [32]: 1100f.; ~ 15: Preparation of diguanidines and guanidines from cyanoguanidine and ammonium sulphonates [32]: **1951**, 1252–56; ~ 16: A new synthesis of 1-alkyl- and 1-aryl-3,4-dihydroisoquinolines [7]: 1343–45. — p-Alkanesulphonylbenzylammonium chlorides [11][24]: **1948**, 381–84. — Production of amidines from cyanides and ammonium salts [11][29][32]: **1949**, 2097f. — Disproportionation of dihydroisoquinolines [7]: 2587–89. — Antituberculous compounds, 5: 2-Sulphanilamido-5-alkyl-1,3,4-oxadiazoles and -thiadiazoles and related isothiosemicarbazones and isothioureas [8][9][26][34]: **1950**, 452–59. — Diamidides, 1: Derivatives of triazapentadiene and tetraazaheptatriene [54][33]: **1951**, 391–404. — Some derivatives of 1,6-diazapyrene and 4,5;6,7-dibenzo-1,3-diazacyclohepta-2,4,6-triene [14][34][50]: **1952**, 4700–09. — Heterocyclic derivatives of 1,2;5,6-dibenzocyclohepta-1,3,5-triene, 1: 2,3;-6,7-Dibenz-1-oxa-4-azacyclohepta-2,4,6-trienes [7][12][31][51]: **1953**, 1079–85; ~ 2: 5-Aryl-2,3; 6,7-dibenzo-1-thia-4-azacyclohepta-2,4,6-trienes and their 1,1-dioxides [7][31]: **1954**, 3857–66. — Meso-ionic compounds derived from pyridino (1',2'; 1,2)-glyoxaline [6][9][34]: 616–29. — 5-Amino-9-phenylphenanthridine [14][36]: **1955**, 3549. — Anils, 1: Syntheses of 9-phenylphenanthridine [3][16]: **1958**, 1158–62.

J. and Proc. roy. Soc. New South Wales The essential oil of Eucalyptus rariflora (Bailey) [35][38]: **64** ('30) 101–14.

J. Soc. chem. Ind., Trans. Hydrocarbon constituents of star-aniseed oil [13][43]: **50** ('31) 410T. — The sesquiterpenes of star-aniseed oil [22]: **55** ('36)

Bitte Anmerkung auf Seite 4201 beachten!

8T. — The preparation of platinum oxide reduction catalysts: 14T.

Nature [London] Notatin: an antibacterial glucose-aerodehydrogenase from Penicillium notatum Westling [10][27][48][44][45][4][39]): **150** ('42) 634f.

Recueil Trav. chim. Pays-Bas 1-Naphthylacetic acid [18]): **53** ('34) 1141.

Rep., Austral. and New Zealand Assoc. Advancement Sci. Podocarpic acid [43]): **21** ('33) 38–42.

Mit: [1]) A. R. Anderson; [2]) G. Barger; [3]) C. A. Bartram; [4]) J. H. Birkinshaw; [5]) L. H. Briggs; [6]) N. W. Bristow; [7]) C. I. Brodrick; [8]) J. D. Brooks; [9]) P. T. Charlton; [10]) C. E. Coulthard; [11]) J. Cymerman; [12]) M. L. Donaldson; [13]) K. J. Duncan; [14]) A. E. S. Fairfull; [15]) J. D. S. Goulden; [16]) D. Harrison; [17]) C. H. Hassall; [18]) A. Higginbottom; [19]) P. Hill; [20]) G. I. Hobday; [21]) R. P. Hullin; [22]) R. W. Jackson; [23]) W. Kelly; [24]) A. Koebner; [25]) J. Lockett; [26]) P. E. Macey; [27]) R. Michaelis; [28]) J. Miller; [29]) J. W. Minnis; [30]) J. T. Murray; [31]) J. S. Nicholson; [32]) P. Oxley; [33]) M. W. Partridge; [34]) D. A. Peak; [35]) A. R. Penfold; [36]) V. Petrow; [37]) H. Plimmer; [38]) C. B. Radcliffe; [39]) H. Raistrick; [40]) W. S. Rapson; [41]) R. Robinson; [42]) T. D. Robson; [43]) I. R. Sherwood; [44]) G. E. H. Skrimshire; [45]) A. F. B. Standfast; [46]) R. Stansfield; [47]) H. Stromberg; [48]) G. Sykes; [49]) H. Wang; [50]) T. I. Watkins; [51]) D. G. Wibberly; [52]) A. E. Wiles; [53]) J. Woodcock; [54]) F. C. Cooper.

V, VI **SHORTER,** Sydney Alfred. Physik; Textilforschung. — 1920–24 Head of Departm. Physics and Colloids, Brit. Research Assoc. for the Woollen and Worsted Industry (WIRA), Leeds; '25–45 Head of Departm. Colloid Physics → Head of Weaving Departm., British Cotton Research Assoc. (Shirley Inst.), Manchester. — '49 Warner Memorial Medal (Textile Inst., Manchester).
* 1877, Okt. 3, Bradford;
† 1956, Mai 2, Manchester.

J. Bradford Textile Soc. Humidification and cleansing of factory atmosphere: **1937/38**, 73–81.

J. Soc. Dyers and Colourists Theory of felting: **61** ('45) 172f.

J. Textile Inst. The Phototranspositograph: **39** ('48) 113P–115P. — Homogenous strain and the trellis model, 1: **40** ('49) 228P–240P; ~ 2: 494P–518P. — Ein Gittermodell zur Anwendung und zur Untersuchung von einfachen Vorzügen bei Textilien [1][2]): **40** ('49) 111T–160T [engl.]. — An enumerative problem in textile design: 189T–199T, 735T–748T; **41** ('50) 333T–348T. — An aerodynamical study of the opening and cleaning of cotton by existing machinery: **46** ('55) 171T–190T. — Die Elemente einer vereinheitlichten Theorie der Garnstruktur und Reißfestigkeit: **48** ('57) 99T–108T [engl.].

Bitte Anmerkung auf Seite 4201 beachten!

Textile Weekly Cotton fabrics weaving faults: **12** ('33) 471. — Stream-line air stream opening and cleansing machines: development: **20** ('37) 721–23.

Mit: [1]) G. E. Chadwick; [2]) K. Weissenberg.

VI **SHRADER,** James Edmond. Physik. — Until 1910 Stud., Ohio State Univ., Columbus, O.; '11–12 Instructor, Tufts College, Medford, Mass.; '12–16 Instructor, Williams College, Williamstown, Mass.; '16–22 Research Physicist, Westinghouse Research Laboratories, Pittsburgh, Pa.; '22 Ph.D., Univ. of Chicago, Ill.; '22–46 Prof. and Head of Departm. of Physics, Drexel Inst. of Art, Sci. and Industry → Drexel Inst. of Technol., Philadelphia, Pa. — '35 John Price Wetherill Medal (Franklin Inst., Philadelphia, Pa.).
* 1876, Mai 7, Harrisville, W. Va.;
† 1947, Juni 18, Drexel Hill, Pa.

Nekr. School and Soc. **65** ('47) 476.

W. Laboratory course in physics (Philadelphia, Pa. '32) 215 S. — Laboratory manual of exercises in general physics (m. G. M. Carlton) (Philadelphia, Pa. '32) 108 S. — Mechanics and heat (Philadelphia, Pa. '32) 200 S. — Electricity (Philadelphia, Pa. '33) 166 S. — Manual of experiments in physics (NewYork–London '37) 15 + 262 S. — Physics for students of applied science (NewYork–London '37) 9 + 638 S.

American Physics Teacher Modified form of phonodeik: **6** ('38) 269–71.

J. Franklin Inst. Tridimensional vibrograph: **215** ('33) 455–69. — Investigation of vibration of City Hall in Philadelphia and of the subway structure beneath: **224** ('37) 757–65. — The three-component accelerometer: **234** ('42) 549–66.

VI **SHRINER,** Ralph Lloyd. Chem. (org.). — 1927–30 Assist. Prof., '30–35 Assoc. Prof., '35–41 Prof., Univ. of Illinois, Urbana, Ill.; '41–46 Prof. and Chairman of Departm. of Chem., Indiana Univ., Bloomington, Ind.; '47–63 Prof., '52–62 Head of Departm. of Chem., '64 Prof. Emer., Univ. of Iowa, Iowa City, Ia.; '63– Visiting Prof., Southern Methodist Univ., Dallas, Tex.; '35–40 Secretary-Treasurer of Org. Divis., Amer. Chem. Soc.; '68 Vice-Pres. and Chairman of the

Chem. Sect., Amer. Assoc. for the Advancem. of Sci. — '62 James Flack Norris Award (Amer. Chem. Soc.). (⊠)
* 1899, Okt. 9, St. Louis, Mo.

Zur Biogr. *R. C. Fuson, Chemical Reviews **67** ('67) 2 S. vor S. 1 (m. Bildn.). — Chemical and Engng. News **28** ('50) 104 (m. Titelbild).

H. Special reports on theories of organic chemistry (Bloomington, Ind. '46) (Indiana University, Department of Chemistry, Collection of papers from chemistry 302b, The theories of organic chemistry, II semester 1945/46).

HZ. Organic Syntheses **27** ('47). — Chemical Reviews 1950–1966.

MH. Organic syntheses; Cumulative indices for Collective volumes 1–5 (New York '76).

S. Organic chemistry; an advanced treatise (H. Gilman) **1** (New York '38), [2]('43) 150–405: Stereoisomerism [1][55]). — The Roger Adams symposium; papers presented at a symposium in honor of R.A. at the Univ. of Illinois 1954 (New York '55) 103–24: Chemistry of flavylium salts; reactions with amines.

W. The systematic identification of organic compounds; a laboratory manual (m. R. C. Fuson) (NewYork–London '35) 9 + 195 S.; [2]('40) 11 + 312 S., Neudruck: ('44); [3]('47) 9 + 370 S., Neudruck: ('48); (ab 4. Aufl. m. R. C. Fuson u. D. J. Curtin) [4]('56) 9 + 426 S.; [5]('64) 9 + 458 S. — Quantitative analysis of organic compounds, macro and semimicro methods; a laboratory manual (Ann Arbor, Mich. '38) 8 + 68 S.; [2](Ann Arbor, Mich.–Urbana, Ill. '41) 8 + 68 S.; [3](Ann Arbor, Mich.–Bloomington, Ind. '44) 101 S., Neudrucke: ('47) 8 + 101 S.; (Iowa City, Ia. '50) 101 S. — Synthetic antimalarials; a review (m. R. W. Upson) (Bloomington, Ind. '41) 3 + 68 S. — The examination of new organic compounds: Macro and semimicro analytical methods; a laboratory manual (m. W. T. Smith, jr.) (New York '56) 7 + 136 S.

Analytical Chem. Volumetric analytical methods for organic compounds [77]): **21** ('49) 167–73; **22** ('50) 101–08.

Chemical and Engng. News Nichols Medal awarded to W. M. Stanley: His career: **24** ('46) 750–52. — American Chemical Society official reports for 1951 [26][57][62][59][21][53][38][60]): **30** ('52) 778–804; ~ 1952 [26][62][21][38][60]): **31** ('53) 897–920; ~ 1953 [26][62][21][38][60]): **32** ('54) 833–56; ~ 1954 [26][62][21][38][60]): **33** ('55) 974–1000; ~ 1955 [26][62][21][16][38][60]): **34** ('56) 1211–45; ~ 1956 [26][62][21][16][38][60]): **35** ('57) Nr. 10, 52–81; ~ 1957 [26][62][21][16][38][60][74][37][36][48][81]): **36** ('58) Nr. 9, 57–86.

Chemical Reviews Chemistry of the amidines [61]): **35** ('44) 351–425. — Articles for Chemical Reviews: Suggestions to authors: **60** ('60) 1–6; **64** ('64) 1–6.

Industrial and Engng. Chem. Hydrolysis of starch by H_2SO_3 [39]): **36** ('44) 1001–03.

J. amer. chem. Soc. The directive influence of the alkylsulfonamido and dialkylsulfonamido groups [32][55]): **54** ('32) 2470–76. — The reaction between diethylamine and ethylene oxide [42]): 2925–30. — The action of sodium ethylate on L-ethyl-α-phenylsulfonebutyrate [3]): 4410–14. — Asymmetric syntheses, 1: The action of optically active nitrites on cyclic ketones [66]): 4707–11; ~ 2: The action of optically active nitrates on cyclic ketones [65]): **55** ('33) 766–70; ~ 3: The action of optically active nitrates on α-tetralone [42]): 4652–54; ~ 4: Action of optically active nitrates on 2-bromofluorene [89]): **57** ('35) 2163–66. — The preparation and properties of methylene di-n-butyl disulfone [84]): **55** ('33) 1242–45. — The ternary system: palmitic, margaric and stearic acids [29][11]): 1494–99. — Aminoguanidine derivatives [17]): 2867–70. — A new preparation of ninhydrin [87]): 3026–28. — Para-aminophenyl urethans as local anesthetics [42][20]): 3435–39. — The structure of cuscohygrine. Synthesis of ethyl homohygrinate [79]): 3828–33. — The hydrolysis of substituted benzenesulfonanilides [,1] [72]): **56** ('34) 114–17; ~ 2 [66][72]): 696f.; ~ 3: Acid hydrolysis [72]): 1618f. — A comparison of the activating effect of the sulfone group with that of the nitro group [88]): 1382–84. — Diurethans as local anesthetics [54]): 1630. — Anomalous mutarotation of amine salts of D-camphor-10-sulfonic acid [,1]: Attempted resolution of trisubstituted nitrogen compounds [72]): **57** ('35) 1306–11; Anomalous mutarotation of salts of Reychler's acid, 2: Ketimine formation from amine salts of D-camphor-10-sulfonic acid [72]): 1445–47; ~ 3: Reduction of ketimines of D-camphor-10-sulfonic acid; formation of sultams [72]): 1896–98; ~ 4: Comparison of 2-(N-phenylketimine)-D-camphane-10-sulfonic acid with D-camphor-10-sulfonanilide [85]): **58** ('36) 62f.; ~ 5: Comparison of the absorption spectrum of 2-(N-methylimino)-D-camphane-10-sulfonic acid with the spectra of other camphane derivatives [85]): **60** ('38) 1314–16; ~ 6: Synthesis and structure of the sultam of 2-(N-methylamino)-D-camphane-10-sulfonic acid [75][85]): 2794–96. — The local anesthetic action of dialkylaminoethoxethyl p-amino-benzoates [69]): **57** ('35) 1581–83. — Derivatives of tertiary alcohols [28]): **58** ('36) 1384–86. — 2-Bromo-9-nitrofluorene and 1,1-dinitro-3,3'-dibromobifluorenyl [23]): 1502f. — Urethans as local anesthetics, 3: Alkyl N-(8-quinolyl)-carbamates [24]): 1610–12; ~ 4: Alkyl N-(p-aminobenzyl)-carbamates [22]): **60** ('38) 2338–40; ~ 5: Alkyl γ-diethylaminopropylcarbamates [40]): **61** ('39) 888f. — Identification of nitriles, 2: Addition compounds of nitriles with mercaptoacetic acid [18][41][27]): **59** ('37) 230–32. — A synthesis of iretol [24]): 931–33. — β'-Diethylaminoethyl β-aminocrotonate [49]): **60** ('38) 286–88. — Derivatives of coumaran, 1: 2-Benzyl-5(and 6)-

Bitte Anmerkung auf Seite 4201 beachten!

methoxycoumaran-3-one [24]): 894–96; ~ 2: Condensation of aliphatic aldehydes and ketones with 6-methoxycoumaran-3-one; reduction of 2-isopropylidene-6-methoxycoumaran-3-one [2]): 1415–17; ~ 3: O-Acetylation of 6-methoxycoumaran-3-one [2]): 1418f.; ~ 4: The structure of tectorigenin [56])[24]): **61** ('39) 2322–27; ~ 5: Synthesis of 4-hydroxycoumaran-3-one [97]): 2328f.; ~ 6: Reduction of 2-acetobenzofuran and its derivatives [2]): 2705–08; ~ 7: A new synthesis of isotubanol and isotubaic acid [97]): **63** ('41) 1108–10; ~ 8: Reductions in the coumaranone series [97]): 2134–37; ~ 9: Synthesis of 3,4,6,3′,4′-pentahydroxy-2-benzylcoumaran [35]): **64** ('42) 382–84. — Substituted tetrahydronaphthalenes, 1: 1-Keto- and 1-hydroxy-2-(p-dialkylaminobenzyl)-tetrahydronaphthalenes [87]): **60** ('38) 936–39. — [Benzopyrylium salts, 1:] Halogen substituted benzopyrylium salts [58]): **61** ('39) 1474–77; ~ 2: Ozonization [58]): **62** ('40) 2711–14; ~ 3: Syntheses from substituted coumarins and chromones [58]): **63** ('41) 1694–98; ~ 4: Nitration of 2,3-diphenylbenzopyrylium perchlorate [58]): **66** ('44) 301f.; ~ 5: Preparation and properties of substituted 2,3-diphenylbenzopyrylium perchlorates [64]): **73** ('51) 887–91; ~ 6: Reaction of flavylium perchlorate with dimethylaniline [75]): **74** ('52) 3622f.; ~ 7: Reaction of flavylium perchlorate with ethyl esters of α-amino acids [86]): **85** ('63) 3989–91; ~ 8: The synthesis and properties of 7-dimethylaminoflavylium salts [4]): **86** ('64) 3142–45. — Dialkyl bis-(carbethoxymethanesulfonyl)-methanes [22])[25]): **61** ('39) 2001–03. — Derivatives of methacrolein [73]): **62** ('40) 2245. — Bisbenzimidazoles from dibasic acids [92]): **63** ('41) 2277f. — Bisbenzimidazoles [92]): **64** ('42) 187f. — [Isoflavones, 1:] Synthesis of tectorigenin dimethyl ether [82]): 2737f. — o-Phenylenemalonamide [7]): **66** ('44) 1810–12. — p-Aminobenzoates of piperidino- and morpholinomethylnaphthols [34])[87]): **68** ('46) 946f. — Rearrangement in the reaction between benzylmagnesium chloride and ethyl sulfate [12]): **69** ('47) 2059f. — Reaction of azlactones with secondary amines [5])[13]): **70** ('48) 1769–72. — Syntheses of 2-methylmercapto-5-methylbenzaldehyde and 2-methylmercapto-5-methyl cinnamic acid [43])[13]): 4251. — Structure of the nitration products of 9-phenylxanthylium salts [98]): **73** ('51) 891–94. — The synthesis of N-substituted carbamates [15]): **74** ('52) 549f. — The synthesis and rearrangement of 9,10-dihydro-10,10-dimethyl-9-phenylphenanthrylium cation [31]): **79** ('57) 227–30. — The ozonolysis of indene in ethanol [95]): 3165–67.

J. chem. Educat. Efficient fractional distillation column [78]): **17** ('40) 588–90. — Value of courses in the identification of organic compounds: **18** ('41) 408–10.

J. org. Chemistry Optically active quaternary ammonium salts from D- and L-2-octyl p-bromobenzene-sulfonate and tertiary amines [14])[93]): **1** ('36) 280–87. — Salts of nitro compounds, 1: Preparation, alkylation and acylation of salts of phenylnitroacetonitrile [89]): **2** ('37/38) 183–94; ~ 2: Reaction of the silver salt of phenylnitromethane with diphenylbromomethane [8]): 376–80; ~ 3: The reaction of the silver salt of phenylnitroacetonitrile with diphenylbromomethane [8]): 560–68. — Action of mercuric acetate on peptides, diketopiperazines and protein [56])[87]): 403–10. — Synthesis of potassium and sodium 3-hydroxy-1-octanesulfonate [68])[6]): **4** ('39) 103–05. — Activity of the methylene group in the isomeric mononitrobenzyl p-tolyl sulfones and in 2,4-dinitrobenzyl p-tolyl sulfone [33]): 242–51. — Action of alkylmagnesium halides on coumarin and related compounds. Synthesis of 2,2-dialkyl-1,2-benzopyrans [73]): 575–82. — Hydrolysis of substituted benzenesulfonanilides, 4: Solubility of sulfonanilides in water and hydrochloric acid [63])[72]): 588–91. — 3-(p-Dimethylaminobenzal)-6-nitrophthalide and 3-(p-dimethylaminobenzyl)-6-aminophthalide [49]): **5** ('40) 200–03. — Condensation products from benzyl alcohol [6]): **6** ('41) 305–18. — Structure of the bisulfite compound of acetaldehyde [51]): 888–94. — Isoflavones, 2: A synthesis of methylgenistein [44]): **10** ('45) 228–31; ~ 3: Structure of prunetin and a new synthesis of genistein [44]): 288–91. — Analgesics, 1: Aminophthalidyl alkanes [91])[101])[100])[99]): 429–40. — Isocoumarin [46])[47])[52]): **13** ('48) 477–83. — Isobenzopyrylium salts, 1: Preparation and reactions of 1-phenyl-2-benzopyrylium salts [46])[47]): **14** ('49) 204–09; ~ 2: 1,3-Diphenyl-2-benzopyrylium salts [50]): **16** ('51) 1064–68. — Nitration of triphenylcarbonium sulfate [98]): **15** ('50) 367–69. — Stereoisomers of N,N′-bis(α-phenylethyl)-fumaramide [88]): **16** ('51) 1904–10. — Model compounds for comparison with (native) lignin, 1: Preparation and properties of 8-methoxy-6-methylflavanone and 2′-hydroxy-3′-methoxy-5′-methylchalcone [9]): **22** ('57) 1320–22; ~ 2: 3-Phenyl-1-propyl α-ethylbenzyl ether and 3-phenyl-1-propyl α-ethylveratryl ether [30]): **27** ('62) 1780–82.

J. Pharmacol. and exper. Therapeut. The local anesthetic action of p-aminobenzoates of diethylamino-ethoxy alcohols [42]): **48** ('33) 371–74.

Organic Reactions Reformatskij reaction: **1** ('42) 1–37.

Organic Syntheses Succinic anhydride [83]): **12** ('32) 66f. — p-Nitrophenyl isocyanate [42])[20]): **14** ('34) 72–74. — 5,5-Dimethyl-1,3-cyclohexanedione (5,5-dimethyldihydroresorcinol; methone; dimedone) [90]): **15** ('35) 14–16. — ω-Methoxyacetophenone [58]): **21** ('41) 79f. — 2-Phenylindole [3])[96]): **22** ('42) 98–100. — Phthalaldehydic acid [99]): **23** ('43) 74–77. — trans-Stilbene [6]): 86–88. — Aminoguanidine bicarbonate [61]): **26** ('46) 7–10. — Lepidine [61])[80])[47]): 45–49. — Tetraphenylarsonium chloride hydrochloride [98]): **30** ('50) 95–99. — 4-Phenyl-m-dioxane [70]): **33** ('53) 72f.

Bitte Anmerkung auf Seite 4201 beachten!

— 3-Phenyl-1-propanol [70]): 76–79. — Diacetyl-D-tartaric anhydride [30]): **35** ('55) 49–51.

Organic Syntheses, Collective Vol. Platinum catalyst (platinum oxide) for reduction reactions [94])[1]): **1** ('32), [2]('51) 463–70. — 4-Nitrophthalimide [45]): **2** ('43) 459.

Plant Physiol. Determination of starch in plant tissues: **7** ('32) 541–46.

Proc. Iowa Acad. Sci. Exploratory studies on the constituents of Scoparia dulcis (Linn.) [10]): **57** ('50) 161–64. — Synthesis of 2,4-heptadiene [67]): **60** ('53) 304–07. — Synthesis of 4-piperidinoflavan [71]): **61** ('54) 269f. — Reactivity of the halogen in the isomeric 4- and 4'-chloro azoxybenzenes [19])[31]): **62** ('55) 264–67.

TAPPI Monogr. Ser. Review of natural coloring matters in wood: Nr. **6** ('48) 182–215.

Ferner eine kleine Monographie: "Stereochemistry of carbon and nitrogen compounds" (New York '63).

Mit: [1]) R. Adams; [2]) J. Anderson; [3]) W. C. Ashley; [4]) W. C. Baird, jr.; [5]) D. K. Barnes; [6]) A. Berger; [7]) P. G. Boermans; [8]) G. B. Brown; [9]) M. F. Browne; [10]) W. M. Budde; [11]) D. Burks, jr.; [12]) J. G. Burtle; [13]) E. Campaigne; [14]) R. C. Cary; [15]) R. G. Child; [16]) G. H. Coleman; [17]) V. A. Conard; [18]) F. E. Condo; [19]) J. J. Courtney; [20]) R. F. B. Cox; [21]) E. J. Crane; [22]) J. M. Cross; [23]) C. Dale; [24]) R. E. Damschroder; [25]) E. H. Dobratz; [26]) A. H. Emery; [27]) A. Fassero; [28]) W. A. Fessler; [29]) J. M. Fulton; [30]) C. L. Furrow, jr.; [31]) L. E. Geipel; [32]) M. T. Goebel; [33]) S. O. Greenlee; [34]) G. F. Grillot; [35]) F. Grosser; [36]) R. N. Hader; [37]) L. T. Hallet; [38]) W. A. Hamor; [39]) M. Hayek; [40]) J. H. Hickey; [41]) E. T. Hinkel; [42]) W. H. Horne; [43]) E. G. Howard; [44]) C. J. Hull; [45]) E. H. Huntress; [46]) H. W. Johnston; [47]) C. E. Kaslow; [48]) R. L. Kenyon; [49]) L. S. Keyser; [50]) W. R. Knox; [51]) A. H. Land; [52]) A. Langsjoen; [53]) S. C. Lind; [54]) S. Y. Ma; [55]) C. S. Marvel; [56]) E. J. Matson; [57]) R. V. Mellefont; [58]) R. B. Moffett; [59]) W. Muehlhause; [60]) W. J. Murphy; [61]) F. W. Neumann; [62]) W. A. Noyes, jr.; [63]) J. D. Oppenlander; [64]) R. R. Otter; [65]) E. A. Parker; [66]) M. Pezold; [67]) F. W. Raths; [68]) H. A. Rendleman; [69]) L. A. Ruberg; [70]) P. R. Ruby; [71]) R. E. Schaeffer; [72]) R. S. Schreiber; [73]) A. G. Sharp; [74]) W. H. Shearon, jr.; [75]) J. A. Shotton; [76]) —; [77]) W. T. Smith, jr.; [78]) H. R. Snyder; [79]) W. E. Sohl; [80]) N. B. Sommer; [81]) J. H. Stack; [82]) R. W. Stephenson; [83]) H. C. Struck; [84]) R. E. Stutz; [85]) H. Sutherland; [86]) R. Sutton; [87]) W. O. Teeters; [88]) R. D. Thompson; [89]) J. T. Thurston; [90]) H. R. Todd; [91]) G. E. Ullyot; [92]) R. W. Upson; [93]) S. F. Vitcha; [94]) V. Voorhees; [95]) J. L. Warnell; [96]) E. Welch; [97]) M. Witte; [98]) C. N. Wolf; [99]) F. J. Wolf; [100]) C. L. Zirkle; [101]) J. J. Stehle.

VI **SHRUM,** Gordon Merritt. Physik. — 1925–28 Assist. Prof., '28–37 Assoc. Prof., '37–61 Prof., '37–53 Dir. of Departm. of Univ. Extension, '38–61 Head of Departm. of Physics, '57–61 Dean of Fac. of Graduate Studies, '61 Prof. Emer., Univ. of Brit. Columbia, Vancouver, B. C.; '63–69 Chancellor, Simon Fraser Univ., Burnaby, B. C.; '44–45, '51–52 Acting Dir., '52–61 Dir., Brit. Columbia Research Council; '53–54 Pres., Canadian Assoc. of Physicists; '58–59 Chairman, Royal Commiss. on Brit. Columbia Power; '58–59 Pres. of Sect. III, Roy. Soc. of Canada; '58–64 Chairman of Board of Examiners, Brit. Columbia Dental Technicians; '59–72 Dir., Atomic Energy of Canada Ltd.; '59–72 Chairman, Brit. Columbia Energy Board; '61–62 Chairman and Pres., Brit. Columbia Electric Co.; '62–69 Co-Chairman, '69–72 Chairman, Brit. Columbia Hydro and Power Authority, Vancouver, B.C.; '62–72 Dir., Canadian Nuclear Assoc.; '75–76 Dir., Vancouver Museums and Planetarium Assoc.; '78– Dir., Brit. Columbia Buildings Corporat.; further leading activities in various professional and public bodies. — '61 Hon. D.Sc. (Univ. of British Columbia, Vancouver, B.C.); '63 Hon. D.Sc. (McMaster Univ., Hamilton, Ont.); '71 Hon. LL.D. (Simon Fraser Univ., Burnaby, B.C.). — '46 Officer of the Order of Brit. Empire; '67 Officer of the Order of Canada; '77 Queen's 25th Anniversary Medal (Great Britain).

* 1896, Jan. 14, Smithville, Ont.

Canadian J. Res., Sect. A A portable Geiger-Müller tube counter as a detector for radioactive ores [2]): **11** ('34) 652–57. — A note on the spectroscopic determination of the vitamin A content of pilchard oil [1]): **13** ('35) 93–98.

Mit: [1]) T. G. How; [2]) R. Smith.

VI **SHUTT,** Frank Thomas. Agrochem. — 1887–1912 First Chemist, '12–33 Chief Dominion Chemist and Assist. Dir. of the Dominion Experimental Farms, Ottawa, Ont.; '17–18, '27–28 Chairman of the Ottawa Sect., Amer. Soc. of Agronomy. — '14 Hon. D.Sc. (Univ. of Toronto). — '29 Prize (Amer. Soc. of Agronomy); '35 Commander of the Order of Brit. Empire; '35 Sir Joseph Flavelle Medal (Roy. Soc. Canada).

* 1859, Sept. 15, Stoke Newington, London;

† 1940, Jan. 5, Rockcliffe Park, Ottawa, Ont.

Bitte Anmerkung auf Seite 4201 beachten!

Zur Biogr. Canadian Chem. and Metallurgy **17** ('33) 243. — Chemistry and Industry **10** ('32) 454 (m. Bildn.). — J. amer. Soc. Agron. **24** ('32) 989 (m. Bildn.).

Nekr. *E. S. Archibald, Proc. and Trans. roy. Soc. Canada (3) **34** ('40) 121–23 (m. Bildn.). — *S. J. Cook, News Edit., Amer. chem. Soc. **18** ('40) 85 (m. Bildn.). — *C. H. Robinson, C.S.T.A. Review **24** ('40) 44; J. Assoc. offic. agric. Chemists **23** ('40) Nr. 4, IIIf. (m. Bildn.). — *C. H. Robinson, *W. J. Sykes, Analyst **65** ('40) 392f. — Canadian Chem. and Process Industries **24** ('40) 38. — Chemistry and Industry **18** ('40) 98f. (m. Bildn.).

Analyst Milk of the American buffalo: **57** ('32) 454.

Bull., Dep. Agric., Canada Peat, muck and mud deposits: their nature, composition and agricultural uses [3]): Nr. **124** ('33) 27 S.

Canadian Chem. and Metallurgy Some Canadian contributions to scientific agriculture. A review of certain outstanding pieces of chemical and agricultural research as carried through at the laboratories of the Dominion Experimental Farms: **16** ('32) 34f. — The close grazing scheme of pasture management. The influence of successive applications of nitrogen on the composition and yield of the herbage [1]): **17** ('33) 5f.

Empire J. exper. Agric. The quality of wheat as influenced by environment [1]): **2** ('34) 119–38.

J. agric. Sci. High-protein pasture. The rotational or close-grazing system of pasture management [1])[2]): **22** ('32) 647–56. — The close-grazing scheme of pasture management. The influence of successive applications of nitrogen on the composition and yield of the herbage [1]): **24** ('34) 341–48.

Trans. roy. Soc. Canada, Sect. III A contribution from chemistry to the close grazing system of pasturage [1]): **26** ('32) 93–101. — The nitrogen-content of wheat as affected by seasonal conditions: **29** ('35) 37–39.

Mit: [1]) S. N. Hamilton; [2]) H. H. Selwyn; [3]) L. E. Wright.

V, VI **SIBIRANI,** Filippo. Math. — 1903–07 Assist., '09–22 Libero Doc., R. Univ. di Bologna; '08–22 Insegnante, R. Ist. di Studi commerciale, Milano; '09–12 Incaricato, R. Univ. di Parma; '15–22 Prof. interno, '26–29 Prof. ord. Analisi, R. Univ. di Pavia; '23–26 Prof. straord. → Prof. ord., '26–35 Prof. incar. e Dir. del Gabinetto di Mat. finanziaria, R. Ist. super. di Sci. econ. e commerciali → R. Univ. degli Studi econ. e commerciali, Trieste; '29–32 Rettore, '29–50 Prof. ord. Mat. finanziaria, '45–47 Pres., '50–55 Prof. fuori ruolo, '56 Prof. emer., Ist. super libero di Sci. econ. e commerciali di Bologna → ('37) Fac. di Econ. e di Commercio della Univ. di Bologna; '38–49 Amministratore, Unione Mat. Ital.

* 1880, Febr. 4, S. Agata Bolognese;
† 1957, März 9, Bologna.

Nekr. Gedenkband: Scritti matematici in onore di Filippo Sibirani (Bologna '57) 19 + 347 S. (m. Bildn.); darin IX–XIX: *G. Varoli, Elenco delle pubblicazioni di F. Sibirani. — *L. Brusotti, Atti Soc. ital. Sci. fisiche e mat. "Mathesis" **1957** I, 117. — *G. Varoli, Boll. Unione mat. ital. (3) **12** ('57) 125–30 (m. Bildn.). — Statistica [Bologna] **17** ('57) 281–91.

S. Atti Congresso internazionale dei matematici, Bologna 1928, **6** (Bologna '32) 65–71: Ricerca della massima probabilità nel problema delle prove ripetute nel caso di m eventi indipendenti di probabilità costante. — Scritti matematici offerti a Luigi Berzolari (Pavia '36) 85–92: Sulle assicurazioni di capitali di sopravvivenza. — Atti del II Congresso dell'Unione Matematica Italiana, Bologna 1940 (Roma '42) 699: Sugli ammortamenti continui. — Enciclopedia delle matematiche elementari e complementi con estensione alle principali teorie analitiche, geometriche e fisiche. Loro applicazioni e notizie storico-bibliografiche **3**, 2 (L. Berzolari) (Milano '50) 193–244: Calcolo delle probabilità. — Repertorio di matematiche (M. Villa) (Padova '51) 639–96: Probabilità, matematica finanziaria e attuariale.

W. Lezioni di statistica metodologica. Anno accademico 1932–33 (Padova '33) 3 + 291 S. (Istituto superiore di scienze economiche e commerciali di Bologna). — Lezioni di matematica generale e finanziaria, **1** [6](Padova '33) 11 + 592 S., [7]('35) 11 + 623 S.; Neufassung: ('37) 8 + 760 S., [2]('40) 4 + 728 S., [3]('43) 596 S., [4]('46) 553 S., [5]('55) 556 S.; **2** [4]('34) 9 + 448 S.; Neufassung: ('38) 4 + 788 S., [2]('44); **3** [4](Padova '34) 453 S.; Neufassung: ..., [2]('44). — Elementi di matematica finanziaria. Ad uso della sezione commerciale (degli istituti tecnici) (Bologna '35) 218 S. (Corso di matematica per gli istituti tecnici); [2]('37). — Prontuario per calcoli finanziari. Ad uso della sezione commerciale (degli istituti tecnici) (Bologna '35) 83 S. (~).

Annali Mat. pura ed appl. Alcuni tipi di rigate con assegnata linea di gola: (4) **30** ('49) 261–65.

Annali R. Univ. Studi econ. e commerciali Trieste Intorno alle curve $y = ax + \lambda x^h$ e agli inviluppi $v = au + \lambda u^h$: **5** ('33) Nr. 3/4.

Boll. Mat. Calcolo di un determinante: **34** ('38) 97–99. — Sviluppi di determinanti: **35** ('39) 81–86.

Bitte Anmerkung auf Seite 4201 beachten!

Boll. Sedute Accad. Gioenia Sci. natur. Catania Di alcune identità: (4) **2** ('49) 119–25.

Boll. Unione mat. ital. Una questione relativa all'interpolazione lineare: **11** ('32) 69–71. — Sull'interpolazione della curva logistica generalizzata: **13** ('34) 81–84. — Di una identità numerica: (2) **1** ('39) 80f. — Il trattato delle spirali di Archimede: 160–72, 259–74. — Una proposizione insussistente: 229. — Una dimostrazione elementare della regola di Laplace per lo sviluppo di un determinante: **2** ('39/40) 63–66. — Fronti di identità numeriche: **4** ('42) 187–99. — Sopra alcuni metodi per il calcolo del valore attuale della rendita vitalizia unitaria frazionata: (3) **6** ('51) 226–31.

Giorn. Ist. ital. Attuari Intorno alle assicurazioni sulla vita con rimborso di premi capitalizzati: **4** ('33) 1–9. — Intorno ai problemi sulle prove ripetute: 207–10. — Sopra un metodo di interpolazione proposto da F. Vinci: **5** ('34) 224–31. — Sul cosiddetto metodo interpolatorio delle differenze: **6** ('35) 53–56. — Alcune osservazioni sull'interpolazione col metodo dei minimi quadrati: **7** ('36) 36–41. — Sopra due probabilità geometriche: **8** ('37) 39–42. — Identità dedotte dal calcolo delle probabilità: **10** ('39) 52–54. — Sugli ammortamenti continui: **12** ('41) 1–13.

Memorie (R.) Accad. Sci. Ist. Bologna, Cl. Sci. fisiche Sul reciproco del teorema del valor medio: (8) **10** ('33) 11–15. — Proprietà delle curve $y = ax + \lambda x^h$ e degli inviluppi $v = au + \lambda u^h$: (9) **1** ('34) 9–11. — Sull'iterazione indefinita di un metodo di perequazione meccanica usato in statistica: **3** ('36) 9–14. — Alcuni teoremi sulle equazioni a radici reali: **4** ('36/37). — Sopra alcune novità introdotte nella matematica finanziaria: **5** ('38) 69–74; **6** ('39) 163–68. — Come definire la media aritmetica delle distanze dei punti di un arco da un punto o da una retta?: **8** ('41) 193–99. — Esperienze sul comportamento delle frequenze in eventi di probabilità costante ma ignota: **9** ('42) 167–74. — Superficie che contengono tre sistemi ∞^1 di eliche cilindrico-circolari ad assi paralleli: **10** ('43) 193–98. — Alcune probabilità geometriche: (10) **1** ('44) 113–23. — Inversione di alcune funzioni: **2** ('46) 65–74. — Sommazione di serie: **3** ('47) 69–77. — Questioni di massimo e di minimo: **4** ('48) 111–17. — Sulle funzioni ordinatrici: **5** ('49) 27–34. — Soluzioni polinomiali di un tipo di equazioni integrali: **6** ('50) 173–77. — Sopra un problema di probabilità: **7** ('51) 143–46. — Su alcune classi di equazioni alle derivate parziali delle quali può costruirsi l'integrale completo: **8** ('52) 91–94. — Sulla risoluzione del problema di Neumann in campi prossimi a quelli classici: **9** ('52) 3–6. — Di alcuni tipi di equazioni alle derivate parziali: **10** ('53) 19–25.

Periodico Mat. Calcolo di una media aritmetica: (4) **32** ('54) 302–04.

Bitte Anmerkung auf Seite 4201 beachten!

Rend. Mat. e Appl., R. Univ. Roma Sopra le funzioni di sopravvivenza: (5) **3** ('42) 79–89.

Rivista Sci. aziendali Sul diverso comportamento dei regimi di capitalizzazione nell'ammortamento dei prestiti: **1** ('46) Nr. 1/2.

Suppl. statist. Nuovi Problemi Politica, Storia ed Econ. Osservazioni sulla interpolazione: **6** ('40) 7–10.

VI **SIDDONS,** Arthur Warry. Math. — 1899–1936 Math. Master, Harrow School, Harrow-on-the-Hill; '35–36 Pres., Math. Assoc. London. (⊠)
* 1876, Aug. 16, West Bromwich;
† 1959, Nov. 10.

Bildn. Mathematical Gaz. **20** ('36) vor S. 1.

Nekr. *W. J. Langford, Nature [London] **184** ('59) 1684f. — *K. S. Snell, Mathematical Gaz. **44** ('60) 35f.

W. Graph book; an exercise book and text book (m. C. V. Durell): Teachers edition, with hints and answers, Neuaufl. (London '33) 8 + 66 + 14 S.; weitere Neuauflagen: ('62), ('64). — Elementary algebra (m. C. T. Daltry) **1** (Cambridge '33) 8 + 132 S.; **2** ('34) 8 S. + S. 133–372; **3** ('35) 8 S. + S. 373–616; Neuauflagen in Auszügen; Answers to "Elementary algebra" ('36). — Modern geometry (m. C. Godfrey), Neuauflagen (Cambridge '34), ('52) 16 + 168 S. — Solid geometry (m. C. Godfrey), Neuaufl. (Cambridge '36) 7 + 109 S. — Practical geometry (m. C. Godfrey), Neuaufl. (Cambridge '36) 15 + 255 S. — Elementary mechanics (m. K. S. Snell, N. R. C. Dockeray) **1**: Statics (London '36) 144 S.; **2**: Dynamics ('36) 168 S.; [Fortsetzungsband ohne Obertitel und Bandzahl:] Further mechanics and hydrostatics ('37) 8 + 184 S., Neuaufl.: ('49) 184 S. — A new geometry (m. K. S. Snell) (Cambridge '38) 16 + 302 S., ²('46), Neudruck ('59) 16 + 329 S.; Notes and answers to exercises in "A new geometry" (m. K. S. Snell) ('38) 16 S. — Four-figure tables (m. C. Godfrey) Neuauflage f. Südafrika m. d. T.: Vierdesimalige tafels (Cambridge '39) 43 S.; weitere Neuauflagen: ('46) 46 S., ('62) 46 S. — Introduction to geometry (m. K. S. Snell) (Cambridge '39) 6 + 166 S., Neuaufl.: ('63) 6 + 166 S.; Notes and answers to exercises in "Introduction to geometry" (m. K. S. Snell) ('39) 24 S. — Air navigation for beginners (London '42) 31 S. — Elementary geometry (m. C. Godfrey) Neudruck d. 4. Aufl. (Cambridge '44) 23 + 395 S. — The teaching of elementary mathematics (m. C. Godfrey) ²(Cambridge '46) 12 + 322 S.; Neudrucke: ('53), ('57) 11 + 322 S. — A new arithmetic (m. K. S. Snell, E. H. Lockwood) **1** (Cambridge '47) 7 + 184 S., ²('52) 7 + 228 S.; **2** ('47) 8 + 210 S.,

²('52) 8 + 272 S.; **3** ('47) 7 + 151 S.; Notes and answers for "A new arithmetic" ('47) 2 + 90 S., ²('52) 116 S. – A new calculus (m. K. S. Snell, J. B. Morgan) **1** (Cambridge '51) 8 + 116 S.; **2** ('51) 8 + 258 S.; **3** ('52) 8 + 463 S.

Mathematical Gaz. Perigal's dissection for the theorem of Pythagoras: **16** ('32) 44. – Methods of learning geometrical theorems: **17** ('33) 72–77 (Diskuss. 77–83). – A trigonometrical equation: 266. – Progress (Presidential address): **20** ('36) 7–26. – Discussion to G. Temple: The rehabilitation of differentials: 127f. – A lesson on ratios: 204f. – Discussions: **21** ('37) 99, 106, 259. – On relative velocity: **22** ('38) 180f. – The product of two series: **39** ('55) 4–6.

V, VI **SIDGWICK,** Nevil Vincent. Chem.— 1924–33 Reader, '33–45 Prof., Lincoln College, Univ. of Oxford; '32–35 Chairman of the Chem. Research Board, Advisory Council of the Departm. of Scientific and Industrial Research; '32–34 Pres., Faraday Soc.; '35–37 Pres., Chemical Soc. – '28 [?] Hon.D.Sc. (Univ. of Leeds); '35 Hon.LL.D. (Univ. of Liverpool). – '35 Hon. Student of Christ Church College, Univ. of Oxford; '35 Commander of the Order of Brit. Empire; '37 Royal Medal (Roy. Soc. London); '45 Longstaff Medal (Chemical Soc. London).

* 1873, Mai 8, Oxford;

† 1952, März 15, Oxford.

Zur Biogr. *W. Bragg, Proc. roy. Soc. London, Ser. A **163** ('37) 478f. – *H. T. Tizard in: Great chemists (E. Farber) (NewYork '61) 1377–87. – Nature [London] **140** ('37) 980.

Nekr. *D. Ll. Hammick, School Sci. Rev. **34** ('52) 128. – *T. S. Moore, Nature [London] **169** ('52) 732f. – *L. E. Sutton, Proc. chem. Soc., London **1958**, 310–19 (m. Bildn.). – *H. T. Tizard, Obituary Notices Fellows roy. Soc. London **9** ('54) 237–58 (m. Bildn., Faks., Schr.verz.). – Chemical Age **66** ('52) 432. – Chemical and Engng. News **30** ('52) 1666 (m. Bildn.).

S. Encyclopaedia Britannica; a new survey of universal knowledge **22** (Chicago, Ill.–London–Toronto–... '65) 944f.: Valence: Earlier theories [5] [auch in früheren Auflagen].

W. The electronic theory of valency. Neudrucke (London '32), ('37), ('46), ('48) 11 + 310 S. – Some physical properties of the covalent link in chemistry (Ithaca, N.Y.–London–NewYork '33) 7 + 249 S. (m. Bildn.). (The George Fisher Baker Non-resident Lectureship in Chemistry at Cornell University, 11). – A table of dipole moments (m. G. C. Hampson, R. J. B. Marsden) (London '34) 1 + 86 S. – The organic chemistry of nitrogen (Neubearbeitung von T. W. J. Taylor, W. Baker) ²(Oxford–London '37) 19 + 590 S., Neudrucke: ('42), ('45); (Neubearbeitung von J. T. Millar, H. D. Springall) ³(Oxford '66) 12 + 909 S. (m. Bildn. u. Faks.); gekürzte Neuaufl. u. d. T.: A shorter Sidgwick's Organic chemistry of nitrogen (J. T. Millar, H. D. Springall) (Oxford '69) 11 + 582 S. – The chemical elements and their compounds, **1** (Oxford–London '50) 32 + 854 S., **2** ('50) 6 + S. 855–1704; Neudrucke beider Bände: ('51), ('52), ('62); span.: Los elementos químicos y sus compuestos **1.2** (Madrid '54).

Annual Rep. Progr. Chem. The structure of simple molecules [2]: **28** ('32) 367–403. – General and physical chemistry, Sect. 9: General stereochemistry: **29** ('33) 64–73; ~ Sect. 3: The theory of resonance and the co-ordination of hydrogen: **31** ('35) 37–43; ~ Sect. 4: Heats of formation in homologous series: 43–46. – Inorganic chemistry, Sect. 5: The covalency rule: **30** ('34) 110–20; ~ Sect. 6: The inert pair of valency electrons: 120–28; ~ Sect. 7: The inter-halogen compounds: 128–32.

Chemical Reviews Dipole moment and molecular structure: **19** ('36) 183–94.

Chemistry and Industry Structural chemistry: **1936**, 369–72.

J. amer. chem. Soc. Germanium, 38: The parachors of certain compounds of germanium and the atomic constant for germanium [4]: **54** ('32) 948–52.

J. chem. Soc., London Freezing points of solutions of nitrobenzene in benzene and cyclohexane, and their relations to the electrical polarization [3]: **1933**, 281–86. – Dipole moments and structures of the organic azides and aliphatic diazo-compounds [8][9]: 406–12. – Structural chemistry (Presidential address): **1936**, 533–38. – Dipole moments and the fixation of aromatic double links: Bromohydrindenes and bromotetralins [7]: 1532–37. – Hybrid molecules (Presidential address): **1937**, 694–99. – Complex formation (Liversidge lecture): **1941**, 433–43.

J. roy. astron. Soc. Canada Molecules: **32** ('38) 188f.

Nature [London] Designation of heavy hydrogen: **133** ('34) 256. – Wave mechanics and structural chemistry: 529f. – Energy of the Hg–C bond and the heat of atomization of carbon [7]: **156** ('45) 599f.

Proc. roy. Instn. Great Britain The shapes of molecules: **28**. 1933/35 ('35) 35–45.

Proc. roy. Soc. London, Ser. A Discussion on heavy hydrogen: **144** ('34) 5–8. – Structures of the metallic carbonyl and nitrosyl compounds [1]: 521–37. – Stereochemical types and valency groups [6]: **176** ('40) 153–80.

Bitte Anmerkung auf Seite 4201 beachten!

Rep., Meeting austral. and New Zealand Assoc. Advancement Sci. Multiple links: **24** ('39) 41–47.

Sciences [USA] Molecules: **86** ('37) 335–40.

Scientific J. roy. College Sci. The shapes of molecules: **4** ('34) 19–26.

Trans. Faraday Soc. The structure of the organic azides: **30** ('34) 801–04.

Mit: [1]) R. W. Bailey; [2]) E. J. Bowen; [3]) L. G. Davy; [4]) A. W. Laubengayer; [5]) L. C. Pauling; [6]) H. M. Powell; [7]) H. D. Springall; [8]) L. E. Sutton; [9]) W. Thomas.

VI **SIDON,** Simon. Math. — 1919 Dr. phil., Univ. Budapest. — — Weitere Daten nicht bekannt. (⊠)
* 1892, Okt. 2, Versec;
† 1941, Apr. 27.

Todesanzeige Acta Litt. ac Sci. [Szeged], Sect. Sci. math. **10** ('41/43) 206.

Acta Litt. ac Sci. [Szeged], Sect. Sci. math. Bemerkungen über Fourier- und Potenzreihen: **7** ('34/35) 85–94. — Eine Bemerkung über die Mittelwerte der Potenzreihen: 173f. — Über die Fourier-Konstanten der Funktionen der Klasse L_p für $p > 1$: 175f. — Über lakunäre trigonometrische Reihen: **8** ('36/37) 53f. — Über Potenzreihen mit monotoner Koeffizientenfolge: **9** ('38/40) 244–46. — Über orthogonale Entwicklungen [1])[2]): **10** ('41/43) 206–53.

Compositio math. Über Fourier-Reihen mit Lükken: **4** ('36/37) 78–81. — Über unvollständige Orthogonalsysteme: 373–79; **5** ('38) 433f. — Über Orthogonalsysteme: **7** ('40) 372–75.

J. London math. Soc. Über Fourier-Koeffizienten: **13** ('38) 181–83. — Bestimmung der Sprungstellen einer Funktion aus ihrer Fourier-Reihe: 183–85. — Hinreichende Bedingungen für den Fourier-Charakter einer trigonometrischen Reihe: **14** ('39) 158–60.

Mathematische Ann. Ein Satz über trigonometrische Polynome und seine Anwendung in der Theorie der Fourier-Reihen: **106** ('32) 536–39.

Mathematische Z. Einige Sätze und Fragestellungen über Fourier-Koeffizienten: **34** ('32) 477–80; **35** ('32) 624. — Ein Satz über Fouriersche Reihen mit Lücken: **34** ('32) 481–84. — Ein Satz über die Fourierschen Reihen stetiger Funktionen: 485f.

Studia Math. [Polonia] Verallgemeinerung eines reihentheoretischen Satzes: **7** ('38) 101–03. — Über das Abelsche Summationsverfahren: **9** ('40) 106–08 [m. ukrain. Zusammenfassg.].

Mit: [1]) G. Grünwald; [2]) P. Turán.

V, VI **SIEG,** Lee Paul. Physik. — 1899–1900 Assist., '00–03 Fellow, '06–08 Instructor, '08–19 Assist. Prof. and Assoc. Prof., '20–24 Prof., Univ. of Iowa, Iowa City, Ia.; '03–06 Instructor and Head of Departm. of Physics, Carleton College, Northfield, Minn.; '24–31 Prof., '24–25 Head of Departm. of Physics, '25 Dean and '31–34 Acting Dean of School of Educat., '25–34 Dean of College and Graduate School, Univ. of Pittsburgh, Pa.; '34–46 Pres., '46 Pres. Emer., Univ. of Washington, Seattle, Wash. — '34 Hon. LL.D. (Univ. of Pittsburgh, Pa.); '41 Hon. LL.D. (Univ. of Iowa, Iowa City, Ia).
* 1879, Okt. 7, Marshalltown, Ia.;
† 1963, Okt. 7, Seattle, Wash.

Nekr. Seattle Times **1963**, 8. Okt.

V, VI **SIEGBAHN,** Karl Manne Georg. Physik (Röntgenspektroskopie, Kernphysik). — 1911–20 Doz., '15–20 stellvertr. Prof., '20–23 Prof., Univ. Lund; '23–37 Prof., Univ. Uppsala; '37–52 Prof., '37–64 Dir. d. Forschungsinst. f. Experimentalphysik (→ Nobelinst. f. Physik), '53 Prof. Emer., Königl. Akad. Wiss., Stockholm; zahlreiche Besuche bedeutender Wissenschaftszentren in Europa, Kanada, USA, verbunden mit Vortrags- und Lehrtätigkeit; '34–47 Pres., Int. Union f. Physik. — '25 Nobelpreis für Physik. — Dr.h.c.: '31 (Univ. Freiburg, Br.), '42 (Univ. Bucureşti), '47 (Univ. Oslo), '52 (Univ. Paris), '57 (Königl. Techn. Hochsch. Stockholm). — '19, '23 Björkén-Preis (Königl. Schwed. Akad. Wiss.); '34 Hughes Medal, '40 Rumford Medal (Roy. Soc. London); '48 Duddell Medal (Physical Soc. London).
* 1886, Dez. 3, Örebro;
† 1978, Sept. 24, Stockholm.

Zur Verleihung des Nobelpreises *N. H. de V. Heathcote, Nobel Prize winners in physics, 1901–50 (New York '53) 218–28 (m. Bildn.). — *E. Schneider, Von Röntgen zu Einstein, von Planck zu Heisenberg. Nobelpreisträger der Physik und ihre Entdeckungen (Berlin–München '53) 141–44. — The Nobel Prize winners and the Nobel Foundation 1901–37 (Zürich '38) 80–82 (m. Bildn. S. 420). — Nobel Lectures, Physics, 1922–1941 (Amsterdam–London–NewYork '65) 73–80, 90–92.

Zur Biogr. *W. Bragg, Proc. roy. Soc. London, Ser. A **177** ('40/41) 20f. — *F. G. Hopkins, ibid. **148** ('35) 31. — *S. von Friesen, Årsbok, Kungl.

fysiogr. Sällsk. Lund **1979**, 75–81 (m. Bildn. u. Faks.). — *E. A. Hylleraas, Fysikkens Verden **11** ('49) 1-7. — *T. Magnusson in: Swedish men of science 1650–1950 (S. Lindroth) (Stockholm '52) 280–91. — Nature [London] **131** ('33) 901f.; **134** ('34) 906; **146** ('40) 750; **173** ('54) 978. — Proc. amer. Acad. Arts and Sci. **78** ('49/50) 109. — Uppsala Univ. Matrikel **1937–1950** ('53) 497–500 (m. Schr.-verz.).

Zum 65. Geb.tag Festschrift: Manne Siegbahn 1886 3/12 1951 (Uppsala '51) 845 S. (m. Bildn.).

Zum 70. Geb.tag *R. Lepsius, Chemiker-Ztg. **80** ('56) 825 (m. Bildn.).

Zum 75. Geb.tag Forschungen u. Fortschr. **35** ('61) 352.

Zum 80. Geb.tag Forschungen u. Fortschr. **40** ('66) 351.

Nekr. *B. Edlén, Nature [London] **277** ('79) 333f. (m. Bildn.). — *G. Herzberg, Physics today **1979**, 68. — *E. Ingelstam, Procès-verbaux Séances, Comité int. Poids et Mesures (2) **46** ('78) XIIIf. — *A. Kastler, C. R. hebd. Séances Acad. Sci., Paris **287** ('78) Vie acad., 75f. — *J. Coulomb, ibid. 98f.

S. Nobelprisen 50 år; forskare, diktare, fredskämpar (Stockholm '50) 123–85: Der Physik-Preis [schwed.]; engl. Ausgaben u. d. T.: Nobel, the man and his prizes (Stockholm '50) 397–440: The Physics Prize; [2](Amsterdam–NewYork '62) 439–518; ~; [3](New York '72) 387–475: ~ [5]); span. in: Los premios Nobel y su fundador (Madrid '59). — Swedish men of science 1650–1950 (S. Lindroth) (Stockholm '52) 214–18: Janne Rydberg (1854–1919). — Encyclopaedia Britannica; a new survey of universal knowledge **21** (Chicago, Ill.–London–Toronto–... '65) 196N–200: Spectroscopy, x-ray [auch in allen anderen Auflagen 1929–1973]. — Nobel Lectures, Physics, 1922–1941 (Amsterdam–London–NewYork '65) 81–89: The x-ray spectra and the structure of the atoms.

Arkiv Mat., Astron. och Fysik Interferometrische Untersuchung von Kristallspaltflächen: **23A** ('32/33) Nr. 12, 9 S. — Die M-Reihe der Elemente Brom (35) und Rubidium (37) [2]): **24B** ('33/34) Nr. 4, 5 S. — On the higher series of the x-ray spectra [2]): Nr. 6, 5 S. — The O-series of the x-ray spectra [2]): Nr. 7, 2 S. — x-Ray tubes for spectroscopical purposes: **28B** ('42) Nr. 4, 4 S. — A new design for a high vacuum pump: **30B** ('44) Nr. 2, 4 S.

Current Sci. x-Ray spectroscopy: **1937**, Spec. Nr. Jan., 14f.

Ergebn. der exakten Naturwiss. Messung langer Röntgenwellen mit optischen Gittern: **16** ('37) 104–32.

Bitte Anmerkung auf Seite 4201 beachten!

Kosmos [Stockholm] Sir William Bragg †: **20** ('42) 5–15.

Nature [London] Absolute values of x-ray wavelengths and the fundamental atomic constants [4]): **129** ('32) 21f. — x-Ray spectra in the region 50–250 Å [2]): **132** ('33) 750. — x-Ray K- and L-spectra of aluminium [2])[1]): 895f. — x-Ray spectra of the L-series of silicon and silica [2]): **133** ('34) 257. — Absolute x-ray wave-lengths: **151** ('43) 502. — An interferometric procedure for the examination of crystal surfaces: **153** ('44) 435.

Nordisk Familjeboks Månadskrönika Das Forschungsinstitut für Experimentalphysik der Schwedischen Akademie der Wissenschaften: **2** ('39) 571–76 [schwed.].

Nordisk Tidskr. Fotogr. Mit dem Elektronenmikroskop aufgenommene stereoskopische Bilder: **26** ('42) 205f. [schwed.].

Norelco Reporter x-Ray spectroscopy – a short retrospective survey: **3** ('56) 22f.

Nuovo Cimento Celebrazione del secondo centenario della nascita di Luigi Galvani: Erweiterung der Röntgenspektren in Richtung der optischen Strahlung: **15** ('38) 115f.

Proc. amer. Acad. Arts and Sci. Nuclear spectroscopy: **82** ('52/53) 355–59.

Proc. physic. Soc. Studies in the extreme ultraviolet and the very soft x-ray region: **45** ('33) 689–98.

Review sci. Instruments The physical laboratory of the University of Upsala: **7** ('36) 197–99.

Science Rep., Tôhoku imp. Univ., Ser. I Some practical tests on a new ruling-engine: **1936**, Honda-Anniversary vol., 38–46.

Spectrochimica Acta Activity in Sweden on grating ruling, testing and mounting [3]): **6** ('53) 59f.

Z. Physik Bemerkungen zu der Arbeit von H. Seemann: „Korrektionsrechnungen für Röntgenspektrometer": **80** ('33) 413f. — Zur Spektroskopie der ultraweichen Röntgenstrahlung, 2 [2]): **87** ('33/34) 291–309; ~ 3 [2]): **88** ('34) 559–92; ~ 4 [2]): **95** ('35) 133–57; ~ 5 [2]): **96** ('35) 1–11. — Die K-Reihe der Elemente Aluminium und Magnesium [1]): **88** ('34) 76–82.

Mit: [1]) H. Karlsson; [2]) T. Magnusson; [3]) L. A. Sayce; [4]) M. Söderman; [5]) Kai Siegbahn.

V, VI **SIERPIŃSKI,** Wacław Franciszek. Math. — 1900–04 Stud., Univ. Warszawa; '06 Dr. fil., Jagiellon. Univ. Kraków; '08–10 Doz., '10–18 außerord. Prof., Univ. Lwów; '19–60 ord. Prof., Univ. Warszawa. — '25–31 Vizepräs., '31–52 Präs., Ges. f. Wiss.

u. Lit., Warszawa; '27–33 Präs., Ges. d. Professoren u. Schulmänner, Warszawa; '28–29 Präs., Poln. Math. Ges.; '52–57 Vizepräs., Poln. Akad. Wiss.; '62–65 Vizepräs., Int. Akad. d. Philos. d. Wiss., Bruxelles. — '30 Prof. h.c. (Univ. nacion. de San Marcos, Lima). — Dr. h.c.: '29 (Univ. Lwów), '31 (Univ. Amsterdam), '31 (Univ. Tartu), '39 (Univ. Paris), '39 (Univ. Sofija), '47 (Univ. Bordeaux), '48 (Univ. Praha), '48 (Univ. Wrocław), '49 (Univ. Lucknow, Indien), '67 (Lomonosov-Univ. Moskva). — '11, '13, '17 Preise (Akad. Wiss., Kraków), '23 Preis (Poln. Akad. Wiss., Kraków); '25 Kommandeurskreuz, '51 Kommandeurskreuz m. Stern, '57 Großkreuz (Orden der Erneuerung Polens); '26 Jakub-Natanson-Preis (Józef-Mianowski-Stiftung); '29, '54 Wiss. Preis (Stadt Warszawa); '32 Verdienstkreuz (Ungarn); '32 Offizier, '58 Kommandeur d. Ehrenlegion (Frankreich); Kommandeurskreuz m. Stern d. Zivilverdienstordens (Bulgarien); Kommandeurskreuz m. Stern d. Kronenordens (Rumänien); '47 Stanisław-Zaremba-Preis (Poln. Math. Ges.); '49 Wiss. Preis I. Grades, '54 Orden 1. Klasse "Fahne der Arbeit" (Volksrepubl. Polen); '68 Goldmedaille (Alfred-Jerzykowski-Stiftung).

* 1882, März 14, Warszawa;

† 1969, Okt. 21, Warszawa.

Zur Biogr. *K. Kuratowski, Nauka polska **4** ('56) Nr. 1, 67–70 (m. Bildn.); Problemy [Warszawa] **11** ('55) 273f. — *E. Marczewski, Polish Perspectives **3** ('60) Nr. 5, 45–50. — *I. G. Mel'nikov, Istoriko-mat. Issled. **24** ('79) 361–65. — *A. Schinzel, Wacław Sierpiński (Warszawa '76) 50 + 2 S. (m. Bildn.). — Kulturprobleme des neuen Polen **2** ('50) Nr. 6/7, S. 14. — Review polish Acad. Sci. **1** ('56) Nr. 1, 52f.

Zum 40jähr. Dienstjubiläum Jubiläumsgabe: Ann. Soc. polon. Math. **21** ('48), mit Beilage: Jubileusz 40-lecia działności na katedrze uniwersyteckiej Prof. W. Sierpińskiego, Warszawa 23. 9. 1948 (Warszawa '49) 93 S. (m. Bildn., Faks. u. Schr.verz. 527 Nrn.); darin eigene Ansprache: 20–23 [poln.]. — Colloquium math. [Polonia] **1** ('48) 348f.

Zum 50jähr. Doktor-Jubiläum Roczn. polsk. Towarz. mat., Ser. 2: Wiadomości mat. **3** ('59) 1–7 (m. Bildn.); eigene Dankesworte: 6f.

Zum 80. Geb.tag *M. M. Fryde, Polish Rev. [New York] **8** ('63) Nr. 1, 1–8; Scripta math. [USA] **27** ('64) 105–11. — *J. Sedláček, Čas. Pěst. Mat. **87** ('62) 252f. — *F. Vesely, Wacław Sierpiński – Begründer der modernen mathematischen Wissenschaft in Polen: Pokroky Mat., Fysiky a Astron. **7** ('62) 165–74 [tschech.].

Zum 60jähr. Dienstjubiläum *T. Iwiński, Roczn. polsk. Towarz. mat., Ser. 2: Wiadomości mat. **8** ('65) 109–11.

Zum 85. Geb.tag *J. Sedláček, Čas. Pěst. Mat. **92** ('67) 370.

Nekr. *K. Kuratowski, Nauka polska **17** ('69) 169–72; Review polish Acad. Sci. **15** ('70) Nr. 1, 131–33. — *Dj. Kurepa, Matematički Vesn. (N.S.) **9** ('72) 313–21 (m. Bildn.). — *G. C. Moisil, Gazeta mat. [Bucureşti], Ser. A **75** ('70) 41–43. — *P. Montel, C.R. hebd. Séances Acad. Sci., Paris, Vie académique **270** ('70) 32f. — *A. Schinzel, Roczn. polsk. Towarz. mat., Ser. 2: Wiadomości mat. **12** ('71) 303–08. — *E. Marczewski, Über die Arbeiten W. Sierpińskis: ibid. **14** ('72) 65–72 [poln.]. — Fundamenta Math. [Warszawa] **66** ('70) vor S. 1 (m. Bildn. u. Faks.). — Versl. gewone Vergad. Afd. Natuurkunde, Koninkl. nederl. Akad. Wet. **78** ('69) 147.

Zum 90. Geb.tag Gedenkband: Acta arithmet. [Warszawa] **21** ('72) 436 S. (m. Bildn.); darin S. 1–5: *K. Kuratowski, Wacław Sierpiński (1882–1969) [engl.]; 7–13: *A. Schinzel, Wacław Sierpiński's papers on the theory of numbers; 15–23: Publications of Wacław Sierpiński in the theory of numbers. — *A. Rotkiewicz, W. Sierpiński's works on the theory of numbers: Rend. Circolo mat. Palermo (2) **21** ('72) 5–24.

Briefe Briefe von W. Sierpiński an N. N. Luzin (V. A. Volkov, F. A. Medvedev): Istoriko-mat. Issled. **24** ('79) 366–73 [russ.].

Teilsammlung Œuvres choisies (S. Hartman, A. Schinzel) **1**: Bibliographie, Théorie des nombres, Analyse mathématique (Warszawa '74) 300 S. (m. Bildn.); darin S. 9–14: *K. Kuratowski, Wacław Sierpiński; 15–62: Schr.verz.; 65–72: *A. Schinzel, Les travaux de W. Sierpiński sur la théorie des nombres; 217–21: *S. Hartman, Les travaux de W. Sierpiński sur l'analyse; **2**: Théorie des ensembles et ses applications: Travaux des années 1908–1929 ('75) 780 S. (m. Bildn.); darin S. 9–13: *A. Mostowski, Travaux de W. Sierpiński sur la théorie des ensembles et ses applications, 1: La théorie générale des ensembles; 13–17: *S. Hartman, *E. Marczewski, ~ 2: Ensembles analytiques et projectifs; 17–20: *E. Marczewski, ~ 3: Topologie générale; 20–25: *S. Hartman, ~ 4: Mesure et catégorie, Congruence des ensembles; 25–31: *S. Hartman, ~ 5: Fonctions d'une variable réelle; **3**: Théorie des ensembles et ses applications: Travaux des années 1930–1966 ('76) 688 S. (m. Bildn.); darin S. 687f.: Schr.verz. [Nachtrag].

HZ. Acta arithmet. [Warszawa] **4** ('58)–**16** ('69).

MHZ. Fundamenta Math. [Warszawa] **1** ('20)–**66** ('70).

S. Verhandlungen des internationalen Mathematiker-Kongresses, Zürich 1932, **1** (Zürich–Leipzig '33) 280–87: Sur les ensembles de points qu'on sait définier effectivement. — C.R. Congrès international des mathématiciens, Oslo 1936, **2** (Oslo '37) 120–22: Sur un problème concernant les fonctions semi-continues. — Les entretiens de Zurich sur les fondements et la méthode des sciences mathématiques, Zurich 1938 (F. Gonseth) (Zurich '41) 125–34: L'axiome du choix et l'hypothèse du continu (Diskussion S. 134–43); deutsch in: Mengenlehre (U. Felgner) (Darmstadt '79): Auswahlaxiom und Kontinuumshypothese. — VI Zjazd matematyków polskich, 1949 (Kraków '50) (Annales Soc. polon. Math. **22**, Suppl.) 60–69: Sur une exposition de la théorie des espaces (V) de Fréchet [poln.]. — C.R. 1er Congrès des mathématiciens hongrois, Budapest 1950 (Budapest '52) 397–99: Sur les diviseurs de types ordinaux [m. ungar. u. russ. Zusammenfassg.]. — Atti del IV Congresso dell'Unione Matematica Italiana, Taormina 1951, **2** (Roma '53) 440: Sur quelques résultats nouveaux concernant l'hypothèse du continu. — Essays on the foundations of mathematics dedicated to A. A. Fraenkel on his 70th anniversary (Y. Bar-Hillel) (Jerusalem '61) 300–03: Sur les ensembles raréfiés de nombres naturels. — Uvodjenje mladih u naučni rad [Einführung der Jugend in wissenschaftliche Arbeit] **1** (O. Mitrinović) (Beograd '61) (Matematička biblioteka, 18) 63–75: Sur quelques problèmes non résolus d'arithmétique [serb.]; 76: Un jeune talent mathématique polonais [~]. — Celebrazioni archimedee del secolo XX, Siracusa 1961, **2**: Simposio di analisi (Gubbio '62) 15–18: Sur quelques genres de problèmes de la théorie des nombres; ~ Siracusa 1964, **2**: Simposio di didattica ('65) 13–29: La théorie des ensembles dans l'enseignement à l'école secondaire. — Calcutta Mathematical Society, Golden jubilee commemoration volume 1958–1959, **1** (Calcutta '63) 7–9: Sur les nombres dont la somme de diviseurs est une puissance du nombre 2. — Enrichment mathematics for high school (Washington, D.C. '63) (National Council of Teachers of Mathematics, Yearbook 28) 205–17: On some unsolved problems of arithmetics. — Information and prediction in science (S. Dockx, P. Bernays) (New York '65) 129–37: Le problème de l'information en mathématique.

W. Wstęp do teorji funkcji zmiennej rzeczywistej (Lwów–Warszawa '32) 68 S. — Arytmetyka i geometrja (m. S. Banach, W. Stożek), dla 5 klasy szkoly powszechnej (Lwów–Warszawa '33) 192 S., ²(Lwów '37) 176 S.; ~ dla 6 klasy szkoly powszechnej (Lwów–Warszawa '34) 160 S., ²(Lwów '39) 160 S., ³(Edinburgh '45) 160 S.; ~ dla 7 klasy szkoly powszechnej (Lwów–Warszawa '35) 184 S., ²(Lwów '39) 184 S. — Arytmetyka dla 1 klasy gimnazjalnej (m. S. Banach, W. Stożek) (Lwów–Warszawa '33) 127 S., ²(Lwów '37) 111 S. — Wstęp do teorji liczb (Lwów–Warszawa '33) 72 S.; ²(Warszawa '65) 108 S. (Biblioteczka matematyczna, 25). — Przekroje. Wstęp do teorji liczb niewymiernych (Lwów–Warszawa '34) 32 S. (Bibljoteczka matematyczna, 1). — Introduction to general topology (Toronto '34) 10 + 238 S. — Hypothèse du continu (Warszawa '34) 5 + 192 S. (Monografie matematyczne, 4), ²(New York '56) 17 + 274 S. — Lecţiuni despre mulţimile analitice profesate la Universitatea din Cluj în mai 1932 (Cluj '37) 16 S. (Monografii matematice, 2). — Zasady algebry wyższej (Warszawa '46) 12 + 437 S. (Monografie matematyczne, 11), ²(Warszawa–Wrocław '51) 8 + 435 S.; gekürzte Ausgabe für Fernstudenten der Physik: (Poznań '57) 87 S. (Uniwersytet im. A. Mickiewicza w Poznaniu). — Wstęp do teorii mnogości i topologii ²(Warszawa '47) 136 S.; ³('65) 139 S. (Biblioteczka matematyczna, 21); engl.: Introduction to the theory of sets and topology (Allahabad '49), Neudrucke: ('59), ('62) 6 + 154 S. — Rachunek różniczkowy, poprzedzony badaniem funkcji elementarnych (Warszawa '47), ('48) 12 + 267 S. (Monografie matematyczne, 14) (= Neudrukke von: Analiza, **1**, Partie III.IV (Warszawa '25)). — Działania nieskończone (Warszawa '48) 12 + 225 + 278 S. (Monografie matematyczne, 13) (= Neudruck von: Analiza, **1**, Partie I (Warszawa '23) u. Partie II ('25)). — Leçons sur les nombres transfinis ²(Paris '50) 6 + 240 S. — Les ensembles projectifs et analytiques (Paris '50) 80 S. (Mémorial des sciences mathématiques, 112). — Teoria liczb [**1**] ³(Warszawa–Wrocław '50) 5 + 544 S. (Monografie matematyczne, 19); **2** ('59) 487 S. (~ 38). — Algèbre des ensembles (Warszawa–Wrocław '51) 205 S. (Monografie matematyczne, 23). — General topology (Toronto–London '52) 12 + 290 S. (University of Toronto, Mathematical expositions, 7), ²('56) 12 + 260 S. — On the congruence of sets and their equivalence by finite decomposition (Lucknow '54) 117 S. (Lucknow University studies, 20); Neudruck als Teil des Sammelbandes: Congruence of sets and other monographs (Bronx, N. Y. '67). — Przestrzenie metryczne (Warszawa '54) 205 S. [als Manuskript gedruckt]. — Trójkąty pitagorejskie (Warszawa '54) 94 S. (Monografie popularno-naukowe); russ.: (Moskva '59) 110 S.; engl.: Pythagorean triangles (New York '62) 8 + 107 S. (Scripta Mathematica studies, 9). — Arytmetyka teoretyczna (m. J. Łoś) (Warszawa '55) 258 S. (Biblioteka matematyczna, 7), ²('59) 273 S., ³('66) 273 S., ⁴('68) 273 S., ⁵('69) 273 S. — O rozwiązywaniu równań w liczbach całkowitych (Warszawa '56) 108 S.; russ.: (Moskva '61) 87 S.; rumän. in: Ce ştim şi ce nu ştim despre numerale prime (Bucureşti '66), siehe unten! — Czym się zajmuje teoria liczb (Warszawa '57) 147 S. — O rozkładach liczb wymiernych na ułamki proste (Warszawa '57) 110 S. — Cardinal and ordinal numbers (Warszawa '58) 487 S. (Monografie matematyczne, 34), ²('65) 491 S. — O stu prostych, ale trudnych zagadnieniach arytmetyki; z pogranicza geometrii i arytmetyki (Warszawa '59) 79 S. (Biblioteczka matematyczna, 6); russ.: (Moskva '61) 74 S.; engl. zusammen mit dem nächsten Titel als: A selection of problems in the theory of numbers (Oxford–London–NewYork–Paris–Warszawa '64) 126 S. (Popular lectures in mathematics, 11). — Co wiemy, a czego nie wiemy o liczbach pierwszych (Warszawa '61) 80 S. (Biblioteczka matematyczna, 9); russ.: (Moskva '63) 90 S.; rumän. in: Ce ştim şi ce nu ştim despre numerale prime (Bucureşti '66) 200 S. (zusammen mit der Übersetzung von: O rozwiązywaniu równań w liczbach całkowitych, siehe oben); engl.: siehe vorigen Titel; tschech.: Co víme a co nevíme o prvočíslach (Praha '66) 105 S. (Matematická knižnice, 8); bulgar.: (Sofija '67) 79 S. (m. Bildn.). — Liczby trojkątne (Warszawa '62) 68 S. (Biblioteczka matematyczna, 12); bulgar.: (Sofija '69) 67 S. (m. Bildn.). — Elementary theory of numbers (Warszawa '64) 480 S. (Monografie matematyczne, 42). — 200 [= Dwieście] zadań z elementarnej teorii liczb (Warszawa '64) 140 S. (Biblioteczka matematyczna, 17); russ.: 250 zadač po èlementarnoj teorii čisel (Moskva '68) 160 S., darin S. 3–13: *I. G. Melnikov, Der hervorragende polnische Mathematiker W. Sierpiński [russ.]; ungar.: 200 feladat az elemi számelméletből (Budapest '68) 151 S., ²('72) 150 S.; engl.: 250 problems in elementary number theory (NewYork–Warszawa '70) 7 + 125 S. (Modern analytic and computational methods in science and mathematics, 26); französ.: 250 problèmes de théorie élémentaire des nombres (Paris '72) 176 S. — O teorii mnogości; wybrane zagadnienia dla szkół średnich (Warszawa '64) 66 S. (Biblioteka nauczyciela matematyki, 5), ²('69) 66 S.; russ.: (Moskva '66) 60 S.; japan.: (Tokyo '68) 124 S. (Sugaku-shinsho, 75).

Acta arithmet. [Warszawa] Sur les sommes de quatre cubes [8]): **4** ('58) 20–30. — Sur certaines hypothèses concernant les nombres premiers [8]): 185–208; **5** ('59) 259. — Sur les nombres premiers ayant des chiffres initiaux et finals donnés: 265f. — Remarques sur le travail de M. J. W. S. Cassels "On a diophantine equation": **6** ('60/61) 469–71.

Acta Litt. ac Sci. [Szeged], Sect. Sci. math. Sur une fonction non mesurable, partout presque symétrique: **8** ('36/37) 1–6. — Sur quelques conséquences d'une proposition de M. Lusin: **9** ('38/40) 69–76.

Acta, Pontificia Acad. Sci. Sur l'opération $\overline{\lim}_{y=+\infty} \Phi(x, y)$: **4** ('40) 203f. [m. latein. Zusammenfassg.]. — Sur une propriété des ensembles ordonnés: 207f. [~]. — Sur les bases dénombrables des familles de fonctions: 211f. [~].

Bitte Anmerkung auf Seite 4201 beachten!

Acta Sci. math. [Szeged] Solution de l'équation $\omega^\xi = \xi^\omega$ pour les nombres ordinaux: **12B** ('50) 49f.

Actas, Acad. nacion. Ci. exactas, fisicas y natur. Lima Sur une proposition équivalente à l'axiome du choix: **9** ('46) 111f. — Sur la non-existence des décompositions paradoxales d'ensembles linéaires: 113–17. — Sur un ensemble ordonné de puissance supérieure à celle du continu: 137f. — Sur les types d'ordre de puissance du continu: 267–69. — Sur certains systèmes déterminants: **10** ('47) 17–23.

Analele şti. Univ. "Al. I. Cuza" Iaşi, Secţ. Ia Sur quelques conséquences d'une hypothèse de M. A. Schinzel sur les nombres premiers: (N.S.) **11B** ('65) 43–45 [m. rumän. u. russ. Zusammenfassg.].

Annales polon. math. Remarques sur les racines d'une congruence: **1** ('54/55) 89f.

Annales sci. Univ. Jassy, Partie I Sur un problème concernant les fonctions mesurables: **24** ('38) 154–56. — Sur une fonction semi-continue: 211–13.

Annales Soc. polon. Math. Discours prononcé à la séance d'ouverture du II Congrès des mathématiciens polonais, 1931: **10**. 1931 ('32) 136 [poln.]; ~ du III Congrès ~, 1937: **16**. 1937 ('38) 184–87 [~]. — Contribution à l'étude des restes cubiques: **22**. 1949 ('50) 269–72. — Sur les puissances du nombre 2: **23** ('50) 246–51. — Sur la périodicité mod m de certaines suites infinies d'entiers: 252–58. — Sur les opérations dans l'ensemble à 3 éléments: **24**. 1951 ('52/53) 13–18. — Sur un problème concernant un réseau à 36 points: 173f. — Un théorème concernant les fonctions continues dans les ensembles ordonnés: 175–80.

Annali Mat. pura ed appl. Sur une propriété des nombres naturels: (4) **39** ('55) 69–74.

Annali R. Scuola norm. sup., Pisa Sur un problème de la théorie des relations: (2) **2** ('33) 285–87. — Sur deux ensembles linéaires singuliers: **4** ('35) 43–46.

Annals Math. Sur les fonctions jouissant de la propriété de Baire de fonctions continues: (2) **35** ('34) 278–83. — Sur un théorème de A. Lindenbaum: **48** ('47) 641f.

Atti Accad. nazion. Lincei, Rend. Remarque sur l'axiome du choix pour l'espace de fonctions continues: (8) **3** ('47) 216f. — Le paradoxe de Hausdorff et le paradoxe de Banach et Tarski: **4** ('48) 270–72. — Sur un problème de M. N. Lusin: 519f. — Sur les types ordinaux des ensembles linéaires: **8** ('50) 427f. — Sur les nombres premiers dont tous les chiffres sont égaux à 1: **31** ('61) 347–49.

Atti reale Accad. Sci. Torino Sur les espaces métriques universels: **75** ('40) 571–74 [m. italien.

Zusammenfassg.]. — Sur un espace métrique séparable universel: 575–77 [~].

Buletinul Soc. Şti. Cluj, România Sur une classe d'opérations sur les ensembles de points: **6** ('32) 13–22. — Sur déux propriétés des ensembles mesurables B: 461–66.

Bull. Acad. polon. Sci., Cl. III Sur une proposition équivalente à l'existence d'un ensemble de nombres réels de puissance $\aleph_1$: **2** ('54) 53f. — Sur quelques propriétés des fonctions $\varphi(n)$ et $\sigma(n)$ [8]): 463–66.

Bull. Acad. Sci. math. et natur., Acad. roy. serbe, Sér. A Sur un problème de M. Ruziewicz concernant l'hypothèse du continu: **1** ('33) 67–73. — Sur les fonctions continues qui prennent chacune de leurs valeurs au plus $\aleph_0$ fois: **3** ('36) 75–78.

Bull., Acad. serbe Sci. et Arts L'axiome du choix: **31** ('63) 9–19. — Sur les nombres [1, 2, ..., n]: **45** ('69) 47–50.

Bull. int. Acad. polon. Sci. et Lettres, Sér. A Sur une propriété caractéristique des ensembles non dénombrables mesurables B: **1933**, 276–80. — Sur une fonction universelle de deux variables réelles: **1936**, 8–12. — Un théorème sur les fonctions définies dans les ensembles infinis quelconques: 433–35.

Bull. int. Acad. yougosl. Sci. et Beaux-Arts Sur un espace d'ensembles: **32** ('39) 63–66.

Bull. math. Soc. roumaine Sci. Sur une surface universelle pour les fonctions de Baire: **35** ('33) 225–27.

Bull. Sci. math. Sur le rapport entre deux notions de la séparabilité: (2) **62** ('38) 227f.

Bull. Sect. sci„ Acad. roumaine Sur une propriété des fonctions qui n'ont que des discontinuités de première espèce: **16** ('33/34) 1–4. — Un théorème équivalent à l'hypothèse du continu: 103–07. — Sur une conséquence de l'hypothèse du continu: 175f. — Sur les itérations d'ordre transfini: **18** ('36/37) 1–5. — Sur deux fonctions d'une suite infinie d'ensembles: **19** ('37/38) 67–69.

Bull. Soc. roy. Sci. Liège Sur une certaine famille de suites infinies de nombres réels: **3** ('34) 75–78. — Sur une propriété des ensembles plans équivalente à l'hypothèse du continu: **20** ('51) 297–99. — Sur une propriété des nombres premiers: **21** ('52) 537–39. — Généralisation d'une formule de E. B. Escott pour les racines carrées: **22** ('53) 520–29; **23** ('54) 192. — Sur les nombres triangulaires carrés: **30** ('61) 189–94. — Sur quelques conséquences d'une hypothèse de M. A. Schinzel: **31** ('62) 317–20. — Sur l'équation $x = m^2y$ pour les nombres triangulaires: **32** ('63) 187–90. — Les binômes $x^2 + n$ et les nombres premiers: **33** ('64) 259f. — Sur les nombres pentagonaux: 513–17. — Sur les suites de nombres premiers consécutifs et sur les nombres premiers dans les suites de nombres naturels consécutifs: 632–40. — Sur les puissances propres [8]): **34** ('65) 550–54.

Čas. Pěst Mat. a Fysiky Les superpositions des fonctions: **64** ('35) 73–79. — Dernières recherches sur l'hypothèse du continu: 180f.

Collectanea math. Sur une décomposition des nombres premiers en deux classes: **10** ('58) 81–83. — Sur les congruences $x^x \equiv c(\text{mod } m)$ et $a^x \equiv \equiv b(\text{mod } p)$ [8]): **11** ('59) 153–64.

Colloquium math. [Polonia] Remarque sur une hypothèse des Chinois concernant les nombres $(2^n - 2)/n$: **1** ('47/48) 9. — Remarque sur la répartition des nombres premiers: 193f. — Remarques sur la décomposition des nombres en sommes des carrés de nombres impairs: **2** ('49/51) 52–55. — Un théorème sur les familles des fonctions et son application aux espaces topologiques (Solution d'un problème de R. Sikorski): 198–201. — Remarques sur les progressions arithmétiques: **3** ('54/55) 44–49. — Sur l'équation $x^2 + x + 1 = 3y^2$ [8]): **4** ('56/57) 71–73. — Sur une question concernant le nombre de diviseurs premiers d'un nombre naturel: **6** ('58) 209f. — Sur les nombres composés de la forme $a^{2^n} + 1$: **10** ('63) 133–35.

Commentarii math. helvet. Sur une proposition de Mlle. S. Piccard: **18** ('45/46) 349–52. — Sur la congruence des ensembles de points et ses généralisations: **19** ('47) 215–26. — Sur une décomposition de la droite: **22** ('49) 317–20.

C. R. Assoc. franç. Avancement Sci. Sur les anneaux de fonctions: **55**.1931 ('32) 63f.

C. R. (Dokl.) Acad. Sci. URSS Sur les fonctions de classe 1: **12** ('36) 47f. — Sur les fonctions semicontinues: **13** ('36) 3f.

C. R. hebd. Séances Acad. Sci., Paris L'hypothèse du continu et la propriété de Baire: **197** ('33) 1716f. — Une proposition de la géométrie élémentaire équivalente à l'hypothèse du continu: **232** ('51) 1046f. — Sur les types d'ordre distincts dont les carrés sont égaux [2]): **235** ('52) 850–52. — Sur une formule donnant tous les nombres premiers: 1078f. — Allocution [à la séance solennelle de l'Académie des Sciences le 6 juin]: **262** ('66) Vie académique, 157f.

Czechoslovak math. J. Sur un problème de M. J. Novák: **1** ('51) 97–101. — Sur quelques problèmes, arithmétiques de la théorie des nombres ordinaux: **6** ('56) 161–63 [m. russ. Zusammenfassg.].

Elemente Math. Sur quelques problèmes concernant la congruence des ensembles de points: **5** ('50) 1–4. — Coup d'œil sur l'état actuel de l'hypothèse du continu: **8** ('53) 1–4. — Sur les ensembles de points aux distances rationnelles situés sur un cercle: **14** ('59) 25–27. — Sur un problème concernant les nombres $k \cdot 2^n + 1$: **15** ('60) 73f.; **17** ('62) 85. — Sur les nombres impairs admettant une seule décomposition en une somme de deux carrés de nombres naturels premiers entre eux: **16** ('61) 27–30. — Sur une propriété des nombres triangulaires: **17** ('62) 28. — Sur une propriété des nombres tétraédraux: 29f. — Sur les nombres triangulaires qui sont sommes de deux nombres triangulaires: 63–65. — Trois nombres tétraédraux en progression arithmétique: **18** ('63) 54f. — Sur une propriété des progressions arithmétiques: 76. — Sur l'équation diophantienne $(x^2-1)(y^2-1) = \left[\left(\frac{y-x}{2}\right)^2 - 1\right]^2$ [8]: 132f. — Sur une propriété des nombres naturels: **19** ('64) 27–29. — Sur les nombres $a^n + 1$: 106. — Sur trois nombres triangulaires en progression arithmétique à différence triangulaire: **20** ('65) 79–81. — Un théorème sur les nombres triangulaires: **23** ('68) 31f.

Enseignement math. Sur les familles croissantes de sous-ensembles d'un ensemble dénombrable: **30** ('31/32) 240–42. — Sur quelques problèmes concernant les points aux coordonnées entières: (2) **4** ('58) 25–31. — Sur les nombres premiers de la forme $n^n + 1$: 211f. — Sur quelques problèmes non résolus d'arithmétique: **5** ('59) 221–35. — Sur les suites d'entiers deux à deux premiers entre eux: **10** ('64) 229–35.

Fiziko-mat. Spisanie, Bŭlgarsk. Akad. Nauk. Ce que nous savons et ce que nous ne savons pas de la décomposition des nombres naturels en sommes de carrés, de cubes et de bicarrés: **1** ('58) 25–32 [bulgar.].

Fundamenta Math. [Warszawa] Sur les anneaux de fonctions: **18** ('32) 1–22. — Remarque sur les suites infinies de fonctions (Solution d'un problème de M. S. Saks): 110–13. — Sur les ensembles de la même puissance qui ne sont pas effectivement de la même puissance: 189–92. — Généralisation d'un théorème de Cantor concernant les ensembles ordonnés dénombrables: 280–84. — Sur quelques propositions équivalentes à l'hypothèse du continu [1]: **19** ('32) 1–7. — Sur un ensemble parfait qui a avec toute sa translation au plus un point commun [6]: 17–21. — Sur les translations des ensembles linéaires: 22–28. — Sur un problème concernant les types de dimensions: 65–71. — Un théorème concernant les transformations continues des ensembles linéaires: 205–10. — Sur les rapports entre les classifications des ensembles de MM. F. Hausdorff et Ch. de la Vallée Poussin: 257–64. — Sur l'ensemble de valeurs d'une fonction mesurable à valeurs distinctes: **20** ('33) 126–30. — Sur une certaine suite infinie de fonctions d'une variable réelle: 163–65; **24** ('35) 321–23. — Sur la superposition des fonctions de Baire: **20** ('33) 173–76. — Sur un théorème de recouvrement dans la théorie générale des ensembles: 214–20. — Sur les constituantes des ensembles analytiques: **21** ('33) (Neudruck: '62) 29–34. — Sur le recouvrement du plan par une infinité dénombrable de courbes congruentes: 39–42. — Un exemple effectif d'un ensemble dénombrable de nombres réels qui n'est pas effectivement énumérable: 46f. — Sur une propriété des ensembles G_δ non dénombrables (Solution d'un problème de M. Kuratowski): 66–72. — Sur les espaces métriques localement séparables: 107–13. — Le théorème d'unicité de M. Lusin pour les espaces abstraits: 250–75. — Sur les ensembles partout de deuxième catégorie: **22** ('34) (Neudruck: '62) 1–3. — Sur la superposition de fonctions qui jouissent de la propriété de Baire: 21–23. — Deux théorèmes sur les familles des fonctions de Baire: 42–48. — Sur un problème de M. Kuratowski concernant la propriété de Baire des ensembles: 54–56. — La propriété de Baire des ensembles et l'homéomorphie généralisée: 262–66. — Sur une extension de la notion de l'homéomorphie: 270–75. — Sur la dualité entre la première catégorie et la mesure nulle: 276–80. — Remarque sur un ensemble de M. Lusin: 312–14. — Sur l'approximation des fonctions continues par les superpositions de quatre fonctions: **23** ('34) (Neudruck: '62) 119f. — Sur les ensembles jouissant de la propriété de Baire: 121–24. — Sur une propriété des ensembles linéaires quelconques: 125–34. — Un théorème topologique équivalent à l'hypothèse du continu: 190–92. — Sur la séparabilité multiple des ensembles mesurables B: 292–303. — Les superpositions transfinies des fonctions continues et les fonctions de Baire: **24** ('35) 1–7. — Un théorème de la théorie générale des ensembles et ses conséquences: 8–11. — Sur un problème de M. Ruziewicz concernant les superpositions de fonctions jouissant de la propriété de Baire: 12–16. — Sur deux problèmes de M. Ruziewicz concernant la décomposition de l'intervalle en paires de points: 43–47. — Sur le produit combinatoire de deux ensembles jouissant de la propriété C (Solution d'un problème de M. Szpilrajn): 48–50. — Sur les suites infinies de fonctions définies dans les ensembles quelconques: 209–12. — Sur une propriété de la droite: 247f. — Remarque sur un théorème de M. Lusin concernant les suites stationnaires: 309f. — Sur une propriété de fonctions quelconques d'une variable réelle: **25** ('35) 1–4. — Le théorème de Souslin dans la théorie générale des ensembles: 29–32. — Sur les transformations des ensembles par les fonctions de Baire: 98–101. — Sur une hypothèse de M. Lusin: 132–35. — Sur un ensemble projectif de classe 2 dans l'espace des ensembles fermés plans: 261–63. — Un théorème de la théorie générale des ensembles: 546–50. — Sur les images biunivoques et continues dans un sens: **26** ('36) (Neudruck: '62) 44–49. — Remarque sur les translations d'ensembles: 59f. — Sur les ensembles qui ne contiennent aucun sous-ensemble indénombrable non-dense [3]: 137–42.

Bitte Anmerkung auf Seite 4201 beachten!

— Un théorème concernant les translations d'ensembles: 143–45. — Remarque sur le problème de la mesure [10]): 256–61. — Sur une suite universelle d'ensembles dénombrables: 327–33. — Sur les suites transfinies multiples universelles: **27** ('36) 1–9. — Sur la séparabilité généralisée: 70f. — Sur un problème concernant les fonctions de première classe: 191–200. — Sur les transformations continues biunivoques [10]): 289–92. — Sur un problème concernant les fonctions semi-continues: **28** ('37) 1–6. — Sur les fonctions dépendantes: 66–70. — Sur un problème de la théorie des relations: 71–74. — Sur une décomposition du segment en plus que $2^{\aleph_0}$ ensembles non mesurables et presque disjoints: 111–14. — Sur les suites transfinies finalement disjointes: 115–19. — Les fonctions continues et la propriété de Baire: 120–23. — Sur une décomposition effective d'ensembles: **29** ('37) 1–4. — Sur la non-existence d'opération universelle pour les ensembles dénombrables: 9–11. — Sur une décomposition du segment: 26–30. — Sur deux propositions, dont l'ensemble équivaut à l'hypothèse du continu: 31–33. — Sur le rapport de la propriété (C) à la théorie générale des ensembles: 91–96. — Le théorème de M. Lusin comme une proposition de la théorie générale des ensembles: 182–90. — Sur un problème de la théorie générale des ensembles concernant les familles boreliennes d'ensembles: 206–08. — Sur un problème de M. Hausdorff: **30** ('38) 1–7. — Sur le plus petit corps contenant une famille donnée d'ensembles: 14–16. — Remarque sur le problème de l'invariance topologique de la propriété (C): 56–58. — Sur un problème concernant les fonctions projectives: 59f. — Sur un problème concernant les ensembles projectifs: 61–64. — Sur l'équivalence des problèmes de M. Kolmogoroff et M. Mazurkiewicz: 65–67. — Fonctions additives non complètement additives et fonctions non mesurables: 96–99. — Sur une propriété des espaces métriques séparables: 129–31. — Sur un problème concernant les familles d'ensembles parfaits: **31** ('38) 1–3. — Sur une relation entre deux conséquences de l'hypothèse du continu: 227–30. — Sur l'existence d'une base dénombrable d'ensembles linéaires dénombrables: 259–61. — Un théorème concernant la convergence des fonctions sur les ensembles dénombrables: 279f. — Remarque sur les suites doubles de fonctions continues: **32** ('39) 1f. — Sur quelques transformations biunivoques de la droite en elle-même: 253–58. — Sur les ensembles concentrés: 301–05. — Sur un ensemble à propriété λ: 306–10. — Un théorème sur les familles d'ensembles et ses applications: **33** ('45) 1–6. — Sur une suite transfinie d'ensembles de nombres naturels: 9–11. — Sur une suite infinie de fonctions de classe 1 dont toute fonction d'accumulation est non mesurable (Solution d'un problème de M. S. Banach): 104f. — Sur un espace métrique séparable universel: 115–22. — Sur les espaces métriques universels: 123–36. — Sur les fonctions de plusieurs variables: 169–73. — Sur les espaces (V) de M. Fréchet denses en soi: 174–76. — Sur le paradoxe de MM. Banach et Tarski: 229–34. — Sur le paradoxe de la sphère: 235–44. — Sur la non-invariance topologique de la propriété λ': 264–68. — Sur deux conséquences d'un théorème de Hausdorff: 269–72. — Sur un problème de la théorie générale des ensembles: 299–302. — L'hypothèse généralisée du continu et l'axiome du choix: **34** ('47) (Neudruck: '62) 1–5. — Sur un théorème de M. Tarski concernant les alephs: 6–8. — Sur un ensemble plan qui se décompose en $2^{\aleph_0}$ ensembles disjoints superposables avec lui: 9–13. — Deux théorèmes sur les familles de transformations: 30–33. — Les correspondances multivoques et l'axiome du choix: 39–44. — Sur un espace complet qui n'admet pas le théorème de Souslin: 66–68. — Sur un problème concernant le crible de M. Lusin: 69–71. — Un théorème sur les puissances des ensembles: 72–74. — Démonstration de l'égalité $2^{\mathfrak{m}} - \mathfrak{m} = 2^{\mathfrak{m}}$ pour les nombres cardinaux transfinis: 113–18. — — Sur la différence de deux nombres cardinaux: 119–26. — Sur l'implication $(2\mathfrak{m} \leqq 2\mathfrak{n}) \rightarrow (\mathfrak{m} \leqq \mathfrak{n})$ pour les nombres cardinaux: 148–54. — Sur l'inversion du théorème de Bolzano-Weierstrass généralisé: 155f. — Sur une proposition qui entraîne l'existence des ensembles non mesurables: 157–62. — Sur les images de classe 1 d'ensembles linéaires: 163–65. — Sur la division des types ordinaux: **35** ('48) 1–12. — Sur les ensembles presque contenus les uns dans les autres: 141–50. — Sur l'équivalence des ensembles par décomposition en deux parties: 151–58. — Sur les translations des ensembles linéaires: 159–64. — Sur un problème de la théorie générale des ensembles équivalent au problème de Souslin: 165–74. — Sur un paradoxe de M. J. von Neumann: 203–07. — Sur l'analyticité de l'espace D_ω au sens de M. Menger: 208–12. — Exemple effectif d'une famille de $2^{\aleph_1}$ ensembles linéaires croissants: 213–16. — Sur les ensembles linéaires dénombrables non équivalents par décomposition finie: **36** ('49) 1–6. — Sur un problème de M. Lusin concernant les complémentaires analytiques: 44–47. — Sur les familles croissantes d'ensembles fermés: 48–50. — Sur l'opération $\overline{\lim\limits_{y=+\infty}} \Phi(x, y)$: 51–55. — Sur une propriété des ensembles ordonnés: 56–67. — Sur la décomposition des espaces métriques en ensembles disjoints: 68–71. — Sur les séries infinies de nombres ordinaux: 248–53. — On derivatives of discontinuous functions [9]): 283–87. — Sur un ensemble plan singulier: **37** ('50) 1–4. — Sur les suites doubles de fonctions: 55–62. — Le dernier théorème de Fermat pour les nombres ordinaux: 201–05. — Sur un type ordinal dénombrable qui a une infinité indénombrable de diviseurs gauches: 206–08. — L'équivalence par décomposition finie et la mesure extérieure des ensembles: 209–12. — Sur les types d'ordre des ensembles linéaires: 253–64. — Sur quelques propositions concernant la puissance du continu: **38** ('51) 1–13. —

Sur les fonctions continues d'une variable ordinale: 204–08. — Sur les types ordinaux dont tous les vrais restes sont égaux: **39** ('52) (Neudruck: '62) 1–7. — Une généralisation des théorèmes de S. Mazurkiewicz et F. Bagemihl: **40** ('53) 1f. — Sur une propriété des ensembles analytiques linéaires (Solution d'un problème de E. Marczewski): 171. — Sur une relation entre deux substitutions linéaires: **41** ('54) 1–5. — Sur l'équation $\xi^2 = \eta^3 + 1$ pour les nombres ordinaux transfinis: **43** ('56) 1f. — Sur une propriété des nombres ordinaux: 139f. — Sur un théorème de S. Saks concernant les suites infinies de fonctions continues: **46** ('58/59) 117–21. — Sur un problème de H. Steinhaus concernant les ensembles de points sur le plan: 191–94. — Sur les familles d'ensembles infinis de nombres naturels: **49** ('60/61) 151–55; **56** ('64) 115f. — Sur un problème de la logique à n valeurs: **49** ('60/61) 167–70. — Sur une propriété des ensembles linéaires [4]): **58** ('66) 143–47.

Ganita Sur une définition des espaces complets: **1** ('50) 13–16. — Sur la convergence absolument uniforme des séries de fonctions: 97–101. — Sur un théorème de recouvrement équivalent à un cas particulier de l'axiome du choix: **4** ('53) 155–58. — Sur une propriété de la droite équivalente à l'hypothèse du continu: **5** ('54) 113–16. — Sur les ensembles de nombres naturels qui ont un nombre fini d'éléments communs avec toute leur translation: 137–41.

Glas srpske kraljevske Akad. Sur un problème de M. Ruziewicz concernant l'hypothèse du continu: **152** ('32) 163–69 [serb.]. — Sur les fonctions continues qui prennent chacune de leurs valeurs au plus $\aleph_0$ fois: **170** ('36) 1–6 [~].

Glas, Srpska Akad. Nauka i Umetnosti L'axiome du choix: **249** ('61) 233–43 [serb. m. französ. Zusammenfassg.]. — Sur les nombres [1, 2, ... , n]: **274** ('69) 1–4 [~].

Glasn. mat.-fizički i astron. Les mathématiques en Pologne: (2) **12** ('57) 125–32. — Démonstration élémentaire d'un théorème sur les sommes de trois nombres premiers distincts: **16** ('61) 87f. [m. kroat. Zusammenfassg.]. — Les résultats de W. A. Golubev et l'hypothèse de A. Schinzel: **20** ('65) 43–49 [~].

Izvest. mat. Inst., Bŭlgarsk. Akad. Nauk. Sur l'équivalence de deux hypothèses concernant les nombres premiers: **4** ('59) No. 1, 3–6 [m. bulgar. u. russ. Zusammenfassg.]. — Sur les sommes égales des cubes distincts de nombres naturels: 7–11 [~].

Izvest. naučno-issled. Inst. Mat. i Mech. tomsk. gos. Univ. Sur une suite double universelle: **1** ('37) 225–27.

J. indian math. Soc. Sur quelques problèmes concernant les suites infinies d'ensembles infinis de nombres naturels: (N.S.) **24** ('60) 551–55.

Janus Témoignage: **55** ('68) Nr. 1 [= Gedenkheft P. Sergescu] 62f.

Matematičeskij Sborn. Sur un problème de M. Kolmogoroff: (N.S.) **1** ('36) 303–06 [m. russ. Zusammenfassg.]. — Sur les images biunivoques et continues dans un sens: 755f. [~]. — Sur les transformations des ensembles par les fonctions de Baire: 757f. [~]. — Sur un ensemble projectif de classe 2 dans l'espace des ensembles fermés plans: 759f. [~].

Matematičeskoe Prosvešč. Les mathématiques en Pologne: (2) **4** ('59) 87–93 [russ.].

Matematiche Dernières recherches et problèmes de la théorie des ensembles: **5** ('50) 3–14. — Un théorème sur les nombres premiers: 66f.; **6** ('51) 138. — Sur une propriété des ensembles plans fermés et bornées: 132–34. — Sur l'existence des nombres premiers avec une suite arbitraire de chiffres initiaux: 135–37. — Sur un théorème concernant l'équivalence des ensembles de points par décomposition finie: **8** ('53) 10–13. — Sur une propriété de fonctions réelles quelconques: 43–48. — Sur une propriété de fonctions réelles quelconques définies dans les espaces métriques: 73–78. — Remarques sur un théorème de M. G. Kurepa concernant les correspondances multivoques: 79–81. — Sur les espaces métriques séparables contenant un nombre fini de points d'accumulation: **9** ('54) 122–25. — Sur l'équation $x^2 + y^2 + 1 = xyz$ [8]): **10** ('55) 30–36. — Sur la lacunarité au sens de S. Hartman de la suite de tous les nombres premiers: 67–70. — Quelques résultats et problèmes concernant la congruence des ensembles de points: 71–79. — Les nombres de Mersenne et de Fermat: 80–91. — L'axiome du choix pour les ensembles finis: 92–99. — Sur deux suites récurrentes: **12**.1957 ('59) 23–30.

Matematički Vesn. Sur un théorème de F. Proth: (N.S.) **1** ('64) 243f. — Remarque sur la distribution de nombres premiers: **2** ('65) 77f. — Une hypothèse de A. Ferrier et celle de A. Schinzel: 147f. — Sur les nombres pseudoparfaits: 212f.

Matematyka [Wrocław] Sur un problème de Fermat: **3** ('50) No. 1, 1–4. — Encore sur le problème no 20: 51. — Sur certains problèmes de la théorie des nombres: No. 3, 12–20. — Sur un paradoxe: No. 4, 6f. — Remarques sur une note de H. Mroczkowska: **5** ('52) No. 5, 62f. — Sur les nombres premiers: **6** ('53) No. 2, 11–15. — Sur la division d'un angle arbitraire en trois parties égales à l'aide de la règle, du compas et de la parabole $y = x^2$: No. 4, 14f. — Généralisation du problème no 225: 61–63. — Un nombre premier à 687 chiffres: **7** ('54) No. 1, S. 3. — Solution du problème no 145: 57. — Démonstration élémentaire d'un théorème de Fermat: No. 4, 3–5. — Sur les nombres de Fermat F_{10} et F_{16}: **8** ('55) No. 1/2, 1–3. — Encore une conjecture sur les nombres premiers réfutée par les calculateurs électroniques: No. 3, S. 6. — Sur les décompositions des nombres rationnels en somme des fractions pri-

Bitte Anmerkung auf Seite 4201 beachten!

maires: **9** ('56) No. 2, 8–19; No. 3, 1–8. — Sur une propriété de l'ensemble des nombres naturels: No. 5, 1–3. — Sur certains problèmes de Werner Mnich: **10** ('57) No. 3, 11–13. — Quatorze nouveaux nombres de Fermat composés: No. 4, S. 1. — Un nombre premier à 969 chiffres: **11** ('58) No. 2, S. 1. — Théorème d'Euler ou de Descartes: No. 4/6, S. 1. — Combien y a-t-il de nombres premiers ne dépassant pas un milliard: **12** ('59) 65f. — Sur les triangles pythagoréens dont deux côtés adjacents à l'angle droit sont des nombres triangulaires: **13** ('60) 65f. — Sur les nombres sans zéros: **15** ('62) 129–31. — Calculation de cent mille chiffres du nombre π: **16** ('63) 81. — Les nouveaux résultats arithmétiques obtenus à l'aide des calculateurs électroniques: **17** ('64) 99. — Dix nombres de Fermat composés: **18** ('65) 49. — — Alle Arbeiten polnisch.

Mathematica [Cluj] Sur deux propriétés des ensembles mesurables B: **6** ('32) 114–19. — Un théorème sur les familles de fonctions [6]): **7** ('33) 89–91. — Sur les ensembles toujours de première catégorie: **8** ('34) 191–95. — Dernières recherches sur l'hypothèse du continu: **9** ('35) 56–60. — Sur un problème de M. Ruziewicz concernant les ensembles de mesure nulle: **10** ('35) 189f. — Sur une propriété des ensembles dénombrables denses dans un intervalle: **11** ('35) 222–28. — Sur une démonstration d'existence des ensembles infiniment universels: **12** ('36) 31–35. — Une démonstration d'existence des suites transfinies décroissantes d'ensembles F_σ: 116–18. — Sur une famille d'ensembles parfaits: 160–63. — Sur la mesure de Banach des ensembles linéaires de puissance $<2^{\aleph_0}$: **13** ('37) 258–62. — Remarque sur une équation fonctionnelle (Solution d'un problème de M. Paul Montel): 270f. — Sur la décomposition des ensembles en sous-ensembles presque disjoints: **14** ('38) 15–17. — Sur la puissance de la famille de tous les ensembles fermés d'un espace métrique: 196–200. — Sur les fonctions inverses aux fonctions satisfaisant à la condition de Baire: **15** ('39) 198–200. — Sur une propriété de la droite qui résulte de l'hypothèse du continu: **23** ('47/48) 52f. — Sur quelques propriétés du nombre $2^{\aleph_0}$: 60–64. — Sur un problème concernant les espaces métriques: 65–69.

Mathesis Carrés et bicarrés en progression arithmétique: **64** ('55) 140. — Sur les décompositions de nombres rationnels en fractions primaires: **65** ('56) 16–32.

Mémoires Soc. roy. Sci. Bohême Sur une propriété de suites d'ensembles fermés: **1931** ('32) Nr. 31, 1f.

Monatsh. Math. u. Physik Remarques sur un théorème de M. Fréchet: **39** ('32) 233–38.

Nauka polska Les mathématiques polonaises pendant et après la guerre: **25** ('47) 90–97 [poln.]. — Kazimierz Żorawski (1866–1953): [Neue Folge] **1** ('53) Nr. 2, 266f. [~]. — Le problème de l'impression des travaux scientifiques: **4** ('56) Nr. 4, 180–83 [~].

Notre Dame J. formal Logic Sur un théorème équivalent à l'axiome du choix: **6** ('65) 161f. — L'axiome du choix: **8** ('67) 257–66.

Polish Rev. [New York] The Warsaw school of mathematics and the present state of mathematics in Poland: **4** ('59) Nr. 1/2, 1–13.

Portugaliae Math. Sur une propriété des espaces métriques dénombrables: **5** ('46) 193f. — Remarque sur "A note on triangular numbers" de M. B. Stolt: **15** ('56) 123.

Prace mat.-fizyczne Résumé de la communication de M. N. Lusin: "Sur les classes des constituantes des complémentaires analytiques": **41** ('34) 21–23. — Remarques sur les fonctions de plusieurs variables réelles: 171–75. — Sur une propriété du segment: **43** ('36) 25–32. — Sur une fonction parfaitement discontinue et cependant partout partiellement continue: 267–71.

Roczn. polsk. Towarz. mat., Ser. 1: Prace mat. Ce que nous savons et ce que nous ne savons pas de la décomposition des nombres naturels en sommes de carrés, de cubes et de bicarrés: **2** ('56) 56–64 [poln.]. — On certain expansions of real numbers into infinite fast converging products: 131–38 [poln. m. russ. u. engl. Zusammenfassg.]. — Sur les nombres composés de la forme $(2^p + 1)/3$, où p est un nombre premier: **7** ('62) 169–72 [poln. m. russ. u. französ. Zusammenfassg.].

Problemy [Warszawa] Sur quelques problèmes non résolus d'arithmétique: **14** ('58) 328–32 [poln.]. — De quoi traite la théorie des ensembles: **16** ('60) 333–41 [~]. — Les nombres triangulaires: **18** ('62) 5–9 [~]. — Sur l'école mathématique polonaise: **19** ('63) 146–55 [~].

Proc. Benares math. Soc. Sur un théorème de la théorie de la mesure: (N.S.) **1** ('39) 35–37. — Un théorème sur les espaces métriques denses en soi: **7** ('45) No. 2, 29–31. — Sur la décomposition des ensembles en paires: **8** ('46) No. 2, 31–34. — Opérations sur les familles d'ensembles: **9** ('47) No. 1, 1–24.

Publ. math. Univ. Belgrade Sur une propriété de fonctions de deux variables réelles, continues par rapport à chacune de variables: **1** ('32) 125–28. — Sur une propriété caractéristique de fonctions de Baire à valeurs distinctes: 170f. — Une proposition équivalente à l'hypothèse du continu: **2** ('33) 17f. — Sur une propriété des constituantes des ensembles analytiques: 19–22. — Sur une propriété de fonctions d'une infinité de variables réelles: **3** ('34) 42–48. — La base de M. Hamel et la propriété de Baire: **4** ('35) 220–25. — Sur une décomposition de la droite: **5** ('36) 44–51. — Sur un ensemble toujours de 1re catégorie de dimension positive [10]): 117–23. — Sur une fonction continue dans un intervalle qui prend

Bitte Anmerkung auf Seite 4201 beachten!

chaque valeur de cet intervalle $\aleph_0$ fois: **6/7**.1937/38 ('38) (Neudruck: '63) 84f.

Publ. Inst. math., Acad. serbe Sci. Sur une suite infinie de fonctions continues dont toute fonction d'accumulation est non mesurable: (N.S.) **1** ('47) 5–10.

Publ. Inst. math., Beograd Sur un problème de A. Makowski concernant les nombres tétraédraux: **2**.1962 ('63) 115–19. — Remarques sur un problème de M. P. Erdös: **4** ('64) 125–34. — Sur l'équation diophantienne $2^x - xy = 2$ [5]): 135–37.

Publicationes math. [Debrecen] Sur une propriété de la fonction $\varphi(n)$: **4** ('56) 184f.

Publikacije elektrotehn. Fak. Univ. u Beogradu, Ser. Mat. i Fizika Sur les nombres triangulaires carrés: **65/69** ('61) 1–4. — Sur les nombres qui sont sommes et différences de deux nombres premiers: **84/91** ('63) 1f. — L'hypothèse de M. A. Schinzel sur les nombres premiers et les progressions arithmétiques: **103** ('63) 7f.

Rad jugoslav. Akad. Znanosti i Umjetnosti Sur un espace d'ensembles: **261** ('38) 183–86 [kroat.].

Rend. Accad. Sci. fisiche e mat., Napoli Sur l'existence d'un ensemble indénombrable à propriété λ': (4) **10** ('40) 353f. [m. italien. Zusammenfassg.]. — Exemple effectif d'une famille de $2^{\aleph_0}$ ensembles linéaires croissants: 355f. [~]. — Sur les espaces (V) séparables universels: 357f. [~].

Rend. Circolo mat. Palermo Sur une propriété paradoxale de l'espace à trois dimensions équivalente à l'hypothèse du continu: (2) **1** ('52) 7–10. — Sur la somme des chiffres de nombres premiers: **10** ('61) 229–32. — Sur une conséquence d'une hypothèse sur les polynômes: **11** ('62) 283f. — Sur les itérations de certaines fonctions numériques: **13** ('64) 257–62.

Rend. Mat. e Appl., Univ. Roma Dernières recherches et problèmes de la théorie des ensembles: (5) **10** ('51) 1–11. — Sur quelques résultats nouveaux concernant l'hypothèse du continu: 406–11.

Rend. Semin. mat. Messina Sur un problème concernant les suites infinies d'ensembles: **1** ('55) 143–45. — L'axiome du choix: **10** ('66) 83–99.

Revista Ci. [Lima] Remarque sur les ensembles des nombres ordinaux de classes I et II: **41** ('39) 289–96. — Sur les types d'ordre de puissance du continu: **48** ('46) 305–07. — Remarque sur les espaces topologiques: **50** ('48) 193–96.

Revista mat. hisp.-amer. Los conjuntos proyectivos: (2) **13** ('39) 26–33.

Roczn. Towarz. nauk. warszawsk. Stanisław Ruziewicz (1889–1941): **31/38**.1938/45 ('54) 244f. [poln.]. — — Ferner Wiedergabe zahlreicher Ansprachen: **25**.1932 ('33) 133–36; **26**.1933 ('34) 79–81; **27**.1934 ('35) 120–22, 128; **28**.1935 ('36) 68–72; **29**.1936 ('37) 65–69; **30**.1937 ('39) 161–65; **31/38**. 1938/45 ('54) 49–51; **39**.1946 ('47) 88–92; **40**.1947 ('48) 95–107; **41**.1948 ('49) 115–19; **42**.1949 ('50) 67–70; **43**.1950 ('51) 76–80; **44**.1951 ('53) 59f., 68f. [Alle Ansprachen poln.].

Scripta math. [USA] On some unsolved problems of arithmetics: **25** ('60) 125–36. — Festivities in honor of Archimedes: **26** ('63) 143–45. — Projective and analytic sets: 187–95. — L'induction incomplète dans la théorie des nombres: **28** ('67) 5–13.

Spisanie bŭlgarsk. Akad. Nauk. Sur quelques propriétés des ensembles dénombrables: **53** ('36) 181–99. — Sur l'existence des ensembles projectifs non mesurables [3]): **61** ('41) 207–12.

Spisanie fiziko-mat. Druž. L'induction mathématique: **23** ('38) 157–69 [bulgar.].

Sprawozd. Posiedzeń Towarz. nauk. warszawsk., Wyd. III Sur deux définitions des ensembles fermés: **24** ('31/32) 184–90. — Les deux principes de M. Lusin et les espaces abstraits: 194–98. — Une remarque sur la séparabilité des ensembles fermés: 225–27. — Sur le problème de la relativisation du théorème de M. W. H. Young: 288f. — Sur les fonctions qui prennent chaque leur valeur moins que $2^{\aleph_0}$ fois: **25** ('32/33) 7f. — Sur la décomposition du plan en courbes: 9–12. — Sur un ensemble linéaire non dénombrable qui est de première catégorie sur tout ensemble parfait: 102–05. — Remarque sur les superpositions de fonctions continues: **26** ('33/34) 1–3. — Sur un problème de M. Ruziewicz concernant les superpositions des fonctions mesurables: 12–14. — Sur une propriété des familles d'ensembles dénombrables: 56–58. — Sur l'existence des suites transfinies décroissantes d'ensembles F_σ: 85–89. — Remarque sur une classe d'ensembles de mesure nulle: **27** ('34/35) 1f. — Sur un problème concernant les familles indénombrales d'ensembles de mesure positive: 73–75. — Une propriété du nombre $\aleph_2$ et l'hypothèse du continu: 128f. — Sur la structure des fonctions univalentes: **28** ('35/36) 1–4. — Sur la notion d'homogénéité des espaces métriques: 17–20. — Sur l'equivalence de quelques propriétés des ensembles linéaires: 23–26. — Un théorème de la théorie générale des ensembles et ses applications: 131–35. — Sur un ensemble linéaire non mesurable complètement homogène: 154f. — Sur un problème concernant les fonctions continues: **29** ('36) 35–38. — Les transformations continues et les transformations par fonctions continues: **30** ('37) 10–12. — Sur une proposition de la théorie générale des ensembles équivalente au théorème de M. Lusin: 69–74. — Sur le rapport d'une certaine propriété métrique à la théorie générale des ensembles: 182–87. — Sur une propriété additive d'ensembles: 257–59. — Sur un problème de triades: **33/38**. 1940/45 ('46) 13–16.

Bitte Anmerkung auf Seite 4201 beachten!

— Sur une proposition de A. Lindenbaum équivalente à l'axiome du choix: **40**. 1947 ('48) 1–3. — Sur une famille d'ensembles linéaires singuliers: 17–21. — Remarque sur deux axiomatiques des espaces abstraits: 46–49. — Sur les relations entre quelques propriétés fondamentales des espaces topologiques: 66–78. — L'opération du crible et les fonctions analytiques d'une suite infinie d'ensembles: **41**. 1948 ('50) 47–62. — Sur un problème de M. K. Zarankiewicz: **42**. 1949 ('52) 1–3. — Sur un exemple de M. Kunugi de la théorie des espaces abstraits: 4–8. — Un théorème sur les fonctions d'ensemble: 18–22. — Sur quelques propriétés des familles d'ensembles: 30–35. — Sur quelques propositions qui entraînent l'existence des ensembles non mesurables: 36–40. — Sur les bases dénombrables de la famille de tous les ensembles linéaires dénombrables: 182–84. — Sur l'extension d'un théorème de M. D. Pompeiu aux nombres transfinis: **43**. 1950 ('52) 1–3. — Sur les produits infinis de nombres ordinaux: 20–24. — Sur quelques conséquences du théorème de M. Kondô concernant l'uniformisation des complémentaires analytiques: **44**. 1951 ('52) 57–62. — Sur une homéomorphie de classe 1,1 entre un segment de droite et un carré: 62–65. — — Meist m. poln. Zusammenfassg.

Studia math. [Polonia] Sur l'équivalence de deux conséquences de l'hypothèse du continu: **4** ('33) 15–20. — Sur une série de puissances universelle pour les fonctions continues: **7** ('38) 45–48.

Tôhoku math. J. Remarques sur l'hypothèse du continu: **38** ('33) 225f.

Věda a Život Sur quelques problèmes non résolus d'arithmétique: **1958**, 282–85 [tschech.].

Vesn. Druš. Matematičara i Fizičara Narodne Republ. Srbije L'induction incomplète dans la théorie des nombres: **13** ('61) 3–9. — Sur les triangles rectangulaires dont les deux côtés sont des nombres triangulaires [8]): 145–47.

Wiadomości mat. Remarque sur la courbe péanienne: **42** ('36) 1–3 [m. poln. Zusammenfassg.]. — Sur un problème concernant les familles dénombrables d'ensembles: **44** ('38) 1–3.

Roczn. polsk. Towarz. mat., Ser. 2: Wiadomości mat. Les nombres premiers: (2) **1** ('55/56) 47–64. — Sur les triangles pythagoréens de même aire: 163–68. — Sur l'équation $3^x + 4^y = 5^z$: 194f. — Sur une définition des espaces complets: 206f. — Sur les produits de facteurs premiers distincts: **2** ('57/59) 204–06. — Une formule générale pour les fonctions d'une variable entière à valeurs entières: 245–48. — Sur certaines suites infinies de nombres naturels: 256–68. — Sur une conséquence de l'hypothèse de Goldbach: **3** ('59) 21f. — Sur le doctorat honoris causa décerné par l'Université de Varsovie à A. N. Kolmogorov: 105f. — Sur les décompositions en somme de cinq cubes: 121f. — Sur un ensemble plan: 123–25. — Sur une problème de Fermat: **4** ('60/61) 177–81. — Remarque sur les nombres composés m qui divisent a^m-a: 183f. — Remarque sur les triangles pythagoréens: 185. — Sur les nombres naturels D, pour lesquels la période du développement du nombre $\sqrt{D}$ en fraction continue a trois termes: **5** ('62) 53–55. — Ce qu'on obtenu dans la théorie des nombres à l'aide des calculateurs électroniques: 57–65. — Remarque à l'article de A. Goetz: Remarque sur la définition de la continuité uniforme dans le cours d'analyse: **6** ('62/63) 173. — Sur les nombres triangulaires qui sont sommes de deux nombres triangulaires: **7** ('63/64) 27f. — Sur un théorème équivalent au théorème sur la progression arithmétique: 29; **9** ('66/67) 161. — Sur les suites d'entiers deux à deux premiers entre eux: **7** ('63/64) 31–38. — Sur l'infini: 39–49. — Remarques sur un problème de P. Erdös: 221–28. — Sur l'équation $x^2 - 2y^2 = k$ [8]): 229–32. — Sur la divisibilité des nombres: **9** ('66/67) 1–8. — Sur les nombres [1, 2, ... , n]: 9f. — Sur les nombres tétraédraux: 209–17. — — Alle Arbeiten poln.

Zycie Szkoły wyższej Du atelier scientifique d'un savant: **6** ('58) No. 2, 91–95 [poln.]. — Les mathématiques en Pologne: No. 7/8, 1–10 [~].

Mit: [1]) S. Braun; [2]) A. C. Davis; [3]) C. Kuratowski; [4]) J. Mycielski; [5]) A. Rotkiewicz; [6]) S. Ruziewicz; [7]) —; [8]) A. Schinzel; [9]) A. N. Singh; [10]) E. Szpilrajn.

IV–VI **SIERTSEMA,** Lodewijk Hendrik. Physik. — 1904–29 Prof., Techn. Hochsch. Delft.

* 1863, Dez. 1, Veendam;
† 1945, Dez. 20, Groningen.

Zum 50jähr. Doktorjubiläum *M. de Haas, Nederlandsch. Tijdschr. Natuurkunde **7** ('40) 251f. (m. Bildn. u. Faks.).

Todesanzeige Nederlandsch Tijdschr. Natuurkunde **12** ('46) 56.

VI **SIEVERT,** Rolf Maximilian. Physik, Radiol. — Stud.: 1914–15 Königl. Karolin. Medico-Chirurg. Inst., '15–16 Techn. Hochsch., Stockholm; '19 Cand. phil., '32 Dr. phil., Univ. Uppsala; '24–37 Leiter d. physikal. Labor., Radiumklinik ("Radiumhemmet") Stockholm; '32–41 Doz. med. Physik, Univ. Stockholm; '37–65 Dir. d. Radiophysikal. Inst. am Karolinen-Krankenhaus, Stockholm; '41–65 Prof., Königl. Karolin. Medico-Chirurg. Inst., Stockholm; '40–45 Initiator u. Leiter eines militär-physikal.

Inst.; '41–45 Sekretär, Schwed. Nationalkommiss. f. Physik; '52–60 Vizepräs., '61–66 Präs. d. Vorstands d. nordschwed. Forschungseinrichtungen, Schwed. Akad. Wiss.; '56–62 Präs., Int. Strahlenschutzkommiss.; '58–60 Vorsitzender, UN-Kommiss. f. Atomstrahlungseffekte; '63–66 Vorsitzender, Schwed. Nationalkommiss. f. Strahlenschutzforsch.; '64–66 Vorsitzender, Nordische Strahlenschutz-Vereinig. — '61 Komtur d. Nordstern-Ordens I. Kl. (Schweden); '65 Komtur d. Dannebrog-Ordens I. Kl. (Dänemark).

* 1896, Mai 6, Stockholm;

† 1966, Dez. 3, Stockholm.

Zum 50. Geb.tag Festschrift: Acta radiol. [Stockholm] **27** ('46) Nr. 3/4 (m. Bildn. u. Faks.); darin S. 209–19: *G. Forssell, Rolf Sievert on his fiftieth birthday; 220–22: *S. Benner, Bibliography of R. Sievert (48 Nrn.).

Nekr. *A. Forssberg, Nature [London] **213** ('67) 448. — *R. Walstam, Acta radiol. [Stockholm], Therapy, Physics, Biol. **6** ('67) 257f. (m. Bildn.). — *R. G. Wood, Physics in Med. and Biol. **12** ('67) 259f.

S. Verhandlungen d. 4. Internationalen Radiologenkongresses, Zürich 1934, **2** (Leipzig '34) 129–31: Die harte Gammastrahlung und die durchdringende Strahlung irdischen und kosmischen Ursprungs. — Konung Gustaf V:s Jubileumsklinik i Stockholm (Stockholm '38) (Meddelanden om Konung Gustaf V:s Jubileumsfond): Beschreibung des Radiophysikalischen Instituts [schwed.]. — Biological hazards of atomic energy; papers read at a conference (A. Haddow) (Oxford '52) 181–: Tolerance levels and Swedish radiation-protection work. — Festskrift utgiven av Medicinska Föreningen i Stockholm. 1877–1952 (P. G. Reizenstein) (Stockholm '53) 24–30: Ein strahlungsfreies Laboratorium [schwed.]. — 7th International congress of radiology. The invited papers. The radiobiology symposium in Århus and the reports from the international commissions (Stockholm '54) (Acta radiol. [Stockholm], Suppl. 116) 35–39: Viewpoints on the organization of radiation protection. — Jens Nielsen anno aetatis suae LX. Papers dedicated to Jens Nielsen, professor of radiotherapy at the University of Copenhagen, on his 60th anniversary, December 19, 1959 (Stockholm '59) (~ 188) 224–34: A method for the automatic recording of ionizing radiation. — The first fifty years. Radiumhemmet 1910–1937 and King Gustav V Jubilee Clinic 1938–1960 (Stockholm '65) (~ 250) 91–117: The Institute of Radiophysics (m. Bildn.). — Ergebnisse des 7. Internationalen Kongresses für Radiologie in Kopenhagen 1953 aus dem Gebiet der Strahlenheilkunde (München–Berlin '55) 5f.: Gesichtspunkte bei der Organisation des Strahlenschutzes. — Proc. of the International conference on the peaceful uses of atomic energy, Geneva 1955, **13**: Legal, administrative, health and safety aspects of large-scale use of nuclear energy (New York '56) 187–95: Measurements of low-level radioactivity, particularly the γ-radiation from living subjects. — Sverige inför atomåldern. 14 svenska experter om et aktuellt ämne (G. W. Funke) (Stockholm '56) 144–57: Strahlenschäden und Strahlenschutz [schwed.]. — The measurement of body radioactivity. A conference, Leeds 1956 (C. B. Allsopp) (London '57) (British J. Radiol., Suppl. 7) 1–12: High pressure ionization chambers, 1: Some Swedish investigations of the radioactivity of the human body [11]). — Effect of radiation on human heredity (World Health Organization) (Genf '57) 63–85: Exposure of man to ionizing radiations, with special reference to possible genetic hazards. — Health physics (W. G. Marley, K. Z. Morgan) **1** (New York '59) (Progress in nuclear energy, ser. 12): The work of the International Commission on Radiological Protection (ICRP). — Karolinska Medico-kirurgiska Institutets historia 1910–1960, **4** (= Del 3,2) (Stockholm '60) 647–66: Radiophysik [schwed.]. — Trans. 9th International congress of radiology, München 1959 (B. Rajewsky) **2** (Stuttgart–München–Berlin '61) 1131f.: Views on the new recommendations of the International Commission on Radiological Protection. — Selected topics in radiation dosimetry. Proc. of a symposium, Wien 1960 (Wien '61) (International Atomic Energy Agency, Proceedings ser.) 105–15: Small instruments for the automatic registration of dose-rates to be worn by persons exposed to x-rays and γ-rays. — Personnel dosimetry techniques for external radiation; their application in nuclear installations. Symposium, Madrid 1963 (European Nuclear Energy Agency of the OECD) (Paris '63) 173–88: A method of recording individual doses and dose rates during radiation work. — Handbuch der medizinischen Radiologie. Encyclopedia of medical radiology (L. Diethelm, O. Olsson, F. Strnad, H. Vieten, A. Zuppinger) **2**, 2: Strahlenbiologie (A. Zuppinger) (Berlin–Heidelberg–NewYork '66) 334–71: Exposure of man to ionizing radiation from natural and artificial sources [19])[23]).

W. Eine Methode zur Messung von Röntgen-, Radium- und Ultrastrahlung nebst einige[n] Untersuchungen über die Anwendbarkeit derselben in der Physik und der Medizin (Stockholm '32) 179 S. (Acta radiol. [Stockholm], Suppl. 14) [Dissertation]. — King Gustaf V's Stockholm Jubilee Clinic for Radiotherapy and Research in Cancer. A description (m. G. Forssell, E. Berven, O. Reutervall) (Stockholm '39) 80 S. (~ 38).

Bitte Anmerkung auf Seite 4201 beachten!

Acta radiol. [Stockholm] Note regarding units of measurement of roentgen- and gamma-radiation: **14** ('33) 107–09 [m. deutscher u. französ. Zusammenfassg.]. — The new apparatus for teleradium treatment used at Radiumhemmet: 197–206 [~]. — On protection against radiation in teleradium treatment: 597–607 [~]. — Some new fields of application for the condenser chamber: 647–49. — Über die Anwendung der Kondensatorkammer für sowohl Röntgen- wie Gamma-Strahlenmessungen; zugleich ein Beitrag zu den Vergleichen der biologischen Wirkungen dieser beiden Strahlenarten: **15** ('34) 193–201 [m. engl. u. französ. Zusammenfassg.]. — On a method for control of radium preparations, used at Radiumhemmet [1]): 309–13. — Erd-γ-Strahlung und Ultrastrahlung: **16** ('35) 155–68 [m. engl. u. französ. Zusammenfassg.]. — The time factor in the biological action of roentgen rays, 3: Investigations at very short irradiation times [7]): 290–98 [m. deutscher u. französ. Zusammenfassg.]. — Two methods of roentgen microphotography: 299–309 [~]. — Two arrangements for reducing irradiation dangers in teleradium treatment: **18** ('37) 157–62 [~]. — Dosage units and the ionisation method: 742–52 [~]. — Determination of ionisation in biological objects: **21** ('40) 189–205 [~]. — Zur theoretisch-mathematischen Behandlung des Problems der biologischen Strahlenwirkung: **22** ('41) 237–51 [m. engl. u. französ. Zusammenfassg.]. — Two automatic methods for measuring condenser chambers: **28** ('47) 784–89 [m. deutscher u. französ. Zusammenfassg.]. — Medical radiophysics in Sweden 1920–1950: **33** ('50) 191–252 [~]. — A roentgen apparatus for intense roentgen radiation of short duration intended for biophysical research work and for special treatment purposes: 328–43 [~]. — A method for concentrating roentgen rays for deep therapy [14])[21]): 344–56 [~]. — Variations in natural γ-radiation in Sweden [11]): **37** ('52) 388–98 [~].

Arkiv Fysik Measurements of gamma radiation from the human body: **3** ('51) 337–46. — A versatile instrument for the measurement in R units of radiation doses: **12** ('57) 295–300. — Gamma radiation from some Swedish foodstuffs [9])[17]): 481–89. — The increase of gamma radiation from the ground in Sweden (1950–1959) caused by fallout from nuclear weapon tests: **16** ('59) 349–52.

Arkiv Mat., Astron. och Fysik Eine neue Methode zur Messung der Ultrastrahlung in großen Wassertiefen: **23A** ('32) Nr. 6, 5 S.

Årsbok, Riksfören. mot Cancer Radiumgehalt des Trinkwassers und Krebsvorkommen: **1952/56**, 84–86 [schwed.]. — Small instruments for recording the distribution in time of radiation doses: **3** ('63) 341–43 [m. schwed. Zusammenfassg.].

British J. Radiol. The tolerance dose and the prevention of injuries caused by ionizing radiations: **20** ('47) 306–18.

Fortschr. Geb. Röntgenstrahlen Eine Methode für umfassende laufende Strahlenschutzmessungen [22]): **75** ('51) Sonderheft Prof. Dr. Schinz zum 60. Geburtstag, 168–73 [m. engl., französ. u. span. Zusammenfassg.].

Kosmos [Stockholm] Methoden für Strahlungsmessungen am physikalischen Laboratorium des Radiumhemmet: **12** ('34) 170–213 [schwed.].

Mot Kreft Die Bedeutung der Physik im Kampfe gegen die Krebskrankheiten: **2** ('52) 22– [norweg.].

Medicinska Fören. Tidskr. Die schwedische medizinische Radiophysik von heute: **6** ('50) 9–12 [schwed.].

Nature [London] Ionisation at high gas pressures: **129** ('32) 792f. — Increase in γ-radiation from powdered milk and beef, 1953–56 [9])[17]): **178** ('56) 854f.

Nordisk Med. Protection against radiation, 1: Some general aspects: **58** ('57) 1107–10 [schwed. m. engl. Zusammenfassg.]. — Views in connection with the report of the United Nations Scientific Committee on the Effects of Atomic Radiation: **62** ('59) 1063–67 [~].

Radiology Report on 1956 amendments to the recommendations of the International Commission on Radiological Protection (I.C.R.P.) [5])[3])[4])[6])[10])[13])[12])[15])[16])[18])[20]): **70** ('58) 261f.

Strahlentherapie Über die Wirkung der durchdringenden Umgebungsstrahlung auf die Entwicklungsgeschwindigkeit von Drosophila melanogaster: **56** ('36) 354–60. — Organisationsprobleme der medizinischen Radiophysik: **83** ('50) 613–24. — Untersuchungen über die Gammastrahlung des menschlichen Körpers: **99** ('56) 185–95.

Svensk Tandläkare-Tidskr. Die Beaufsichtigung odontologischer Röntgenarbeit, ihr Zweck und ihre Berechtigung: **39** ('46) 735–50 [schwed.].

Svenska Läkartidn. Von Atombomben und radioaktiven Kampfmitteln verursachte Strahlungsschäden [1])[7]): **48** ('51) 1478–89 [schwed.].

Teknisk Tidskr. Zusammenarbeit zwischen Medizin und Technik: **81** ('51) 557–61 [schwed.].

Tellus [Stockholm] Records of gamma radiation from the ground and beta radiation from radioactive debris in Sweden 1950–1955, 1: **8** ('56) 117–26. — Note on the increase of gamma radiation from the ground during September 1st – November 30th, 1961: **15** ('63) 309–12.

Tidskr. elementär Mat., Fysik och Kemi Ionisationsmessung nach der Nebelkammer-Methode: **16** ('33) 145–56 [schwed.].

Mit: [1]) S. Benner; [2]) —; [3]) W. Binks; [4]) L. Bugnard; [5]) E. R. Carling; [6]) G. Failla; [7]) A. Forssberg; [8]) —; [9]) S.

Bitte Anmerkung auf Seite 4201 beachten!

Gustafsson; [10]) H. Holthusen; [11]) B. Hultqvist; [12]) R. G. Jaeger; [13]) J. C. Jakobsen; [14]) B. Lindell; [15]) W. V. Mayneord; [16]) K. Z. Morgan; [17]) C. G. Rylander; [18]) R. S. Stone; [19]) G. A. Swedjemark; [20]) L. S. Taylor; [21]) T. Wahlberg; [22]) R. Walstam; [23]) J. C. Wilson.

V, VI **SIGNORINI,** Antonio. Mech., Physik (math.). — 1909 Laurea in Mat., Scuola norm. sup. di Pisa; poi Libero Doc., Univ. di Padova e Univ. di Parma; '16–22 Prof. straord. Mecc. razion., '22 Laurea in Ing. civile, Univ. di Palermo; '23–38 Prof. ord. Fisica mat., Univ. di Napoli; '39–58 Prof. ord. Mecc. razion., '58–63 Prof. ord. fuori ruolo, Univ. di Roma. — Prof. onor., Ist. Nazion. di Alta Mat., Roma; '50 Dr. rer. nat. h.c. (Techn. Hochsch. Karlsruhe). — '20 Medaglia d'oro (Soc. Ital. Sci. dei XL); '57 Grande Ufficiale al merito della Repubbl. Italiana; Medaglia d'oro dei Benemeriti della Scuola, della Cultura e dell'Arte (Repubbl. Italiana).
* 1888, Apr. 2, Arezzo;
† 1963, Febr. 13, Roma.

Zur Biogr. Notizie sull'attività scientifica di A. Signorini: Fridericiana [Karlsruhe] Nr. **1/2** ('52) 66f. (m. Bildn.).

Nekr. *C. Agostinelli, Atti Accad. Sci. Torino **98** ('64) 1252–60; Boll. Unione mat. ital. (3) **18** ('63) 327–30. — *C. Cattaneo, Rend. Mat. e Appl., Univ. Roma (5) **22** ('63) 345–50. — *B. Finzi, Atti Accad. nazion. Lincei, Rend. (8) **36** ('64) 729–34; Rend., Ist. lombardo Sci. e Lettere, Parte gen. e Atti uffic. **97**. 1963 ('64) 84–86. — *M. Picone, Atti e Mem. Accad. Petrarca Sci., Lettere ed Arti (N.S.) **37** ('63). — Annali Mat. pura ed appl. (4) **62** ('63) I–IV.

Autobiogr. Rapport sur mes travaux pendant la guerre: Buletinul Politehn. "Gh. Asachi" Iaşi **3** ('48) 17–28.

Schriftenverzeichnis Rivista Mat. Univ. Parma **3** ('52) 301–06.

S. Atti del II Congresso dell'Unione Matematica Italiana, Bologna 1940 (Roma '42) 56–71: Deformazioni elastiche finite: elasticità di 2° grado. — Atti del VI Congresso dell'Unione Matematica Italiana, Napoli 1959 (Roma '60) 79–93: Sulla statica dei sistemi elastici vincolati. — Atti del Convegno matematico, Roma 1942 (Roma '45) 153–68: Recenti progressi della teoria delle trasformazioni termoelastiche finite. — Proc. 7th International congress for applied mechanics, London 1948, **4** (London [?] '49) 226–36: On some problems of rigid dynamics; 237–47: On finite deformations of an elastic solid. — Proc. 8th International congress for applied mechanics, Istanbul 1952 (Istanbul '53/55): Recenti ricerche sulla dinamica dei solidi. — Proc. 6th International congress of mathematicians, Cambridge, Mass., 1950 **1** (Providence, R. I. '52) 622f.: A simple case of "incompatibility" between linear elasticity and the theory of finite deformations. — Atti del Convegno di studi vinciani, Firenze–Pisa–Siena 1953 (Firenze '53): Leonardo e la meccanica. — Convegno internazionale di geometria differenziale, Italia 1953 (Roma '54) 274–82: Sui moti rigidi sferici. — Studies in mathematics and mechanics, presented to Richard von Mises (New York '54) 274–77: Una espressiva applicazione delle proprietà di media dello stress comuni a tutti i sistemi continui. — I modelli nella tecnica. Atti del convegno di Venezia 1955, **1** (Roma '56): Origini e direttive delle teorie dei modelli.

W. Meccanica razionale con elementi di statica grafica **1** (Roma '40) 311 S. [als Manuskript gedruckt], ('47) 7 + 335 S., [2]('52) 4 + 355 S., [3]('59) 4 + 354 S.; **2** ('40) 363 S. [als Manuskript gedruckt], ('48) 8 + 397 S., [2]('54) 436 S. — La meccanica razionale e la fisica matematica nell'Italia centrale e meridionale dal 1939 a oggi (Roma '46) 17 S. (Pontificia Academia Scientiarum, Relationes de auctis scientiis tempore belli, 15). — Questioni di fisica matematica. Dalle lezioni dell'anno accademico 1954/55 (G. Tedone) (Roma '55) 48 S. — Questioni di elasticità non linearizzata (Roma '60) 4 + 115 S.

Abh. math. Semin. Univ. Hamburg Sulla propagazione stazionaria del calore attraverso a un involucro separante due ambienti a temperatura uniforme: **21** ('57) 78–86.

Annales Fac. Sci. Toulouse Résultats simples de la théorie non linéarisée de l'élasticité: (4) **23** ('59) 5–21.

Annali Mat. pura ed appl. Sopra una caratterizzazione della sfera: (4) **20** ('41) 211f. — Trasformazioni termoelastiche finite, 1: **22** ('43) 33–143; ~ 2: **30** ('49) 1–72; ~ 3: Solidi incomprimibili: **39** ('55) 147–201; ~ 4: Solidi vincolati: **51** ('60) 329–72. — Sopra alcune questioni di geometria delle masse; cinematica delle masse e stereodinamica: **24** ('45) 1–11. — Commemorazione di Tullio Levi-Civita: **25** ('46) III–VIII. — Sull'inversione del teorema di Menabrea nella statica termoelastica semilinearizzata: **57** ('62) 37–48.

Annali R. Scuola norm. sup., Pisa Sopra alcune questioni di statica dei sistemi continui: (2) **2** ('33) 231–51.

Annuario, Univ. Studi Roma Emilio Almansi: **1948/49**, 725f.

Archimede [Firenze] Leonardo e la meccanica: **4** ('52) 221–27.

Bitte Anmerkung auf Seite 4201 beachten!

Archiv Math. Stereodynamische Anwendungen einer Erweiterung der Culmannschen Ellipse: **4** ('53) 154–62.

Atti (reale) Accad. nazion. Lincei, Rend. Alcune proprietà di media nella elastostatica ordinaria: (6) **15** ('32) 151–56. — Sulle deformazioni finite dei sistemi a trasformazioni reversibili: **18** ('33) 388–94. — Commemorazione del socio Gian Antonio Maggi: **27** ('38) 455–62. — Sull'attrito di rotolamento nei solidi elastici: **29** ('39) 403–11. — Valori medi delle caratteristiche dello stress in stereodinamica: 536–41. — Sulle proprietà di media comuni a tutti i sistemi continui: (7) **2** ('41) 728–34. — Complementi alla dinamica dei giroscopi e equazioni del problema completo della balistica esterna: (8) **1** ('46) 1–41. — Estensione della nozione di ellisse centrale d'inerzia ai fini della dinamica dei solidi: 137–42. — Un semplice esempio di "incompatibilità" tra la elastostatica classica e la teoria delle deformazioni elastiche finite: **8** ('50) 276–81. — Commemorazione del socio Giovanni Giorgi: **11** ('51) 416–23. — Relazione sull'VIII Congresso internazionale di meccanica teorica ed applicata: **13** ('52) 311f. — Commemorazione del socio Carlo Somigliana: **21** ('56) 343–51. — Emilio Almansi: **23** ('57) Appendice: Necrologi dei soci, Fasc. I, 31–33. — Estensione delle formule di Almansi a sistemi elastici anisotropi: **25** ('58) 246–53. — Calcolo di alcuni integrali che intervengono in un criterio sufficiente di minimo assoluto [1]: **30** ('61) 603–07.

Atti Accad. Sci. Torino Qualche semplice risultato della teoria non linearizzata dell'elasticità: **95**, 1 ('60/61) 29–40.

Atti Soc. ital. Progr. Sci. Sopra alcune questioni di elastostatica: **21**. 1932, II ('33) 143–48. — Trasformazioni termoelastiche finite, caratteristiche dei sistemi differenziali, onde di discontinuità; in particolare, onde d'urto e teoria degli esplosivi: **24**. 1935, III ('36) 6–25.

Boll. Unione mat. ital. Sul prodotto vettore: **13** ('34) 267–69. — Cenni qualitativi di balistica esterna: (2) **1** ('39) 458–73. — Necrologio di Riccardo von Mises: (3) **9** ('54) 228f.

Bull., Soc. franç. Mécaniciens Quelques recherches récentes de dynamique des solides: **1953**, Nr. 7, 1–4.

Cahiers Hist. mond. Contributions italiennes à la mécanique théorique de Leonard da Vinci à Levi-Civita: **7** ('62/63) 419–33 [m. engl. Zusammenfassg.].

Commentationes, Pontificia Acad. Sci. Sulle dighe a volta non cilindrica: **10** ('46/47) 375–406.

Conferenze Semin. mat. Univ. Bari Questioni di elasticità, 1: Statica non lineare; 2: Vincoli unilaterali, statica semilinearizzata; 3: Complementi: Nr. **48/50**. 1959 ('60) 42 S.

Bitte Anmerkung auf Seite 4201 beachten!

C. R. hebd. Séances Acad. Sci., Paris Un théorème anallagmatique en cinématique des surfaces: **228** ('49) 160–62.

Cultura e Scuola Sulla storia della matematica e meccanica in Toscana sino al Settecento: **1962**, Juni-Nr.

Ingegnere Leonardo e la meccanica: **27** ('53) 281–85.

Macchine Leonardo e la meccanica: **8** ('53) 113–16.

Nuovo Cimento In memoria di Giovanni Giorgi: (9) **8** ('51) 225–28.

Österreichisches Ing.-Arch. Über eine Erweiterung der linearisierten Theorie der Elastizität: **8** ('54) 47–53 [m. engl. u. französ. Zusammenfassg.].

Rend., Reale Ist. lombardo Sci. e Lettere Sollecitazioni iperastatiche: (2) **65** ('32) 1144–50.

Rend. Mat. e Appl., (R.) Univ. Roma Sul calcolo delle reazioni vincolari per un solido pesante appoggiato a un suolo orizzontale: (5) **2** ('41) 292–320. — Questioni di elasticità non linearizzata e semilinearizzata: **18** ('59) 95–139. — Questioni di elasticità non linearizzata: **19** ('60) 1–71.

Rend. Semin. mat. e fisico Milano Qualche teorema di ottica geometrica: **20**. 1949 ('50) 1–12. — Risultati semplici della teoria non linearizzata dell'elasticità: **31**. 1960 ('61) 35–53.

Rend. Semin. mat. Univ. Padova Sopra una questione di ottica geometrica: **24** ('55) 37–44.

Rend. Semin. mat., Univ. e Politecn. Torino Sopra un'estensione della teoria linearizzata dell'elasticità: **12** ('53) 83–93.

Revista, Univ. nacion. Tucumán, Ser. A Determinazione teorica delle dimensioni di un certo tipo di serbatoi galleggianti: **6** ('47) 91–112.

Ricerca sci. Leonardo e la meccanica: **22** ('52) 2267–74.

Rivista mat. Univ. Parma Sopra un particolare tipo di moti rigidi sferici: **3** ('52) 307–16.

Scientia Leonardo da Vinci e la meccanica: (6) **88** ('53) 1–10 [auch französ.].

Mehrere Vorlesungsskripten: "Lezioni di fisica matematica" (Napoli '35), (Roma '51) ... ('53). — "Lezioni di meccanica razionale con elementi di statica grafica" (Napoli '36) ... ('39), (Roma '41) ... ('46). — Ferner eine Abhandlung: "Il rollio del bastimento sull'onda sincrona" ('42) 34 S.

Mit: [1]) M. Picone.

VI **SIHVONEN,** Väinö Ilmari. Chem. (physikal.). — 1921–22 Assist., '23–35 Lektor Elektrochem., '36–39 ord. Prof., Techn.

Hochsch. Helsinki; '25–39 Doz., Univ. Helsinki; Mitgründer, '21–22, '24–25 Sekretar, '28–29 Vizevorsitzender, '29–30 Vorsitzender, Finn. Chem. Ges. (☒)
* 1889, Juni 10, Kangasniemi;
† 1939, Nov. 30, Helsinki (durch Fliegerangriff).

Nekr. *S. Kilpi, S.-Ber. finn. Akad. Wiss. **1940**, 51–59 (m. Bildn.). — *K. Myrbäck, Svensk kem. Tidskr. **51** ('39) 252. — *F. Müller, Z. Elektrochem. u. angew. physik. Chem. **47** ('41) 289. — Nature [London] **145** ('40) 769f.

S. Atti del X Congresso internazionale di chimica, Roma 1938, **4** (Roma '39) 404–13: Über den Reaktionsmechanismus an einer Graphitelektrode. — Forhandlinger, 5. Nordiske Kemikermøde, København 1939 (København '40) 96–112: Die Erscheinungen bei der Verbrennung der Kohle.

Brennstoff-Chem. Die Wassergasbildung an Graphit: **17** ('36) 281–85.

Chimie et Industrie Sur les phénomènes de la combustion du carbone: **45** ('41) 332f.

Fuel Sci. and Practice Primary products of the water-gas process: **19** ('40) 35–38.

Suomalaisen Tiedeakatemian Toimituksia, Sarja A Beiträge zur Kenntnis der Graphitverbrennung: **34** ('32) Nr. 7, 29 S. — Orientierende Versuche über Graphitverbrennung bei elektrischen Entladungen: **36** ('33) Nr. 6, 15 S. — Über die Einwirkung des Kohlenoxids auf die Graphitverbrennung: Nr. 7, 14 S. — Zur Kenntnis der Oberflächenwirkung bei Graphitverbrennung [16]): Nr. 8, 8 S. — Über die Einwirkung des Wasserdampfes auf die Graphitverbrennung: Nr. 9, 20 S. — Die Graphitverbrennung an Osram-Fäden in strömendem Gas: **38** ('33) Nr. 2, 34 S. — Über die Oxydierung des Graphits durch elektrische Entladungen: Nr. 3, 22 S. — Über die Oxydierung des Graphits mittels Röntgenbestrahlung: Nr. 4, 13 S. — Über die Oxydation des Graphits. (Eine Studie über die Einwirkung der Oberflächenstruktur auf die Verbrennungsvorgänge am Graphit): **41** ('35) Nr. 3, 80 S. — Über elektrische Entladungen in strömendem Sauerstoff unter Anwendung einer Graphitelektrode [14]): **45** ('37) Nr. 7, 13 S. — Über die Entladungsvorgänge bei der Graphitoxydation mit hochgespanntem Gleichstrom [8]): **48** ('38) Nr. 12, 24 S. — Neue Versuche über das Auftreten des von Sihvonen entdeckten Primärvorganges: $3C + 2O_2 = CO_2 + 2CO$ [8]): Nr. 13, 12 S. — Beiträge zum Oxydationsmechanismus des Kohlenstoffes: **51** ('39) Nr. 4, 40 S. — Über Kohlenstoffverbrennung und Wassergasbildung bei Atmosphärendruck [11])[1]): **54** ('40) Nr. 4, 29 S.

Suomen Kemistilehti Über die Schmelzelektrolyse des Thallocarbonats [9]): **4B** ('31) 15f. — Über Vorgänge bei der Graphitverbrennung: **5B** ('32) 33–38. — Über Verfahren und Ergebnisse bei der elektrolytischen Weinsäureoxydation: 41f. — Eine vorläufige Mitteilung über die Graphitverbrennung im strömenden Gas: 51. — Orientierende Versuche über die oxydierende Einwirkung der Röntgenstrahlen auf den Graphit im hochverdünnten Sauerstoff: 51. — Über das Verhalten des Graphits bei der Elektrolyse [13]): **6B** ('33) 56. — Eine vorläufige Zusammenfassung der Ergebnisse der Graphitoxydation bei niedrigem Druck durch elektrische Entladungen oder mittels der Röntgenbestrahlung: 59f. — Über die elektrolytische Oxydierbarkeit des Kohlenoxids [14]): 63f. — Der Primärvorgang bei der alkalischen Tartratoxydation unter hohem Anodenpotential: 64f. — Über eine bei anodischer Polarisierung an peroxidbildenden Metallen auftretende Photoaktivität [5]): 65f. — Beiträge zur Kenntnis der Oxydationsvorgänge am Graphit: **6** ('33) Nr. 9/10 Suppl., 68–70. — Über die Gültigkeit der Faradayschen Gesetze für Elektrodenvorgänge bei elektrischen Entladungen in verdünnten Gasen: Nr. 11/12 Suppl., 71–. — Eine vorläufige Mitteilung über die Stromdichte–Potential-Kurven [2]): 74. — Die elektrolytische Oxydation des Graphits: **7A** ('34) 25–30. — Ergänzende Zusätze zu meiner Theorie der Graphitverbrennung, 1: **7B** ('34) 80–82; ~ 2: 83–85; ~ 3: **8B** ('35) 21–24; ~ 4: 47–49. — Eine kurze Zusammenstellung der Hauptvorgänge bei der Oxydierung des Graphits: **7** ('34) Nr. 1 Suppl., 75f. — Über die Hydrierung der Kohle: **8A** ('35) 76–80. — Eine Bemerkung zu dem Sammelreferat von K. Fischbeck in der Z. Elektrochem. u. angew. physik. Chem. **41** ('35) 60: **8B** ('35) 3. — Über neue Bestätigungen meiner Verbrennungstheorie durch die Versuche von H. Martin und L. Meyer nebst einer Bemerkung zu dem Nachwort von A. Eucken: 13–16. — Comparisons between the oxidizing effect of x-rays and the electric discharges on diamond and graphite: 26f. [engl.]. — Über die wahre Aktivierungsenergie bei der Ketogruppendesorption am Graphit: 28. — Eine vorläufige Mitteilung über die Oxydation des Graphits bei der Schmelzelektrolyse: 29f. — Reaktionsmechanismus an einer Graphitanode: 35. — Über die Natur einer oxydierenden Graphitanode und vergleichende Elektrolysen an der Rechtsweinsäure und Mesoweinsäure in Natronlauge [10]): 37–39. — Elektrolytische Oxydation des Graphits in der Alkalischmelze [15]): **9A** ('36) 67–69. — Entwicklung des chemischen Ingenieurwesens und der chemischen Industrie: 103–07, 117–22. — Kontrollversuche über die Graphitoxydation durch hochgespannten Wechselstrom [8]): **9B** ('36) 5–7. — Eine vorläufige Mitteilung über die Reduktionsfähigkeit der Ketogruppen am Graphit: 26. — Über den Reaktionsmechanismus bei der elektrolytischen Oxydation der

Weinsäure: 32. — Über die Schwelung und Extraktion des Kellomäki-Torfes [7]): 10A ('37) 130–35. — Eine Universalzelle für Elektrolysen: 10B ('37) 13. — Eine Bemerkung zu der Volmerschen Ableitung der Langmuirschen Adsorptionsisotherme: 14. — Die Einwirkung der Platinierung auf die elektrochemische Oxydation des Ceylongraphits in schwefelsaurer Lösung [6]): 15–18. — Über den Mechanismus der Elektrolyse: 19f. — Rein arbeitendes Kohlenelement bildet keine Knallgaskette: 21. — Über den Hydroperoxidzerfall an der Kohle: 25f. — Beiträge zur Kenntnis des Reaktionsmechanismus an einer Graphitelektrode, 1: Über die Bildung des Hydroperoxids: 27–. — Die Gasentwicklung an einer Graphitelektrode nach der Stromöffnung [12]): 11B ('38) 19–21. — Versuche über die Kohlenstoffoxydation bei Atmosphärendruck [4]): 27f. — Beiträge zur Kenntnis der Kohle als Adsorbens [3]): 12B ('39) 11–. — Über einige Reaktionen an der Kohle: 15. — Über die Temperaturabhängigkeit der Stromdichte bei konstanter Überspannung und über die Bedeutung der Potentialsprünge bei konstanter Stromdichte: 15–17. — Der Reaktionsmechanismus der Kohlenstoffverbrennung gemäß der Carbonylgruppentheorie: 20–23. — Über die Oxydation einer Graphitelektrode in hochverdünntem Wasserdampf bei der Glimmentladung [8]): 25f. — — Die meisten Arbeiten entweder deutsch oder finn. m. deutscher Zusammenfassg.

Svensk kem. Tidskr. Reaktionsmechanismus bei der Oxydation des Kohlenstoffs: **48** ('36) 185–202 [schwed.].

Trans. Faraday Soc. Influence of keto- and ketene groups, adsorbed molecules and ions on the mechanism of carbon oxidation: **34** ('38) 1062–74.

Z. Elektrochem. u. angew. physik. Chem. Über Primärvorgänge bei der Graphitoxydation: **40** ('34) 456–60. — Eine Notiz zu der Bemerkung von L. Meyer: 743f. — Über die Einwirkung des an einer Platinelektrode adsorbierten Kohlenoxids auf die Strompotentialverhältnisse der elektrischen Entladungen in Sauerstoff: **42** ('36) 538–44. — Zur Analyse des magnetogalvanischen Effekts [14]): 833–37. — Über den Reaktionsmechanismus einer Graphitelektrode bei kommutiertem Gleichstrom: **44** ('38) 659–62.

Mit: [1]) P. Bryk; [2]) O. Enwald; [3]) U. Hemming; [4]) J. Järvinen; [5]) A. Jussila; [6]) E. Lindroos; [7]) E. E. Lundmark; [8]) R. Näsänen; [9]) R. Pihkala; [10]) M. Pylkkänen; [11]) P. Salmela; [12]) P. Sarkamies; [13]) L. Tuura; [14]) P. Veijola; [15]) K. Vohlonen; [16]) A. A. Vuorela.

VI **SILBERRAD,** Oswald John. Chem. (Explosivstoffe). — 1906–60 Dir. and Consulting Research Chemist, Silberrad Research Laboratories, Buckhurst Hill, Loughton, Essex. (☒)
* 1878, Apr. 2, Buckhurst Hill, Essex;
† 1960, Juni 17, Dryads' Hall, Loughton, Essex.

Nekr. *J. S. Grew, Nature [London] **187** ('60) 553f. — *L. G. Silberrad, Proc. chem. Soc., London **1961**, 29.

IV–VI **SILBERSTEIN,** Ludwik. Physik (math.). — 1904–20 [?] Lecturer, Univ. di Roma; '20–29 Math. Physicist, '30– Consulting Math. Physicist, Research Labor., Eastman Kodak Co., Rochester, N.J.
* 1872, Mai 17, Warszawa;
† 1948, Jan. 17, Rochester, N.J.

Nekr. *E. Menke, Z. wiss. Photogr., Photophysik u. Photochem. **45** ('50) 64. — Isis **39** ('48) 69.

S. Encyclopaedia Britannica; a new survey of universal knowledge **21** (Chicago, Ill.–London–Toronto–... '65) 941–44: Tensor analysis [1]) [auch in früheren Auflagen].

W. Causality: a law of nature or a maxim of the naturalist? (London–NewYork '33) 8 + 159 S. — Discrete spacetime; a course of five lectures (Toronto '36) 49 S. (University of Toronto studies. Physics ser., 1936).

J. Franklin Inst. "Developable" and developed silver halide grains: **249** ('50) 207–22. — Macroscopic sensitometry, opacity, and photographic density, specular and diffuse: **251** ('51) 359–83. — The effect of gradual light absorption in a film of nonnegligible thickness. General formulas, their application to an exponential emulsion under the one-quantic and the two-quantic hypothesis. Graphical construction of gamma as modified by gradual absorption for any characteristic curve belonging to a thin emulsion layer: **252** ('51) 33–42. — Superposition or mixture of simple quantic characteristic curves of photographic emulsion layers: 309–25. — Generalities concerning "simple" and mixed photographic emulsions as manifested by their characteristic curve. Uniqueness of analysis. "Interaction" of the components of a mixture: **253** ('52) 323–30. — Properties of an exponential size-frequency distribution of finite extent: **254** ('52) 221–25. — Elementary probability of efficient absorption of a quantum proportional to the volume of a grain: **255** ('53) 51–58.

J. opt. Soc. America Determination of the spectral composition of x-ray radiation from filtration data: **22** ('32) 265–80. — A simplified computation of Cartesian lens surfaces: **25** ('35) 340f.; **26** ('36)

131. — Investigations on the intrinsic properties of the color domain [,1]: **28** ('38) 63–85; ~ 2: **33** ('43) 1–10. — Relations between the sensitometric and the size-frequency characteristics of photographic emulsions [2]): **28** ('38) 441–59; **29** ('39) 354. — The effect of gradual light absorption in photographic exposure: 67–76. — Theoretical treatment of the two-quanta hypothesis as applied to the photographic reciprocity law failure: 432–47. — On the number of quanta required for the developability of a silver halide grain: **31** ('41) 343–48. — Effect of gradual light absorption in photographic exposure: **32** ('42) 326–31. — Uniform representation of the characteristic curves of pure AgBr emulsions, unsensitized and sensitized: 478–85. — A fundamental criterion of uniform representability of equiluminous colors on a geometrical surface: 552–56. — Size-frequency distribution in photographic emulsions: **33** ('43) 35–42. — Dependence of intrinsic sensitivity on grain size: 175–78. — Simplified formulae for scattered and rescattered sunlight: 526–32. — Quantum theory of exposure tested extensively on photographic emulsions [2]): **35** ('45) 93–107. — Luther's empirical rule and the quantum theory of exposure: 301–06. — On two accessories of three-dimensional colorimetry, 1: Probable error of colorimetric tensor components as derived from a number of color matchings; 2: The determination of the principal colorimetric axes at any point of the color threefold: **36** ('46) 464–68. — Notes on W. S. Stiles' paper entitled "A modified Helmholtz line-element in brightness-color space": **37** ('47) 292–95.

Nature [London] Minimal lines and geodesics within matter: a fundamental difficulty of Einstein's theory: **138** ('36) 1012.

Philosophical Mag. (and J. Sci.) Spectral composition of an x-ray radiation determined from its filtration curve: (7) **15** ('33) 375–94. — Photographic intermittency effect and the discrete structure of light [3]): **18** ('34) 1–24. — Triangle-probability problem in integers: 1132–34. — Synthesis of x-ray filtration curves from Kramers's emission law: **19** ('35) 1042–54. — On complex primes: 1097–107. — The roots of cos z = z: **20** ('35) 528–31. — On Einstein's gravitational field equations: **24** ('37) 814–22. — Summation of the series $1 + x^3/3! + x^6/6! + \ldots$: **25** ('38) 1003f. — Short derivation of a fundamental probability formula: **26** ('38) 223f. — On a hystero-differential equation arising in a probability problem: **29** ('40) 75–84. — Differential operators acting as integrators: 586–600. — Solution of the equation $f'(x) = f(1/x)$: **30** ('40) 185f. — Differentially cyclical sets of functions; an extension of the concept of hyperbolic functions: **33** ('42) 457–61. — The space relation among five points in elliptic and hyperbolic geometry: 536–40. — On some infinite sets of numbers: **34** ('43) 32–34. — Infinitesimal bending of a surface: 549–54. — Accumulation of chance effects and the Gaussian frequency distribution: **35** ('44) 395–404. — Solution of the restricted problem of the random walk: 538–43. — Construction of groups of commutative functions: **36** ('45) 43–54. — Probable number of aggregates in random distributions of points: 319–36. — Most probable colorimetric tensor derived from "n" colour matchings: **39** ('48) 82f.

Physical Rev. Two-centers solution of the gravitational field equations, and the need for a reformed theory of matter: **49** ('36) 268–70.

Scientia The age of the stars: **52** ('32) 11–16 [französ.: Suppl. S. 1–6].

Trans. roy. Soc. Canada, Sect. III On the expanding-universe doctrine: **29** ('35) 1–4.

Mit: [1]) A. D. Michal; [2]) A. P. H. Trivelli; [3]) J. H. Webb.

V, VI **SILLA,** Lucio. Math., Aerodyn. — 1899 Laurea in Mat., Univ. di Roma; Incaricato → Prof. e Dir. della Scuola d'Ingegneria aeronaut. → Prof. emer., R. Scuola d'Applicaz. per gli Ingegneri → R. Ist. super. d'Ingegneria, Roma → Fac. d'Ingegneria aeronaut. della Univ. di Roma; Per molti anni Segretario permanente gen., Soc. Ital. per il Progr. delle Sci. — '40 Premio (R. Accad. d'Italia); Grande Ufficiale della Corona d'Italia; Cavaliere Ufficiale dell'Ordine SS. Maurizio e Lazzaro. (⊠).
* 1872, Aug. 29, Teramo;
† 1959, Nov. 29, Roma.

H. Un secolo di progresso scientifico italiano 1839–1939 (Società Italiana per il Progresso delle Scienze) **1–7** (Roma '39/40); darin eig. Beiträge: **1**, 13–17: Prefazione; **7**, 3f.: Al lettore.

HZ. Atti Soc. ital. Progr. Sci. **18**. 1929 ('30) – **27**. 1938 ('39/40) → Relazioni Soc. ital. Progr. Sci. **28**. 1939 ('40/41). — Scienza e Tecnica **1** ('37)ff.

S. Atti del I° Congresso dell'Unione Matematica Italiana, Firenze 1937 (Bologna '38) 546–49: Sulla sovrapposizione degli effetti di viscosità e compressibilità in un fluido [1]).

W. Lezioni di aerodinamica, **1** (m. P. Teofilato) (Roma '33) 4 + 240 S. (R. Scuola di Ingegneria Aeronautica di Roma). — La Società Italiana per il Progresso delle Scienze nell'anno XIII E.F. [= 1935] (Roma '35) 15 + 122 S. — Aerodinamica (m. P. Teofilato) (Pavia '39) 204 S.; ('41) 7 + 430 S.

Aerotecnica Influenza della compressibilità sui fenomeni aerodinamici: **12** ('32) 175–80.

Atti Soc. ital. Progr. Sci. Influenza della compressibilità sui fenomeni aerodinamici: **20**. 1931, II ('32) 213–18. — Guido Toja: **21**. 1932, II ('33) I–VII. — Sui metodi dell'aerodinamica razionale: **22**. 1933, II ('34) 165–68.

Libro ital. Mondo Progressi e direttive di marcia della scienza italiana: **2** ('41) Nr. 5/6, 145–66.

Scienza e Tecnica Ettore ed Angelo Mengoli: **10** ('49) Nr. 3/4, 54–57.

Mit: [1]) P. Teofilato.

VI **ŠILOV,** Evgenij Alekseevič. Chem. — Bis 1917 Stud., Univ. Moskva; '19–23 Assist., '23–35 Doz., '25–47 Leiter d. Lehrstuhls f. org. Chem., '36–47 Prof., Chem. Fak. d. Polytechn. Inst. → ('30) Chem.-Technol. Inst., Ivanovo-Voznesensk; '38 Dr. d. chem. Wiss.; '47 Gründer u. '47–70 Leiter d. Abteilg. "Mechanismen org. Reaktionen", Inst. f. org. Chem. d. Akad. Wiss. Ukrain. SSR, Kiev; mehrere Jahre Vorsitzender d. Ukrain. Abteilg. d. Chem. Unionsges. "D. I. Mendeleev". — Lenin-Orden, Rotbanner-Orden, Orden "Ehrenzeichen" (UdSSR); mehrere Medaillen. (⊠)
* 1893, Aug. 10 (Juli 29), Serpuchov;
† 1970, Juli 22.

Zum 70. Geb.tag Ukrainskij chim. Ž. **29** ('63) 1001 f. (m. Bildn.).

Zum 75. Geb.tag Ukrainskij chim. Ž. **34** ('68) 863 f. (m. Bildn.).

Nekr. Ukrainskij chim. Ž. **36** ('70) 1190 f. (Bildn. vor S. 759).

H. (Redakt.) Problemy mechanizma organičeskich reakcij. Trudy Kievskogo soveščanija 1952 g. [Probleme des Mechanismus organischer Reaktionen. Arbeiten einer Konferenz, Kiev 1952] (Kiev '53); darin eig. Beiträge: 7–23: Der Mechanismus der Anlagerung an ungesättigte Moleküle [russ.]; 309–17: Der Mechanismus der Umlagerung aromatischer Amino- und Oxysulfosalze [~] [3])[48]).

MH. Chimičeskoe stroenie, svojstva i reaktivnost' organičeskich soedinenij [Chemische Struktur, Eigenschaften und Reaktionsfähigkeit organischer Verbindungen] (Kiev '69).

HZ. (Hauptredakt.) Ukrainskij chim. Ž. (mehrere Jahre).

S. Voprosy chimičeskoj kinetiki, kataliza i reakcionnoj sposobnosti, Doklady k Vsesojuznomu soveščaniju po chimičeskoj kinetike i reakcionnoj sposobnosti [Fragen der chemischen Kinetik, der Katalyse und der Reaktionsfähigkeit. Vorträge bei der Unionskonferenz über chemische Kinetik und Reaktionsfähigkeit] (Moskva '55) 749–56: Der Donator–Akzeptor-Mechanismus und seine Bedeutung bei der Kinetik heterogener Reaktionen [russ.]. — Radioisotopes in scientific research. Proc. of the international conference, Paris 1957, **4** (New York–London–Paris '58) 523–34: The use of carbon-14 for investigating the mechanism of biosynthesis of rubber and its concomitants in the kok-sagyz. — Trudy. Konferencija po problemam primenenija korreljacionnych uravnenij v organičeskoj chimii [Abhandlungen der Konferenz zu Problemen der Anwendung von Korrelationsgleichungen in der organischen Chemie], Tartu 1962, **1** (Tartu '62) 361–64: On the dependence of the kinetic parameters of iodocyclization on the nucleophilicity of the anionoid function in the molecule [russ. m. engl. Zusammenfassg.]. — Chimičeskoe stroenie, svojstva i reaktivnost' organičeskich soedinenij [Chemische Konstitution, Eigenschaften und Reaktivität organischer Verbindungen] (Kiev '69) 3–7: Untersuchungen zur Theorie der Bildung zyklischer Formen bei organischen Reaktionen: Jodierungsprodukte von allyloxy-, allylthio- und allylaminosubstituierten Verbindungen [6]); 8–13: ~: Kinetik der Jodzyklisierung von allyloxy-, allylthio- und allylaminosubstituierten Verbindungen [6]); 14–18: Kinetik der nichtzyklischen Anlagerung des Jods an Allyloxyverbindungen [6]); 23 f.: Reaktivität des Pyridinkomplexes mit Jod bei der Jodzyklisierungsreaktion von α-(ω-Butenyl)-pyridin in Tetrachlorkohlenstoff [47]). Alle Beiträge russ.

Acta chim. Acad. Sci. hungar. Über die Struktur des Tribromphenolbroms [18]): **21** ('59) 63–65 [russ. m. deutscher u. engl. Zusammenfassg.].

Acta physicochim. URSS Direct determination of the rate of chlorine hydrolysis [53]): **20** ('45) 667–82 [ ].

Ber. dtsch. chem. Ges. Synthese des Di-p-xenylketens [5]): **68** ('35) 582–84.

Bjul. Fiziol. Rastenij Bildung von Kohlendioxid in den Kok-saghyz-Blättern aus Zuckern und Säuren, die markierten Kohlenstoff enthalten [63])[8])[34])[18]): **1** ('57) 15–19 [russ.].

Bjul. IvNITI Chemische Umwandlung von Farbstoffen durch die Chlorbleiche [30]): **1936**, Nr. 6, 22–31 [russ.]. — Stabilisierung von Farbstoffen auf der Faser unter den Bedingungen der Chlorbleiche [30]): 31–39 [~]. — Die Stabilität von Chlorwasser [30]): 39–45 [~]. — Die Konstante der elektrolytischen Dissoziation der unterbromigen Säure [14]): **1937**, Nr. 11/12, 63–65 [~]. — Über die Nitritmethode zur Bestimmung aktiven Chlors [30]): **1940**, Nr. 3/4, 206–08 [~].

Bjul. vses. chim. Obšč. im. Mendeleeva Über die Konstitution des Trichlorphenolchlors und seiner Analogen: **1940**, Nr. 8, 32f. [russ.].

Chimičeskaja Nauka i Promyšl. Symposium über theoretische organische Chemie, London 1958 [62]): **4** ('59) 121f. [russ.].

Chimičeskaja Promyšl. Ein neuer pneumatischer Regulator: **1944**, Nr. 7, S. 18 [russ.]. — Über die Gewinnung von Äthylenchlorhydrin aus Gasen mit einer geringen Konzentration an Äthylen: **1961**, Nr. 1, 24f. [~].

Chlopčatobumažnaja Promyšl. Neue Ideen zur Chemie der Chlorbleiche: **7** ('37) Nr. 1, 36–38; Nr. 2, 32–37 [russ.].

Dokl. Akad. Nauk SSSR Über die Geschwindigkeit der Chlorhydrolyse [30]): **1935** II, 222–24; ~ [53]): **1936** III, 15–19. — Der Transmissionsmechanismus organischer Reaktionen: **18** ('38) 643–48. — Das Bromkation als bromierendes Agens [21]): **24** ('39) 891–93. — Über die intramolekulare Wanderung von Wasserstoff und von Radikalen bei organischen Reaktionen: **30** ('41) 219–22. — Über die katalytische Entflammung von Chlor–Äthylen-Mischungen: **46** ('45) 69f. — Über die Bildung von β,β'-Dichlordiäthyläther bei der Synthese von β-Chloräthanol: **47** ('45) 490–92. — Über die Art der kinetischen Gleichungen der Cannizzaro-Reaktion [29]): **63** ('48) 681–84. — Katalytische Effekte bei der Cannizzaro-Reaktion [29]): **64** ('49) 73–76. — Über die raumgerichtete Anlagerungsreaktion an Mehrfachbindungen [51]): **67** ('49) 671–74. — Zur Theorie der Bildung von cis-Chlorvinylmercurichlorid aus Sublimat und Acetylen [51]): **73** ('50) 723–25. — Struktur von Tribromphenolbrom und einige Daten zur Theorie seiner Bildung [18]): **78** ('51) 925–28. — Kinetik der Anlagerung von unterchloriger Säure an Moleküle mit wenig aktiver Doppelbindung [30])[18]): **81** ('51) 435–38. — Acylhypochlorite und das Chlorkation als Agentien der Chlorierung ungesättigter organischer Verbindungen in wässeriger Lösung [30]): 621-24. — Kinetik und Mechanismus der Enolisation von Aceton in Gegenwart von Aminosäuren [18]): **84** ('52) 297–300; **86** ('52) 452. — Zur Frage des Chlorkations als Agens der Chlorierung in wässeriger Lösung: **84** ('52) 1001–03. — Nukleophile Anlagerungen von Halogeniden an einige Acetylenderivate [48]): **91** ('53) 873–76. — Mechanismus der Umlagerungen aromatischer Amino- und Oxysulfosalze [3])[48]): **92** ('53) 93–96. — Zur Frage der Form des bei der Umlagerung von aromatischen Sulfosalzen auftretenden intermediären Komplexes [59]): **100** ('55) 727–29. — Einige Besonderheiten der Kinetik der Anlagerung von Jodwasserstoff an ungesättigte Verbindungen [38]): **115** ('57) 564–67. — Kinetik und Mechanismus der Oxydation von Alkoholen und Aldehyden durch aktives Chlor [27]): **119** ('58) 737–40. — Kinetischer Isotopieeffekt bei der Jodierung aromatischer Amine [59]): **123** ('58) 93–96; **126** ('59) 1158. — Über den Anteil des Alanins an den biosynthetischen Prozessen der Pflanzen [18]): **124** ('59) 459–61. — Über das Chlor-Kation als Chlorierungsagens in wässeriger Lösung [30]): **131** ('60) 570–73. — Die Bedeutung des kinetischen Isotopieeffekts in der Theorie der Wasserstoff-Substitution in aromatischen Systemen [59]): **133** ('60) 581–84. — Bedeutung zyklischer Übergangskomplexe im Mechanismus organischer Reaktionen [54])[43]): **146** ('62) 111–14; **150** ('63) 1190. — Homogene Katalyse bei der heterolytischen Chlorierung ungesättigter Verbindungen [47]): **155** ('64) 1383–86. — Zyklopolymerisation des Propiolsäureanhydrids in Gegenwart schwach nukleophiler Substanzen [16])[9]): **166** ('66) 388–90. — Katalytische Wirkung von Kupfer(I)-Salzen beim nukleophilen Austausch des Halogens organischer Verbindungen in wässerigen Lösungen [59])[58]): **170** ('66) 1077–80. — Sterische Faktoren der Jodlactonisierung ungesättigter Carbonsäuren [54])[25]): **172** ('67) 874–77; **183** ('68) 132f. — Struktureffekte bei Jodlactonisierungsreaktionen der Anionen von α-R-Allylessigsäuren [54])[35]): **187** ('69) 109–11. — Bedeutung der Natur der elektrophilen Substanz für den Ablauf von Anlagerungsreaktionen [54])[25]): **192** ('70) 817–20. — Einfluß der Lösungsmittel auf die Geschwindigkeit der Anlagerung des Broms an Olefine [47])[46])[50])[24]): **197** ('71) 1096–99. — — Alle Arbeiten russ.

Dopovidi Akad. Nauk Ukraïns'k. RSR Stereochemie und Mechanismus der Bildung und des Abbaus von cis- und trans-Chlorvinylquecksilberchlorid [51]): **1951**, 87–92 [ukrain. m. russ. Zusammenfassg.]. — Kinetik und Mechanismus der Anlagerung von Quecksilberchlorid an Dreifachbindungen in Gegenwart von Lithiumchlorid in Methylalkohol [9]): **1959**, 636–42 [ukrain.]. — Einige Synthesen fünfgliedriger heterozyklischer Verbindungen mit Hilfe der Jodzyklisierungsreaktion [54]): **1962**, 1474–76 [ukrain. m. russ. u. engl. Zusammenfassg.].

Izvest. Akad. Nauk SSSR, Otdel. chim. Nauk Stereochemie und Mechanismus der Anlagerung von Brom an die Dreifachbindung [51]): **1951**, 32–41 [russ.].

J. amer. chem. Soc. On the calculation of the dissociation constants of hypohalogenous acids from kinetic data [14]): **60** ('38) 490–92.

J. physic. Chem. On the Morris mechanism of hydrolysis of chlorine [53]): **65** ('61) 2112.

Kaučuk i Rezina Ein Fall der Divinylpolymerisation im elektrischen Wechselfeld [1])[65]): **1937**, Nr. 7/8, 37f. [russ.].

Kinetika i Kataliz Über die Beteiligung von Halogenkationen beim Mechanismus der Halogenierung organischer Verbindungen [59])[18]): **2** ('61) 214–20. — Kinetik und Mechanismus der Anilinjodierung

Bitte Anmerkung auf Seite 4201 beachten!

mit Jod in wäßriger Lösung [59][58]): **4** ('63) 357–66. — Kinetik und Mechanismus der Addition von Jodwasserstoff an C–C-Mehrfachbindungen in organischen Lösungsmitteln, 2: Anlagerung von Jodwasserstoff an Cyclohexen in Benzol [9]): **5** ('64) 240–46; ~ 3: Addition von Jodwasserstoff an Cyclohexen in Hexan, Toluol und Chlorbenzol [9]): 996–99; ~ 4: Addition von Jodwasserstoff an Acetylendicarbonsäuredimethylester in Toluol, Chlorbenzol und Hexan [9]): **6** ('65) 37–40; ~ 5: Addition von Jodwasserstoff an Propiolsäuremethylester in Chlorbenzol [9][22]): 809–14. — Kinetik und Mechanismus der Jodierung aromatischer Aminoverbindungen durch Jodchlorid in wäßrigen salzsauren Lösungen [59][58]): **7** ('66) 33–41. — Kinetik der Jodierung von 8-Hydroxychinolinsulfonat-(5) in wäßrigen Lösungen [59][7]): **9** ('68) 965–69. — Untersuchung des Austauschs von Brom und Chlor in halogensubstituierten Halogencarbonsäuren unter Einwirkung von Ammoniak in Gegenwart von Kupfer(I)-oxid [59][58]): **10** ('69) 777–85. — Austausch des Broms in Brombenzolcarbon- und -dicarbonsäuren in wäßrigen Pyridinlösungen bei homogener Katalyse durch einwertiges Kupfer [59][20][58]): **12** ('71) 95–99. — Der Einfluß von Zusätzen bei katalytischen Reaktionen des nukleophilen Austauschs von Halogen in aromatischen Verbindungen [59][58]): 764–66. — Katalytischer Austausch des Broms in Brombenzolsulfonaten bei der Reaktion mit wäßrigem Ammoniak [59][58]): 1573–75. — — Alle Arbeiten russ.

Medicinskaja Promyšl. SSSR Bestimmung von 4-Hydroxypyridin im technischen Produkt [59][7]): **19** ('65) Nr. 3, 41f. [russ.].

Melliand Textilber. Studien über Chlorbleiche, 1: Zur Theorie der Chlorbleiche [37]): **15** ('34) 221–24, 266–69. — Die chemischen Veränderungen der Farbsubstanzen im Chlorbleichprozeß: **17** ('36) 425–27, 504f., 734–36.

Nature [London] Kinetic isotope effect in the iodination of arômatic amines [59]): **182** ('58) 1300f.

Revue gén. Caoutchouc Les produits intermédiaires de biosynthèse du caoutchouc et du carotène dans le kok-saghyz [32][34][44][63][18]): **35** ('58) 1067–72.

Sintetičeskij Kaučuk Darstellung von Vinylacetylen durch die Methode von Willstätter und Wirth [33][52][17]): **2** ('33) Nr. 1, 4–12 [russ.]. — Kondensation von Acetaldehyd zu Aldol [17]): **3** ('34) Nr. 4, 7–12 [~].

Tekstil'naja Promyšl. Zum Verständnis der "gefährlichen Zone" bei der Chlorbleiche [18]): **10** ('50) Nr. 11, 35–38.

Teoretičeskaja i ėksper. Chim. Mechanismus der Reduktion ungesättigter Verbindungen durch Chrom(II)-Salze [10][12]): **2** ('66) 424f. [russ.]. — Der Elektronenübergang an der Kohlenstoff-Dreifachbindung [9]): **3** ('67) 606–11 [~]. — Reaktivität von Jodkomplexen mit n-Donatormolekülen bei der Jodzyklisierungsreaktion von α-(ω-Butenyl)-pyridin in Tetrachlorkohlenstoff [47]): **5** ('69) 400–02 [~]. — Thermodynamische Parameter von Bromkomplexen mit n-Donatorverbindungen [47]): **6** ('70) 680–82 [~]. — Reaktivität von π- und n-Donatorkomplexen des Broms bei der Reaktion mit 1-Hexen in Benzol [47]): **8** ('72) 44–48 [~]. — Reaktivität von π- und n-Donatorkomplexen des Jods bei der Jodzyklisierungsreaktion von α-(ω-Butenyl)-pyridin in Tetrachlorkohlenstoff [47]): 108–10 [~].

Trudy ivanovsk. chimiko-technol. Inst. Kinetik der Anlagerung von unterchloriger Säure an Doppelbindungen [21]): **1** ('35) 19–46 [russ.]. — Untersuchungen in der Reihe der Di- und Polyaryläthane, 1: Di-p-xenyläthanon und seine Derivate [19]): **2** ('39) 21–26 [~]. — Kinetik der Bromierung von Natrium-m-anisolsulfonat in wäßriger Lösung [21]): **3** ('40) 52–68 [~]. — Über die Konstanten einiger Gleichgewichtsreaktionen der unterbromigen Säure [21]): 69–73 [~].

Ukrainskij chim. Ž. Theorie der Struktur und Reaktivität organischer Verbindungen: **18** ('52) 123–40. — Kinetik und Mechanismus von Reaktionen des aktiven Chlors mit organischen Verbindungen, 9: Oxydation von Glykolaldehyd und D-Glukose [18]): 595–610; ~ 11: Oxydation des m-Benzaldehydsulfonations [27]): **25** ('59) 606–14; ~ 12: Oxydation von p- und o-Benzaldehydsulfonationen [27]): 749–57; ~ 13: Oxydation des Ions von m-Sulfobenzylalkohol [27]): **26** ('60) 206–17. — Dichlorfumarsäure und einige ihrer Derivate [39]): **20** ('54) 35–38. — Untersuchungen zur Theorie nukleophiler Anlagerungen, 1: Kinetik der Anlagerung von Chlorwasserstoff und analogen Verbindungen an einige Acetylenderivate [48]): 39–52; ~ 2: Kinetik der Chlorierung des Dimethylesters der Acetylendicarbonsäure [48]): 279–81; ~ 3: Kinetik der Anlagerung von Bromwasserstoff an Acetylendicarbonsäuredimethylester aus Lösungen von Lithiumbromid [41]): **22** ('56) 590–95; ~ 4: Anlagerung von Jodwasserstoff aus Jodidlösungen [41]): 743–53; ~ 6: Anlagerung von Stickstoffwasserstoffsäure an Acetylendicarbonsäuredimethylester [41]): **23** ('57) 615–22; ~ 7: Über die Möglichkeit einer Anlagerung bei der Einwirkung schwacher nukleophiler Agentien auf Äthylenverbindungen [41]): **27** ('61) 209–12; ~ 8: Anlagerung von Chlorwasserstoff an Acetylenderivate in Methanol [9]): **28** ('62) 626–32; ~ 9: Reagentien zur Anlagerung von Bromwasserstoff an Acetylendicarbonsäureester aus Lösungen von Lithiumbromid in Essigsäure [9]): 1073–79; ~ 10: Kinetik und Mechanismus der Addition von Jodwasserstoff an Acetylenverbindungen in Wasser [9]): **29** ('63) 73–79; ~ 11: Kinetik und Mechanismus der Anlagerung von Bromwasserstoff an Acetylendicarbonsäure in Wasser; allgemeine Folgerungen für die Anlagerung von

Bitte Anmerkung auf Seite 4201 beachten!

Halogenwasserstoffsäuren in Wasser [9]): 165–69; ~ 15: Bedeutung der Natur der Säure bei der Kinetik der Anlagerung von Jodwasserstoff an Acetylendicarbonsäuredimethylester in Methanol und Methanol–Chloroform-Gemischen [9])[22])[38]): **31** ('65) 1177–82. — Zum Mechanismus der Wanderung von Sulfogruppen in aromatischen Sulfonsäuren [59]): **21** ('55) 58–65. — Zur Theorie der Kolbe-Schmittschen Reaktion, 1: Die Rolle der arylkohlensauren Salze im Carboxylierungsmechanismus [51])[34]): 484–90; ~ 2: Bedeutung der Dialkalisalze für den Mechanismus der Carboxylierung [51])[34]): 600–13. — Stereochemie und Mechanismus der Reduktion von Verbindungen mit Mehrfachbindungen durch "Wasserstoff in statu nascendi", 1: Reduktion von Tolan mit Metallen in Alkoholen und Essigsäure [56]): **22** ('56) 341–46; ~ 2: Reduktion von Tolan mit Natrium in flüssigem Ammoniak [56]): 489–92; ~ 3: Reduktion von Acetylensäuren [56]): 596–602. — Chemie[-Themen] der Tagung der Akademie der Wissenschaften der Ukrainischen SSR über Fragen der Nutzung der Atomenergie zu friedlichen Zwecken: 409. — Mechanismus der Biosynthese von Isoprenverbindungen, 1: Beteiligung von Zuckern und organischen Säuren bei der Bildung von Kautschuk in Kok-Saghys [63])[8])[34])[18]): 644–54; ~ 2: Bildung von Carotinpigmenten in den Blättern von Kok-Saghys [63])[8])[32])[34])[44])[18]): 655–59; ~ 3: Neue Daten über die Vorstufen von Kautschuk und Carotin in Kok-Saghys [63])[8])[32])[34])[44])[18]): **23** ('57) 516–22. — Kinetik und Mechanismus der Jodierung aromatischer Aminosulfonsäuren in wässerigen Lösungen [31]): 31–53. — Katalytischer Einfluß von Aminosäuren und Aminen auf organische Reaktionen, 1: Kinetik und Mechanismus der Enolisierung von Aceton in Gegenwart von Aminosäuren [18]): 215–22; ~ 2: Kinetik und Mechanismus der Enolisierung von Lävulinsäure in Gegenwart von Glykokoll und anderen Aminosäuren [18])[34]): 333–40; ~ 4: Selektivität des katalytischen Einflusses von Aminen bei der Enolisierung von Ketonen [18]): **27** ('61) 639–58; ~ 11: Kinetik der Enolisierung des Acetons in Gegenwart von Aminosäuren unterschiedlicher Konstitution [36])[18]): **30** ('64) 599–608; ~ 14: Mechanismus der Hydratisierung von Crotonaldehyd [36])[18]): 1171–78; ~ 15: Kinetik und Mechanismus der Enolisierung von Acetonylphosphat in Gegenwart von Glykokoll [18])[61]) 1313–18; ~ 16: Kinetik und Mechanismus der Jodierung von Acetolphosphat in Gegenwart von Äthylendiamin [61])[18]): **31** ('65) 56–66; ~ 21: Katalyse der Jodierung von Aceton durch Diamine und Phosphorsäuresalze [26])[18]): **35** ('69) 55–62. — Über den Mechanismus der Umlagerung von Salzen aromatischer Sulfonsäuren [3]): **24** ('58) 232–35. — Zur Antwort von A. I. Titov und F. L. Makljaev auf meine Bemerkungen [Ž. obščej Chim. **26** ('56) 2365–67]: 487f. — Kinetik und Mechanismus der Anlagerung von Quecksilberchlorid an Acetylenderivate in methanolischer Lösung [9]): **28** ('62) 833–41. — Neue Bestimmung der Gleichgewichtskonstante von $J_2 + J^- = J_3^-$ nach der Verteilungsmethode [43]): 1080–86. — Kinetik der Jodierung von aromatischen Aminoverbindungen und von m-Phenolsulfonat mit Jod in wässerigen Lösungen [59])[58]): **30** ('64) 831–38. — Reduktion von Benzaldehyd und p-Nitrobenzaldehyd durch 1-Benzyl-1,4-dihydronicotinamid in alkalischer Lösung [18])[15]): **31** ('65) 118f. — Einfluß von Akzeptoranionen auf den Mechanismus der nukleophilen Substitution an aromatischen Systemen [59])[7])[58]): 518–21. — Synthesen von fünfgliedrigen Heterozyklen durch Jodierung und Bromierung ungesättigter Verbindungen [54]): 1286–89. — Kinetik und Mechanismus der heterolytischen Anlagerung von Chlor an ungesättigte Verbindungen, 2: Chlorierung in aprotischen Lösungsmitteln [47]): **32** ('66) 34–47; ~ 3: Chlorierung in protonischen Lösungsmitteln [47]): **33** ('67) 173–81; ~ 4: Bildung von Dichloriden und von Chlorestern in Abhängigkeit von der Struktur der organischen Verbindung und den Reaktionsbedingungen [47]): 1053–56; ~ 5: Chlorierung in Gemischen aprotischer Lösungsmittel [47]): **34** ('68) 800f. — Kinetik und Mechanismus der Ringbildung bei der Mercurierung organischer Verbindungen, 1: Chlormercurierung von o-Allylphenol [60]): **32** ('66) 474–85; ~ 2: Chlormercurierung substituierter o-Allylphenole und von Penten-(1)-ol-(5) [60]): **33** ('67) 1044–52. — Konzentration des Quecksilber(II)-monochloridkations in wässerigen Lösungen von Quecksilberchlorid [60]): **32** ('66) 947–50. — Kinetik der Jodierung von Allylalkohol in wässeriger Lösung [47]): **33** ('67) 909–19. — Die Entwicklung der Wissenschaft vom Mechanismus organischer Reaktionen in der Ukraine: 1163–68. — Mechanismus der katalytischen Enolisierung von Ketonen bei Einwirkung von Aminen in alkalischen Lösungen [18])[26])[61]): 1315f. — Kinetik der Bildung von Hydrofuranringen bei der Jodierung ungesättigter Verbindungen [54]): **34** ('68) 372–77. — Chlorierung von Allylchlorid im Gemisch Benzol–Pyridin [47]): 969f. — Kinetik der Jodierung von Allylalkohol in Gegenwart von Donator-Zusätzen in Benzol und Dioxan [47]): 1025–30. — Kinetik der Pyrrolidinringbildung bei der Jodierung ungesättigter Aminverbindungen [54]): 1132–37. — Die katalytische Wirkung von Aminosäuren und Aminen bei organischen Reaktionen [40])[61])[18]): **35** ('69) 1052–57. — Die Kinetik der Jodlactonisierung der Anionen einfach und zweifach ungesättigter Carbonsäuren [54])[25]): **36** ('70) 363–67. — Jodzyklisierung von Carbonsäureestern mit 1-N,N-Diäthylamino-2-methylpenten-4-ol-2 [13])[54]): **37** ('71) 1185f. — Jodierung ungesättigter Epoxide. Reaktionsprodukte [13])[54]): **38** ('72) 265–67. — Über den Mechanismus der katalytischen Wirkung des Glykokolls sowie von Phosphat- und Pyrophosphatpuffergemischen bei der Reaktion der Jodierung des Acetons [40])[61])[18]): 685–89. — Einige Besonderheiten der Kinetik der Bromierung von 1-Hexen und n-Bromallylbenzol in Tetrachlorkohlen-

Bitte Anmerkung auf Seite 4201 beachten!

stoff[47][46][50]): 1156–60. — Gemeinsame katalytische Wirkung von Äthylendiamin und Pyrophosphat bei der Enolisierung des Acetons[40][61][18]): 1259–62. — — Alle Arbeiten russ.

Usp. Chim. Zur Reform der russischen chemischen Nomenklatur: **2** ('33) 760–63 [russ.]. — Vorschlag für eine Reform der Nomenklatur anorganischer Verbindungen[64][2][4][45][11]): **6** ('37) 615–21 [~]. — Erwiderung auf das Gutachten einer Brigade des Karpov-Instituts für Physikalische Chemie über die Vorschläge zur Nomenklatur anorganischer Verbindungen: **7** ('38) 485–88 [~]. — Additionsreaktionen mit intramolekularer Ringbildung[54]): **40** ('71) 491–512 [~].

Voprosy Stereochim. Dynamic stereochemistry and reactivity of anions of cyclohexenecarbonic acids in reactions of iodine-lactonization[54]): **1** ('71) 105–09 [russ. m. engl. Zusammenfassg.].

Ž. analit. Chim. Über die Anwendung organischer Flüssigkeiten bei der argentometrischen Titration: **3** ('48) 232–35 [russ.].

Ž. fizič. Chim. Kinetik der Anlagerung von unterchloriger Säure an Doppelbindungen, 1: HOCl und Crotonsäure[21]): **5** ('34) 564–72; ~ 3: HOCl und Äthylen[21][42]): **8** ('36) 909–28; ~ 4: HOCl und Buten-2-diol-1,4[21]): **10** ('37) 123–31; ~ 5: Die Reaktion der 1,2-Dichloräthanbildung aus Äthylen und HOCl bei geringen Salzsäurekonzentrationen[53][31]): **13** ('39) 759–66; ~ 6: Die Reaktion der 1,2-Dichloräthanbildung bei erhöhten Konzentrationen des Chlorions[21]): 1242–48. — Kinetik der Bromierung ungesättigter Verbindungen, 1: Bromierung von Natrium-m-methoxybenzolsulfonat in wäßriger Lösung[21]): 1563–80. — Direkte Bestimmung der Geschwindigkeit der Chlorhydrolyse[53]): **19** ('45) 405–16. — Über den Mechanismus der Chlorhydrolyse[53]): **21** ('47) 1159–61. — Kinetik und Mechanismus der Reaktion des aktiven Chlors mit organischen Verbindungen, 7: Oxydation von Ameisensäure in sauren Lösungen[49]): **22** ('48) 1312–21. — Neue Bestimmung der Konstante der elektrolytischen Dissoziation von unterbromiger Säure: **24** ('50) 702–05. — Kinetik und Mechanismus der Oxydationsreaktion von salpetriger Säure durch Wasserstoffperoxid[55]): 820–31. — Über die Erwägungen von Abel über die persalpetrige Säure: **25** ('51) 1137. — Über eine neue Arbeit über die Kinetik der Oxydation von salpetriger Säure durch Wasserstoffperoxid: **27** ('53) 1103–05. — Über die Struktur der isomeren Pentachlorphenolchloride[18]): **28** ('54) 1680f. — Über die Beziehung zwischen den Ideen von N. A. Šilov und modernen Vorstellungen über den Mechanismus der homogenen Katalyse: **31** ('57) 266. — — Alle Arbeiten russ.

Ž. obščej Chim. Darstellung und Prüfung von wäßriger unterbromiger Säure[21]): **8** ('38) 445–47. — Die Dissoziationskonstante von unterbromiger Säure[14]): 448–51. — Über den Mechanismus der Halogenierung von Phenolen: 519–23; **9** ('39) 780f. — Untersuchungen in der Reihe der Di- und Polyaryläthane, 1: Di-p-xenyläthanon und seine Derivate[19]): 167–72. — Katalytische Entflammung der Mischungen von Chlor mit Äthylen und anderen brennbaren Gasen: **15** ('45) 135–41. — Untersuchungen über die Synthese des 2-Chloräthanols, 1: Pseudokatalytische Wirkung von Kupfersalzen bei der Darstellung von 2-Chloräthanol durch die Gomberg-Methode[21][53]): 791–99; ~ 2: Der Temperaturkoeffizient der Geschwindigkeit der Gomberg-Reaktion[21]): **16** ('46) 1870f.; ~ 3: Über die Bedeutung und Zusammensetzung der Gasphase[21]): **17** ('47) 109–16; ~ 4: Theorie der Bildung von β,β'-Dichlordiäthyläther; Methodik der Analyse des Reaktionsgemisches: 1490–502. — Aromatische Ketene: Phenyl-4-diphenylketen und Phenyl-1-naphthylketen[5]): **16** ('46) 295–99. — Benzyl-2- und -4-methoxy-1-naphthylketone und Phenyl-2- und -4-methoxy-1-naphthyldiketone[5]): **17** ('47) 1684–87. — Über den Mechanismus der Carboxylierung und analoger Reaktionen[3]): **18** ('48) 1060–64. — Zur Theorie der Sulfonierung aromatischer Amine[31]): 2092f. — Zur Hypothese des quasikomplexen Zustands und angrenzender Fragen der Theorie organischer Umwandlungen: **21** ('51) 2084–93. — Kinetik und Mechanismus der Reaktionen von aktivem Chlor mit organischen Verbindungen, 8: Oxydation der Ameisensäure in fast neutralen und alkalischen Lösungen[49][30]): **22** ('52) 1497–506. — Bemerkungen zu Publikationen von A. I. Titov und F. L. Makljaev: **26** ('56) 2365–67. — Mechanismus der Umlagerung von α-Naphthalinsulfonsäure in β-Naphthalinsulfonsäure[59]): **27** ('57) 2559–66. — Sulfolyse von Sulfogruppen aromatischer Sulfonsäuren[59]): **28** ('58) 782–87. — — Alle Arbeiten russ., einige m. engl. Zusammenfassg.

Ž. org. Chim. Nukleophile Substitution der Sulfonatgruppe in aromatischen Verbindungen unter Mitwirkung von Oxydationsmitteln[59][28][58]): **3** ('67) 1654–59 [russ.]. — Jodierungsprodukte von Salzen β,γ- und γ,δ-ungesättigter Säuren[54]): **4** ('68) 268–71 [~].

Ž. prikl. Chim. Grenze der Aldolkondensation des Acetaldehyds: **8** ('35) 93–98. — Vorschlag zur Reform der Nomenklatur der anorganischen Verbindungen[64][2][4][45][11]): **10** ('37) 1149–54. — Die Reaktion von Hypochloriten mit Nitriten: **17** ('44) 354f. — Einige Angaben über die Darstellung von Acetylsulfanilchlorid[23]): **18** ('45) 112–20. — Kontinuierliche Methode für die Herstellung von Chloraceton[30]): 121–26. — Darstellung von Thioharnstoff aus Calciumcyanamid: 230–35. — Untersuchungen über die 2-Chloräthanolsynthese, 5: Anwendung erhöhter Drücke[53]): **20** ('47) 1270–82; ~ 6: Theorie der Gomberg-Synthese: **22** ('49) 734–46. — Derzeitiger Stand der Theorie der Synthese von

Bitte Anmerkung auf Seite 4201 beachten!

Äthylenchlorhydrin: **35** ('62) 225–27. — — Alle Arbeiten russ.

Ž. vses. chim. Obšč. im. Mendeleeva Über den Wasserstoffisotopeneffekt bei der Halogenierung aromatischer Verbindungen [59])[15]): **5** ('60) 119f. [russ.]. — Struktur von Zwischen- und Übergangskomplexen bei heterolytischen Reaktionen von ungesättigten Verbindungen: **7** ('62) 419–26 [~]. — Strukturabhängigkeit der Richtung und Geschwindigkeit der Jodierung von Allylderivaten [6]): **13** ('68) 463f. [~].

Zavodskaja Labor. Über die Titration kleiner Volumina [57]): **7** ('38) 378f. [russ.]. — Ein pneumatischer Regulator für die Titration: **11** ('45) 102f. [~].

Mit: [1]) N. Apar'eva; [2]) B. M. Berkengejm; [3]) M. N. Bogdanov; [4]) A. Ch. Bork; [5]) S. I. Burmistrov; [6]) L. I. Cegel'njuk; [7]) T. A. Degurko; [8]) A. I. Dušečkin; [9]) G. F. Dvorko; [10]) O. N. Efimov; [11]) E. Ch. Fritsman; [12]) A. Ja. Gerčikov; [13]) Ju. I. Gevaza; [14]) Ju. N. Gladčikova; [15]) O. M. Grišin; [16]) R. I. Jachimovič; [17]) G. I. Jakimov; [18]) A. A. Jasnikov; [19]) F. K. Judin; [20]) N. I. Kameničnaja; [21]) N. P. Kanjaev; [22]) T. F. Karpenko; [23]) A. I. Kobenin; [24]) V. A. Kofman; [25]) Ė. B. Korjak; [26]) L. P. Košečkina; [27]) I. K. Kozinenko; [28]) I. I. Kuchtenko; [29]) G. I. Kudrjavcev; [30]) G. V. Kupinskaja; [31]) A. N. Kurakin; [32]) G. M. Luščevskaja; [33]) A. N. Makašina; [34]) K. I. Matkovskij; [35]) Ju. V. Melika; [36]) I. V. Mel'ničenko; [37]) V. Minaev; [38]) D. F. Mironova; [39]) V. S. Mospan; [40]) L. S. Mušketik; [41]) V. G. Ostroverchov; [42]) A. P. Otmennikova; [43]) E. N. Rengevič; [44]) B. G. Savinov; [45]) A. P. Semencov; [46]) G. B. Sergeev; [47]) Ju. A. Sergučev; [48]) A. E. Šilov; [49]) A. I. Sljadnev; [50]) V. V. Smirnov; [51]) I. V. Smirnov-Zamkov; [52]) A. I. Smirnova; [53]) S. N. Solodušenkov; [54]) V. I. Staninec; [55]) Z. S. Stepanova; [56]) S. G. Strel'cova; [57]) N. A. Tananaev; [58]) E. I. Tomilenko; [59]) F. M. Vajnštejn; [60]) I. M. Vasil'kevič; [61]) N. V. Volkova; [62]) N. N. Vorožcov; [63]) I. G. Vyval'ko; [64]) N. D. Zelinskij; [65]) P. Zolotarev.

VI **SILSBEE,** Francis Briggs. Physik. — 1911–14 Labor. Assist., '14–19 Assist. Physicist, '19–39 Assist. Chief and '39–46 Chief of Electrical Instrument Sect., '46–59 Chief of Electricity (→ and Electronics) Divis., '59– Consultant, Nation. Bureau of Standards, Washington, D.C.; '36–37 Pres., Philos. Soc. of Washington; '50–51 Pres., Washington Acad. Sci. — '46 Exceptional Service Award (U.S. Naval Bureau of Ordnance); '56 Gold Medal Award for Exceptional Service (U.S. Departm. of Commerce); '63 Morris E. Leeds Award.
* 1889, Juli 8, Lawrence, Mass.;
† 1967, Aug. 21, Washington, D. C.

Bildn. J. Washington Acad. Sci. **27** ('37) vor S. 226.

Nekr. Nature [London] **216** ('67) 833.

Bitte Anmerkung auf Seite 4201 beachten!

S. Systems of units: national and international aspects; a symposium, Washington, D.C., 1958 (C. F. Kayan) (Washington, D.C. '59) (Publication of the American Association for the Advancement of Science 57) 7–24: Simplification of systems of units.

Bur. Standards J. Res. Composite-coil electrodynamic instruments: **8** ('32) 217–64. — Equipment for testing current transformers [10])[6])[8]): **11** ('33) 93–122.

J. Res. nation. Bur. Standards A new phenomenon in the superconducting transition of tantalum and of tin [9])[1]): **18** ('37) 295–314. — Some experiments at radio frequencies on superconductors [1])[9]): **20** ('38) 109–23. — An absolute electrometer for the measurement of high alternating voltages [2])[5]): 253–316. — A transformer method for measuring high alternating voltages and its comparison with an absolute electrometer [5]): 317–36. — Testing and performance of volt boxes [7]): **27** ('41) 269–87. — Systems of electrical units: **66** ('62) 137–69.

Circular, Nation. Bur. Standards Static electricity: Nr. **438** ('42) 2+36 S. — Establishment and maintenance of the electrical units: Nr. **475** ('49) 3+38 S. — Extension and dissemination of the electrical and magnetic units by the National Bureau of Standards: Nr. **531** ('52) 6+33 S. — Suggested practices for electrical standardizing laboratories: Nr. **578** ('56) 9 S. [auch in: National Bur. Standards Handbook **77** I ('61)].

Electrical Engng. [USA] Definitions of power and related quantities [4]): **54** ('35) 394–404. — New high-voltage laboratory of the Bureau of Standards: **59** ('40) 238–40. — Standards for electrical measurement: **70** ('51) 202–06. — Does rationalization change units?: **76** ('57) 296–99. — Principles and practices for standardizing laboratories: 772f.

Electrical World Basis of standardization of electrical instruments and meters: **130** ('48) 20. Nov., 91–93.

Instruments [Pittsburgh, Pa.] Fundamental units and standards: **26** ('53) 1520–22.

J. Washington Acad. Sci. Explorations in the superconducting state: **27** ('37) 225–44. — Measure for measure: some problems and paradoxes of precision: **41** ('51) 213–26. — Paul Gough Agnew: **44** ('54) 95f.

Letter Circ., Nation. Bur. Standards The fundamental basis for the standardization of electrical instruments and meters: Nr. **901** ('48) 8 S.

National Bur. Standards Monogr. Systems of electrical units: Nr. **56** ('62) 3+42 S.

Nature [London] A new phenomenon in the supraconducting transition of tantalum and of tin [9])[1]): **139** ('37) 325. — Some experiments at radio frequencies on supraconductors [1])[9]): **141** ('38) 75f.

Physical Rev. Superconductivity with respect to alternating currents [9])[3])[1]): (2) **39** ('32) 379f.

Physics today Standards for electrical measurement: **4** ('51) Jan.-Nr., 19–.

Proc. IRE The ampere: **47** ('59) 643–49.

Herausgabe oder Mitherausgabe einiger weiterer technischer Berichte.

Mit: 1) F. G. Brickwedde; [2]) H. B. Brooks; [3]) J. W. Cook; [4]) H. L. Curtis; [5]) F. M. Defandorf; [6]) N. L. Forman; [7]) F. J. Gross; [8]) J. H. Park; [9]) R. B. Scott; [10]) R. L. Smith.

VI **SILVA,** Giovanni. Astron. — 1926–52 Prof. ord. e Dir. dell'Osservat. astron., '52–57 Prof. fuori ruolo, Univ. di Padova.
* 1882, März 26, Legnago, Verona;
† 1957, Okt. 20, Padova.

Nekr. *G. Cecchini, Atti Accad. Sci. Torino **92** ('58) 675–83. — *A. Gennaro, Ricerca sci. **28** ('58) 2017–22. — *L. Rosino, Annuario Univ. Studi Padova **1957/58** ('58) 21 S. (m. Bildn. u. Schr.verz.); Atti Ist. veneto Sci., Lettere ed Arti **116** ('58) 51–57. — *F. Zagar, Atti Accad. nazion. Lincei, Rend. (8) **25** ('58) 626–37; Memorie Soc. astron. ital. (N.S.) **29** ('58) 361–82 (m. Bildn. u. Schr.verz.); Rend. Ist. lombardo Sci. e Lettere, Parte gen. e Atti uffic. **91** ('57) 103–05. — Boll. Geod. e Sci. affini **17** ('58) 565f. — Coelum **26** ('58) 1.

S. Enciclopedia italiana di scienze, lettere ed arti **5** (Milano–Roma '30) 97f.: Astrolabio a prisma; 130–34: Astronomia geodetica; 701: Azimut; **10** ('31) 448: Ciscato, Giuseppe; **13** ('32) 419–21: Eclissi; **14** ('32) 162f.: Equinozi; **17** ('33) 716: Grandezza stellare; **20** (Roma '33) 137: Kater, Henry; 167–69: Kepler, Johannes; 201: Kimura, Hisashi; **21** ('34) 318: Livella; 503: Lorenzoni, Giuseppe; 647–50: Luminosità dei corpi celesti; **24** ('34) 12: Müller, Carl Hermann Gustav; 882: Nodo (astron.); **25** ('35) 85: Nutazione; 257: Olbers, Heinrich Wilhelm Mathias; 418: Oppolzer, Theodor von; 448–50: Orbita (astron.); **26** ('35) 870–73: Perturbazioni; **27** ('35) 561: Plutone (astron.); **28** ('35) 672: Radau, Jean-Charles-Rodolphe; **30** ('36) 788: Santini, Giovanni; **31** ('36) 703: Siderali, rivoluzioni; **33** ('37) 610f.: Terra: Forma e dimensioni, Massa e densità, Movimenti; 831: Tietjen, Friedrich; 932: Tisserand, François-Félix; **35** ('37) 919: Zenitale, telescopio; 992: Zöllner, Johann Carl Friedrich; Appendice **I** ('38) 268: Bianchi, Emilio. — Verbale della 40ª Riunione plenaria della Reale Commissione Geodetica Italiana, Torino 1940 (Bologna '41) 2–: Lavori eseguiti dall'Istituto di Geodesia della R. Università di Padova; 6–: Elementi astronomici per il punto trigonometrico fondamentale di Monte Mario. — Atti del Convegno astronomico di Merate 1946 (Pavia '47) 13 S.: Nel centenario della scoperta di Nettuno. — Nel centenario del quarantotto (A. Checchini) (Padova '49) 67–82: L'evoluzione dell'astronomia. — Dalla terra alla luna (Torino '52) (Quaderni della radio, 25): Che vive negli astri? (12 S.). — Atti del Convegno astronomico di Firenze–Pisa 1953 (Pavia '54): Discorso d'apertura.

W. Valori astronomici e geodetici delle longitudini italiane (Padova '41) 67 S. (Pubblicazioni della R. Commissione geodetica italiana, Ser. III, Memorie, 1). — Bibliografia geodetica italiana, 1931–1940 (m. G. Boaga) (Bologna '42) 80 S. (R. Commissione geodetica italiana). — [anonym] Osservatorio astronomico di Padova e di Asiago (Roma '56) 31 S. (Ministero della Pubblica Istruzione).

Annali Univ. Italia Galileo professore: **4** ('42) 90–99.

Annuario, Assoc. ottica ital. Il nuovo riflettore per l'Osservatorio di Padova: **12** ('34).

Annuario Univ. Studi Padova Emanuele Soler, 1867–1940: **1939/40**, 19 S. — Giovanni Santini: **1949/50**, 9 S.

Astri Sulla denominazione delle lune: **1** ('32).

Astronomische Nachr. Sonnenfinsternis 1936 Juni 19: Kontakte: **260** ('38) 135.

Atti reale Accad. Italia, Mem. Sul moto del Sole intorno al centro di massa del sistema solare: **11** ('40/41) 245–58.

Atti reale Accad. nazion. Lincei, Rend. Moti kepleriani e teoria dell'aberrazione annua della luce: (6) **28** ('38) 124–31.

Atti reale Accad. Italia, Rend. Il termine solare dell'aberrazione e la struttura del sistema planetario: (7) **2** ('40/41) 967–75.

Atti Accad. nazion. Lincei, Rend. Curvatura relativa a una data direzione o ad un punto dato di una linea qualsiasi: (8) **1** ('46) 251–53. — Linee che hanno costante la curvatura relativa a una data direzione o a un punto fisso, 1: 466–71; ~ 2: 472–78. — Moto dei satelliti intorno al Sole, 1: Moti diretti o retrogradi: **2** ('47) 228–33; ~ 2: Concavità o convessità della traiettoria verso il Sole: 378–83; ~ 3: Pianeta e satellite con orbite circolari su piani comunque inclinati: 726–29. — Sulla determinazione pratica dei coefficienti di un polinomio di funzioni sferiche: **12** ('52) 643–49. — Sull'uso attuale della gravimetria in sussidio della livellazione, 1: Correzioni di primo e di secondo ordine alle differenze di livello osservate per ridurle dinamiche: **16** ('54) 170–75; ~ 2: Condizioni che rendono trascurabile la riduzione di secondo ordine a quota dinamica: 307–11. — Sull'influenza e sulla determinazione delle irregolarità dei perni dell'asse orizzontale di uno strumento destinato ad osservazioni di passaggi stellari attraverso piani verticali, 1: Impostazione del problema: **20** ('56) 720–28; ∼ 2: Formule risolutive: **21** ('56) 3–7; ∼ 3: Procedimento per la determinazione delle irregolarità: 141–46. — Sulla determinazione degli errori di lettura di una livella dovuti a imperfezioni della costruzione: **22** ('57) 257–66.

Atti, (Reale) Ist. veneto Sci., Lettere ed Arti, Parte II La legge di Lambert sulla curvatura della traiettoria apparente geocentrica di un pianeta: **92** ('33) 959–64. — Sui sistemi binari dotati di forte moto proprio: **94** ('35) 309–18. — Su un metodo analitico per il calcolo d'orbita di una stella doppia visuale, 1: **95** ('36) 551–65; ∼ 2: 567–74. — Una generalizzazione del problema delle concordanze: **100** ('41) 689–709. — Contributo allo studio di alcuni enti geometrici nei punti di una linea sghemba: **104** ('46) 1053–80. — Concavità, convessità e curvatura di una linea relative a un punto dato e a una data direzione: 1081–96.

Atti, Ist. veneto Sci., Lettere ed Arti Commemorazione del membro effettivo Prof. Francesco Vercelli: **111** ('53) 39–56. — Leggi e ipotesi dell'astronomia: 197–208. — Applicazione della teoria degli errori all'esame di una livella: **115** ('57) 69–84.

Atti e Mem., Reale Accad. Sci., Lettere ed Arti Padova Moti celesti: **51** ('34/35) 19–35. — Precessione e moti propri stellari: **54** ('37/38) 5–19. — Parole in morte dei soci Oreste Ravanello, Daniele Donghi, Giuseppe Gerola, Enrico Passera: 84–88. — La rete geodetica fondamentale della Venezia Giulia: **55** ('39). — Emanuele Soler †: **56** ('39/40) 27–29. — — Einige weitere Nekrologe.

Atti Soc. ital. Progr. Sci. Il nuovo grande riflettore per l'Osservatorio di Padova: **23**.1934, II ('35) 246–48. — Procedimenti moderni e scopi attuali delle determinazioni astronomiche di longitudine: 248–53. — Le ricerche italiane nel campo dell'astronomia, durante gli anni XIII e XIV E. F. [=1935–1936]: **25**.1936, II ('37) 36–44.

Boll. Geod. e Sci. affini Sulla caduta libera dei gravi: **10** ('51) 352–60. — Luigi Volta, 1876–1952: **12** ('53) 139–41. — Teoria della bilancia di Eötvös e procedimento di calcolo delle grandezze che essa permette di determinare, 1: **16** ('57) 49–54.

Coelum Il nuovo riflettore per l'Osservatorio di Padova: **4** ('34) 241–49. — Viaggi siderali: **5** ('35) 121–26, 145–50, 169–71. — Le leggi empiriche delle distanze planetarie: **8** ('38) 141–45. — L'anno platonico: **10** ('40) 102f. — L'inizio e la durata delle stagioni: 142–46. — Il sistema di Copernico: **25** ('57) 166–70.

Memorie Soc. astron. ital. Mentore Maggini, 1890–1941: (N.S.) **15** ('42) 57–66. — Sulla traiettoria dei satelliti rispetto al Sole: **18** ('47) 113–32. — Sulle condizioni più favorevoli per la visibilità della falce lunare in prossimità del novilunio: **21** ('50) 131–36. — Studio della flessione dell'astrospettrografo dell'Osservatorio astrofisico di Asiago [1][5][2][4]: 159–93. — Luigi Volta, 1876–1952: **24** ('53) 108–20. — Irregolarità annua della rotazione terrestre ed errore sistematico delle ascensioni rette stellari: **27** ('56) 3–6.

Notizie Labor. sci. e industr. L'Osservatorio astronomico di Padova e l'Osservatorio astrofisico di Asiago: **1942**, Apr.-Nr., 13–17. — Parole pronunciate all'inaugurazione dell'Osservatorio astrofisico di Asiago: Juli-Nr.

Opuscoli accad., Fac. Lettere e Filos. Univ. Padova, Ser. liviana Nicolò Copernico: **8** ('44) 7–18.

Periodico Mat. Applicazioni non astronomiche della "sfera celeste": (4) **14** ('34) 276–87. — Sul problema delle concordanze: **20** ('40).

Problemi e Discuss., Relazioni, Reale Accad. nazion. Lincei La misura del tempo: **3** ('39) 1–20.

Relazioni, Soc. ital. Progr. Sci. Prima ed ultima visibilità della falce lunare dopo o avanti il novilunio: **42**.1949, I ('51) 273–75.

Rend. Semin. mat. e fisico Milano Come si misura il tempo: **22** ('51) 187–211.

Ricerca sci. Coordinate geografiche dei punti trigonometrici principali della Venezia Giulia: **12** ('41) Nr. 1, 3 S. — Le determinazioni astronomiche di longitudine in Italia e le corrispondenti deviazioni della verticale: Nr. 5, 2 S. — Sulla flessione di un astrospettrografo: **18** ('48) 1631–33. — Centro di Studio per la Fisica Stellare (Sezione di Asiago): Attività svolta negli anni 1947 e 1948: **19** ('49) 333–37; ∼: Attività svolta negli anni 1949 e 1950: **21** ('51) 185–89; ∼: Attività svolta dal gennaio 1951 all'aprile 1953: **23** ('53) 1365–68.

Rivista Catasto e Serv. tecn. erariali Il problema di geometria pratica del Cicconetti. Un'applicazione non astronomica della "sfera celeste": **8** ('41) Nr. 1.

Scienza e Tecnica Emilio Bianchi †: **5** ('41) 673f.

Sterne Beobachtungen bei zwei Sternbedeckungen: **18** ('38) 72.

Universo [Firenze] Sulla sostituzione di un ellissoide di riferimento ad un altro nel calcolo di una triangolazione: **22** ('41) 19–24, 441–52.

Viele der zitierten Arbeiten auch als Sonderdrucke in der Reihe: Pubblicazioni (e Ristampe) dell'Osservatorio di Padova (Nrn. 31, 39, 40, 41, 44, 48, 59, 60, 62, 63, 67, 71, 72, 86, 87, 90, 93, 94, 98, 101, 102, 106, 108, 111).

Mit: [1]) A. Gennaro; [2]) G. Mannino; [3]) —; [4]) G. de Strobel; [5]) S. Taffara.

VI **SILVERMAN,** Alexander. Chem. (anorg.). — 1905–09 Instructor, '09–12 Assist. Prof., '12–51 Prof., '18–51 Head of Departm. of Chem., '51 Prof. Emer., Univ. of Pittsburgh, Pa.; '31 Vice-Pres., '32– Trustee, Amer. Ceramic Soc.; '38–41, '47–50, '58– Member of Divis. of Chem. and Chemical Technol., Nation. Research Council; '50–55 Vice-Pres., '55–59 Pres., '59– Hon.Pres., Commiss. on Inorg. Chem. Nomenclature, Int. Union of Pure and Applied Chem. — '30 Hon. Sc.D. (Univ. of Pittsburgh, Pa.); '36 Hon. D.Sc. (Alfred Univ., Alfred, N.Y.). — '40 Pittsburgh Award (Amer. Chem. Soc.); '57 Bleininger Award (Amer. Ceramic Soc.).

* 1881, Mai 2, Pittsburgh, Pa.;
† 1962, Dez. 16, Pittsburgh, Pa.

Zur Biogr. Bull. amer. ceram. Soc. **34** ('55) 58 (m. Bildn.). — Chemical and Engng. News **30** ('52) 1129.

Nekr. Glastechnische Ber. **36** ('63) 35.

S. Trabajos del IX Congreso internacional de química pura y aplicada, Madrid 1934, **3**(Madrid '35) 507–34: Opal glass, 1: Silicon, calcium, sodium, oxygen, fluorine series [5][14]. — Mémoires présentées à la section de chimie minérale du 16ᵉ Congrès international de chimie pure et appliquée, Paris 1957 (Paris '58) 615–20: High-melting glass fibers.

W. Selective experiments in general chemistry (m. A. L. Robinson) (New York '39) 11+311 S.; Neuaufl.: ('42) 11+311 S. — Research history of the Department of Chemistry in the University of Pittsburgh (Pittsburgh, Pa. '46) 82 S. — Modern glass at Alfred (Alfred, N.Y. '59) 54 S. (College of Ceramics, Alfred Univ.).

American Glass Rev. Batch materials, old and new: **58** ('39) Nr. 53, 39–42.

Bull. amer. ceram. Soc. Jephta Lee Holton: Pioneer glass scientist: **14** ('35) 278. — Otto Schott †: **15** ('36) 169–75. — The international Union of Chemistry: 367f. — Henry Le Chatelier, 1: His life and work: **16** ('37) 155–63. — Annual report on glass: **17** ('38) 226. — Alumina-silica relationship in glass: 226f. — Lucien Delloye, Honorary member: 228f. — Some recent developments in American glass manufacture, 2: 1931 to 1938: 335–38; ∼ 3: 1938 to 1947: **26** ('47) 367–77. — International chemistry meetings: **17** ('38) 348f. — Frederick Carder, artist and glass technologist: **18** ('39) 343–49. — Glass after the war: **22** ('43) 217–22. — Glass research in the Chemistry Department, University of Pittsburgh: **29** ('50) 279–81. — Chemical durability of glass: an outline: **30** ('51) 399f.

Bull. nation. Res. Council Data on chemicals for ceramic use [19][23]): **107** ('43) 94 S., Neubearbeitung: **118** ('49) 196 [?] S.

Ceramic Industry Trying for more glass cut out all production: **57** ('51) Nr. 5, 75f.

Chemical and Engng. News Glass: important war material: **22** ('44) 1999–2001.

Chemist The contribution of the chemist to the glass industry for the advancement of modern civilization: **12** ('35) 173–78.

Crucible [Pittsburgh, Pa.] What price chemical training?: **21** ('37) 128–.

Glas-Email-Keramo-Techn. Zur Geschichte des Glases: **4** ('53) 162–65.

Glass Industry Use of electrochemical by-products in glassmaking, 1: Arsenic, selenium, tellurium: **13** ('32) 129–33. — Glass enemy no. 1: **16** ('35) 305–09. — Sandwich glass, 1: Introduction; Crystal batches: **17** ('36) 50–56; ∼ 2: Opal and alabaster batches: 93–99; ∼ 3: Ruby batches: 127–31; ∼ 4: Ambers, yellows and greens: 167–; ∼ 5: Blue, lavender, and black glasses: 205–09. — Joseph Locke, artist: 272–75. — Glass: artist, designer, artisan: **21** ('40) 316–22. — Additive factors for calculating the coefficient of thermal expansion of glass from its composition [28]): **22** ('41) 114f., 125. — Deterioration of old whisky bottles [13]): **23** ('42) 339. — New glasses for absorption of harmful radiations [28][24]): **29** ('48) 319. — Some European (glass) factories: Operation, trends, history: **36** ('55) 203–06, 224. — Effect of partial replacements of soda by lithia in opal and alabaster glass [21][9]): **41** ('60) 261–63.

Industrial and Engng. Chem. The liberation of fluorine in fluoride glass manufacture [5]): **26** ('34) 1060–62. — Glass. What is old? What is new?: **32** ('40) 1415–18. — Interconversions of binary compositions by simple graphical methods [28]): **34** ('42) 682–84. — Graphical method for interconversion of ternary compositions [28]): 872f. — Interconversions of polycomponent compositions by graphical methods [28]): **35** ('43) 497f. — What's new in glass: **46** ('54) 143–47.

Industrial and Engng. Chem., Analyt. Edit. The capacity of drying agents for gas masks [6][11]): **4** ('32) 339f.

Industrial and Engng. Chem., News Edit. Glass progress dependent on chemists: **12** ('34) 313f.

J. amer. ceram. Soc. Selenium ruby glass: preparation and x-ray study [3]): **16** ('33) 214–19. — Opal glass, 2: Silicon, calcium, sodium, aluminum, oxygen, and fluorine series [5][14]): **19** ('36) 63–66. — Henry Le Chatelier, 2: His publications: **20** ('37) 316–. — Review of relation of density and refractive index to the composition of glass, 1 [28][26]): **23** ('40) 315–26;

Bitte Anmerkung auf Seite 4201 beachten!

~ 2: 343–54. — Tantal glass: K_2O-Ta_2O_5-SiO_2 series [28]): **24** ('41) 160–67. — Effect of isomorphous substances on glass: 243. — Preliminary note on the chemical mechanism of decolorizing with selenium [10]): 297. — Glass-forming nature of oxides, with special reference to tantala, titania and beryllia [28]): **25** ('42) 97–100. — Can silicon take a six-fold coordination in glass? [28]): 101–03. — Oxidation-reduction equilibria in glass between iron and selenium in several furnace atmospheres [10]): 371–81. — Vitreous state [15])[28]): **26** ('43) 393–98. — Lewis acid-base theory applied to glass [28]): **28** ('45) 8–11. — Effect of iron on fluorescence in glass [29])[25]): **29** ('46) 151–58. — Alumina-silica relationship in glass [26]): **30** ('47) 203–11. — Phosphate glass: PbO-WO_3-P_2O_5 system [24])[28]): **32** ('49) 153–62. — Neutron-absorbing glass: CdO-SiO_2-B_2O_3 system [18])[26])[28]): **34** ('51) 82–86.

J. amer. chem. Soc. Nomenclature of inorganic chemistry: Definitive rules for nomenclature of inorganic chemistry [1])[16])[8])[2])[4])[7])[12])[17])[20])[22]): **82** ('60) 5523–44.

J. chem. Educat. The prerequisite and collateral value of chemistry: **12** ('35) 422–28. — A better world through science: **14** ('37) 189. — Henry Le Chatelier, 1850–1936: 555–60. — Le Chatelier and the synthesis of ammonia: **15** ('38) 289. — Stoichiometric calculations on the basis of crystal lattices: **19** ('42) 16. — Pittsburgh's contribution to radium recovery: **27** ('50) 303–08. — Glass-historical notes: 1900 to 1950: **30** ('53) 32–34. — Glass in the biblical literature [27]): 415f. — Glass evolution: a factor in science: **32** ('55) 149–53.

J. Franklin Inst. Glass: an indispensable factor in modern civilization: **220** ('35) 539–56. — Glass: today and tomorrow: **232** ('41) 239–49.

J. physic. Chem. Parachors and radii [28]): **47** ('43) 50–59.

J. Soc. Glass Technol. High-temperature glass-fiber production: **40** ('57) 413T–428T.

National Glass Budget Glass and civilization: **1937**, 2. Okt.

Science [USA] Henry Titus Koenig, 1891–1934: **80** ('34) 8. — Robert Kennedy Duncan, eminent chemist: **93** ('41) 294–96. — High-melting fibers: **125** ('57) 751.

Scientific Monthly The international chemistry meetings at Madrid: **39** ('34) 184–87.

Trans. electrochem. Soc. Use of electrochemical by-products in glassmaking, 1: Arsenic, selenium, tellurium: **61** ('32) 101–12.

Mit: [1]) H. Bassett; [2]) J. Bénard; [3]) M. H. Bigelow; [4]) N. Bjerrum; [5]) H. H. Blau; [6]) M. Blumer; [7]) E. H. Büchner; [8]) G. H. Cheesman; [9]) C. H. Commons, jr.; [10]) F. Day, jr.; [11]) C. J. Engelder; [12]) W. Feitknecht; [13]) L. G. Ghering; [14]) V. Hicks; [15]) M. L. Huggins; [16]) K. A. Jensen; [17]) L. Malatesta; [18]) L. M. Melnik; [19]) G. W. Moret; [20]) A. Ölander; [21]) H. W. Rauch; [22]) H. Remy; [23]) F. D. Rossini; [24]) J. J. Rothermel; [25]) R. Russel, jr.; [26]) H. W. Safford; [27]) E. R. Silverman; [28]) K. H. Sun; [29]) L. Thorington.

VI **ŠIMEK, Antonín.** Chem. (anorg., physikal.). — 1906–11 Stud., '11 PhDr., Karls-Univ., Praha; '12–13 Stud., Univ. Jena; '13–14, '19–20 Assist., Univ. Groningen; '20–26 außerord. Prof., '27–42 ord. Prof. u. Dir. d. Inst. f. theoret. u. physikal. Chem., '29–30 Dekan u. '30–31 Prodekan d. Naturwiss. Fak., Masaryk-Univ., Brno.

*1887, März 26, Nové Hrady, Okr. Kaplice, Böhmen;

†1942, Mai 7, KZ Mauthausen.

Nekr. *G. Druce, Nature [London] **152** ('43) 69f. — *J. H., Chemistry and Industry **1946**, 198. — *F. M. Jaeger, Chemisch Weekbl. **39** ('42) 454 (m. Bildn.). — *B. Stehlík, Chemické Listy **40** ('46) 58–60.

Zum 5. Todestag *J. Heyrovský, Collection Trav. chim. Tchécoslovaquie **12** ('47) 1–3.

HZ. Spisy vydávané přírod. Fak. Masarykovy Univ., Brno **190** ('34)–**275** ('39).

Ue. *J. Huizinga, Ve stínech zítřka. Diagnosa duševní choroby naší doby [In de schaduwen van morgen. Een diagnose van het geestelijk lijden van onzen tijd] (Praha '38) 4 + 201 S. (Otázky a názory, 72).

Chemické Listy Vědu a Průmysl Die wissenschaftliche Tätigkeit von J. Baborovský: **29** ('35) 228–30 [tschech.]. — Lord Rutherford †: **31** ('37) 430f. [~].

Chemisch Weekbl. Der Anteil von Prof. F. M. Jaegers Laboratorium an der exakten physikalisch-chemischen Untersuchung bei hohen Temperaturen: **31** ('34) 192–201 [niederländ.].

Collection Trav. chim. Tchécoslovaquie Bibliographie des travaux scientifiques publiés par František Wald: **3** ('31) 5–8. — Professor Rudolf Vondráček †: **10** ('38) 513–17.

Příroda [Praha] Die Struktur des Wassers: **28** ('35) 220–26 [tschech.].

VI **SIMMONS, Harvey Alexander.** Math. — 1925–28 Assist. Prof., '28–63 Assoc. Prof., Northwestern Univ., Evanston, Ill.; '63–65 Visiting Prof., Wartburg College,

Bitte Anmerkung auf Seite 4201 beachten!

Waverly, Ia.; '65– Prof., Indiana Univ. of Pennsylvania, Indiana, Pa.
*1894, Sept. 26, Gates, Tenn.;
†1975, Nov. 27, Mission, Tex.

W. Plane trigonometry; with five-place tables (m. G. D. Gore) (NewYork–London '37) 8 + 201 S., 3 + 81 S.; 2. Aufl. u. d. T.: Plane and spherical trigonometry ²('45) 11 + 387 S., 5 + 117 S.; Tafeln auch selbständig erschienen u. d. T.: Wiley trigonometric tables ('37) 3 + 81 S., Neudrucke: ('40), ('43); ²('45) 5 + 117 S. — College algebra (New York '48) 8 + 619 S. — A first course in the theory of numbers (Evanston, Ill. '51) 153 S.

American math. Monthly A calculus of variations problem whose extremals are parabolas[1]): **38** ('31) 67–82. — The classification and general solution of certain diophantine problems which involve special systems of equations of the second degree: **42** ('35) 94–101.

Bull. amer. math. Soc. Classes of maximum numbers associated with certain symmetric equations in n reciprocals [,2] [3]): **40** ('34) 884–94. — Classes of maximum numbers associated with two symmetric equations: **48** ('42) 295–303.

Duke math. J. Classes of maximum numbers associated with certain symmetric equations in n reciprocals, 3 [2]): **2** ('36) 317–39.

National Math. Mag. Remarks on Temple's trigonometric and hyperbolic analogies: **14** ('39/40) 455–58.

Proc. amer. math. Soc. Classes of maximum numbers associated with two symmetric equations in n reciprocals: **8** ('57) 169–75.

Proc. physico-math. Soc. Japan Classes of maximum numbers associated with symmetric equations in n reciprocals, 4: (3) **23** ('41) 687–95.

Tôhoku math. J. Note on use of matrices in solving linear Diophantine equations: **48** ('41) 71–74.

Trans. amer. math. Soc. Classes of maximum numbers and minimum numbers that are associated with certain symmetric equations in n reciprocals [,1]: **34** ('32) 876–907. — The first and second variations of an n-tuple integral in the case of variable limits: **36** ('34) 29–43.

Mit: [1]) P. Biermann; [2]) W. E. Block; [3]) N. Stelford.

VI **SIMON,** Alfred Walter. Physik. — 1916–21 Stud., '23–25, '33, '42–43 Research Assist. to Prof. A. H. Compton, '25 Ph. D., Univ. of Chicago, Ill.; '25–27 Nation. Research Council Fellow, California Inst. of Technol., Pasadena, Cal.; '27–32 Research Dir., Cottrell Research Labor., Tennessee Coal, Iron and Railroad Co., Birmingham, Ala.; '34–35 various short term consulting positions; '35–37, '45–46 Research Physicist, Radio Engng. Labor., Stewart–Warner Corp., Chicago, Ill.; '37–38 Geophysicist, Geophysical Research Corp., Oklahoma; '38–39 Geophysical Computer, Stanolind Oil and Gas Co.; '39–41 Chief Engr., Amer. Harmonica Co.; '41–42 Research Physicist, Naval Ordnance Labor., U.S. Navy Yard, Washington, D.C.; '43–44 Instructor Math. to Air Force Cadets, '46–47 Assist. Prof. Mech., Washington Univ., St. Louis, Mo.; '44–45 Research Physicist and Engr., Edwin I. Guthman & Co., Chicago, Ill.; '48–51 Assoc. Prof. Mech., Univ. of Tulsa, Okla.; '51–54 Assoc. Prof. Physics, Alabama Polytechnic. Inst., Auburn, Ala.; '55–58 Instructor Engng. Mech., '59–67 Prof. Physics, California State Polytechnic College, San Luis Obispo, Cal.; '58–59 Physicist, Holloman Air Force Base, New Mexico; '67– in retirement at Phoenix, Ariz.
*1897, Sept. 16, Chicago, Ill.

Zur Biogr. Proc. IRE **33** ('45) 70 (m. Bildn.).

American J. Physics On the area-moment propositions of mechanics: **16** ('48) 409f. — On the proof of Varignon's theorem for coplanar force systems: **18** ('50) 234f. — On the application of the generalized area-moment propositions: **19** ('51) 35f. — On the combination of the principles of area-moment and superposition: **20** ('52) 78–80. — On the physics of harmonicas: 327–31. — On a routine analytic method for the solution of problems in statics: **21** ('53) 244–46. — On the theory of the Van de Graaff electrostatic generator: **22** ('54) 318–26. — Theory of beams composed of two elastic materials: **27** ('59) 500–02.

Electrical Engng. [USA] Electrical precipitation [1]): **51** ('32) 93–95.

Electronics Winding the universal coil: **9** ('36) Okt.-Nr., 22–24, 67; Nov.-Nr., 52; **18** ('45) Nov.-Nr., 223–26 [?]. — Wire length of universal coils: **19** ('46) März-Nr., 162–. — Measuring mutual inductance and capacitance: Aug.-Nr., 142–. — Tracking permeability tuned circuits: Sept.-Nr., 138–; **20** ('47) Nov.-Nr., 142–.

J. Franklin Inst. On the theory of electrostatic generators: **237** ('44) 177–96. — On the theory of electrostatic alternators: **238** ('44) 39–48.

Proc. IRE On the winding of the universal coil: **33** ('45) 35–37. — On the theory of the progressive

Bitte Anmerkung auf Seite 4201 beachten!

universal winding: 868–71. — Theory and design of progressive and ordinary universal windings: 37 ('49) 1029.

Radio [USA] Calculating the inductance of universal-wound coils: **30** ('46) Sept.-Nr., 18–. — Three point tracking method: Nov.-Nr., 20–. — Universal coil design: **31** ('47) Febr./März-Nr., 16–.

Review sci. Instruments On the quantitative theory of the Wimshurst static machine: (N.S.) **4** ('33) 67–74. — On the quantitative theory of the Toepler-Holtz static machine: 75–82. — Ion transport high voltage generator: **32** ('61) 758.

Trans. amer. Inst. electr. Engr. Some fundamental theory and experiments in electrical precipitation: **51** ('32) 451f.

Ferner 14 Arbeiten (technische Berichte) für das U.S. Air Force Missile Development Center, Holloman Air Force Base, New Mexico (1956–1960).

Mit: [1]) L. C. Kron.

VI **SIMON,** Sir Francis (Franz Eugen). Physik. — 1922–24 Assist. (W. Nernst), '24–27 Privatdoz., '27–31 außerord. Prof., Univ. Berlin; '31–33 ord. Prof. u. Dir. d. Physikal.-Chem. Inst., Techn. Hochsch. Breslau; '32 Visiting Lecturer, Univ. of California, Berkeley, Cal.; '33–56 Physicist, '56 Head, Clarendon Labor., Oxford; '36–45 Reader, '45–56 Prof. Thermodynamics, '56 Prof. exp. Philos., Univ. of Oxford; Chairman of Commiss. of Very Low Temperatures, Int. Union of Pure and Appl. Physics. — '46 Commander of the Order of Brit. Empire; '48 Rumford Medal (Roy. Soc. London); '50 Kamerlingh Onnes Medal (Nederlandse Verenig. voor Koeltechn.); '52 Linde-Medaille (Deutscher Kältetechn. Verein).

*1893, Juli 2, Berlin;
†1956, Okt. 31, Oxford.

Ehrung The Cherwell-Simon memorial lectures 1960ff.

Zur Biogr. *N. Arms, Prophet in two countries; the life of F. E. Simon (Oxford–NewYork '66) 8 + 171 S. (m. Bildnissen). — *R. Robinson, Proc. roy. Soc. London, Ser. A **196** ('49) VIf. — Chemistry and Industry **19** ('41) 416. — Nature [London] **138** ('36) 874; **177** ('56) 1155f.

Nekr. *P. W. Bridgman, Science [USA] **131** ('60) 1647–54 (m. 2 Bildnissen). — *P. Günther, Z. Elektrochem. u. angew. physik. Chem. **61** ('57) 557f. (m. Bildn.). — *G. O. Jones, Nature [London] **178** ('56) 1434f. — *N. Kurti, Biographical Mem. Fellows roy. Soc. **4** ('58) 225–56 (m. Bildn., Faks., Schr.verz. 148 Nrn.). — *C. Schaefer, Naturwissenschaftliche Rdsch. **11** ('58) 405f. — Nachr. Chem. u. Techn. **5** ('57) 135 (m. Bildn.). — Yearb. physic. Soc., London **1957**, 104–06.

Zum 65. Geb.tag *M. Born, Z. physik. Chem. [Frankfurt/M.] (N.F.) **16** ('58) Nr. 3/6, IX–XVII.

MHZ. Z. physik. Chem., Abt. A u. Abt. B 1928–1933.

S. Actes du VIIᵉ Congrès international du froid, La-Haye–Amsterdam 1936, **1** (Utrecht '37) 367–72: On the expansion method for the liquefaction of helium; 551–57: Some experiments on temperature equilibria at very low temperatures [ ] [19])[31]); 558–61: Expériences, avec le grand électroaimant de Bellevue, à de très basses températures, obtenues par la méthode magnétique [19])[20])[31]). — Very low temperatures, **3** (T. C. Crawhall) (London '37) 58–: Temperatures below 1° absolute. — Réunion internationale de physique, chimie, biologie. Congrès du Palais de la Découverte, Paris 1937, **1**: Physique générale (Paris '38) (Actualités scientifiques et industrielles, 718): Principes de la production des basses températures. — Le magnétisme. Réunion d'étude organisée par l'Institut international de coopération intellectuelle et le Centre national de la recherche scientifique, Strasbourg 1939, **1** (Paris '40) 72–: Possibilités et limites de la méthode de refroidissement magnétique. — L. Farkas memorial volume (A. Farkas, E. P. Wigner) (Jerusalem '52) (Research Council of Israel, Special publication Nr. 1) 37–44: A "reduced" melting-pressure formula. — Proc. 8th International congress of refrigeration, London 1951 (London '52) 83–: A new type expansion engine for producing low temperatures [22]). — Low temperature physics; four lectures (NewYork–London '52) 1–29: Low-temperature problems, a general survey. — Changements de phases. C.R. de la 2ᵉ Réunion annuelle tenue en commun avec la Commission de thermodynamique de l'Union internationale de physique, Paris 1952 (Paris '52) 329–33: Quelques remarques sur la fusion. — Atomic energy – a survey (J. Rotblat) (London '54) 9–: Power from atomic energy. — Temperature, its measurement and control in science and industry, **2**: Papers presented at the 3rd Symposium on temperature, Washington, D.C., 1954 (H. C. Wolfe) (New York '55, London '56) 9–17: The concept of temperature near absolute zero.

W. Waste, the threat to our natural resources (Newcastle-upon-Tyne '54) 27 S. (Earl Grey memorial lecture 34). — The neglect of science. Essays addressed to laymen (Oxford '51) 6 + 138 S. [Viele Artikel dieses Buches sind auch in der Zeitung "Financial Times" erschienen].

Bitte Anmerkung auf Seite 4201 beachten!

Annual Rep. Board Regents Smithsonian Instn. The approach to the absolute zero of temperature: **1935** ('36) 249–64.

Applied sci. Res., Sect. A A new type of helium liquefier [22]): **4** ('54) 237–42.

Atomic Scientists News Prospects for nuclear power: (N.S.) **2** ('52) Sept.-Nr., 3–.
Atomic Scientists J. Power from atomic energy: (N.S.) **3** ('54) 247–63. — The "atomic" rivals: **4** ('55) 155–. — Nuclear energy and the future: 344–50.

Bull. atom. Scientists Nuclear power: a British view: **9** ('53) 125–.

Bull. Inst. int. Froid, Suppl. The new Oxford hydrogen liquefier [7]): **1955**, Annexe 2, 81–84 [m. französ. Zusammenfassg.]. — A λ-anomaly in the specific heat of hydrogen [13])[29]): 113f. [~]. — The anomalous specific heat of solid hydrogen [13])[29]): Annexe 3, 317–20.

C.R. hebd. Séances Acad. Sci., Paris Installation, au Laboratoire de l'Electroaimant de Bellevue, d'un appareil pour la liquéfaction de l'hélium et l'obtention des températures inférieures à 1 °K par la méthode magnétique [19])[20])[31]): **202** ('36) 1421–23. — Sur l'apparition de ferromagnétisme dans quelques sels paramagnétiques à de très basses températures [19])[20])[31]): 1576–78. — Recherches sur le ferromagnétisme de l'alun de fer ammoniacal [19])[20]): **204** ('37) 675–77. — Expériences sur l'échelle thermodynamique de température au-dessous de 1 °K [19]) [20]): 754–56. — Désaimantations adiabatiques à partir de températures obtenues avec l'hydrogène solide [19])[20]): **208** ('39) 173–75.

Discovery Energy in the future: **13** ('52) 120–24, 150–55.

Endeavour What is a glass? [16]): **8** ('49) 175–81.

Helvetica physica Acta Kalorimetrische Messungen über Termaufspaltungen in Kristallen: **6** ('33) 422–24. — Heliumverflüssigung mit Arbeitsleistung: 424f.

J. chem. Soc., London J. R. Park, 1902–1952: **1952**, 4560.

J. Inst. Metals The significance of low-temperature research: **67** ('41) 325–32.

Kältetechnik Hat die Physik der tiefsten Temperaturen Auswirkungen auf die Praxis?: **5** ('53) 246–50. — Ein neues Verfahren zur Heliumverflüssigung [22]): **6** ('54) 150f. — Der dritte Hauptsatz der Thermodynamik. Ein geschichtlicher Überblick: **9** ('57) 58–61, 95–100 [m. engl. u. französ. Zusammenfassg.].

Listener The Soviet bid for technological leadership: **1956**, 19. Jan.

Lloyd's Bank Rev. Nuclear energy and the future: Nr. **36** ('55) 1–.

Nature [London] Some thermal properties of condensed helium [17]): **133** ('34) 460. — Behaviour of condensed helium near absolute zero: 529. — Production of very low temperatures by the magnetic method: supra-conductivity of cadmium [19]): 907f. — Further experiments with the magnetic cooling method [19]): **135** ('35) 31. — Application of low temperature calorimetry to radioactive measurements: 763. — Density and compressibility of solid hydrogen and deuterium at 4.2 °K [23]): **138** ('36) 244. — Heat transport in liquid helium below 1° [19]): **142** ('38) 207. — A new method of sampling the upper atmosphere: **164** ('49) 179. — Solid helium at "high" temperatures [14])[15])[16]): **165** ('50) 147f. — The liquid–solid transition in helium near absolute zero [36]): 829–31. — Effect of neutron irradiation on the thermal conductivity of a quartz crystal at low temperature [2])[18])[10]): **166** ('50) 864–66. — Quantum mechanics and low-temperature research [28]): 887f. — Thermal conductivity of dielectric crystals: the "umklapp" process [2])[37]): **168** ('51) 277–80. — J. R. Park †: **170** ('52) 402f. — Rumford bicentennial symposia and awards: **171** ('53) 915f. — A new type of helium liquefier [22]): **172** ('53) 581. — The melting of iron at high pressures: 746f. — Nuclear cooling [19])[30])[34]): **178** ('56) 450–53.

Naturwissenschaften Kalorimetrischer Nachweis einer Termaufspaltung im Gadoliniumsulfat [19]): **21** ('33) 178f.

Nukleonika [Warszawa] Magnetische Methoden zur Erzielung extrem tiefer Temperaturen [19])[30])[34]): **2** ('57) 147–55 [poln.].

Obituary Notices Fellows roy. Soc. London Walther Nernst, 1864–1941 [4]): **4** ('42/44) 101–06.

Philosophical Mag. (and J. Sci.) Remarks on the thermodynamic scale of temperature [19]): (7) **26** ('38) 840–49. — Remarks on the "Curie" scale of temperature [19]): 849–54. — On the use of γ-rays in low-temperature calorimetry [19]): **44** ('53) 501–03.

Physica A simple arrangement for the magnetic cooling method [19]): **1** ('34) 1107f. — Preliminary experiments on the temperature equilibria at very low temperatures [19])[31]): **3** ('36) 266–74. — On the desorption method: **4** ('37) 879–99. — On the third law of thermodynamics: 1089–96. — On the "film" phenomenon of liquid helium II [31]): **6** ('39) 219–30. — Some remarks on the expansion method for the liquefaction of helium: **7** ('40) 502–07. — Some remarks concerning cooling by the mechano-caloric effect in helium: **16** ('50) 753–59.

Physikalische Z. Über neue Verfahren zur Erzeugung extrem tiefer Temperaturen: **34** ('33) 232f.

Problèmes écon. Vues anglaises sur l'avenir de l'énergie nucléaire: No. **388** ('55) 1–6.

Bitte Anmerkung auf Seite 4201 beachten!

Proc. amer. Acad. Arts and Sci. Helium and the range of stability of the solid state: **82**. 1952/53 ('54) 319–30.

Proc. physic. Soc. The liquefaction of hydrogen by the expansion method [5][26]: **47** ('35) 678–83. – A quantitative study of the expansion method for liquefying helium [27]: **60** ('48) 405–13. – The atomic heats of palladium, sodium and mercury at low temperatures [27]: **61** ('48) 1–9.

Proc. roy. Instn. Great Britain The approach to the absolute zero of temperature: **28**. 1933/35 ('35) 515–41. – Power sources and power utilization: **34**. 1947/48 ('48) 266–.

Proc. roy. Soc. London, Ser. A Experiments at very low temperatures obtained by the magnetic method, 1: The production of the low temperatures [19]: **149** ('35) 152–76; ~ 2: New supraconductors [19]: **151** ('35) 610–23' – Discussion on supraconductivity and other low temperature phenomena: Specific heat of iron ammonium alum below 1 °K and preliminary determination of the thermodynamic scale of temperature [19]: **152** ('35) 21–23 – The atomic heats of the rare-earth elements [25][33]: **207** ('51) 137–55. – Thermodynamic properties and melting of solid helium [9]: **218** ('53) 291–310. – The thermal conductivity of diamond at low temperatures [2][38]: **220** ('53) 171–83. – Experiments on nuclear orientation at very low temperatures, 1: Establishment of a method of nuclear alinement and its application to cobalt-60 [3][8][11][12][19][30]: **221** ('54) 170–88.

Research [London] The liquid hydrogen plant at the Clarendon Laboratory, Oxford [16][21]: **1** ('48) 420–32. – Applied thermodynamics, an introductory note: **6** ('53) 51–53. – Count Rumford – the first applied scientist: 154–.

Review sci. Instruments A new form of expansion liquefier for helium [5][31]: **10** ('39) 251–53. – The rate of evaporation of liquid hydrogen due to the ortho–para hydrogen conversion [21][31]: **19** ('48) 266–69.

Science [USA] The "atomic" rivals: **120** ('54) 1004–07.

Science Progr. [London] The determination of temperature below 1 °K: **34** ('39) 31–46.

Scientific Monthly The approach to the absolute zero of temperature: **41** ('35) 530–41.

South african J. Sci. Low temperature research: **48** ('52) 177f.

Tables annu. Constantes et Données numér. Chim., Physique, Biol. et Technol. Conductibilité thermique [24]: **12**. 1935/36, Kap. 8 ('39) 6 S. – Effet Volta, Thermoélectricité, Conductibilité électrique métallique, Supra-conductibilité, Effet Hall [24]: Kap. 18–22 ('37) 1 + 4 + 15 + 4 + 1 S.

Trans. Faraday Soc. On the range of stability of the fluid state: **33** ('37) 65–73. – The vapour pressure curve of liquid helium below the λ-point [3]: **35** ('39) 1205–14.

Usp. fizič. Nauk Kernkühlung [19][30][34]: **61** ('57) 45–51 [russ.]..

Yearb. physic. Soc., London The third law of thermodynamics; an historical survey (40th Guthrie Lecture): **1956**, 1–22.

Z. Elektrochem., Ber. Bunsenges. physik. Chem. On the graphite–diamond equilibrium [2]: **59** ('55) 333–38.

Z. ges. Kälte-Industrie Heliumverflüssigung mit Arbeitsleistung: **39** ('32) 89f.

Z. Naturforsch. Some considerations concerning Nernst's theorem: **6a** ('51) 397–400 [m. deutscher Zusammenfassg.].

Z. Physik Ein Demonstrationsapparat für Heliumverflüssigung [1]: **81** ('33) 816–20. – Über eine Möglichkeit zur Erreichung beliebig tiefer Temperaturen: 824–31, 838f. – Über neuere Verfahren zur Erzeugung tiefer Temperaturen. Bemerkungen zu der gleichnamigen Arbeit von Herrn Justi: **87** ('33/34) 815–18.

Z. physik. Chem., Abt. B. Die Kristallstrukturen von Krypton, Xenon, Jodwasserstoff und Bromwasserstoff in ihrer Abhängigkeit von der Temperatur [32]: **15** ('31/32) 389–413; **16** ('32) 408. – Über den Energieinhalt des Bleis in der Nähe des Sprungpunktes der Supraleitfähigkeit [24]: **16** ('32) 72–76. – Die spezifischen Wärmen von Beryllium, Germanium und Hafnium bei tiefen Temperaturen [6]: **25** ('34) 273–82. – Untersuchungen über die spezifischen Wärmen bei tiefen Temperaturen [35]: **28** ('35) 189–98.

Mit: [1]) J. E. Ahlberg; [2]) R. Berman; [3]) B. Bleaney; [4]) Lord Cherwell (= F. A. Lindemann); [5]) A. H. Cooke; [6]) S. Cristescu; [7]) A. J. Croft; [8]) J. M. Daniels; [9]) J. S. Dugdale; [10]) T. M. Fry; [11]) M. A. Grace; [12]) H. Halban; [13]) R. W. Hill; [14]) F. A. Holland; [15]) J. A. W. Huggill; [16]) G. O. Jones; [17]) R. Kaischew; [18]) P. G. Klemens; [19]) N. Kurti (Kürti); [20]) P. Lainé; [21]) A. H. Larsen; [22]) H. M. Long; [23]) H. D. Megaw; [24]) K. Mendelssohn; [25]) D. H. Parkinson; [26]) H. Pearson; [27]) G. L. Pickard; [28]) M. H. L. Pryce; [29]) B. W. A. Ricketson; [30]) F. N. H. Robinson; [31]) B. V. Rollin; [32]) B. Ruhemann; [33]) F. H. Spedding; [34]) D. A. Spohr; [35]) R. C. Swain; [36]) C. A. Swenson; [37]) J. Wilks; [38]) J. M. Ziman.

VI **SIMONART,** Fernand. Math. (Geometrie). – 1911 Dr. en Sci. physiques et math., '20–22 Chargé de cours, '22–58 Prof., Univ. Catholique, Louvain; '12–19 Prof.

au Collège annexé à l'Abbaye de Maredsous; '57 Prés., Acad. Royale de Belgique.
*1888, Jan. 22, Beauvechain;
†1966, Juni 3, Louvain.

Nekr. *L. Godeaux, Bull. Cl. Sci., Acad. roy. Belgique (5) **52** ('66) 1032f. — Ibid. **53** ('67) 703.

S. C.R. 2ᵉ Congrès national des sciences, Bruxelles 1935 (Bruxelles '35): Sur les surfaces génératrices des congruences d'Appell à surface moyenne. — C.R. du Congrès des sciences mathématiques, Liège 1939 (Liège '39) (Colloques du Centre Belge de Recherches Mathématiques, 10) 93–96: L'équation différentielle des séries hypergéométriques d'ordre m et ses 12 m intégrales particulières. — 3ᵉ Congrès national des sciences, Bruxelles 1950, **2** (Liège '51) 18f.: Sur une classe d'équations linéaires et de Riccati. — Colloque de géométrie différentielle, Louvain 1951 (Liège-Paris '51) 167–74: Le théorème fondamental de la géométrie textile.

W. Eléments de mathématiques supérieures: Algèbre, géométrie, analyse (Louvain '32) 4 + 296 S., ²('45) 6 + 347 S.; (m. F. Alardin) ³('55) 6 + 355 S.; (Paris '48) 348 S., ('56) 351 S. — Leçons d'algèbre supérieure (Louvain–Paris '34) 11 + 327 S.; ²(Louvain '45) 12 + 336 S.; (Paris '48) 336 S. — Cours d'analyse infinitésimale (m. C.J. de La Vallée Poussin) **1** ⁸(Louvain '38) 9 + 460 S., . . ., ¹¹('54) 8 + 484 S., ¹²('59) 8 + 484 S.; **2** ⁸('49) 8 + 548 S., ⁹('57) 8 + 552 S. — Cours de géométrie infinitésimale (Louvain '38) 346 S. — Algèbre (m. R. Ballieu) (Louvain–Paris '55) 16 + 355 S.

Annales Soc. sci. Bruxelles, Sér. A. Rôle d'une représentation paramétrique dans l'intégration des équations différentielles: **52** ('32) 6–16. — Sur certaines inégalités relatives aux moyennes d'une fonction: 275–79. — Sur les surfaces D: **53** ('33) 15–17. — Le tranchet d'Archimède: **55** ('35) 5–16. — Sur trois congruences rectilignes associées: 17–34. — Sur les congruences d'Appell à surface moyenne plane: 98–110.

Annales Soc. sci. Bruxelles, Sér. I Sur une classe remarquable de séries potentielles: **58** ('38) 115–23. — Sur les réseaux R orthogonaux: **59** ('39) 9–17. — Enveloppes et congruences associées à une courbe: 130–38. — Sur les séries hypergéométriques: 358–75. — Sur les congruences pseudosphériques: **60** ('46) 202–06. — Sur l'intégrale particulière de Cauchy d'une équation linéaire: **63** ('49) 24–30.

Bull. Cl. Sci., Acad. roy. Belgique Sur les surfaces D: (5) **19** ('33) 401–14. — Sur le rôle des opérateurs généralisés de Beltrami dans l'étude d'un système différentiel linéaire associé à une surface: 630–40. — Sur une transformation généralisée de Ribaucour: **30** ('45) 353–64. — Sur les systèmes de polynômes de Sturm-Liouville: **33** ('47) 8–21. — Sur l'équation différentielle quadratique d'un réseau orthogonal et isotherme: **35** ('49) 346–56. — Sur une classe de congruences R associées aux surfaces harmoniques [1]): 602–13. — Réseaux isothermes sur une surface: 924–30. — Sur les configurations hexagonales: **36** ('50) 268–84, 454–60. — Sur l'équation de Riccati d'une famille isotherme: 540–44. — De Gauss à Cartan: 1010–25. — Sur les déplacements dans le plan complexe: **38** ('52) 885–91. — Limitations en module d'une fonction linéaire sur un cercle: **39** ('53) 458–62. — Sur l'adjointe de l'équation de Bessel: **42** ('56) 1094–101. — Sophie Germain, 1776–1831: **43** ('57) 942–57. — Rapport sur le mémoire: Contribution à l'étude de l'algèbre des applications linéaires continues d'un espace localement convexe séparé; présenté par A. Desprit: **44** ('58) 411f. — Rapport sur la réunion de l'Union Internationale des Mathématiciens: 806f.

Bull. Soc. roy. Sci. Liège Sur l'équation de Bessel: **12** ('43) 207–12.

Rend. Mat. e Appl., Univ. Roma Sur les réseaux hexagonaux et isothermes: (5) **10** ('51) 83.

Revue Questions sci. Jubilé professoral de M. le Baron de La Vallée Poussin: (5) **7** ('40/46) 455–75. — Charles Jean de La Vallée Poussin: **23** ('62) 161–65.

Mit: [1]) F. Alardin.

VI **SIMONS,** Joseph H. Chem. (physikal., techn., Fluorchem.). — Stud., 1920–22 Assist., Univ. of Illinois, Urbana, Ill.; '22–24 Fellow, '23 Ph.D., Univ. of California, Berkeley, Cal.; '24 Research Physicist, Atmospheric Nitrogen Corp., Syracuse, N.Y.; '25–26 Prof. Chem. and Physics, Univ. of Puerto Rico, Rio Piedras, P. R.; '26–32 Assist. Prof., Northwestern Univ., Evanston and Chicago, Ill.; '33–34 Visiting Prof., '34–36 Assoc. Prof., '36–50 Prof., '44–50 Dir. of the Fluorine Laboratories, Pennsylvania State College, State College, Pa.; '50–67 Prof. → Research Prof. → Coordinator of Fluorine Research, College of Engng., Univ. of Florida, Gainesville, Fla. — '71 Pioneer Award (Amer. Inst. of Chemists).
*1897, Mai 10, Chicago, Ill.

H. Fluorine chemistry **1** (New York '50) – **5** (NewYork–London '64); darin eig. Beiträge: **1**, 225–59: Hydrogen fluoride; 261–92: Hydrogen fluoride catalysis; 401–22: Fluorocarbons and their production; **2**, 333–448: Fluorocarbon chemistry [15]).

W. A structure of science (New York '60) 269 S. — Problems of the American university (Boston,

Bitte Anmerkung auf Seite 4201 beachten!

Mass. '67) 285 S. — Gebo; successor to man (New York '71) 7 + 188 S.

Advances Catalysis and related Subj. Hydrogen fluoride catalysis: **2** ('50) 197–232.

American Scientist Scientific research in the university: **48** ('60) 80–90.

Chemical Engng. Fluorocarbon background: **56** ('49) Juni-Nr., S. 107. — Fluorocarbons: **57** ('50) Nr. 7, 129–36.

Chemical and Engng. News Fluorocarbon nomenclature: **25** ('47) 1696–.

Chemistry [Washington] Sizes and affinities of molecules: **24** ('50) Nov.-Nr., 7–11.

Hexagon, Alpha Chi Sigma [Indianapolis, Ind.] Forbonic chemistry: **1953**, 74–.

Industrial and Engng. Chem. Potential use of hydrogen fluoride in organic chemical processes: **32** ('40) 178–83. — Scientific and utilitarian value of fluorine chemistry: **39** ('47) 238–41. — Hydrogen fluoride as a condensing agent, 19: Oxidation of organic compounds in liquid hydrogen fluoride [45]): 364–67.

Industrial and Engng. Chem., Analyt. Edit. Designs for laboratory fractionating columns: **10** ('38) 29–31. — A glass vapor-density balance: 587. — A glass-enclosed magnetic stirrer: 638. — A small low-temperature rectifying column: 648. — Determination of water in benzene [41]): **13** ('41) 328–30. — Design for rectifying column [57]): **14** ('42) 430. — An automatic gas-circulating pump [15])[55]): **17** ('45) 404. — Determination of hydrogen in highly fluorinated carbon compounds [55])[15]): **18** ('46) 330f.

Analytical Chem. Fluorocarbon vapor balance [55])[72]): **20** ('48) 983.

Inorganic Syntheses The preparation of anhydrous hydrogen fluoride: **1** ('39) 134–36. — The preparation of fluorine by the high temperature method: 138–42. — Carbon tetraiodide [45]): **3** ('50) 37–39. — Bromine(III) fluoride: 184–86.

J. amer. chem. Soc. The density and surface tension of liquid hydrogen fluoride [13]): **54** ('32) 129–35. — The heat of vaporization of hydrogen fluoride [13]): **55** ('33) 1458–60. — Two reactions of gaseous methyl and ethyl [21]): 2696–701. — Free phenyl radicals in the gas phase [21]): 3898. — The thermal decomposition of lead tetraphenyl: 4328f. — The action of dilute alkali on tetramethyl glucose [66]): **56** ('34) 1947–58. — Fluorocarbons [11]): **59** ('37) 1407. — The preparation of benzotrifluoride: **60** ('38) 492. — Hydrogen fluoride as a condensing agent [,1] [3]): 986; ~ 2: The alkylation of benzene by olefins [3]): 2952f.; ~ 3: The alkylation of aromatics with aliphatic halides [3]): 2953f.; ~ 4: The reaction of cyclopropane with benzene [3])[1]): 2955f.; ~ 5: Reactions of compounds containing oxygen and reactions of tertiary halides with olefins [3])[53]): 2956f.; ~ 6: The alkylation of benzene with compounds containing an "allylic" group [3]): **61** ('39) 1521f.; ~ 7: The acylation of aromatic compounds [58])[3]): 1795f.; ~ 8: The alkylation of benzene by esters [3])[58]): 1821f.; ~ 9: Reactions of di- and tri-isobutylene with phenol [3]): **62** ('40) 451; ~ 10: Rearrangements [3])[58]): 485f.; ~ 11: The reactions of alcohols and ethers with benzene [3]): 1623f.; ~ 12: Reactions of methyl, ethyl and phenyl compounds with benzene and its derivatives [53]): 1624; ~ 13: Sulfonation [53])[3]): **63** ('41) 608f.; ~ 14: Alkylation studies [6]): 880f.; ~ 15: The preparation of esters and ethers [49]): 1921f.; ~ 16: Reactions of carbon monoxide [70]): **64** ('42) 1356f.; ~ 17: The addition of an alkyl chloride to the double bond [49]): **65** ('43) 1269–71; ~ 18: Aralkyl ketones [57]): 1390–92. — Tertiary butyl chloride from tertiary amyl chloride and hydrogen fluoride [24])[71])[9]): **60** ('38) 2267–69. — The molecular structure of hydrogen fluoride [7])[8]): **61** ('39) 19–24. — Bromotrichloromethane and iodotrichloromethane [63])[49]): 435f. — Fluorocarbons. The reaction of fluorine with carbon [11]): 2962–66. — The preparation and properties of certain trifluoromethyl compounds [12])[45]): **62** ('40) 3477–80. — Kinetics of the hydrogen fluoride catalyzed reaction between toluene and tert.-butyl chloride [65]): **64** ('42) 648–59. — Preparation and properties of some new trifluoromethyl compounds [57]): **65** ('43) 389–92. — Fluorine derivatives of acetophenone and ethylbenzene [34]): 2064–66. — Viscosity of hydrogen fluoride [20]): **66** ('44) 1070–72. — Hydrogen chloride as a condensing agent [33]): 1309–12; **69** ('47) 979. — Properties of vanadium tetrachloride [56]): **67** ('45) 75–77. — The mechanism of the hydrogen fluoride catalyzed alkylation of toluene by tert.-butyl chloride [55]): 352–62. — The molecular state of acetic acid vapor [59]): 757–62. — The use of hydrogen fluoride in preparing organo-silicon fluorides [55])[15]): 1769f. — [Fluorocarbon chemistry, 1:] Fluorocarbon bromides [15])[55]): **68** ('46) 968f.; ~ 2: Cleavage of carbon–carbon bonds by chlorine and bromine [15])[55]): **71** ('49) 2499–501; ~ 3: Hydrogenolysis of carbon–carbon bonds of fluorocarbons [40])[55]): **72** ('50) 1761–64; ~ 4: Preparation and some reactions of silver undecafluorocyclohexanecarboxylate [15]): **73** ('51) 4016f.; ~ 5: The decomposition of undecafluorocyclohexanecarboxylic acid in aqueous solution [15]): 4017f. — The preparation of DDT using hydrogen fluoride as the condensing agent [4])[14])[16])[36])[67]): **68** ('46) 1613–15. — Carbonyl chlorofluoride [34])[55]): 1672f. — The kinetics and mechanism of the uncatalyzed alkylation of phenol [33]): **71** ('49) 345–52. — The dielectric constant of trifluoroacetic acid [43]): **72** ('50) 1426f. — Conductivities of five substances in trifluoroacetic acid [43]): **74** ('52) 4746–50. — The solubility of organic solids in fluorocarbon derivatives [42]): 4750f. — Fluorocarbon aromatic ketones [10][17]): **75** ('53) 5621f. — Synthesis of fluorocarbon iodides without the use of liquid solvents or diluents [19]): 5737f. — Aromatic esters of fluorocarbon acids [17]): 6305f. — The preparation of fluorocarbon carboxylic acid cyanide dimers [54]): **77** ('55) 2016f. — The preparation of fluorocarbon carboxylic acid "thiocyanates" [54]): 2017. — Halogen-silver complexes of the fluorocarbon carboxylic acids [19]): 2605–08. — Difluoromethyl phenyl ether [17]): 6618. — Kinetics of the hydrogen fluoride catalyzed alkylation of toluene by tert.-butyl chloride [30]): **78** ('56) 52–56. — The acid hydrolysis of fluorocarbon carboxylic acid cyanide dimers and the products thereof [54]): **79** ('57) 894f.

J. appl. Physics [USA] The dielectric strength of gaseous fluorocarbons [72][15]): **21** ('50) 203–05.

J. chem. Educat. The training value of chemistry in general education: **12** ('35) 461–64. — Qualifications for teachers of chemistry: **15** ('38) 18–23.

J. chem. Physics Slow-electron scattering and the apparent electron affinity of mercury [62]): **6** ('38) 790–94. — Scattering of slow electrons in, and apparent electron affinity of, boron fluoride [62]): **7** ('39) 2f. — The diffusion of gases through metals from a chemical point of view [31]): 899–902. — A chemical detector for molecular beams [29]): **8** ('40) 547–50. — Low-velocity hydrogen-ion scattering in hydrogen, water, and ammonia [60][25]): **9** ('41) 381–87. — Low-velocity scattering of H^+ and H_3^+ in hydrogen [25][51][39]): **11** ('43) 307–12. — Low-velocity scattering of H_2^+ in hydrogen. The determination of neutralization [25][26][69]): 312–16. — The scattering of low-velocity hydrogen ions in water vapor [26][51][27]): 316–21. — The scattering of low-velocity hydrogen ions in helium [51][69]): 322–28. — The elastic scattering and neutralization of low-velocity hydrogen ions in methane [27]): **13** ('45) 216–20. — The elastic scattering and neutralization of low-velocity hydrogen ions in ethylene and propylene [69]): 221–28. — The properties of n-pentforane and its mixtures with n-pentane [22]): **18** ('50) 335–46. — Elastic scattering and neutralization of low-velocity hydrogen ions in normal butane and isobutane [18]): 473–77. — Elastic scattering and neutralization of low-velocity hydrogen ions in ethane and propane [44]): **20** ('52) 1431–36. — The properties of n-butforane [perfluorobutane] and its mixtures with n-butane [47]): 1516–19. — Elastic scattering and neutralization of low-velocity hydrogen ions in methforane and ethforane [28]): **21** ('53) 689–92. — Surface tension and viscosity of liquids [72]): **23** ('55) 613–17. — Elastic and inelastic scattering of low-velocity H^- ions in hydrogen [51][5]): **24** ('56) 1202–09; **26** ('57) 711f. — Elastic and inelastic scattering of low-velocity He^+ ions in helium [18]): 1272–75.

J. electrochem. Soc. The electrochemical process for the production of fluorocarbons, 1: The generalized procedure and its use with nitrogen compounds: **95** ('49) 47–52; ~ 2: The electrolysis of solutions of organic substances in liquid hydrogen fluoride [26][37]): 53–55; ~ 3: From hydrogen fluoride-soluble organic substances [32]): 55–59; ~ 4: From oxygen containing compounds [55][15][2][20]): 59–64; ~ 5: From hydrocarbons [20]): 64–67.

J. org. Chemistry Mercury derivatives of fluorocarbon carboxylic acid amides [54]): **21** ('56) 1199f. — Reaction of phosphorus pentachloride with aromatic esters of fluorocarbon acids [17]): **26** ('61) 5197.

J. physic. Chem. The solution of oxygen in silver: **36** ('32) 652–57. — The thermal decomposition of tetramethyllead [46][38]): 939–48. — Raoult's law and the Clapeyron equation for substances whose vapors are polymerized [60]): **43** ('39) 901–07. — The entropy of vaporization and density of liquids at their boiling points [64]): **46** ('42) 380–87. — The energy of vaporization of non-ionic, non-associated substances [35]): **56** ('52) 420–26. — The measurement of electron exchange in gases at low pressure [51]): 837–41. — The action of reactor radiation on saturated fluorocarbons [68]): **63** ('59) 636f.

Petroleum Refiner Hydrogen fluoride – the catalyst, 1: Its physical and chemical properties: **22** ('43) 155–61; ~ 2: Its role in organic chemical reactions: 189–93.

Record chem. Progr. A structure of science and the tidy universe: **23** ('62) 172–87.

Review sci. Instruments An apparatus for the measurement of the scattering of low-velocity ions in gases at low pressure [26][25][39]): **13** ('42) 419–26. — An apparatus for the measurement of vapor densities [59]): **16** ('45) 23–25. — A precision vacuum gauge [27]): **20** ('49) 541–48. — Magnetic weighing and gas density balances [61][59]): **24** ('53) 36–42.

Science [USA] Teaching chemistry for its cultural and training values: **84** ('36) 408–11. — Patents for chemical compounds: **89** ('39) 535. — Research in wartime: **97** ('43) 390–92.

Scientific American Fluorocarbons: **181** ('49) 44–47.

Mit: [1]) E. Adams; [2]) W. A. Ailson; [3]) S. Archer; [4]) J. C. Bacon; [5]) T. L. Bailey; [6]) G. C. Bassler; [7]) S. H. Bauer; [8]) J. Y. Beach, [9]) W. E. Bissinger; [10]) W. T. Black; [11]) L. P. Block; [12]) R. L. Bond; [13]) J. W. Bouknight; [14]) C. W. Bradley; [15]) T. J. Brice; [16]) J. T. Cassaday; [17]) R. F. Clark; [18]) W. H. Cramer; [19]) G. H. Crawford; [20]) R. D. Dresdner; [21]) M. F. Dull; [22]) R. D. Dunlap; [23]) —; [24]) G. H. Fleming; [25]) C. M. Fontana; [26]) H. T. Francis; [27]) G. C. Fryburg; [28]) C. S. Garber; [29]) J. Glasser; [30]) A. S. Gow, jr.; [31]) W. R. Ham; [32]) W. J. Harland; [33]) H. Hart; [34]) D. F. Herman; [35]) J. B. Hickman; [36]) E. I. Hoegberg; [37]) J. A. Hogg; [38]) C. D. Hurd; [39]) S. R. Jackson; [40]) W. R. James; [41]) E. M. Kipp; [42]) M. J. Linevsky; [43]) K. E.

Bitte Anmerkung auf Seite 4201 beachten!

Lorentzen; [44]) S. A. McAllister; [45]) R. E. McArthur; [46]) R. W. McNamee; [47]) J. W. Mausteller; [48]) —; [49]) A. C. Meunier; [50]) —; [51]) E. E. Muschlitz, jr.; [52]) —; [53]) H. J. Passino; [54]) R. H. Patton; [55]) W. H. Pearlson; [56]) M. G. Powell; [57]) E. O. Ramler; [58]) D. J. Randall; [59]) H. L. Ritter; [60]) A. S. Russell; [61]) C. L. Scheirer, jr.; [62]) R. P. Seward; [63]) T. K. Sloat; [64]) R. K. Smith; [65]) J. W. Sprauer; [66]) H. C. Struck; [67]) P. Tarrant; [68]) E. H. Taylor; [69]) L. G. Unger; [70]) A. C. Werner; [71]) F. C. Whitmore; [72]) W. A. Wilson.

VI **SIMONS,** Lewis. Physik. — 1907–11 Stud., '10–11 Demonstrator, '21 D.Sc., King's College, Univ. of London; '11–14 Demonstrator, Armstrong College, Univ. of Durham, Newcastle-upon-Tyne; '14–17 Senior Lecturer, Victoria College, Stellenbosch, South Africa; '17–21 Prof., Univ. of Cape Town, South Africa; '21–48 Reader, Birkbeck College, Univ. of London.
*1888, März 14, London;
†1972, Jan. 30, London.

Nature [London] Origin of monochromatic radiation: **132** ('33) 170f.

Philosophical Mag. and J. Sci. The resemblance between the longitudinal asymmetry of the classical field of an accelerated electron and the distribution of scattered photoelectrons: **14** ('32) 148–58.

Proc. physic. Soc. A model to illustrate the motion of a diatomic rotator with two degrees of freedom [1]): **45** ('33) 266–70.

Proc. roy. Soc. London, Ser. A An investigation of the production of positive and negative electron pairs in a cloud chamber [2]): **159** ('37) 383–94.

Mit: [1]) E. H. Smart; [2]) K. Zuber.

V, VI **SIMONSEN,** Sir John Lionel. Chem. (org.). — 1928–30 Chemist, Chem. Labor. of Guy's Hospital, London; '30–42 Prof., Univ. College of North Wales, Bangor; '43–52 Dir. of Research, Colonial Products Research Council, South Kensington, London; '14–26 Founder Member and Hon. Secretary, '17 Pres. of the Chem. Section, '28 Pres., Indian Sci. Congress Assoc.; '40–43, '52–55 Vice-Pres., '45–49 Hon. Secretary, Brit. Chemical Soc.; '47 Pres. of Section B, British Assoc. for the Advancem. of Sci.; '49–52 Chairman of Board, Pest Infestation Labor., Slough; '49–54 Vice-Pres., Roy. Soc. of Arts. — '51 Hon. D.Sc. (Univ. of Birmingham); Hon. D.Sc. (Univ. of Malaya, Singapore); Hon. LL.D. (Univ. of St. Andrews). — '21 Kaisar-i-Hind Silver Medal (India); '49 Fritzsche Award (Amer. Chem. Soc.); '50 Davy Medal (Roy. Soc. London).
*1884, Jan. 22, Levenshulme, Manchester;
†1957, Febr. 20, London.

Zum 65. Geb.tag British Sci. News **2** ('49) 289–.

Zur Biogr. *R. Robinson, Proc. roy. Soc. London, Ser. A **205** ('51) 3f. — Nature [London] **166** ('50) 925; **169** ('52) 1082.

Nekr. *R. S. Cahn, Nature [London] **179** ('57) 697f. — *R. Robinson, ibid. 698. — *B. H. Iyer, J. indian chem. Soc. **34** ('57) 853f. — *E. R. H. Jones, Proc. chem. Soc., London **1958**, 86–89. — *R. Robinson, Biographical Mem. Fellows roy. Soc. **5** ('59) 237–52 (m. Bildn., Faks., Schr.verz.).

S. Report, Royal Society Empire Scientific Conference, London 1946 (London '48) 416–: Natural products of the Empire and their utilization. — Proc. of a colloquium on "The industrial utilization of agricultural products and of seaweed", Dublin 1947 (London '48) 6–18: Agricultural products and the chemical industry. — Dictionary of applied chemistry (J. F. Thorpe, M. A. Whiteley) **11** [4](London–NewYork '54) 487–542: Terpenes.

W. Terpenes **1**: The simpler acyclic and monocyclic terpenes and their derivatives (Cambridge '31) 15 + 420 S.; **2**: The dicyclic terpenes, sesquiterpenes and their derivatives ('32) 11 + 627 S.; 2. erweiterte Aufl. in 5 Bänden: **1**: The simpler acyclic and monocyclic terpenes and their derivatives (m. L. N. Owen) ('47) 16 + 479 S., Neudruck: ('53); **2**: The dicyclic terpenes and their derivatives (m. L. N. Owen) ('49) 12 + 619 S.; **3**: The sesquiterpenes, diterpenes and their derivatives (m. D. H. R. Barton) with addenda to **1** and **2** (m. L. N. Owen) ('52) 11 + 579 S.; **4**: The triterpenes and their derivatives: Hydrocarbons, alcohols, hydroxy-aldehydes, ketones and hydroxy-ketones (m. W. C. J. Ross) ('57) 9 + 524 S.; **5**: The triterpenes and their derivatives: Hydroxy acids, hydroxy lactones, hydroxyaldehydo acids, hydroxyketo acids and the stereochemistry of the triterpenes (m. W. C. J. Ross) with addenda to **3** (m. P. de Mayo) ('57) 9 + 662 S. — Plant products and their utilisation (Nottingham '53) 12 S. (Sir Jesse Boot Foundation Lecture 1952/53).

Advancement Sci. Science and the colonies. Presidential address: **4** ('47/48) 166–71.

Bull. Inst. Pin Recent progress in the chemistry of the terpenes: **1935**, 244–48.

Chemical Age Timber extractives: **71** ('54) 127–31.

Chemical and Engng. News Terpene chemistry, the past and the future: **28** ('50) 1458–60.

Bitte Anmerkung auf Seite 4201 beachten!

Chemistry and Industry The constitution of norcaryophyllenic acid [35]): **13** ('35) 151. — The constitution of β-caryophyllene [35]): **17** ('39) 447. — Santal camphor [24])[32]): **1956**, 179f.

Endeavour Some aspects of terpene chemistry [30]): **8** ('49) 26–31.

J. amer. chem. Soc. Barbaloin [30]): **64** ('42) 2516f.

J. chem. Soc., London Bromopiperitone [11]): **1932**, 1422–24. — A synthesis of cis- and trans-DL-1,1-dimethyl-2-γ-ketobutylcyclopropane-3-carboxylic acids [28]): 1424–29. — Experiments on the constitution of the aloins, 3 [8]): 2573–82. — The constitution of eremophilone and of two related hydroxyketones from the wood oil of Eremophila Mitchelli [,1] [6])[32]): 2744–59; The constitutions of eremophilone, hydroxyeremophilone, and hydroxydihydroeremophilone, 2 [6])[17])[32]): **1938**, 767–74; ~ 3 [32]): **1939**, 87–89; ~ 4 [14])[23])[32]): **1941**, 60–68. — The constitution of the chlorination products of benzanthrone [8])[21]): **1933**, 444–49. — The resolution of cis- and trans-DL-3-carboxy-1,1-dimethylcyclopropane-2-propionic acids and of trans-DL-caronic acid [28]): 1223–25. — A synthesis of homocaronic acid [28]): 1225–27. — The preparation of camphorquinone [12])[37]): **1934**, 137. — The constituents of Indian turpentine from Pinus longifolia, Roxb., 3 [6])[13]): 188–97. — The bromination of camphorquinone [12])[5]): 444–47. — The caryophyllenes, 1 [12]) [35]): 1806–10; ~ 2 [35]): **1935**, 532–35; ~ 3 [35]): 1581–86; ~ 4 [35]): **1936**, 741f.; ~ 5: The structure of homocaryophyllenic acid [35]): **1937**, 73–75; ~ 6: γ-Caryophyllene [35]): **1938**, 1208–11; ~ 7: Experiments on the synthesis of caryophyllenic acid [29])[35]): 1211–14. — Syntheses in the sesquiterpene series, 1 [6])[20]): **1934**, 1810–12; ~ 2: Condensation of ethyl oxalate and tetrahydrocarvone [6])[20]): **1935**, 315–17; ~ 3: A synthesis of 1,10-dimethyl-7-isopropyl-decal-2-one [6])[20]): **1936**, 1137–43. — α- and β-Santalols [6])[32]): **1935**, 309–15. — Derivatives of naphthalomethylimide [13]): 496–99. — Recent progress in the chemistry of the terpenes: 781–85. — Snitter's camphenilene [15]): 1621–23. — α-Cyperone, a sesquiterpene ketone from the oil of Cyperus rotundus [6])[16])[36])[14]): **1936**, 667–77. — α- and β-Camphylic acids [22]): 734–37. — A synthesis of cis- and trans-DL-1-isopropylcyclopropane-1,2-dicarboxylic acids [33])[35]): 828f. — Lanceol, a sesquiterpene alcohol from the oil of Santalum lanceolatum, 1 [6])[13])[32]): 1619–25. — The constitution of sulphocamphylic acid [22]): **1937**, 457–59. — The constitution of α-cyperone [6])[34]): 760–63. — Synthetic cyperones and their comparison with α- and β-cyperones [1])[25])[38]): 1576–81. — The constitution of the condensation product of diphenylketene and cyclopentadiene [22]) [35])[44]): 1837–41. — The constitution of croweacin [32])[35]): **1938**, 756–58. — DL-2,2-Dimethylcyclohexylacetic acid [1])[26]): 774–76. — The sulphonation of mesobenzanthrone and some of its derivatives [34]): 2047–52. — Some derivatives of phloroglucinol trimethyl ether [35])[40]): **1939**, 89–91. — The structure and synthesis of croweacin [3])[32]): 439–43. — L-Δ^3-Carene-5,6-epoxide, a constituent of the oil from Zieria Smithii [35])[32]): 1496–504. — The constituents of some Indian essential oils, 26: Structures of L-α- and -β-curcumenes [9])[10])[36])[41]): 1504–09; ~ 27: Synthesis of DL-α-curcumene [9])[45]): **1940**, 451–53. — Calythrone [32]): 412–15. — Experiments on the synthesis of 1,2-dimethyl-cyclohexylacetic acid [10]): 415–18. — The resolution of DL-Δ^2-cyclogeranic acid [4]) [35]): 418f. — Cannabis indica, 10: Essential oil from Egyptian hashish [42]): **1942**, 188–91. — 1,3,3-Trimethyl-1-cyclohexene-4-carboxylic acid: its formation from L-Δ^3-carene-5,6-epoxide [32]): 206–09. — meso-Benzanthronecarboxylic acids [10]): 209–13. — Dinitrodibenzanthrone [4])[34]): **1943**, 31–33. — The action of bases on 1-diazoanthraquinone-2-sulphonate and its derivatives [23]): 45–47. — 3-Chloro-1-(1-chlorovinyl)-3-cyclohexene and 1,5-dichloro-1,5-cyclooctadiene [7])[39]): **1944**, 101–03. — George Gerald Henderson, 1862–1942 [19]): 202–06. — Sir Martin Onslow Forster [2]): **1946**, 550–57. — Einar Christian Saxtorph Biilmann, 1873–1946 [43]): **1949**, 534f. — Gustav Komppa, 1867–1949 [31]): **1950**, 2912f. — Charles Stanley Gibson, 1884–1950: **1951**, 628–37. — Gertrude Maud Robinson, 1886–1954: **1954**, 2667f.

J. Madras Univ., Sect. B Some early British contributions to essential oil and terpene chemistry: **27** ('57) 137–42.

J. Oil and Colour Chemists' Assoc. The turpentines: **20** ('37) 79–90.

J. and Proc. roy. Soc. New South Wales The essential oils of three species of Geijera and the occurrence of a new hydrocarbon, 2 [32]): **66**. 1932 ('33) 332–38. — The essential oil from the wood of Eremophila mitchelli (Bentham) [6])[32]): 420–33. — Zierone [6])[32]): **67**. 1933 ('34) 200–05. — The identity of darwinol with D-myrtenol [32])[35]): **68**. 1934 ('35) 36–38. — The essential oils of the genus Calythrix, 2: Calythrix tetragona (Labillardière) variety "A" [32])[35]): 80–87. — Baeckeol [32]): **71**. 1937/38 ('38) 291–96. — The essential oils of Zieria smithii (Andrews) and its various forms, 2 [27])[32]): **84**. 1950 ('51) 196–201.

Nature [London] Sir Prafulla Chandra Rây †: **154** ('44) 76. — Sir Martin Forster †: **156** ('45) 13f. — Organisation of scientific research in the British Commonwealth: 758f. — The Colonial Microbiological Research Institute, Trinidad: **162** ('48) 498f. — C.S. Gibson †: **165** ('50) 668f.

Obituary Notices Fellows roy. Soc. London George Gerald Henderson † [19]): **4** ('42/44) 491–500. — Martin Onslow Forster † [2]): **5** ('45/48) 243–58. — C. S. Gibson †: **7** ('50) 115–37.

Bitte Anmerkung auf Seite 4201 beachten!

Perfumery and essent. Oil Rec. Some aspects of terpene chemistry [30]): **40** ('49) 4–9. — Terpene chemistry, the past and the future: **41** ('50) 160–65.

Research [London] Sir William Henry Perkin. The birth of the synthetic dyestuff industry: **9** ('56) 166–69.

Scientific J. roy. College Sci. Determination of structure in the sesquiterpene group: **4** ('34) 60–70. — The structure and synthesis of sesquiterpene ketones: **9** ('39) 38–47.

Suomen Kemistilehti The Colonial Products Research Council: **21 A** ('48) 133–. — Sesquiterpene ketones: 153–64.

Suomen Kemistiseuran Tiedonantoja Sesquiterpenketone: **57** ('48) 10–20 [ ].

Synthetics and By-Products New uses for the natural products of the British Empire: **8** ('46) 221–23.

Mit: [1]) P. S. Adamson; [2]) E. F. Armstrong; [3]) W. Baker; [4]) D. J. Bennett; [5]) M. B. Bhagvat; [6]) A. E. Bradfield; [7]) J. G. T. Brown; [8]) R. S. Cahn; [9]) F. D. Carter; [10]) F. C. Copp; [11]) G. I. Davies; [12]) W. C. Evans; [13]) E. M. Francis; [14]) A. E. Gillam; [15]) G. Gratton; [16]) B. H. Hegde; [17]) N. Hellström; [18]) —; [19]) J. C. Irvine; [20]) E. R. Jones; [21]) W. O. Jones; [22]) J. R. Lewis; [23]) J. I. Lynas-Gray; [24]) H. H. G. McKern; [25]) F. C. McQuillin; [26]) A. M. Marlow; [27]) F. R. Morrison; [28]) J. Owen; [29]) M. D. Owen; [30]) L. N. Owen; [31]) J. Palmén; [32]) A. R. Penfold; [33]) E. O. Phillips; [34]) R. R. Pritchard; [35]) G. R. Ramage; [36]) B. S. Rao; [37]) J. M. Ridgion; [38]) R. Robinson; [39]) J. D. Rose; [40]) W. J. I. Stowe; [41]) K. S. Subramaniam; [42]) A. R. Todd; [43]) S. Veibel; [44]) W. G. Wainwright; [45]) H. O. Williams.

V, VI **SIMPSON,** Sir George Clarke. Meteorol. — 1920–38 Dir., Meteorol. Office, Air Ministry, London; '39–46 Acting Dir. of Kew Observat. (near London) and Administrating Dir. of Eskdalemuir, Aberdeen and Lerwick Observatories; '25 Pres. of Sect. A, British Assoc. for the Advancem. of Sci.; '28–33 Chairman, Nation. Committee for Geodesy and Geophysics; '40–42 Pres., Roy. Meteorol. Soc.; '40–42 Vice-Pres., Roy. Instn. of Great Britain. — '13 H. M. the King's Polar Medal "Antarctic 1910–13"; '13 Medal for Antarctic Discovery (Roy. Geograph. Soc.); '19 Commander of the Order of the Brit. Empire; '26 Companion, '35 Knight Commander of the Bath; '30 Symons Gold Medal (Roy. Meteorol. Soc.); '51 Charles Chree Medal and Price (Physical Soc. London).
*1878, Sept. 2, Derby;
†1965, Jan. 1, Bristol.

Bitte Anmerkung auf Seite 4201 beachten!

Zur Biogr. Meteorological Mag. **73** ('38) 193f. (m. Bildn.). — Nature [London] **141** ('38) 360; **167** ('51) 587. — Polar. Rec. **1938**, Nr. 16, S. 69 (m. Bildn.).

Nekr. *Ariadne, New Scientist **25** ('65) 21. — *R. Bilancini, Rivista Meteorol. aeronaut. **25** ('65) Nr. 4, 69f. — *E. Gold, Biographical Mem. Fellows roy. Soc. **11** ('65) 157–75 (m. Bildn., Faks., Schr.-verz.); Nature [London] **205** ('65) 1156f. — *K. Keil, Meteorologische Rdsch. **18** ('65) 156. — *G. Manley, J. Glaciology **5** ('65) 873f. — *S. Petterssen, Bull. amer. meteorol. Soc. **46** ('65) 362. — *O. G. Sutton, Meteorological Mag. **94** ('65) 65f. — Polar Rec. **12** ('65) 632f. (m. Bildn.).

S. The dictionary of national biography 1931–1940 (L. G. Wickham Legg) (London '49) 791–93: Sir Arthur Schuster.

W. Physics in meteorology (London '32) 22 S. (Physics in industry, Lecture 18). — The investigation of atmospheric pollution. 18th Report on observations in the year ended March 31, 1932 (m. anderen) (Department of Scientific and Industrial Research. Warren Spring Laboratory, Stevenage) (London '33) 102 S. — World weather records 1921–1930, collected from official sources (m. R. C. Mossman, G. Walker, F. L. Clayton) (H. H. Clayton) (Washington, D.C. '34) 616 S. (Smithsonian miscellaneous collections, 90).

Annual Rep. Board Regents Smithsonian Instn. Ice ages: **1938** ('39) 289–302.

British J. Ophthalmol. Ocular haloes and coronas: **37** ('53) 37, 450–86.

Bull. amer. meteorol. Soc. Ice accretion on aircraft. Notes for pilots: **19** ('38) 326–29.

Geophysical Mem., Meteorol. Office, London Atmospheric electricity during disturbed weather: **84** ('49) 51 S.

Meteorologische Z. Berichtigung zur Arbeit von Runge: Zur Frage der Umwandlung einer kalten Antizyklone in eine warme: **49** ('32) 152.

Nature [London] Types of iridescent clouds: **129** ('32) 689f. — The astronomical-radiative stability: **131** ('33) 875f. — Sir Arthur Schuster: **134** ('34) 595–97. — Arctic meteorology: **135** ('35) 52–54. — Weather forecasting: 703–05. — Snow crystals or snowflake: **140** ('37) 729f. — Ice ages: **141** ('38) 591–98. — Edward Kidson †: **144** ('39) 103. — F. J. W. Whipple †: **152** ('43) 557f. — Sir Henry Lyons †: **154** ('44) 328f. — A geologist and geographer in early New Zealand. The life and times of Sir Julius van Haast: **163** ('49) 79.

Obituary Notices Fellows roy. Soc. London Sir Arthur Schuster, 1851–1934: **1**, Nr. 4 ('35) 409–23.

Observatory The gaseous content of the atmosphere at various altitudes [5][2][8][1]: **60** ('37) 8–14.

Philosophical Mag. and J. Sci. The separation of electricity in clouds: **34** ('43) 285–87.

Proc. Linnean Soc., London Possible causes of changes in climate and their limitations: **152** ('40) 190–219.

Proc. roy. Instn. Great Britain Weather forecasting: **27**. 1931/33 ('33) 242–48. — Ice ages: **30**. 1937/39 ('39) 125–42. — The air we breathe in town and country [3][4]: **32**. 1941/43 ('44) 423–34.

Proc. roy. Soc. London, Ser. A The distribution of electricity in thunderclouds [,1] [7]: **161** ('37) 309–52; ~ 2 [6]: **177** ('40/41) 281–329.

Proc. roy. Soc. London, Ser. B Discussion on the origin and relationship of the British flora: **118** ('35) 230f.

Proc. roy. Soc. Med. Some meteorological factors with may affect health: **25** ('31/32) 639–48.

Professional Notes, Meteorol. Office, London Lightning and aircraft: Nr. **66** ('34) 24 S. — Ice accretion on aircraft: Nr. **82** ('39) 14 S., Neudruck: ('42). — Visibility and the optical properties of the atmosphere: Nr. **94** ('48) 11 S.

Quarterly J. roy. meteorol. Soc. Low auroras: **59** ('33) 185–90. — World climate during the Quaternary period: **60** ('34) 425–78. — Lightning risks. Part played by fear: **61** ('35) 445–. — Sea-salt and condensation nuclei: **65** ('39) 553f.; **67** ('41) 163–69. — On the formation of cloud and rain: 99–133. — The electricity of cloud and rain: **68** ('42) 1–34. — Further studies in world climate: **83** ('57) 459–85. — World temperatures during the Pleistocene: **85** ('59) 332–49.

School Sci. Rev. Modern weather forecasting: Nr. **51** ('32).

Terrestrial Magnetism and atmospher. Electr. Atmospheric electricity during disturbed weather: **53** ('48) März-Nr.

Weather Atmospherical electricity during the last 50 years: **4** ('49) 104–, 134–, 710–.

Mit: 1) D. Brunt; 2) S. Chapman; 3) G. M. B. Dobson; 4) A. R. Meetham; 5) F. A. Paneth; 6) G. D. Robinson; 7) F. J. Scrase; 8) F. J. W. Whipple.

V, VI **SIMPSON,** Harold → V, VI **HILTON,** Harold

VI **SINCLAIR,** Mary Emily. Math. — 1900 B. A., '07–09 Instructor, '09–25 Assoc. Prof., '25–44 Prof., '39–44 Head of Departm. of Math., '44 Prof. Emer., Oberlin College, Oberlin, Ohio; '03 M. A., '08 Ph. D. (math.), Univ. of Chicago, Ill.; '04–07 Instructor → Adjoint Prof., Univ. of Nebraska, Lincoln, Neb.

*1878, Sept. 27, Worcester, Mass.;
†1955, Juni 3, Belfast, Me.

Zur Biogr. *E. C. Parmenter, Oberlinian of the month: Oberlin Alumni Mag. **1944**, Juli-Nr., 4f. — J. amer. Assoc. Univ. Women **1956**, März-Nr. (m. Bildn.).

Todesanzeige American math. Monthly **63** ('56) 210.

Nekr. Oberlin Alumni Mag. **1955**, Okt.-Nr., 21 (m. Bildn.).

IV–VI **SINCOV** (Sintzov), Dmitrij Matveevič. Math. — 1903–46 Prof., '03–21 Leiter d. Lehrstuhls f. reine Math., '22–46 Leiter d. Lehrstuhls f. Geometrie, '44–46 Dir. d. Forschungsinst. f. Math. u. Mech., Univ. Char'kov; '06–46 Vorsitzender, Math. Ges. Char'kov. — '35 Ehrentitel "Verdienter Wissenschaftler d. Ukrain. SSR"; '44 Rotbanner-Orden (UdSSR). (⊠)

*1867, Nov. 20 (8), Vjatka (→ Kirov);
†1946, Jan. 28, Char'kov.

Nekr. *S. N. Bernštejn, *L. Ja. Giršval'd, Usp. mat. Nauk **2** ('47) Nr. 4, 191–206 (m. Bildn. u. Schr.verz.). — Uč. Zap., Char'kovsk. gos. Univ. im. Gor'kogo **24** ('48) [= Zap. Mat. i Mech., Char'kov (4) **19** ('48)] 5–19 (m. Bildn. u. Schr.verz. 123 Nrn.).

Zur Biogr. *V. N. Borovik, Pedagogičeskoe nasledie akad. D. M. Sincova [Das pädagogische Erbe des Akademiemitglieds D. M. Sincov] (Dissertation, Kievskij pedagogičeskij institut); Autoreferat: (Kiev '70) 24 S. — *I. Ja. Depman, Matematika v Škole **1951**, Nr. 1, 77f. (m. Bildn.). — *A. M. Lukomskaja, Die bibliographische Tätigkeit von D. M. Sincov: Trudy Biblioteki Akad. Nauk SSSR **2** ('55) 206–14 [russ.]. — *I. A. Naumov, Dmitrij Matveevič Sincov. Očerk žizni i naučno-pedagogičeskoj dejatel'nosti [Überblick über sein Leben und seine wissenschaftlich-pädagogische Tätigkeit] (Char'kov '55) 72 S. (m. Bildn. u. Schr.verz.). — Vydajuščiesja urožency i dejateli Kirovskoj oblasti. Rekomendatel'nyj ukazatel' literatury, **2**: Učenye [Hervorragende Persönlichkeiten aus dem Gebiet Kirov. Verzeichnis empfehlenswerter Literatur, **2**: Wissenschaftler] (Kirov '57) 24f.

Bitte Anmerkung auf Seite 4201 beachten!

Zur Biobibliogr. *I. O. Naumov, Die Arbeiten D. M. Sincovs auf dem Gebiet der Theorie der Konnexe und ihre Anwendung auf die Theorie der Differentialgleichungen: Istoriko-mat. Zbirn. **3** ('62) 58–74 [ukrain.]; russ.: Die Arbeiten D. M. Sincovs auf dem Gebiet der Theorie der Konnexe, in: Voprosy istorii fiziko-matematičeskich nauk [Fragen der Geschichte der physikalisch-mathematischen Wissenschaften] (Moskva '63) 43–48. — Die Arbeiten D. M. Sincovs auf dem Gebiet der anholonomen Differentialgeometrie: Uč. Zap., Char'kovsk. gos. pedagog. Inst. **21** (Ser. mat., 2) ('57).

Zum 100. Geb.tag *Ja. P. Blank, Ukrainskij geometrič. Sborn. **7** ('69) 3–10 (m. Schr.verz.). — *I. A. Naumov, Matematika v Škole **1967**, Nr. 6, 84f. (m. Bildn.); Ukrainskij mat. Ž. **20** ('68) 232–37 (m. Bildn.).

MH. Elementi vyščoï matematyky [Elemente der höheren Mathematik] **1** (Charkiv '33); Elementi vyščoï matematyky dlja pedagogičnych VYŠ'iv [Elemente der höheren Mathematik für pädagogische Hochschulen] **2** (Charkiv-Kyïv '34).

S. Trudy I Vsesojuznogo s-ezda matematikov [Arbeiten der 1. Unionskonferenz der Mathematiker] Char'kov 1930 (Moskva–Leningrad '36) 97–105: 50 Jahre Mathematische Gesellschaft Char'kov [russ.]; 309–17: Der gegenwärtige Stand der Theorie der Konnexe [~].

W. Dyferencial'na geometrija. Elementarna teorija kryvych ta poverchon' [Differentialgeometrie. Elementare Theorie der Kurven und Flächen] [2](Charkiv '35) 340 S. — Nikolaj Ivanovič Lobačevskij 1856–24 fevr.–1941 (k 85-letiju so dnja smerti) [Zum 85. Todestag] (Char'kov '41) 32 S.

Dopovidi Akad. Nauk Ukraïns'k. RSR Über eine Eigenschaft von Integralkurven der Gleichungsform $y'' = f(x, y)(1 + y'^2)$: **1942**, Nr. 1/2, 9–13 [ukrain.].

Enseignement math. Les modifications essentielles de l'enseignement mathématique dans les principaux pays depuis 1910, 6: Russie: **32** ('33) 81–87.

Geometričeskij Sborn. [Char'kov] Revue des travaux géométriques à l'Ukraïne pendant les vingt années 1917–1937: **1** ('38) 1–8 [ukrain. m. französ. Zusammenfassg.]. — Sur la théorie des connexes à l'élément (point, droite, plan): 9–21 [~]. — Détermination des lignes ombilicales d'une surface dont l'équation est donnée sous forme implicite: 35–49 [~]. — Sur l'intégration de l'équation quadratique aux différentielles totales de trois variables: 95–98 [~]. — Sur les courbes intégrales d'un groupe continu à un paramètre: 99–102 [~]. — La théorie géométrique de l'intégration des équations différentielles aux dérivées partielles du 1-er ordre à deux variables indépendantes (théorie des caractéristiques): **2** ('40) 33–61 [russ. m. französ. Zusammenfassg.]. — Untersuchungen über die Theorie der Pfaffschen Mannigfaltigkeiten (spezielle Mannigfaltigkeiten 1. und 2. Art): 63–83 [ ].

Naukova Chronika charkivs'k. deržavn. Univ. Über die Striktionslinie der Integralkurvenschar einer Differentialgleichung erster Ordnung: Nr. **2** ('45) [ukrain.].

Sborn. Trudov Inst. Mat., Akad. Nauk Ukrainsk. SSR Théorie générale du connexe aux éléments (point, droite) dans l'espace: Nr. **5** ('40) 31–71 [russ. m. ukrain. u. ausführlicher französ. Zusammenfassg.]. — Die durch mehrere bilineare Konnexe bestimmten Konfigurationen: Nr. **6** ('41) 3–32 [russ. m. deutscher Zusammenfassg.].

Trudy Semin. vektorn. i tenzorn. Analizu Über die Geometrie der Mongeschen Gleichungen: **4** ('37) 182–85 [deutsch u. russ.].

Uč. Zap., Char'kovsk. gos. Univ. im. Gor'kogo Frenet-Serretsche Formeln für einen ebenen n-dimensionalen Raum: Nr. **1** ('35) 5–19. — Über eine Eigenschaft von Integralkurvensystemen einer Pfaffschen Gleichung bei n Veränderlichen: Nr. **2/3** ('35) 1–14. — Über eine Eigenschaft des Integralkurvensystems einer Differentialgleichung erster Ordnung: Nr. **4** ('36) 1–4. — Die Grundgedanken der Theorie der Konnexe und damit zusammenhängende Integrationsprobleme: Nr. **6/7** ('36) 1–13. — Projektive Theorie der Differentialgleichungen erster Ordnung: Nr. **8/9** ('37) 41–60. — Verwendung einer merkwürdigen symbolischen Formel in der Theorie der linearen Differentialgleichungen: Nr. **10** ('37) 1–4. — Über die Integration normaler Systeme totaler Differentialgleichungen (Methode von Korkin und Schema von Hadamard): 17–29. — Zu einigen ganz neuen Untersuchungen auf dem Gebiet der Geometrie der Pfaffschen Mannigfaltigkeiten: 31–39. — "Algebra oder die Rechnung mit endlichen Größen" von N. I. Lobačevskij und die Methode von Gräffe zur Berechnung der Wurzeln algebraischer Gleichungen: 41–56. — — Alle Arbeiten ukrain.

Zap. Mat. (i Mech.), Char'kov Studien über das System der Integralkurven der Pfaffschen Gleichung: (4) **5** ('32) 97–122 [m. ukrain. Zusammenfassg.]. — Sur une propriété du système des courbes intégrales de l'équation différentielle de 2-e ordre $y'' = f(x, y)$ et son application à la construction du centre de courbure: **6** ('33) 19–25 [~]. — Sur la détermination des points singuliers d'une surface, définie par des équations de forme paramétrique: **7** ('33) 9–13 [~]. — Sur l'axe de déviation (normale affine): **8** ('34) 33–36 [~]. — Discussion du cas douteux des singularités doubles de la courbe plane en coordonnées tangentielles: 37–43 [~]. — Sur une extension d'un problème de Czuber sur les

Bitte Anmerkung auf Seite 4201 beachten!

enveloppes: **9** ('34) 33–37 [~]. — Etudes sur les systèmes de courbes intégrales de l'équation de Pfaff ΣPdx = 0. (Détermination des courbes intégrales situées sur une surface donnée. Application aux courbes du complexe linéaire). **11** ('35) 35–44 [~]. — Sur une application mécanique des propriétés des courbes intégrales de l'équation de Pfaff: 45–47 [~]. — Sur le sens géométrique de l'équation différentielle des surfaces réglées: 49–53 [~]. — Sur une propriété des lignes géodésiques du système des courbes intégrales de l'équation de Pfaff: **13** ('36) 63f. [~]. — Sur les congruences des courbes dans l'espace: 65–73 [~]. — Sur la classification des points d'une courbe dans R_n et le nombre des types des points de rebroussement: 74 [~]. — Sur les figures simples et les fonctions métriques simples dans la théorie des connexes: **14** ('37) 159–72 [ukrain. m. französ. Zusammenfassg.]. — Recherches sur les variétés pfaffiennes: **16** ('40) 62–81 [russ. m. französ. Zusammenfassg.]. — Über die Kongruenz der Integralkurven des Normalsystems, 2: Typen der singulären Punkte: **18** ('40) 1–25 [russ. m. deutscher Zusammenfassg.].

Ferner ein Aufsatz in einer Publikation des Instituts für Mathematik der Akademie der Wissenschaften der Ukrainischen SSR: "Untersuchung zur Theorie der Pfaffschen Gleichungen" ('43) 16 S. [ukrain.].

VI **SINGER,** Felix Gustav. Keramik. — 1910 Dr.-Ing., Techn. Hochsch. Berlin; '21 Dr. phil., Univ. Erlangen; '21–33 Vorstandsmitgl., Deutsche Ton- u. Steinzeug-Werke A. G., Berlin; zugleich Vorsitzender bzw. Mitglied v. Aufsichtsräten zahlreicher Betriebe; seit '33 in England lebend; '33–57 Keram. Berater in europ. Ländern, USA, Kanada, Ägypten, Indien, Israel, Südafrika; Wohnsitz: South Croydon, Surrey.
*1888, April 6, Lipnik, Galizien;
†1957, Okt. 27, South Croydon, Surrey.

Nekr. *[G.] Rolle, Sprechsaal Keram., Glas, Email **90** ('57) 554f. — Claycraft **1958**, 161.

H. Der Tunnelofen (Berlin '33).

S. Handbuch der chemisch-technischen Apparate, maschinellen Hilfsmittel und Werkstoffe (A. J. Kieser) **2** (Berlin '37) 784–858: Keramische Werkstoffe (nebst Beispielen ihrer Verwendung); **3** ('37) 1188–205: Öfen.

W. Ceramic glazes (London '40) 95 S.; (Los Angeles, Cal. '51) 95 S.; Neuaufl. (m. W. L. German): (London '60) 112 S. — Low solubility glazes (New York '48) 99 S.; französ.: Les glaçures à faible solubilité (Paris '49) 11 + 132 S. — Industrial ceramics (m. Sonja S. Singer) (London–New York '63) 11 + 1455 S. (m. Schr.verz. S. 1406–13); deutsch: Industrielle Keramik, **1**: Die Rohstoffe: Eigenschaften, Vorkommen, Gewinnung und Untersuchung (Berlin–Göttingen–Heidelberg–NewYork '64) 9 + 542 S., **2**: Massen, Glasuren, Farbkörper, Herstellungsverfahren ('69) 7 + 752 S., **3**: Die keramischen Erzeugnisse ('66) 12 + 278 S.; span.: Cerámica industrial, **1** (Bilbao '71) 762 S. (Enciclopedia de química industrial, 9), **2** ('71) 485 S. (~ 10), **3** ('71) (~ 11).

Brick and Clay Rec. Barium aluminum silicates as refractories: **90** ('37) 342, 344. — Methods of extracting alumina from clays: **94** ('39) Nr. 6, 54–58.

British Clayworker Making blue bricks in Czechoslovakia: **1935**, 15. Juni. — Modern methods of brick and tile colouring: **46** ('37/38) 389–92. — Improvement of ceramic bodies, 1: **47** ('38/39) 113–15; ~ 2: 149–51. — Materials for sewerage pipes: 353–60. — Improvements of plaster molds: 368–72. — Magnesite refractories: **48** ('39/40) 88–92. — Water-resisting dolomite brick: 115–20. — Special bricks that are necessary in war time, 3[?] [1]): 310–14; ~ 4: Chrome-magnesite refractories: 333–38. — Manufacture of refractory insulating bricks: **49** ('40/41) 83–86, 103–05. — Weathering and maturing of clay for sewage pipes and other products: **59** ('50/51) 294f., 312. — Humid-pressing and dry-pressing of porcelain and steatite: **61** ('52/53) 242–46. — Olivine and forsterite: **62** ('53/54) 112–16, ..., 155–58, 184–88. — Progress in porous and hollow ceramics for construction [2]): **63** ('54/55) 55–59. — Ceramics yesterday, today and tomorrow: 203–08, ... — Improving the plasticity of clay [2]): **65** ('56/57) 178–80. — Ceramic bodies with small coefficients of expansion [,1] [2]): **66** ('57/58) 19–23; ~ 2 [2]): 41–45; ~ 3 [2]): 88–92.

Ceramic Age Old and new stoneware: **27** ('36) Febr.-Nr. — Modern methods of brick and tile coloring: **31** ('38) 177–79. — Improvement of ceramic bodies: **32** ('38) 103–06, 110. — Polishing of scratches on glazes: **38** ('41) 101–. — Chemical stoneware today: **58** ('51) Nr. 6, 33–36, 46, 47.

Ceramic Industry Es sind kleine Dinge, die für die Herstellung guter Formen wesentlich sind: **33** ('39) Nr. 3, 62–64 [engl.].

Ceramica [Milano] Vetrine opache: (N.S.) **8** ('53) Nr. 11, 41–55.

Ceramics Sinter alumina as engineering material for cutting tools and turbine blades: **1** ('49/50) Nr. 5 u. 6.

Céramique Un des problèmes de l'industrie de la vaisselle de porcelaine: **39** ('36) 21–26.

Bitte Anmerkung auf Seite 4201 beachten!

Chemical Age Alchemite, a new ceramic ware with a water absorption of nil: **30** ('34) Juni-Nr. — Chemical stoneware, old and new: **32** ('35) 582f. — Progress in permeable porous ceramics: **70** ('54) 141–46.

Chemical Trade J. and Chemical Engr. Zinc oxide in ceramics; an essential glaze constituent: **131** ('52) 1477f.

Clay Products J. Australia Super-duty silica bricks: **16** ('49) Nr. 3, S. 15, 17, 19, 21.

Corrosion Technol. [London] Salt-glazed vitreous clay pipes: **3** ('56) Nr. 5.

Deutsche Kunstseiden-Ztg. Die Bedeutung des säurefesten Steinzeugs für die Kunstseiden-Industrie: **1933**, 13 S.

Engineering Mater. and Processes Ceramics as engineering materials [3]): **1946**, Dez.-Nr.

Europäische Tonindustrie Die Konstitution der Gläser und Glasuren und ihre Härte: **1** ('51) oder **2** ('52). — Die Schwierigkeiten des Entlüftens von Gießschlickern: **2** ('52) Nr. 9. — Feucht- und Trockenpressen von Porzellan und Steatit: Nr. 11 u. 12.

Food Stoneware for the food industry: **10** ('41) Mai- u. Juni-Nr.

Foundry Trade J. Slip-coated synthetic foundry sand: **72** ('44) 261–64, 285–88.

Glass Industry The nature of glasses and glazes and their hardness: **31** ('50) 241–43, 268, 305–07, 326, 328, 366–69, 386.

Industrial Chemist and chem. Manufacturer White chemical stoneware: **11** ('35) 376–78. — Chemical stoneware old and new: **11** ('35) Okt.-Nr.

Industrial Diamond Rev. Production of sinter alumina cutting tools [2]): **17** ('57) Juli-Nr., 126–.

Industrial and Engng. Chem. Chemical engineering materials of construction: Ceramics: **44** ('52) 2296–308; **45** ('53) 802.

Industrie céram. Ceramic bodies based on cordierite: Nr. **383** ('48) 27–30 [französ.]. — Sinter alumina as engineering material for cutting tools and turbine blades: **1950**, Nov.- u. Dez.-Nr. [~].

Interceram Sinter alumina for cutting tools [2]): **1957**, Nr. 6, 22

Iron and Coal Trades Rev. Super-duty silica bricks: **157** ('48) 611–15.

Iron and Steel Industry Refractory problems in the iron and steel industry: **11** ('38) 316–20, 479–82, 575–80.

J. canad. ceram. Soc. Ceramic bodies based on cordierite: **15** ('46) Trans., 60–71.

Keramische Rdsch. u. Kunstkeram. Amerikanische Klein-Tunnelöfen: **40** ('32) 453–. — Baumaterialien für den Tunnelofen: **41** ('33) 226–28, 364.

Keramische Z. Sintertonerde als Schneidewerkzeuge [2]): **9** ('57) 532–36.

Kolloid-Z. Über Vorgänge beim Mauken keramischer Massen: **64** ('33) 234–37.

Metallurgia [Manchester] Sinter alumina [3]): **36** ('47) 237–42, 313–15.

Metals and Alloys Carbon linings for blast furnaces: **10** ('39) 104–08.

Monatsschr. Textil-Industrie Korrosionsbeständige Werkstoffe für die Textilveredlung: **48**, II. Fachheft ('33) 33–43.

Pottery Gaz. and Glass Trade Rev. Coloured bodies: **71** ('46) Jan.-Nr.

Pottery and Glass Glazes and glasses: **22** ('44) Dez.-Nr.

Proc. chem. Engng. Group Soc. chem. Industry Acid-resisting industrial filters, 2: Porous filters: **18** ('36) 168–71.

Refractories J. Sinter alumina for cutting tools [2]): **34** ('58) 456–62.

Revue univ. Mines, Métallurgie, Trav. publ., Sci. et Arts appl. Industrie Isolation des voutes de fours Siemens-Martin [1]): **82** ('39) 21–29.

Sprechsaal Keram., Glas, Email Barium-Aluminium-Silikate als feuerfeste Materialien und ihre Verwendung für verschiedene technische Zwecke: **70** ('37) 387–. — Sintertonerde als Werkstoff für Drehwerkzeuge und Turbinenschaufeln: **84** ('51) 362–66, 394–99, 415–17. — Olivin und Forsterit: **86** ('53) 342–44, 365–68, 392–98. — Keramische Massen mit kleinem Ausdehnungskoeffizienten [2]): **89** ('56) 399–403, 430–35.

Stavivo Steinzeug und chemische Industrie: **19** ('38) 317f., 329f. [ ].

Tonindustrie-Ztg. Dachziegelbrand im Tunnelofen: **56** ('32) 1121–. — Baumaterialien für den Tunnelofen: **57** ('33) 118–21, 618f. — Vergleichende Untersuchungen über die Wirtschaftlichkeit verschiedener Ofensysteme: 283–88.

Trans. ceram. Soc. Fuel economy in the ceramic industry, 1: **33** ('34) 215–27; ~ 2: 228–40. — Barium aluminium silicates as refractories and their use for different technical purposes: **35** ('36) 389–96.

Trans brit. ceram. Soc. Materials for sewerage pipes: **38** ('39) 257–73. — Polishing of scratches on glazes: 513–21. — Sanitary vitreous china: **40** ('41) 119–49. — Low-temperature glazes: **53** ('54) 398–421.

Bitte Anmerkung auf Seite 4201 beachten!

Verres et Réfractaires Six principes fondamentaux des céramiques modernes: **1947**, Juni-Nr., 18–25.

Zinc Bull. Zinc glazes: Nr. **10** ('52).

Mit: [1]) J. M. Lucas-Robitschek; [2]) S. S. Singer; [3]) H. Thurnauer.

VI **SINGH,** Avadhesh Narayan. Math., Geschichte d. Math., Astron. — 1926–40 Lecturer, '40–43 Assoc. Prof., '43– Prof., Univ. of Lucknow; Founder and Hon. Dir., Governm. Astron. Observat., Benares. — '26 Mahamaya Gold Medal. (⊠)
1901, Juli 1), Benares;
†1954, Juli 10.

*) Eigene Mitteilung für Band VI. — Nekr. gibt Juli 19 an.

Nekr. *S. D. Sinvhal, Ganita **5** ('55) I–VII. — *S. D. Sinvhal, *A. Sharma, Internationale math. Nachr. **35/36** ('54) 3.

S. C.R. [5e] Congrès international des mathématiciens, Oslo 1936, **2** (Oslo '37) 104f.: On some properties of a non-differentiable function; 275f.: The history of magic squares in India.

W. The theory and construction of non-differentiable functions (Lucknow '35) 7 + 110 S. (Lucknow University studies, Faculty of Science, 1); Neudruck als Bestandteil von: Squaring the circle, and other monographs (New York '53). — History of Hindu mathematics: a source book, **1**: Numeral notation and arithmetic (m. B. Datta) (Lahore–NewYork '35) 20 + 261 S., **2**: Algebra (m. B. Datta) ('38) 16 + 314 S.; Neuaufl.: **1** (Bombay–Calcutta–NewDelhi–Madras–London–NewYork '62) 24 + 261 S., **2** ('62) 12 + 314 S.

Archeion [Roma, Santa Fé] A review of Hindu mathematics up to the 12th century: **18** ('36) 43–62.

Bull. Allahabad Univ. Math. Assoc. Hindu superiority in mathematics: **16** ('51/56) 11–30.

Bull. Calcutta math. Soc. Remarks on a paper of Boris Kaufmann relating to parameter curves: **24** ('33) 103–08. — On a certain lemma with applications to the theory of derivates: **26** ('35) 15–34. — Remarks on a certain lemma: **27** ('35) 91f.

Fundamenta Math. [Warszawa] On infinite derivates: **33** ('45) 106f. — On derivates of discontinuous functions [1]): **36** ('49) 283–87.

J., United Provinces histor. Soc. [Calcutta] On the evolution of word numerals in India: **4** ('33) 11 S. — On the evolution of alphabetic numerals in India: 12 S.

Bitte Anmerkung auf Seite 4201 beachten!

Mathematica [Cluj] On the arithmetic of surds among the ancient Hindus: **12** ('36) 102–15.

Mathesis Sur un système d'équations algébriques considéré par les Indiens [2]): **51** ('37) 327–30.

Osiris On the use of series in Hindu mathematics: **1** ('36) 606–28.

Proc. Benares Math. Soc. On the proof of a result concerning zero derivates: **16** ('34) 1–3. — Hindu trigonometry: (N.S.) **1** ('39) 77–92. — On functions without one-sided derivatives: **3** ('41) 55–69; ~ 2: **4** ('43) 95–108. — On divergent Fourier's sine series: **5** ('43) 41–44.

Proc. indian Sci. Congr. On a Fourier's series which diverges at an unenumerable set: **22** ('35) 72f.

Rend Circolo mat. Palermo On the construction of Fourier's series which diverge at unenumerable sets: **59** ('35) 261–65.

Science and Culture Hindi mathematics: **3** ('37/38) 521–27, 579–85.

Thalès Les mathématiques hindous jusqu'au douzième ciècle: **1936**.

Mit: [1]) W. Sierpiński; [2]) G. Loria.

V, VI **SINGH,** Bawa Kartar. Chem. (org.). — 1903–06 Stud., Calcutta Univ. and Downing College, Cambridge Univ.; '06–10 Stud. (postgraduate), Cambridge and London Universities; '10–18 Prof., Dacca Governm. College, Dacca; '18–21 Head of Chem. Departm., Governm. College, Lahore; '21 D.Sc., Univ. of Dublin; '21 Prof., Patna College, Patna; '21–36 Prof. and Head of Chem. Departm., '34 Principal, Ravenshaw College, Cuttack; '36–40 Prof. and Head of the Chem. Departm., Science College, Patna Univ., Patna; '36–40 Chem. Adviser, Departm. of Industries, Bihar State; '40–46 Prof. and Head of Departm. of Chem., '46 Prof. Emer., Univ. of Allahabad; '46–47 Hon. Prof. and Assoc. Dir. of Inst. of Chem., Univ. of the Punjab, Lahore; '48–60 Hon. Prof. Research, Banaras Hindu Univ., Banaras; '60 resident at Chandigarh; '20– Pres., Lahore Philos. Soc.; '31–32 Pres., Indian Chem. Soc.; '34–38 Vice-Pres., Indian Acad. Sci.; '34–38, '40–46 Vice-Pres., Nation. Inst. of Sciences of India; '44–46 Foreign Secretary, Nation. Acad. Sci., India. — '41 (Hon.) Sc.D. (Univ. of Cambridge).

*1886, April 17, Verowal, Amritsar, Punjab;

†1960, Juni 16, Chandigarh, Punjab.

Nekr. *O. N. Perti, J. indian chem. Soc. **38** ('61) 259f. (m. Bildn.); Proc. chem. Soc., London **1961**, 150f.

W. Optical activity and chemical constitution (m. O. N. Perti) (London–Bombay–NewYork '63) 12 + 149 S. (Uttar Pradesh Scientific Research Committee monograph 7).

Allahabad Univ. Studies Dependence of optical activity on chemical constitution, 23: Rotatory dispersion of salts of camphor-β-sulfonic acid with aniline, o-, m-, and p-toluidine, α-, and β-naphthylamine and ar-tetrahydro-β-naphthylamine [22])[31]): **1944**, 37–57.

Current Sci. Pasteur's principle of molecular dissymmetry: The dextro- and laevo-camphoric acids: **3** ('35) 420f. — Space configuration of nitrogen in the three-covalent state: **8** ('39) 13.

J. indian chem. Soc. The early development of stereochemistry and Pasteur's law: **9** ('32) 1–19. — Studies on the dependence of optical rotatory power on chemical constitution, 14: Stereoisomeric aminomethylenecamphors, iminomethylenecamphors, and their derivatives [4]): 109–19; ~ 17: Nitro- and carboxyaryl derivatives of stereoisomeric methylenecamphors [3]): **17** ('40) 1–18; ~ 21: Rotatory dispersion of stereoisomeric hydroxyphenylaminomethylenecamphors and their acetylated and benzoylated derivatives [29]): **20** ('43) 1–10; ~ 36: Rotatory dispersion of phenylimino-, o-, m-, and p-tolylimino- and amino-D-camphor [32]): **28** ('51) 229–38; The dependence of optical activity on chemical constitution, 38: The camphor-β-sulfonates (D- and DL-) of m-aminophenol, 3-amino-o-xylene, 4-amino-o-xylene, 5-amino-m-xylene, and 3-amino-p-xylene [9]): **29** ('52) 851–57; ~ 39: Rotatory dispersion of N-phenyl-D-camphorsulfonamide and the o-, m-, and p-chloro derivatives [2]): **31** ('54) 657–65; ~ 44: Rotatory dispersion of o-, m-, p-chlorophenylimino-D-camphors and phenyl-, o-, m-, p-chlorophenyl-amino-D-camphors [30]): **33** ('56) 821–37; ~ 48: The rotatory dispersion of methyl-, ethyl-, phenyl-, o-tolyl-, p-tolyl-, α-naphthyl-, and β-naphthyl-D-camphor-β-sulfonates [27]): **34** ('57) 787–97; ~ 49: Rotatory dispersion of o-, m-, p-methoxy- and -ethoxyphenylimino-D-camphor and p-sulfonamido-, o-, and p-methoxy-phenylamino-D-camphor [28]): **35** ('58) 213–26; ~ 51: Correlation of the characteristic wave lengths from Drude's rotatory dispersion equation and absorption maxima [28]): **37** ('60) 273–81. — The report on the progress of stereochemistry in India, together with some relevant remarks on the significance of the doctrine of symmetry: P. C. Rây commemorative volume ('33) 321–30. — The Indian Chemical Society (1924–1932). The science of optics in the service of chemistry: **10** ('33) 1–26. — Phenylthiocarbamides, 17: Phenyl-, p-chlorophenyl-, and p-tolylcyanamides [10])[26]): **23** ('46) 373–76. — Refractive dispersive power of organic compounds, 5: Refractive dispersion of β-camphorsulfonates (D- and DL-) of ammonia, o-, m-, and p-aminobenzoic acid, and 1- and 2-naphthylamine in aqueous solutions [9]): **29** ('52) 49–55; ~ 6: The D- and DL-camphor-β-sulfonates of sodium hydroxide, o-, m-, and p-aminophenol, and o- and p-anisidine [9]): 560–66. — Studies on the nature of the racemic modifications of optically active compounds in the solid state, 11: Phenyl-, o-, m-, p-chlorophenyl-iminocamphors (D- and DL-) and phenyl-, o-, m-, p-chlorophenylaminocamphors (D- and DL-) [30]): **33** ('56) 491–502; ~ 14: Methyl-, ethyl-, phenyl-, o- and p-tolyl-, and α- and β-naphthylcamphor-β-sulfonates (D- and DL-) [27]): **35** ('58) 49–52; ~ 16: p-Sulfonamido-, o-, m-, p-methoxy-, o-, m-, p-ethoxyphenyliminocamphors (D- and DL-) and p-sulfonamido-, o- and p-methoxyphenylaminocamphors (D- and DL-) [28]): 103–09; ~ 18: Camphanoquinoxaline, camphanodihydroquinoxaline, m- and p-phenylenebis-(imino- and aminocamphors) [28]): **37** ('60) 80–84. — The relation between chemical constitution and ultraviolet absorption spectra of optically active and racemic compounds, 4: Correlation of absorption maxima and characteristic wave lengths of some arylimino- and arylamino-camphor derivatives [28]): **35** ('58) 227–33; ~ 5: Correlation of absorption maxima and characteristic wave lengths of some alkyl and aryl esters of D-camphor-10-sulfonic acid in different solvents [27]): 463–66.

J. indian chem. Soc., Industr. and News Edit. Chemical analysis of the fruit and kernels of palmyra palm (Borassus flabelliformis, Linn.), 1 [14]): **4** ('42) 223–26.

J. sci. and industr. Res. Optical activity and structural patterns of the glycerides in natural fats and oils: **2** ('44) 223–26.

J. sci. and industr. Res., Sect. B Dependence of optical activity on chemical constitution, 40: The kinetics of mutarotation of D-camphor-β-sulfonates of o-, m- and p-chloroaniline [2]): **14** ('55) 165–70; ~ 41: Rotatory dispersion of D-camphor-β-sulfono-o-, -m-, and -p-bromophenylamides [2]): **15** ('56) 166–70; ~ 42: Rotatory dispersion of D-camphor-β-sulfonamide and D-camphor-β-sulfonanhydramide and the kinetics of the conversion of D-camphor-β-sulfonamide into D-camphor-β-sulfonanhydramide [2]): 233–38; ~ 45: Rotatory dispersion, kinetics of mutarotation, and nature of racemic modifications of some bromanilino-, methylamino-, and p-amino-acetanilide derivatives of D-camphor-β-sulfonic acid

Bitte Anmerkung auf Seite 4201 beachten!

and similar compounds [2]): **16** ('57) 241–49; ~ 47: Rotatory dispersion of D-camphor-β-sulfonylmethoxyphenylamides (o-, m-, and p-) and D-camphor-β-sulfonyl-ethoxyphenylamides (m- and p-) [41]): 493–96; ~ 50: Camphor-β-sulfonyl derivatives of benzidine, tolidine, dianisidine, 4,4'-diaminodiphenylmethane, and 4,4'-diaminodiphenyl sulfone [41]): **17** ('58) 179–83; ~ 52: Rotatory dispersion of bromophenylimino- and bromophenylaminocamphors [28]): **19** ('60) 75f. — Studies on the nature of the racemic modifications of optically active compounds in the solid state, 12: Camphor-β-sulfonyl o-, m-, and p-bromophenylamides (D- and DL-) and o-, m-, and p-bromoanilinocamphor-β-sulfonates (D- and DL-) [2]): **15** ('56) 276–79; ~ 15: Camphor-β-sulfonyl o-, m-, and p-methoxyphenylamides (D- and DL-), and camphor-β-sulfonyl m- and p-ethoxyphenylamides (D- and DL-) [41]): **16** ('57) 497–500; ~ 17: o-, m-, p-Bromophenylimino- and -aminocamphors (D- and DL-) [28]): **18** ('59) 479–82. — The relation between chemical constitution and ultraviolet absorption spectra of optically active and racemic compounds, 1: Correlation of absorption maxima and characteristic wave lengths of camphor-β-sulfonylphenylamides (D- and DL-), their bromo derivatives, and methylaminocamphor-β-sulfonates (D- and DL-) and their ketimines (D- and DL-) [2]): **16** ('57) 202–06; ~ 2: Correlation of absorption maxima and characteristic wave lengths of some salts of D- and DL-10-camphorsulfonic acids [2]): 486–92; ~ 3: N-Phenylcamphor-β-sulfonamide and its chloro derivatives [9]): **17** ('58) 235; ~ 6: Camphor-β-sulfonyl methoxy- and ethoxyphenylamides [41]): 184–87.

J. sci. Res. Benares Hindu Univ. The dependence of optical activity on chemical constitution, 37: The rotatory dispersion of salts of 10-camphorsulfonic acids (D- and DL-) with o-, m-, and p-bromanilines [17])[15]): **1** ('50/51) 125–35. — The refractive dispersive power of organic compounds, 4: The refractive dispersion of 10-camphorsulfonates (D- and DL-) of o-, m-, and p-bromanilines and of o-, m-, and p-chloranilines [15])[17]): 136–43.

Nature [London] Difference in odour of D-, L- and DL-derivatives of amino- and bisamino-methylenecamphors [12]): **144** ('39) 910f.

Proc. indian Acad. Sci., Sect. A The physical identity of enantiomers, 1: Rotatory dispersion of L-borneol, enantiomeric camphors, camphoric acids, sodium camphorates, camphoric anhydrides and camphorimides [13]): **2** ('35) 378–96; ~ 2: (a) Rotatory dispersion of D-, L- and DL-forms of isonitrosocamphor and their sodium derivatives; (b) Differences in the physiological action of D-, L- and DL-forms of sodioisonitrosocamphor [23]): **3** ('36) 586–93; ~ 3: Viscosities, densities and refractivities of D-, L- and DL-forms of isonitrosocamphor (stable and unstable), camphor, camphoric acid, camphoric anhydride, camphorquinone and sodium camphorate [19])[35])[23])[7]): **5** ('37) 484–98; ~ 4: The Raman spectra of D- and L-camphoric acids and camphoric anhydrides [16]): **6** ('37) 90–96; ~ 5: Relation between concentration and viscosity of solutions of D-, L- and DL-forms of camphor, isonitroso camphors, camphorquinone, camphoric acid and sodium camphorate: **7** ('38) 50–67; ~ 8: Magnetic susceptibilities of D-, L-, and DL-forms of β-camphor-sulfonates of nitrogen bases [22])[33])[1]): **29** ('49) 309–13. — Substituted quaternary azonium compounds, 5: The molecular state of phenyldimethylazonium, phenylmethylethylazonium, phenyldiethylazonium, phenylmethylbenzylazonium, phenylpropylbenzylazonium iodides in dilute solution [37]): **5** ('37) 522–27. — Raman spectra of D-, L- and DL-forms of borneol and camphor [39]): **6** ('37) 105–11. — Studies on the dependence of optical rotatory power on chemical constitution, 15: Chloroaryl derivatives of stereoisomeric methylenecamphors [4]): 340–58; ~ 16: Bromo- and iodoaryl derivatives of stereoisomeric methylenecamphors [4]): **10** ('39) 359–80; ~ 18: Rotatory dispersion of stereoisomeric 3-nitro-o-toluidino-, 5-nitro-o-toluidino-, 2,3-tolylenebisamino- and 2,5-tolyenebisamino-methylenecamphors [12]): **12** ('40) 157–78; ~ 19: Stereoisomeric aminoanilino- and dimethylaminoanilinomethylenecamphors and their derivatives [4]): **15** ('42) 281–92; ~ 20: Stereoisomeric xylidinomethylenecamphors [4]): **16** ('42) 62–67; ~ 22: Rotatory dispersion of enantiometric o-, m- and p-nitrobenzalaminomethylenecamphors and p-dimethylaminobenzalaminomethylenecamphors [29]): **17** ('43) 33–40; ~ 24: Rotatory dispersion of stereoisomeric 4-chloro-o-toluidino-, 5-iodo-o-toluidino- and 3-nitro-p-toluidino-methylenecamphors [38]): **22** ('45) 20–29; ~ 25: Rotatory dispersion of salts of camphor-β-sulfonic acids with ammonia, o-, m-, and p-nitraniles, pyridine and p-aminobenzenesulfonamide [22]): 84–94; ~ 26: Rotatory dispersion of salts of camphor-β-sulfonic acids with o-, m-, and p-chloroanilines [22]): 265–73; ~ 27: Rotatory dispersion of stereoisomeric 2,5-dichloroanilino-, 3-nitro-4-chloroanilino-, 2-nitro-p-toluidino-, and 4-nitro-o-toluidino-methylenecamphors [38]): **23** ('46) 218–32; ~ 28: Camphor-β-sulfonates (D-, L- and DL-) of 2-aminopyridine, 2-aminothiazole, 2-sulfanilamidopyridine and 6-methoxy-8-aminoquinoline [15]): **26** ('47) 61–71; ~ 29: Camphor-β-sulfonates of o-, m-, and p-aminobenzoic acids, p-amino-azobenzene, and o-toluolazo-o-toluidine [15]): **27** ('48) 1–13; ~ 30: Rotatory dispersion of camphorcarboxylic acids, camphors and L-borneol [20]): 61–71; ~ 31: Rotatory dispersion of salts of camphor-β-sulfonic acid with o-, m-, and p-iodoanilines [15]): **29** ('49) 107–16; ~ 32: Rotatory dispersion of 1- and 2-naphthylimino- and aminocamphors (D- and DL-) [9]): 413–23; ~ 33: Rotatory dispersion of the enantiomorphic forms of 2-(p-aminophenylsulfonamido)thiazole β-camphorsulfonate, 3-(p-sulfonamidophenylimino)cam-

Bitte Anmerkung auf Seite 4201 beachten!

phor, N-2-pyridyl-β-camphorsulfonamide, and N-2-thiazolyl-β-camphorsulfonamide [15]): **30** ('49) 87–102: ~ 34: Camphor-β-sulfonates (D-, L-, and DL-) of o-, m-, and p-anisidines and of o- and p-aminophenols [9]): **33** ('51) 42–55; ~ 35: Rotatory dispersion of 5-quinolylimino- and -aminocamphors (D- and DL-) [9]): **31** ('50) 280–88; ~ 43: The rotatory dispersion of D-camphor-β-sulfonylphenyl-, -o-tolyl-, -m-tolyl-, -α-naphthyl-, and -β-naphthylamides [41])[18]): **43** ('56) 21–45; ~ 46: The rotatory dispersion of o-, m-, and p-D-camphor-β-sulfonylnitrophenylamides, o-, m-, and p-D-camphor-β-sulfonylphenylenediamines, and o-, m-, and p-phenylenebis-D-camphor-β-sulfonamides [41]): **45** ('57) 298–310. — The space arrangements of atoms, 1: Configuration of nitrogen in the 3-covalent state: **9** ('39) 323–27. — Kinetics of mutarotation of oxymethylene-D-camphor, 2 [36]): **12** ('40) 21–29. — Dependence of physiological action on chemical constitution, 1: Difference in odour of D-, L- and DL-derivatives of amino- and bisaminomethylenecamphors [12]): 230–34. — Kinetics of the mutarotation of aminomethylene-D-camphor [29]): **14** ('41) 572–76. — Studies on the nature of the racemic modifications of optically active compounds, 3: Roozeboom solubility–composition isotherm for mixtures of active and inactive camphoric acids at 35° [20]): **22** ('45) 46–52; ~ 4: Roozeboom solubility–composition isotherm for mixtures of active and inactive camphor-β-sulfonic acids at 35° [22]): 170–76; ~ 5: Roozeboom solubility–composition isotherms for mixtures of active and inactive camphoric acids in water at 25°, 40°, and 100° [20]): **25** ('47) 368–74; ~ 6: Racemic modifications of 3-nitro-p-toluidino-, 5-iodo-o-toluidino-, 4-nitro-o-toluidino-, oxy-, 2-nitro-p-toluidino-, 3-nitro-4-chloroanilino-, 2,5-dichloroanilino-, and 4-chlorotoluidino-methylenecamphors [38]): 389–96; ~ 7: Solubility and melting point of active and inactive camphorcarboxylic acids [20]): **26** ('47) 271–78; ~ 8: Degree of dissociation of racemic camphorcarboxylic acid at its melting point [20]): **29** ('49) 162–67; ~ 9: Camphor-β-sulfonamides: camphor-β-sulfonanhydramides, camphor-β-sulfon-phenyl-, -o-tolyl-, -m-tolyl-, -p-tolyl-, -1-naphthyl-, and -2-naphthyl-amides (D- and DL-) [21])[25]): **36** ('52) 440–56; ~ 10: Camphor-β-sulfonates (D- and DL-) of o-, m-, p-chloroaniline and camphor-β-sulfonyl-o-, -m-, -p-chlorophenylamides (D- and DL-) [2]): **38** ('53) 502–15; ~ 13: Camphor-β-sulfonyl-o-, -m-, and -p-nitrophenylamides (D- and DL-), camphor-β-sulfonyl-o-, -m-, and -p-phenylenediamines (D- and DL-), and o-, m-, and p-phenylenebis(camphor-β-sulfonamides) (D- and DL-) [41]): **46** ('57) 112–19. — Diamagnetic susceptibilities of succinic acid and succinic anhydride. Influence of the anhydride ring structure on molecular diamagnetism [15])[1])[8])[33]): **22** ('45) 163–69. — Chemical examination of Solanum nigrum, Linn., 1: Component fat acids and the probable glyceride structure of the fatty oil from seeds [11]): 310–19. — Chemical examination of the fruits of Terminalia belerica Roxb., 2: Component glycerides of the fatty oil [11]): **23** ('46) 379–83. — Chemical examination of Helianthus annus [11]): **26** ('47) 205–13. — The refractive dispersive power of organic compounds, 1: Refractive dispersion of D-, L-, and DL-borneol, camphor, camphoric acid, camphoric anhydride, and camphorcarboxylic acid [20]): 261–70; ~ 2: The β-camphorsulfonates (D- and DL-) of o-, m-, p-toluidines, o-, m-, p-iodoanilines, 2-aminopyridine, 2-aminothiazole, p-aminobenzenesulfonamide, and 6-methoxy-8-aminoquinoline [15]): **30** ('49) 140–50; ~ 3: The refractive dispersion of dextro and racemic forms of phenyl-, and o-, m-, and p-tolyliminocamphors and -aminocamphors [20])[32]): **33** ('51) 173–82. — Chemical examination of the seeds of Carthamus oxycantha, 1: Component fatty acids and the glyceride structure of the seed oil [11]): **27** ('48) 147–55. — Chemical examination of seeds of Raphanus sativus, 1: Component fatty acids and the probable glyceride structure of the oil [11]): 156–64. — The diamagnetic susceptibilities of phthalic acid and phthalic anhydride [15])[33])[24]): **30** ('49) 103–06. — Relation between chemical constitution and ultraviolet absorption spectra of optically active and racemic compounds, 7: Correlation of absorption maxima and characteristic wave lengths of N-phenyl-, N-(o-, m-, and p-tolyl)-, and N-(1- and 2-naphthyl)-10-camphorsulfonamide [41]): **48** ('58) 29–42.

Proc. nation. Acad. Sci., India Chemical examination of the seeds of Nigella sativa, 1: Fatty oil [40]): **12** ('42) II, 141–48.

Proc. nation. Acad. Sci., India, Sect. B Chemical examination of Sphaeranthus indicus, 1: Component fatty acids and probable glycerides of the fatty oil: **13** ('43) II, 88–99. — Chemical examination of Cassia alata, 1: Component acids of the fatty oil from the seeds: 111–19. — Chemical examination of Pinus gerardiana: 120–32. — Dependence of physiological action on chemical constitution. Pharmacological action of aniline, o-, m-, p-toluidine, and sodium hydroxide salts of D-, L-, and DL-camphor-β-sulfonic acids and deductions from the pharmacological actions as to the nature of their racemic forms [5])[31])[34]): **14** ('44) 171–79.

Proc., Sugar Technologists' Assoc. India Determination of sucrose by the "double viscosity" method [23])[6]): **12**, 1 ('45) 173–80.

Soap, Perfumery and Cosmet. The optical activity of the constituents of essential oils, 1: **30** ('57) 306–10.

Mit: [1]) S. L. Agarwal; [2]) M. K. P. Amma; [3]) T. P. Barat; [4]) Bh. Bhaduri; [5]) B. B. Bhatia; [6]) A. Chandra; [7]) N. Chatterji; [8]) N. Haq; [9]) N. S. Kapur; [10]) H. Krall; [11]) A. Kumar; [12]) A. B. Lal; [13]) I. Mahanti; [14]) A. Majeed; [15]) K. M. S. Manhas; [16]) B. Misra; [17]) R. L. Mital; [18]) S. R. K.

Bitte Anmerkung auf Seite 4201 beachten!

Murty; [19]) K. Narayan; [20]) B. K. K. Nayar; [21]) A. R. Panicker; [22]) O. N. Perti; [23]) S. Prasad; [24]) V. Puri; [25]) M. K. Ranganathan; [26]) R. Sahasrabudhey; [27]) S. R. (G.) Sarma; [28]) Bh. S. Saxena; [29]) S. Ch. Sen; [30]) Sh. K. Seth; [31]) B. N. Singh; [32]) K. Singh; [33]) M. Singh; [34]) K. N. Sinha; [35]) P. Sinha; [36]) M. K. Srinivasan; [37]) M. R. Sud; [38]) R. K. Tewari; [39]) B. V. Thosar; [40]) R. D. Tiwari; [41]) Sh. M. Verma.

IV–VI **SINTZOV,** Dmitrij Matvejevitch → IV–VI **SINCOV,** Dmitrij Matveevič

VI **SIRCAR,** Anukul Chandra. Chem. (org.). — 1905–07, '10–13 Stud., '19–21 Lecturer, Dacca College, Dacca; '14 Ph.D., Univ. of Calcutta; '14–15 Demonstrator, Civil Engng. College, Sibpur; '16–19 Demonstrator → Lecturer, '27–43 Prof., Presidency College, Calcutta; '21–27 Reader, Univ. of Dacca. (⊠)

*1884, Nov., Kaurhalty, Distr. of Sylhet, Bengal;

†1946, März 7, Calcutta.

Nekr. *N. K. Sen, J. indian chem. Soc. **23** ('46) 471f. (m. Bildn. vor S. 469).

J. indian chem. Soc. Studies in acenaphthenone, 1: Pyrylium derivatives [3]): **9** ('32) 103–06; ~ 2: Indole and acridine derivatives [3]): 297–301; ~ 3: On the reactivity of its CH_2 group [3]): 639–48. — The reaction between quinolinic anhydride and phenylhydrazine [6]): 145–48. — Studies in fluorenone, 2 [1]): 521–26. — Studies in heterocyclic compounds, 2 [5]): 527–32; ~ 3 [7]): **11** ('34) 363–71. — Studies in the xanthone group: 877–81. — Studies in acenaphthenequinone series, 2 [7]): **13** ('36) 482f.; ~ 3 [2]): 709–15. — Condensations of furil and furoin [4]): 704–08.

Mit: [1]) K. C. Bhattacharyya; [2]) D. C. Chowdhury; [3]) M. D. R. Gopalan; [4]) S. C. Guha; [5]) I. B. Pal; [6]) P. R. Sen-Gupta; [7]) S. C. Sen.

VI **SIRKAR,** S. C. Spektroskopie. — 1917–20 Stud., Krishnath College, Berhampur; '20–22 Stud., '25 M.Sc., '27–42 Research Assist. → Prof. Physics, '33 D.Sc., '45–47 Reader, Univ. of Calcutta; '43 Reader, '47–63 Prof. and Head of Optics Departm., '64 Prof. Emer., Indian Assoc. for the Cultivat. of Sci., Calcutta; '44–47 [?] Radiologist, Inspectorate of Ammunition, Kirkee. — '36 Sir Asutosh Mookerjee Gold Medal (Univ. of Calcutta).

*1898, April 1, Kullya, Nadia, Bengal.

Bitte Anmerkung auf Seite 4201 beachten!

Bildnisse A century (Calcutta '76) Tafeln XXVIII u. XXIX vor S. 81.

MHZ. Indian J. Physics and Proc. indian Assoc. Cultivat. Sci. 1947–1963.

S. Proc. 1st International symposium on structure and spectroscopy, Tokyo 1962 (Tokyo '62) B219/1–B219/4: Electronic spectra of some aromatic compounds in the solid state; B301/1–B301/4: Influence of permanent electric moment on the absorption spectra of organic compounds in the solid state [3]).

W. Some principles of modern physics (Calcutta '71).

Current Sci. Dispersion of polarisation of Raman lines: **1** ('33) 347f. — Influence of high temperature on the Raman bands of benzene: **3** ('34) 113f. — Intensity of Raman lines due to intermolecular oscillations: **6** ('37) 92f. — Specific heat of carbon dioxide at low temperatures [17]): 214. — On a new line in the Raman spectrum of solid carbon dioxide [17]): 214.

Indian J. Physics and Proc. indian Assoc. Cultivat. Sci. On the Raman spectra of piperidine, ethyl alcohol and acetone: **7** ('32) 61–78. — On the Raman spectra of dimethyl ether, diethyl ether and heptane: 257–72. — A bibliography of the Raman effect: 1930–32: 431–90. — On the influence of ultraviolet absorption on the relative intensities of Stokes and anti-Stokes lines in the Raman spectrum: **8** ('33/34) 67–75. — The effect of electric field on the polarisation of Raman lines: 377–85. — On the dispersion of polarisation of Raman lines: 415–23. — Rotational Raman scattering in benzene vapour: **9** ('34/35) 295–98. — Rotational Raman scattering in benzene at different temperatures [19]): 323–30. — A bibliography of the Raman effect, 3 [10]): 553–622. — On the wing accompanying the Rayleigh line in liquid mixtures, 1: **10** ('36/37) 75–82; ~ 2 [21]): 375–87. — On the nature of intermolecular oscillations in some organic crystals: 109–16. — On the Raman spectra of carbon disulphide, benzene, chloroform and carbon tetrachloride in different states and at different temperatures: 189–98. — On the Raman spectrum of H_2S in the solid state at low temperature [17]): 227–31. — On the Raman spectra of different modifications of a few crystals [17]): 473–81. — Raman effect at low temperature: Phosphorus trichloride, cyclohexane and chlorobenzene [17]): **11** ('37/38) 55–64. — A note on the crystal structure of solid H_2S [17]): 119–21. — On the crystal structure of p-dichlorobenzene at different temperatures [17]): 283–88. — On the intensities of Raman lines due to lattice oscillations: 343–48. — On the Raman spectra of mixed crystals [6]): 417–25. — On the origin of the new Raman lines due to molecules in the solid state and of the "wing" due to liquids [17]): **12** ('38) 35–46. — On the heat capacities of a few crystals at low temperatures [17]): 145–54. — Influence of temperature on the intensities of Raman lines due to some organic liquids [37]): **17** ('44) 309–15. — Raman spectra of ethylene dibromide and dichloroethylene in the solid state [5]): **19** ('45) 24–33. — X-Ray diffraction patterns of bleached jute fiber [12]): **20** ('46) 31–34. — Raman spectra of a few aliphatic ketones at low temperatures [5]): 35–42. — Raman spectra at low temperatures: 111–17. — On the size of micelles in jute fiber of different qualities and of known strength [12]): **22** ('48) 39–42. — Raman spectra and heat capacity of benzene at low temperatures [29]): **24** ('50) 189–96. — On the relaxation time of polar molecules in the liquid state: **27** ('53) 475–82. — On the nature of extra reflections in the Laue photographs of some diamonds of known relative fluorescence efficiencies [38]): **30** ('56) 29–35. — Professor Meghnad Saha: 51–56. — X-Ray analysis of structure of frozen toluene and its solution in alcohol at —180 °C [9]): **31** ('57) 141–45. — On the ultraviolet absorption spectra of frozen solutions of dichlorobenzenes in isobutyl alcohol [33]): 177–92. — On the infrared spectra of solutions of o-chlorophenol and phenol [14])[2]): **32** ('58) 345–54. — Polarised electronic spectra of single crystals of p-dichlorobenzene [20]): **33** ('59) 45–50. — Infrared absorption spectra of diamonds of different types: **34** ('60) 13–19. — On the singlet-triplet absorption in aromatic compounds in the gaseous state [31]): 581–83. — Wing of the Rayleigh line recorded with a self-recording grating spectrophotometer [33])[15]): **35** ('61) 377–85. — Space groups of crystals of β-chloronaphthalene at different temperatures [1]): **37** ('63) 41–44. — Influence of permanent electric moment on the absorption spectra of polar organic molecules in the crystalline state: 101–04. — Singlet-triplet absorption in frozen p-bromotoluene [26]): 252–56. — Raman spectra of benzene and carbon disulphide at —209 °C [22])[7]): **38** ('64) 181–89. — On the infrared spectra of fluoro-, chloro-, bromo- and iodobenzene in the vapour state [22])[7]): 610–22. — Singlet-triplet absorption in m- and p-chlorotoluene [22])[7]): **39** ('65) 313–17. — On the infrared spectra of p-fluoro- and o-, m-, and p-chlorotoluene in the vapour state [22])[7]): 537–51. — Raman spectra of CH_2Cl_2, $CHCl_3$ and CCl_4 at 64 °K [7])[22]): **41** ('67) 553–58. — On the assignment of some vibration frequencies of a few substituted benzenes [7]): **42** ('68) 1–10. — On the Raman and infrared spectra of benzoyl chloride in different states [7]): 243–53. — On the Raman spectrum of antimony trichloride at —195 °C [7]): 330–32.

J. chem. Physics Raman spectrum of solid hydrogen sulfide [17]): **5** ('37) 990. — Origin of low-frequency Raman lines in organic crystals: **19** ('51) 256. — Raman spectrum of p-dichlorobenzene: **20** ('52) 742f. — On the electronic spectra of o-dichlorobenzene in the solid state [39]): 1177. — On the Raman spectrum of monomeric methyl methacrylate at —180 °C [32]): **21** ('53) 938f. — Absorption of 3.3-cm microwaves in chloroform and ethylene dichloride in the liquid state [15]): 1614f.; **22** ('54) 350. — Raman and infrared spectra and structure of 2.6-dioxaspiro[3.3]heptane [40])[13]): **23** ('55) 1684f. — Raman spectrum of frozen solution of carbon disulfide in methylcyclohexane [18]): 2439. — On the fluorescence of p-chlorotoluene in the solid state at low temperatures [8]): **24** ('56) 470.

J. indian chem. Soc. Behaviour of bi-univalent salts in aqueous solution, 10: Zinc perchlorate [27]): **31** ('54) 483f.

Nature [London] Rotational Raman scattering in benzene vapour: **134** ('34) 850f. — Origin of the wing accompanying the Rayleigh line in liquids: **136** ('35) 759f. — Specific heat of carbon dioxide at low temperatures [17]): **141** ('38) 915f. — Fluorescence of dipropyl ketone at low temperatures [5]): **156** ('45) 333f. — Hydrated cellulose from jute fibre [36]): **157** ('46) 839. — Absorption of ultra high-frequency radio waves in organic liquids [38]): **164** ('49) 1048f. — Brillouin components in light scattered by quartz [18]): **166** ('50) 1073f. — Nature of grouping of molecules in opalescent binary liquid mixtures [11]): **167** ('51) 198.

Physical Rev. Evidence for the existence of neutral mesotrons [4]): **67** ('45) 365.

Proc. nation. Inst. Sci. India Structure of atomic nuclei [35])[23]): **6** ('40) 45–63. — On the new diffraction maxima in Laue photographs [17]): 705–12. — On the polarisation of light scattered by optical glasses [25])[24]): **7** ('41) 247–55. — On the origin of extra spots in Laue photographs [5]): **8** ('42) 217–31. — On the production of mesons by non-ionising agents in cosmic rays [16]): 233–47. — On the Raman spectra of a few alkyl sulphides in the solid state [5]): **9** ('43) 287–93. — Evidence for the production of mesons by non-ionising unstable particles [4]): **10** ('44) 175–82. — X-Ray analysis of jute fibre of different qualities under various conditions, 1 [36])[34]): 325–31. — The orientation and size of micelles in jute fibre [36]): **12** ('46) 151–57. — On the structure of hydrated cellulose obtained from raw jute fiber [36]): **13** ('47) 1–4.

Proc. nation. Inst. Sci. India, Part. A Electronic absorption spectra of crystals of aromatic compounds at low temperatures: **27** ('61) 568–78.

Science and Culture On the origin of Raman lines close to the Rayleigh line due to some organic crystals: **1** ('35/36) 361f. — On the Raman spectrum of solid carbon disulphide: 587. — On the Raman spectra of $CHCl_3$, CCl_4 and C_6H_6 in the solid state at low temperature: 657. — The nuclear mass and radioactivity of ^3_1H [23]): **5** ('40) 443. — The mass of the stable ^5He nucleus [28]): 495. — Instability of, and life of, neutrinos producing mesons in Pb absorber [4]): **8** ('42) 89f. — Raman spectra of Me_2S and Et_2S in the solid state [5]): **9** ('43) 90f. — Raman spectra of acetone and diethyl ketone in the solid state [5]): **11** ('45) 273. — Temperature dependence of ultrahigh-frequency radio waves in some organic liquids [38]): **15** ('49) 155f. — On modified radiation in X-ray scattering: **22** ('56) 36f. — Research work of Prof. C. V. Raman in Calcutta: **37** ('71) 226–28. — Nobel laureates in 1971, Chemistry: Dr. Gerhard Herzberg: **38** ('72) 15f.

Mit: [1]) N. K. Banerjee; [2]) S. B. Banerjee; [3]) D. Basu; [4]) P. K. Bhattacharyya [Bhattacharjee]; [5]) B. M. Bishui; [6]) I. C. Bishui; [7]) P. K. Bishui; [8]) D. C. Biswas; [9]) S. G. Biswas; [10]) D. Chakravarty; [11]) A. Choudhury; [12]) S. K. Chowdhury; [13]) F. F. Cleveland; [14]) A. R. Deb; [15]) D. K. Ghosh; [16]) S. K. Ghosh; [17]) J. Gupta; [18]) G. S. Kastha; [19]) B. B. Maiti; [20]) T. N. Misra; [21]) B. K. Mookerjee; [22]) D. K. Mukherjee; [23]) K. C. Mukherji; [24]) K. C. Niyogi; [25]) S. Parthasarathy; [26]) A. R. Paul; [27]) B. Prasad; [28]) R. N. Rai; [29]) A. K. Ray; [30]) —; [31]) J. K. Roy; [32]) N. K. Roy; [33]) S. B. Roy; [34]) R. M. Rudra; [35]) M. N. Saha; [36]) N. N. Saha; [37]) S. B. Sanyal; [38]) S. N. Sen; [39]) H. N. Swamy; [40]) F. L. Voelz.

VI **ŠIROKOV,** Petr Alekseevič. Math. (Geometrie). — 1914–18 Stud., '20–23 Lektor an d. Arbeiter- u. Bauernfakultät, '23–30 Doz., '30–44 Prof., '33–44 Leiter d. Lehrstuhls f. Math. → Geometrie, '41–43 Dekan d. physikal.-math. Fak., Univ. Kazan'; '22–30 Lektor, Pädagog. Inst., Kazan'; '32–34 Lektor, Inst. f. Luftfahrt, Kazan'; '36 Dr. d. physikal.-math. Wiss. (⊠)
*1895, Febr. 9 (Jan. 28), Kazan';
†1944, Febr. 26, Kazan'.

Nekr. Izvest. kazansk. fiziko-mat. Obšč. kazansk. gos. Univ. (3) **13** ('45) IIIf. (m. Bildn.). — Trudy Semin. vektorn. i tenzorn. Analizu **6** ('48) 6–8 (m. Schr. verz.).

Zur Biobibliogr. Petr Alekseevič Širokov, 1895–1944 (B. L. Laptev) (Kazan' '55) 32 S. (m. Bildn.) (Kazanskij gosudarstvennyj universitet im. V. I. Lenina, Naučnaja biblioteka im. N. I. Lobačevskogo).

Zur Bibliogr. *A. P. Norden, Übersicht über die wichtigsten Arbeiten P. A. Širokovs: Izvest. kazansk. fiziko-mat. Obšč. kazansk. gos. Univ. (3) **13** ('45) V–VII [russ.].

Teilsammlung Izbrannye raboty po geometrii [Ausgewählte Arbeiten zur Geometrie] (K. N. Kuranov) (Kazan' '66) 432 S. (m. Bildn.); darin S. 5–9: *B. Laptev, P. A. Širokov (1895–1944) [russ.]; 10–14: *B. Laptev, Überblick über die publizierten Arbeiten [~]; 428–32: Schr.verz.; Erstveröffentlichung einer Arbeit von P. A. Širokov S. 383–88: Geodätische Darstellung von Flächen mit undefinierter Maßbestimmung [russ.].

S. VIII-j Meždunarodnyj konkurs na soiskanie premii imeni Nikolaja Ivanoviča Lobačevskogo [8. Internationaler Wettbewerb um den Nikolaj-Ivanovič-Lobačevskij-Preis] 1937. Otčet [Rechenschaftsbericht] (Kazan' '40) 56–60: Gutachten über die Arbeit von V. V. Wagner: "Differentialgeometrie nichtholonomer Mannigfaltigkeiten" [russ.]. — Nikolaj Ivanovič Lobačevskij (1793–1856). Sbornik statej [Sammlung von Aufsätzen] (S. L. Sobolev) (Moskva–Leningrad '43) 19–55: Kurze Darstellung der Grundlagen der Geometrie Lobačevskijs [russ.].

W. Tenzornoe isčislenie, **1**: Algebra tenzorov [Tensorrechnung, **1**: Tensoralgebra] (Leningrad–Moskva '34) 464 S.; (A. P. Širokov) [2](Kazan' '61) 447 S. — Stroenie neevklidovoj geometrii [Aufbau der nichteuklidischen Geometrie] (m. V. F. Kagan) (Moskva–Leningrad '50) 182 S. (Geometrija Lobačevskogo i razvitie ee idej, 1); besteht aus einer Abhandlung v. P. A. Širokov S. 9–76: Kratkij očerk osnov geometrii Lobačevskogo [Kurze Darstellung der Grundlagen der Geometrie Lobačevskijs] und einer Abhandlung von V. F. Kagan. — Kratkij očerk osnov geometrii Lobačevskogo (Moskva '55) 88 S., (Kazan' '64) 87 S., engl.: A sketch on the fundamentals of Lobachevskian geometry (Groningen '64) 88 S. — Affinnaja differencial'naja geometrija (m. A. P. Širokov) (A. P. Norden) (Moskva '59) 319 S. (m. einem Aufsatz von A. P. Norden); deutsch: Affine Differentialgeometrie (Leipzig '62) 11 + 275 S.

Analele romîno-soviet., Ser. Mat.-Fizică Über einen Typ symmetrischer Räume: **12** ('58) Nr. 1, 5–18 [rumän.].

Izvest. fiziko-mat. Obšč. kazansk. Univ. Über eine Verallgemeinerung der Toeplitzschen Polygonregel: (3) **6**. 1932/33 ('34) 72–75 [russ. m. deutscher Zusammenfassg.]. — Über den Schurschen Raum: **7**. 1934/35 ('36) 64–76 [~]. — Sur les directions concourantes dans les espaces de Riemann: 77–88 [russ. m. französ. Zusammenfassg.]. — Über den Rand des Wertvorrates der Matrix: 89–96 [russ. m. deutscher Zusammenfassg.]. — Zur Theorie der Translationen in Riemannschen Mannigfaltigkeiten: **9**. 1937 ('38) 3f. [~]. — Über die charakteristische Eigenschaft des Feldes von Geschwindigkeiten der Gruppe von konformen Transformationen in Riemannschen Räumen: **11**. 1938 ('39) 3–7 [~]. — Symmetrische konformeuklidische Räume: 9–27 [~].

Matematičeskij Sborn. Über einen Typ symmetrischer Räume [2])[1]): **41** ('57) 361–72 [russ.].

Priroda [SSSR] N. I. Lobačevskij als Schöpfer eines neuen geometrischen Systems (Zum 150. Geburtstag): **1943**, Nr. 6, 51–59 [russ.].

Bitte Anmerkung auf Seite 4201 beachten!

Trudy Semin. vektorn. i tenzorn. Analizu Projektiv-euklidische symmetrische Räume [2]): **8** ('50) 73–81 [russ.].

Uč. Zap. kazansk. gos. Univ. Symmetrische Räume 1. Klasse [1]): **114** ('54) Nr. 8, 71–82 [russ.]. — Zur Theorie der symmetrischen Räume [2]): **115** ('55) Nr. 14, 3–19 [~].

Mit: [1]) A. Z. Petrov; [2]) A. P. Širokov.

VI **SIROVICH,** Giulio. Chem. (techn.), Metallurgie. — 1935–39 Prof. ord. di Metallurgia e Metallografia, '35–39 Pres. della Fac. di Ingegneria Mineraria, Univ. di Roma; Pres., Reparto di Chim. metallurg., Consiglio Nazion. delle Ricerche. — Commendatore dell'Ordine della Corona d'Italia; Medaglia d'oro (Sindacato Ingegneri di Milano). (⊠)
*1882, Jan. 10, Roma;
†1939, Okt. 2, Roma [Autounfall].

Nekr. *N. Collari, *A. Pala, Chimia e Industria **21** ('39) S. 637 (m. Bildn.). — *C. Mazzetti, Annuario, R. Univ. Studi Roma **1939/40**, 795–97 (m. Bildn.).

S. La chimica in Italia (X Congresso internazionale di chimica, Roma 1938) (N. Parravano) (Roma '38) 82–88: La siderurgia. — Un secolo di progresso scientifico italiano, 1839–1939, **2** (Roma '39) 209–11: Introduzione [alla Sezione di chimica].

Atti Soc. ital. Progr. Sci. Il problema metallurgico nel quadro dell'Impero: **25**, 5 ('37) 9–19.

Elettrotecnica La condotta forzata per il più grande salto del mondo. Esperienze eseguite su tubi di acciaio blindati: **19** ('32) Nr. 23/24. — Corrosione dei metalli: **20** ('33) [Zitat unsicher].

Engineering Prüfversuche unter Zerstörung des Werkstoffes an umbänderten Hochdruckwasserleitungen: **137** ('34) 360f., 397–99 [engl.].

Ingegnere I progressi realizzati dalla industria italiana nella tecnica costruttiva delle condotte forzate: **7** ('33) Nr. 12, 22 S.

Metallurgia ital. L'influenza delle piccole aggiunte di alluminio alla ghisa per getti: **24** ('32) 83–93. — Proprietà resistenti delle saldature autogene su acciaio dolce: **25** ('33) 502–24, 569–98, 653–72, 725–40, 799–824. — L'impiego dell'acciaio dolce ad elevato limite elastico nelle costruzioni edilizie: 878–88. — Studio sulla composizione della ghisa comune per caldaie [1]): **27** ('35) 171–87.

Scuola sup. Terzo elemento e scuola: **1933**, Nov.-Nr. — Produzione e scuola: **1934**, Jan.-Nr.

Trans. amer. Foundrymen's Assoc. Investigation of the composition of common cast iron for boilers [1]): **5** ('34) Nr. 6, 71–93.

Mit: [1]) G. Vanzetti.

V, VI **SISAM,** Charles Herschel. Math. — 1918–49 Prof., '49 Prof. Emer., Colorado College, Colorado Springs, Colo.
*1879, Sept. 8, Cedar Rapids, Ia;
†1964, Dez. 4, Washington, D. C.

H. Cowles Commission for Research in Economics. Abstracts of papers presented at the Research conference on economics and statistics (Colorado Springs, Colo. '36) (Colorado College publication, Studies series, 21).

W. Analytic geometry (New York '36) 19 + 310 S.; [2]('49) 16 + 304 S.; (m. W. F. Atchison) [3]('55) 24 + 292 S. — Analytical geometry of space (m. V. Snyder) (New York '37) 11 + 289 S. — College mathematics; a general introduction (New York '46) 13 + 561 S. — Concise analytic geometry (New York '46) 9 + 155 S.

American math. Monthly Pohlke's theorem in four dimensions: **44** ('37) 231–34.

National Math. Mag. Some comments on the secondary mathematics situation: **10** ('35) 25–27.

VI **SISCO,** Frank Thayer. Chem., Metallurgie. — 1908–11 Stud., Univ. of Illinois, Urbana, Ill.; '12–15 Chemist, Illinois Steel Comp., Chicago, Ill.; '16–21 Chief Chemist and Assist. Superintendent, Hess Steel Corp., Baltimore, Md.; '22–23 Chief Chemist and Engr. of Tests, Amer. Steel and Wire Comp., Waukegan, Ill.; '23–29 Metallurgist and Chief of Metallurg. Labor., U.S. Army Air Corps, Dayton, Ohio; '30–63 Dir. of the monograph series "Alloys of iron research", New York; '63–65 Consulting Metallurgist; '29–30 Dir., Amer. Soc. for Metals; '34–37 Secretary and '40 Chairman of Iron and Steel Divis., '41–45 Secretary of Metals Divis., Amer. Inst. of Mining and Metallurg. Engrs.; '48–59 Dir., then until '65 Secretary of Corrosion Research Council, Engng. Foundat., New York; '57–59 Chairman of Board of Directors, Engng. Societies Library, New York; '57–62 Pres., Engng. Index Inc., New York. — '47 Award (Amer. Inst. of Mining and Metallurg. Engrs.); '48

Distinguished Service Award, '62 Certificate of Appreciation (Amer. Soc. for Metals).
*1889, April 14, Lawrence, Kans.;
†1965, Jan. 12, New York.

Nekr. *A. B. Kinzel, J. Metals [New York] **1965**, 284f. (Todesanzeige m. Bildn. S. 278).

H. Alloys of iron research. Monograph series (NewYork–London '32ff.) [Vgl. Biogr.].

MH. Basic open hearth steelmaking (New York '44). — Columbium and tantalum (NewYork–London '63).

S. Proc. 2nd Electric furnace steel conference, Pittsburgh, Pa., 1944 (New York '44) 241–46: Postwar prospects for basic electric furnace steel.

W. The alloys of iron and carbon, **2**: Properties (NewYork–London '37) 13 + 777 S. — Modern metallurgy for engineers (NewYork–Chicago, Ill. '41) 9 + 426 S., Neudrucke: ('42), ('45); ²(New York '48) 19 + 499 S.

Annual Survey amer. Chem. Ferrous metallurgy: **10**. 1935 ('36) 124–37.

Iron and Coal Trades Rev. Research in the iron and steel industry: **144** ('42) 216, 238f.

Metal Progr. Metals in jewelry of ancient craftmanship: **39** ('41) 441–45. — What's in the literature: **72** ('57) 122–24.

Metals and Alloys Steelmaking: **15** ('42) 42–45.

Mining and Metallurgy Iron and steel: More attention paid to carbon steels and plain cast irons; iron–carbon diagram reexamined; research in varied fields: **19** ('38) 33f. — Iron in folklore: **20** ('39) 419, 469. — Phosphorus in the metal industries: **25** ('44) 491. — Recent developments in nondestructive testing: **27** ('46) 442f., 478f.

Proc. Conf., Nation. Open-Hearth Committee Iron and Steel Divis., Amer. Inst. Mining and metallurg. Engr. Bureau of Mines report on electrolytic manganese: **29** ('46) 227f.

VI **SISLEY,** Jean-Paul Boleslas. Chem. (techn.). — 1924–43 Ing.-Chimiste → Technicien principal, Soc. des Matières Colorantes et Produits Chimiques, Saint-Denis; ensuite Dir. du Labor. de Recherches, Comp. Franç. des Matières Colorantes; Dir. général, Inst. Techn. des Etudes et Recherches sur les Corps Gras, Paris; Prof., Ecole Super. d'Applicat. des Corps Gras, Paris; aussi Vice-Prés., Groupement Techn. des Corps Gras; Secrétaire générale, Assoc. des Chimistes de l'Industrie Textile; Vice-Prés., Soc. Techn. des Parfumeurs de France. — Chevalier de la Légion d'Honneur; Officier de l'Instruct. Publique; Commandeur de l'Ordre du Mérite pour la Recherche et Invention; Chevalier du Mérite Agricole; Médaille de la Prévoyance Sociale; Médaille (Assoc. des Chimistes de l'Industrie Textile); Médaille Gattefossé.
*1902, Mai 9, Lyon;
†1958, Sept.

Nekr. Gedenkheft: Jean-Paul Sisley, 1902–1958 (Caen '60) 32 S. (m. Bildn. u. Schr.verz.); darin S. 10–13: *J. Philippart, Discours; 14–19: *G. Champetier, L'œuvre scientifique et technique de Jean-Paul Sisley.

HZ. (Chefredakt.) Revue franç. Corps gras.

MUe. *A. Bailey, Industrie et technologie des corps gras [Industrial oil and fat products] (Caen '47) 10 + 774 S. — *M. K. Schwitzer, Les procédés continus dans l'industrie des corps gras [Continuous processing of fats] (- '51).

S. C.R. 17e Congrès de chimie industrielle, Paris 1937, **1** (Paris '37) 50–53: Stabilisation des émulsions pour diazotypie [9]). — Photographie (Paris '46) (Cours-conférences du Centre de Perfectionnement Technique): Procédés utilisant la formation ou la destruction de matières colorantes: Diazotypie; production photochimique des colorants. — Teinture et apprêts (Paris '46) (~): Emplois des composés à cations actifs dans l'industrie textile. — 1er Congrès mondial de la détergence et des produits tensio-actifs, Paris 1954, **1** (Paris '55) 189–91: Analyse des agents tensio-actifs [3])[11]).

W. Progrès réalisés dans les traitements préliminaires des textiles (Paris '42) 13 S. (Cours-conférences du Centre de Perfectionnement Technique, 826). — Détergents additionnels et synergistes (Paris '54) 24 S. (~ 2360). — L'industrie des corps gras aux Etats-Unis (m. J. Ripert) (Paris '46) 64 S. (Institut Technique d'Etudes et de Recherches des Corps Gras). — Index des huiles sulfonées et détergents modernes **1** (Paris '49) 548 S., **2** ('54) 576 S., **3** ('61) 560 S.; engl.: Encyclopedia of surface-active agents (P. J. Wood) **1** (New York '52) 540 S., **2** ('64) 5 + 501 S., [3?]. — L'importance industrielle des dérivés des corps gras (Paris '50) 11 S. (Société des Ingénieurs Civils de France). — L'industrie française des suifs et de leurs dérivés (m. P.-H. Sellier, P. Desnuelle, A. Uzzan) (Paris '58) 111 S. (Monographie de l'Institut des Corps Gras).

American Dyestuff Reporter Studies on detergent power: **36** ('47) 457–65. — Determination of the industrial value of detergents: **37** ('48) 635–42. — Nonionic compounds, their employment in the

Bitte Anmerkung auf Seite 4201 beachten!

textile industry: **38** ('49) 513–21. — New method of determination of wetting power [12])[4]): **41** ('52) Nr. 1, P25–P30. — Sulfonation-sulfation: **43** ('54) 741–48.

Bull. Assoc. franç. Techniciens Pétrole Savons et saponides: **1952**, Nr. 91, 43–52.

Bull. mens. Informat. ITERG Les cires: **1948**, No. 2, 5–10; No. 3, 10–12; No. 4, 6–12. — Les acides alkylaryl-sulfoniques comme réactifs de déglycérination [8]): No. 11, 5–8. — Emploi de la lécithine de colza dans l'industrie de cuir [16]): **1949**, 77–81. — Caractères physiques des produits détergents. Pouvoir émulsionnant des produits détergents: 448–. — L'industrie belge des corps gras: **1950**, 359–66. — Le XXIIIe Congrès de chimie industrielle, Milan 1950: 505–07. — Congrès international de la recherche scientifique appliquée à l'industrie, Lille 1951: **1951**, 349f. — Chronique de brevets américains: 510–13. — L'avenir pour l'industrie des corps gras: **1952**, 165–73. — Recherche et dosage des composés superficiellement actifs d'ammonium quaternaire à l'état de traces: 367–. — Le suif et les détergents synthétiques. Comment se présente la situation aux Etats-Unis? Un exemple à méditer: **1953**, 271–73.

Chimie et Industrie Nouvelles méthodes de mordançage des fibres végétales, soies artificielles de viscose et soies cupro-ammoniacales permettant leur teinture avec les colorants acides et acides chromatables: **27** ('32) No. spéc. 3 bis, 521–24. — Sur la condensation de l'acétate d'oléyle avec les carbures aromatiques, 1: Synthèse de l'alcool phénylstéarique: **31** ('34) No. spéc. 4 bis, 763f. — Sur une nouvelle méthode de mesure du pouvoir mouillant [12])[4]): **67** ('52) No. spéc. 2 bis [Zitat unsicher]. — Quelques acquisitions récentes dans le domaine des corps gras: **74** ('55) No. spéc. [~].

Chimie moderne Corps gras et maladies de cœur: **3** ('58) 256–76.

Corps gras, Savons Le pouvoir détergent: **1** ('43) 66–74. — Considération sur le pouvoir détergent: 100–. — Détermination de la valeur industrielle des détergents, 1: Méthodes de la détermination du pouvoir mouillant: **2** ('44) 13–19; ~ 2: Méthodes de la détermination du pouvoir désincrustant et du pouvoir détergent: 77–79.

C.R. (hebd.) Séances (et Mém.) Soc. Biol. Effets de quelques composés gras à cations actifs sur la culture du Bacille de Koch en profondeur [1]): **141** ('47) 1096f. — Effets de quelques composés à anions actifs sur la végétation du Bacille de Koch en profondeur [1]): 1098f.

Grasas y Aceites Travaux de l'Institut des Corps Gras, Paris, sur la récupération des stérols à partir des sous-produits de raffinage [18]): **9** ('58) 310–15 [span.?].

Industrie chim. belge Savons et saponides: (2) **18** ('53) 225–34 [m. französ., engl. u. deutscher Zusammenfassg.].

Industrie Parfumerie Evolution de l'emploi des corps gras en cosmétique: **7** ('52) 255–59, 296–99. — Les dérivés acylés des corps gras: **12** ('57) 80–82.

Industrie textile Le mâtage de la soie artificielle: **51** ('34) 645–47.

Industries Corps gras Emploi des composés à cations actifs dans l'industrie textile: **1** ('45) 7–13. — Les corps gras alimentaires aux U.S.A. [13]): 107–12. — Huiles sulfonées et détergents modernes aux Etats-Unis [13]): 171–79. — Des corps gras aux savons aux Etats-Unis [13]): **2** ('46) 4–15. — Dérivés des corps gras aux Etats-Unis [13]): 41–53. — La blanchisserie aux Etats-Unis [13]): 72–75. — La conservation des corps gras; odeur, saveur [13]): 104–11. — La consistance et la plasticité des corps gras [13]): 140–48.

Ingénieur textile Les composés sans ions actifs et leurs emplois dans l'industrie textile: Nr. **370** ('48) 93–112.

Kosmetik-Parfüm-Drogen Die acylierten Fettderivate: **4** ('57) 62–64.

Officiel Droguerie Les céroïdes: **1954.**

Oléagineux Savons et détergents synthétiques: **2** ('47) 349–59. — Transestérification de l'huile de lin avec les huiles de colza, de tournesol et de purghère [12]): **3** ('48) 305–09. — Les détergents synthétiques et leur influence sur l'industrie des corps gras: **4** ('49) 405–. — Les produits ammonium quaternaire dans l'industrie alimentaire [20]): **5** ('50) 420–24. — La conservation des corps gras alimentaires: 478–88. — Les composés bactéricides utilisés dans l'industrie alimentaire: 505–08.

Olii minerali, Grassi e Saponi, Colori e Vernici Quelques acquisitions récentes dans le domaine des corps gras comestibles: **33** ('56) 423–32.

Parfumerie moderne Les antioxygènes en cosmétologie: **43** ('51) No. 23, 39–46. — La sulfonation des alcools gras: **44** ('52) No. 26, 55–60.

Perfumery and essent. Oil Rec. Use of antioxidants in cosmetology: **46** ('55) 117–20.

Productions franç. Aperçu sur l'état scientifique et technique des industries de corps gras: **1947**, No. spéc. Apr., 30f.

Revue Fermentat. et Industries aliment. Les détergents dans les industries alimentaires: **5** ('50) 82–91. — La conservation des corps gras alimentaires: 126–35. — Progrès récents dans l'industrie des corps gras alimentaires: 189–98. — L'industrie des corps gras alimentaires: **6** ('51) 28–31, 48–52. —

Bitte Anmerkung auf Seite 4201 beachten!

Corps gras et maladies du cœur: **13** ('58) 107–14. — Progrès réalisés dans l'industrie des saponides: 237–46. — Les saponides dans les industries alimentaires et pharmaceutiques: **15** ('60) 195–204. — Valorisation industrielle des corps gras animaux non comestibles: **16** ('61) 15–24.

Revue franç. Corps gras Savons et saponides: **1** ('54) 16–26. — Sulfonation–sulfatation: 199–213. — Nouvelle méthode de mesure du pouvoir moussant [7]): 390–95. — Quelques acquisitions récentes dans le domaine des hydrates de carbone et dans l'industrie des corps gras: **2** ('55) 305–12. — Savons–saponides–synergistes: 584–602. — Le 28ᵉ Congrès international de chimie industrielle: 848–50. — Emploi des saponides dans la fabrication des agents de surface façonnés: **3** ('56) 405–24, 483–503. — Les perspectives exigeantes de la lipochimie [19]): 577–87. — Quelques acquisitions récentes dans le domaine des corps gras alimentaires: **4** ('57) 17–27. — Recherche de substances cumulant les propriétés antioxygène et inhibitrice de corrosion vis-à-vis de l'oléine et du fer [7])[2]): 149–54. — 3ᵉ Symposium sur les matières étrangères et éléments synergiques dans les aliments: 296–300. — Etude sur l'hygroscopicité et le ressuage des savons [2])[7])[19]): 416–26. — Revalorisation des sous-produits de l'huilerie, 2: Autres sous-produits examinés en considération de la récupération des stérols [18])[17]): **5** ('58) 307–15. — Etude des débouchés des suifs dans l'industrie des savons métalliques [15]): 447–54. — 4ᵉ Symposium sur les matières étrangères dans les aliments: 485–87.

Revue gén. Caoutchouc Die Peptisiermittel: **19** ('42) 167–69 [französ.].

Revue gén. Matières colorantes, Blanchiment, Teinture, Impress. et Apprêts Nouvelles méthodes de mordançage des fibres végétales, soies artificielles de viscose et soies cuproammoniacales permettant leur teinture avec les colorants acides et acides chromatables: **36** ('32) 334–40. — Agents de mouillage sur le bain de mercerisage: **37** ('33) 340–48. — Les solvants utilisés dans l'industrie textile: **38** ('34) 368–70, 408–10, 479–83; **39** ('35) 142–45, 189–94. — Le matage de la soie artificielle: **38** ('34) 442–46. — Les savons hydrocarburés: **41** ('37) 66–77. — Produits auxiliaires utilisés dans l'industrie textile: **42** ('38) 41–46, 84–86, 124–27, 161–67. — Les alcools gras à poids moléculaire élevé et leurs dérivés sulfonés; leurs emplois dans l'industrie textile: 225–29, 267–72, 349–52, 388–91; **43** ('39) 30–33, 96–98, 217–19. — Les alcools gras sulfonés: **44** ('40) 27–31, 66f. — Tabelle verschiedener Chemikalien der Textilindustrie, die sulfonierte aliphatische Alkohole enthalten: 131–33 [französ.].

Revue int. Produits colon. Les possibilités de l'Afrique Orientale Française au point de vue de l'industrie textile: **13** ('38) Febr.-Nr., 41–.

Bitte Anmerkung auf Seite 4201 beachten!

Rubber Chem. and Technol. An investigation of the causes of spots which appeared spontaneously on rubberized fabrics [9]): **5** ('32) 363f.

Soap and chem. Specialities New method for determination of foaming power [7]): **31** ('55) 44–46, 99 [vgl. auch: Soap and sanitary Chemicals **27** ('51) 39–].

Soap, Perfumery and Cosmet. Biological properties of cation-active soaps [13]): **19** ('46) 834–42, 854.

Teintex [Paris] Les fibres de remplacement, leur teinture: **6** ('41) 188–99. — Progrès réalisés dans les traitements préliminaires des textiles: **7** ('42) 259. — Le matage de fibres artificielles: Progrès récents: 332–41; **8** ('43) 10–16. — Procédés utilisant la formation ou la destruction des matières colorantes. Diazotypie. Production photochimique des colorants: **9** ('44) 9–: **20** ('55) 47–. — Procédés rendant ignifuges, imperméables, bactéricides et imputrescibles en une seule opération les matières d'origine céllulosique: **9** ('44) 77f. — Huiles sulfonées et détergents modernes: 146–54; **10** ('45) 5–, 32–, 75–. — Composés à cations actifs, leurs emplois dans l'industrie textile: **11** ('46) 97, 99–103, 123, 125–28. — Propriétés biologiques des savons cation-actifs [13]): **12** ('47) 17–, 43–. — Débouchés et marchés des corps gras dans l'industrie textile: 181–. — Les composés sans ions actifs, leurs emplois dans l'industrie textile: **14** ('49) 53–73. — Caractères physiques des produits détergents. Pouvoir émulsionnant des produits détergents [12])[14]): 361–69. — Les fibres de protéines végétales: **15** ('50) 225–35.

Tinctoria Structure et propriétés des agents tensioactifs: **46** ('49) 569–75.

Ferner wurden einige weitere Vorträge und Ansprachen publiziert.

Mit: [1]) A. Andrejew; [2]) C. Defromont; [3]) P. Desnuelle; [4]) S. Dupin; [5]) —; [6]) A. Haehl; [7]) M. Loury; [8]) G. Marroc; [9]) G. Martin; [10]) —; [11]) M. Naudet; [12]) G. Reutenauer; [13]) J. Ripert; [14]) Sicard; [15]) B. Solomon; [16]) M. Thiele; [17]) C. Trizis; [18]) A. Uzzan; [19]) J. Vallée; [20]) M. Loncin.

VI **ŠIŠOKIN,** Vladimir Petrovič. Chem. (allg.), Metallurgie. — 1912–16, '21–22 Stud., '22–30 Assist., '30–34 Doz., '34–44, '47–78 Prof., Polytechn. Inst. Leningrad; '16–21 Geol.-Techniker, Petrograd u. Pjatigorsk; '44–45 Prof., Mittelasiat. Industrie-Inst., Taškent; '45–47 Prof., Inst. f. Kühlindustrie, Leningrad. — '24 Kučerov-Preis (Russ. Physiko-Math. Ges.); '72 Preis (Unionsges. "Znanie").

*1894, Juli 27 (15), Koz'mọdem'jansk, Gouv. Kazan'.

S. Periodičeskij zakon i stroenie atoma [Periodensystem und Atombau] (Moskva '71) 118–27: Die hauptsächliche und die ergänzende Periodizität im System der Elemente von D. I. Mendeleev [russ.].

W. Chimija [Chemie] (Leningrad '32) 124 S. (Leningradskij gidrotechničeskij institut). — Laboratornye zanjatija po chimii [Chemische Laboratoriumsübungen] (Leningrad '33) 68 S. (~). — Sbornik zadač po obščej chimii [Sammlung von Aufgaben zur allgemeinen Chemie] (m. A. S. Andreev, D. N. Šojchet) (B. N. Menšutkin) (Leningrad '36) 72 S. (Leningradskij industrial'nyj institut). — Zadači i voprosy po chimii [Aufgaben und Fragen zur Chemie] (Leningrad–Moskva '40) 34 S. (Vysšee voenno-morskoe inženerno-stroitel'skoe učilišče RKVMF). — Upražnenija po obščej chimii [Übungsaufgaben zur allgemeinen Chemie] (Leningrad '49) 35 S. (Leningradskij politechničeskij institut im. Kalinina); Neuausgaben: ('55) 56 S., ('62) 94 S. — Izloženie rabot russkich učenych v kurse obščej chimii [Die Darlegung der Arbeiten russischer Wissenschaftler im Lehrgang der allgemeinen Chemie] (Leningrad '51) 51 S. (~). — Kratkij kurs obščej chimii [Kurzer Lehrgang der allgemeinen Chemie] (m. V. A. Ageeva) (Leningrad '57) 136 S. (~). — Konspekt lekcij po obščej chimii (Dlja nechimičeskich special'nostej) [Konspekt der Vorlesungen "Allgemeine Chemie für Nichtchemiker"] 2 (A. F. Alabyšev) (Leningrad '63) 124 S. (~). — Konspekt lekcij i upražnenija po obščej chimii [Vorlesungskonspekt und Übungen zur allgemeinen Chemie] (m. M. V. Kameneckij, A. G. Syrovegin) 1 (Leningrad '66) 136 S. (~). — Učebnoe posobie po obščej chimii [Lehrmaterial zur allgemeinen Chemie] (m. M. V. Kameneckij, M. F. Lantratov, A. G. Syrovegin) (A. F. Alabyšev) (Leningrad '69) 75 S. (~). — Obščaja techničeskaja chimija. Učebnoe posobie dlja studentov večernich i zaočnych fakul'tetov [Allgemeine technische Chemie. Lehrbuch für Abend- und Fernstudenten] (m. M. F. Lantratov) (Leningrad '72) 190 S. (~).

Chimija v Škole Über das Studium allgemeiner Eigenschaften der Metalle [2]): **21** ('66) Nr. 3, 80–84 [russ.].

Cvetnye Metally Härte von leichtschmelzbaren Legierungen bei verschiedenen Temperaturen, 2: Binäre Legierungen, deren Komponenten miteinander reagieren können [1]): **7** ('32) 119–36 [russ.]. — Der Temperaturkoeffizient der Härte eutektischer Legierungen [19]): **12** ('37) Nr. 5/6, 88–98 [~].

Gidrochimičeskie Mater. Die natürlichen Eigenschaften gewöhnlicher Wässer: **33** ('61) 110–19 [russ.]. — Anwendung der graphisch-analytischen Methode zur Untersuchung der Entstehung natürlicher Wässer (am Beispiel des Kurorts Macesta bei Soči): **54** ('70) 53–58 [~].

Fizika Metallov i Metallovedenie Beziehung zwischen der Härte und der Zusammensetzung verdünnter fester Lösungen [1]): **2** ('56) 176–80 [russ.]. — Zur Frage nach der Abhängigkeit der Härte von der Zusammensetzung vielphasiger Legierungen [13]): **8** ('59) 934–38 [~]. — Der Einfluß von Temperatur und Belastungsdauer auf das Verhältnis zwischen der Härte und der Zusammensetzung von verdünnten festen Lösungen [13]): **9** ('60) 768–77 [~]. — Die Dauerhärte von leichtschmelzenden Legierungen bei verschiedenen Temperaturen [4]): **11** ('61) 942f. [~]. — Über das Verhältnis zwischen Zusammensetzung und Härte bei verschiedenen Temperaturen im System Magnesium–Cadmium [4]): **15** ('63) 76–81 [~].

Izvest. Akad. Nauk SSSR, Ser. chim. Die Beziehung zwischen der chemischen Zusammensetzung und dem Temperaturkoeffizienten der plastischen Deformation: **1937**, 1341–68 [russ.]. — La dissolubilité des dissolvants [12]): **1938**, 793–814 [russ. m. französ. Zusammenfassg.].

Izvest. Inst. fiziko-chim. Analiza Zwei Probleme auf dem Gebiet der Methodik der Untersuchung von Salzgleichgewichten: **6** ('33) 21–24 [russ.].

Izvest. Sekt. fiziko-chim. Analiza Der Temperaturkoeffizient der Festigkeit von eutektischen Legierungen [19]): **10** ('38) 161–86 [russ.]. — Physikalisch-chemische Eigenschaften von Cadmium–Zinn-Legierungen [3])[5]): **11** ('38) 65–99 [~]. — Geometrische Umwandlungen der Komponenten in binären und ternären Systemen im Falle der Bildung einer chemischen Verbindung: **12** ('40) 5–10 [~]. — Über die Berechnung der Temperaturkoeffizienten der Härte und des Fließdruckes: 11–13 [~]. — Über Einflüsse einiger Faktoren auf die Beziehungen zwischen chemischer Zusammensetzung und Löslichkeit (Schmelzbarkeit): 213–27 [~].

Izvest. vysšich učebnych Zavedenij, Moskva, Černaja Metallurgija Anwendung von Parametern empirischer Formeln, die die Härte als Funktion der Temperatur, der Belastungsdauer und des Druckes darstellen, auf die Bestimmung der Löslichkeitsgrenzen im festen Zustand [13]): **1960**, Nr. 3, 91–95 [russ.].

Metallurg Die Verwendung von Nomogrammen für metallographische Berechnungen: **8** ('33) Nr. 1, 20–34 [russ.]. — Graphisch-analytische Methode zur Umrechnung von Gewichtsprozenten in Atomprozente und umgekehrt in Zweistoff- und Dreistoffsystemen: **9** ('34) Nr. 4, 79–82 [~]. — Untersuchung der Härte von Legierungen von Magnesium mit Zinn und Blei bei verschiedenen Temperaturen [1])[11]): **10** ('35) Nr. 11, 81–84 [~].

Naučnye Dokl. vysšej Školy, Metallurgija Zur Frage des Maximums mechanischer Eigenschaften innerhalb des Bereiches verdünnter fester Lösungen [13]): **1958**, Nr. 4, 207–13 [russ.]. — Das Konzentrations-

Bitte Anmerkung auf Seite 4201 beachten!

verfahren zur Bestimmung der Dauerfestigkeit als Methode der physikalisch-chemischen Analyse der Metalle [18]): **1959**, Nr. 1, 165–67 [~].

Trudy leningr. industr. Inst. The application of the thermodynamic method to the investigation of binary and ternary alloys: **1937**, Nr. 7, 29–41 [russ. m. engl. Zusammenfassg.].

Trudy leningr. Inst. Inženerov promyšl. Stroitel'stva Über den Temperaturkoeffizienten der plastischen Deformation eutektischer Legierungen [10]): Nr. **6** ('38) 113–24 [russ.].

Trudy leningr. politechn. Inst. im. Kalinina Einfluß der Geschwindigkeit eines Belastungsangriffs auf die Festigkeit von Metallen und Legierungen [1]): Nr. **180** ('55) 82–86. — Über die Beziehung zwischen der Bildungswärme chemischer Verbindungen und der Stellung der Elemente im Periodensystem: 117–28. — Die Bestimmung des Geschwindigkeitsexponenten der Härte als Methode der physikalisch-chemischen Analyse [1])[18]): Nr. **202** ('59) 56–64. — Konzentrationsmethode zur Bestimmung der Dauerfestigkeit von Metallen und Legierungen [18]): 65–67. — Dauerfestigkeit fester Lösungen bei verschiedenen Temperaturen [4]): Nr. **218** ('62) 22–33. — Mechanische Eigenschaften von Legierungen des Bleis mit Zinn und Silber [8])[18]): 34–42. — Über den Zusammenhang zwischen Härte, der Temperatur und der Dauer der Beanspruchung von Metallen und Legierungen [4]): Nr. **234** ('64) 25–30. — Über den Zusammenhang zwischen Geschwindigkeits-, Temperatur- und Kraft-Kennzahlen der Festigkeit von Metallen und Legierungen [4]): Nr. **251** ('65) 10–14. — Einfluß der Beanspruchung auf die Geschwindigkeitskennziffer der Kegelhärte von Metallen und Legierungen [1])[18]): 15–17. — Über die Beziehung zwischen der Härte und der Zusammensetzung mechanischer Mischungen: Nr. **268** ('66) 5–7. — Über den Einfluß der Beanspruchung auf die Geschwindigkeitskennziffer der Härte [4]): 8–11. — Über einige Beziehungen zwischen den physikalisch-mechanischen Eigenschaften und der Stellung im Periodensystem bei den Metallen der Nebengruppen I–IV [16]): 12–16. — Die Härtebestimmung als Methode der physikalisch-chemischen Analyse von Metallen und Legierungen: Nr. **281** ('67) 91–110. — — Alle Arbeiten russ. — — Weitere Arbeiten in **1** ('46), **4** ('47) u. **305** ('70).

Trudy, Vysšee voenno-morsk. inženerno-stroitel'sk. Učilišče Der Fließdruck von Legierungen des eutektischen Typs bei verschiedenen Temperaturen [14]): Nr. **1** ('39) 179–86 [russ.].

Uč. Zap. leningr. gos. pedagog. Inst. im. Gercena Bestimmte Beziehungen zwischen den Eigenschaften von Elementen und ihrer Stellung im Periodensystem: **160** ('59) Nr. 1, 3–17 [russ.]. — Über die Methodik der Darstellung der chemischen Gesetze: 19–32 [~].

Vestn. vysšej Školy Die technischen Hochschulen brauchen gute Lehrbücher der allgemeinen Chemie [2])[9]): **1961**, Nr. 9, 81–85 [russ.].

Ž. fizič. Chim. Über thermodynamische Logarithmik: **31** ('57) 1414–16 [russ.]. — Time hardness as a method of physico-chemical analysis [1])[18]): **33** ('59) 2222–29 [russ. m. engl. Zusammenfassg.]. — Application of the parameters of empirical formulas correlating hardness and temperature and duration of load and pressure for determination of solubility limits in the solid state [13]): **35** ('61) 1763–68 [~].

Ž. obščej Chim. Sekundäre Periodizität im Periodensystem: **23** ('53) 889–93 [russ.]. — Beziehung zwischen den Bildungswärmen chemischer Verbindungen und den Stellungen der Elemente im Periodensystem: **24** ('54) 745–51 [~]. — Zusammenhang zwischen den Ionisationspotentialen, der Elektronenkonfiguration des Atoms und der Stellung des Elements im Periodensystem: **42** ('72) 2080–83 [~]. — Über den Zusammenhang zwischen den Eigenschaften der Atome und der elementaren Stoffe: **44** ('74) 1657–60 [~]. — B. N. Menšutkin – zum 100. Geburtstag [6]): **45** ('75) 232–34 [~].

Ž. prikl. Chim. B. N. Menšutkin zum 90. Geburtstag [6]): **37** ('64) 2514f. [russ.].

Ž. techn. Fiziki Die Abhängigkeit der Verfestigung von der Temperatur bei plastischer Deformation von Legierungen [10])[18]): **7** ('37) 476–91 [russ.]. — Einfluß der Beanspruchungszeit auf die Härte von Metallen und ihren Legierungen [15]): **8** ('38) 1613–28 [~]. — Einfluß der Temperatur auf den Geschwindigkeitsexponenten der Härte [1])[18]): **10** ('40) 491–99 [~]. — Einfluß der Fallhöhe und Temperatur auf die Stoßfestigkeit von Metallen und Legierungen [18]): 500–04 [~]. — Einfluß der Deformierungsgeschwindigkeit auf die Beziehung zwischen der chemischen Zusammensetzung und der Härte in Systemen vom eutektischen Typ [17]): **22** ('52) 1572–80 [~].

Ž. vses. chim. Obšč. im. Mendeleeva Die Tätigkeit S. A. Ščukarevs in der Russischen Physikochemischen Gesellschaft und in der Chemischen Unionsgesellschaft "D. I. Mendeleev" (Zum 80. Geburtstag): **18** ('73) 582f. [russ.].

Zavodskaja Labor. Über die Berechnung der Temperaturkoeffizienten der Härte und des Fließdruckes: **7** ('38) 995f. [russ.]. — Schnellmethode zur Bestimmung der Dauerfestigkeit eines Metalls [7]): **42** ('76) 479–81 [~].

Mit: [1]) V. A. Ageeva; [2]) A. F. Alabyšev; [3]) A. S. Andreev; [4]) L. N. Bazilevskij; [5]) F. F. Bukin; [6]) E. I. Denisov; [7]) Ju. I. Efimov; [8]) N. A. Grekov; [9]) V. V. Kind; [10]) I. R. Kogan; [11]) V. I. Micheeva; [12]) M. I. Muskina; [13]) A. Ė. Nikerov; [14]) M. V. Nikiforov; [15]) Ju. V. Šestopalova; [16]) E. B. Sysoeva; [17]) A. A. Telicyn; [18]) N. A. Vichoreva; [19]) I. D. Zaporožec.

Bitte Anmerkung auf Seite 4201 beachten!

VI **SISTO,** Pietro. Pathol. — 1907–10 Assist., '10–25 Aiuto, '37–50 Prof. ord. Pathol. spec. med. e Metodol. clin., '45–54 Pres. della Fac. di Med. e Chirurgia, '47–55 Vicerettore, '50–55 Prof. fuori ruolo, '56 Prof. emer., Univ. di Torino; '25–26 Prof. incar., '26–29 Prof. non stabile, Univ. di Siena; '29–37 Prof. ord. Clin. med. generale e Semeiotica, Univ. di Modena. — Commendatore del Ordine della Repubbl. Italiana; '56 Medaglia d'oro dei Benemeriti della Scuola, della Cultura e dell'Arte (Ministero della Pubbl. Istruzione).
*1880, Apr. 24, Torino;
†1964, Apr. 9, Torino.

Nekr. *A. Beretta Anguissola, Annuario Univ. Studi Torino **1964**, 607f. (m. Bildn.).

H. Semeiotica e diagnostica medica; manuale pratico per medici e studenti (Torino '45) 2 Bände. — *G. E. Beaumont, Medicina. L'essenziale per i medici pratici e gli studenti (Torino '56). — *A. M. Fishberg, Ipertensione e nefrite (Torino '57).

MHZ. Minerva med. [Torino] **32** ('41)–**44** ('53).

S. Scritti in onore di Angelo Ceconi, in occasione del trentesimo anno di insegnamento (Torino '36) 1–7: Studi sull'elettrocardiogramma seguente l'extrasistole ventricolare. — Medicina interna. Manuale pratico per medici e studenti (A. Ceconi, F. Micheli) **2** [2](Torino '37): Malattie degli organi del circolo; Diagnostica e sintomatologia generale; Malattie dei vasi.

W. Malattie da lesione delle paratiroidi. Relazione al XXXIX Congresso della Società Italiana di Medicina Interna (Roma '34) 120 S. (Monografie medico-chirurgiche d'attualità. Collezione del Policlinico, 38). — Lezione cliniche (Torino '37) 28 + 492 S. — Il medico e la vita spirituale (Torino '50) 21 S. (Quaderni di medicina e morale, 13). — Malattie del cuore e dei vasi (Torino '54) 16 + 529 S.

Archivio ed Atti Soc. ital. Chirurgia Le malattie da lesione delle paratiroidi (Riassunto delle conclusioni): **40** ('34) 300–07.

Giorn. R. Accad. Med. Torino Angelo Ceconi. Commemorazione: **100** ('37) 57–64.

Haematologica Sulla anemia ipocromica essenziale: **14** ('33) 1–28 [m. französ. Zusammenfassg.].

Minerva med. [Torino] Antracosi polmonare, insufficienza cardiaca, sindrome di Addison incompleta: **1** ('32) 18–, 62–. — La forma idropico-anemica del cancro dello stomaco: 267–73. — Gli esiti della ipertensione essenziale: 584; **2** ('35/36) 33, 65. — Su di un tumore della fossa cranica media: 49–59. — Diabete e tubercolosi: 517–24. — La forma splenomegalica del linfogranuloma maligno: 545–55. — Studi sull'elettrocardiogramma seguente l'extrasistole ventricolare: 689–95.

Riforma med. Le malattie da lesioni delle paratiroidi: **49** ('33) 1541–44.

V, VI **de SITTER,** Willem. Astron. — 1908–34 Prof., '19–34 Dir d. Observat., '25–26 Rektor, Univ. Leiden; '25–28 Präs., Int. Astron. Union. — Hon. D.Sc.: '25 (Univ. of Cambridge), '29 (Univ. of Cape Town), '31 (Wesleyan Univ., Middletown, Conn.), '32 (Univ. of Oxford). — '29 James Craig Watson Medal (Nation. Acad. Sci. USA); '31 Gold Medal (Roy. Astron. Soc. London); '31 Catherine Wolfe Bruce Medal (Astron. Soc. of the Pacific); '34 Prix Janssen (Soc. Astron. de France).
*1872, Mai 6, Sneek;
†1934, Nov. 20, Leiden.

Zur Biogr. *C. H. Hins, Hemel en Dampkring **31** ('33) 371f. — *E. de Sitter-Suermondt, Een menschenleven, Willem de Sitter (Leiden '40) 63 S.; [2](Haarlem '48) 116 S.

Nekr. *J. van der Bilt, Hemel en Dampkring **32** ('34) 401–05 (m. Bildn.). — *C. A. Chant, J. roy. astron. Soc. Canada **29** ('35) 1–3 (m. Bildn.). — *A. S. E[ddington], Nature [London] **134** ('34) 924f. — *E. Esclangon, C. R. hebd. Séances Acad. Sci., Paris **200** ('35) 21f. — *L. Gratton, Coelum **5** ('35) 11–14 (m. Bildn.). — *C. H. Hins, Hemel en Dampkring **33** ('35) 3–18 (m. Bildn. u. Schr.verz.-Auszug). — *J. Huizinga, ibid. 1f. (m. Bildn.). — *H. S. J., Monthly Notices roy. astron. Soc. **95** ('35) 343–47. — *A. van Maanen, Popular Astron. **43** ('35) 78–80. — *J. H. Oort, Observatory **58** ('35) 22–27 (m. Bildn.). — *A. Pannekoek, Nederlandsch Tijdschr. Natuurkunde **2** ('35) 1–14. — *F. Schlesinger, Proc. amer. Acad. Arts and Sci. **71**. 1935/36 ('37) 546–49; Scientific Monthly **40** ('35) 89f. (m. Bildn.). — *H. Slouka, Čas. Pěst. Mat. a Fysiky **64** ('35) 87f.; Říše Hvězd **16** ('35) 14–16 (m. Bildn.). — Bull. géodés. **1934**, 312f. — Ciel et Terre **51** ('35) 35f. — Gazette astron. **21** ('34) 165–67. — Himmelswelt **45** ('35) 81. — Ibérica [Barcelona] **22** ('35) 133–35. — J. astron. Soc., South Africa **3** ('35) 165f. — Jaarb. Rijksuniv. Leiden **1935**, 76f. — Memorie Soc. astron. ital. **8** ('35) 417 (m. Bildn.). — Nordisk astron. Tidsskr. **15** ('34) 155. — Populär astron. Tidskr. **15** ('34) 172. — Proc., Koninkl. Akad. Wet. Amsterdam **37** ('34) 734–37. — Publ. astron. Soc. Pacific **47** ('35) 65f. — Revista astron. **6** ('35) 376–78. —

Scripta math. [USA] **3** ('35) 275. — Sterne **15** ('35) 31.

W. Kosmos; a course of six lectures on the development of our insight into the structure of the universe, delivered for the Lowell Institute in Boston (Cambridge, Mass. '32) 12 + 138 S.; niederländ.: Kosmos; naar het gelijknamig boek ('s Gravenhage '34) 12 + 231 S. (Wetenschappelijke serie, 23). — Short history of the Observatory of the University at Leiden, 1633–1933; published on the occasion of the celebration of the 300th anniversary of the foundation of the Observatory (Haarlem '33) 48 S.

Bull. astron. Inst. Netherlands On the motion and the mutual perturbations of material particles in an expanding universe: **7** ('33/36) 97–105. — On distance, magnitude and related quantities in an expanding universe: 205–16. — On the system of astronomical constants: **8** ('38) 213–31.

Hemel en Dampkring On the structure of our galaxy and the size of the universe: **30** ('32) 341–57. — Discourse held at the University of Leiden on 6 october 1933 [on the occasion of the 300th anniversary of the Observatory of the University]: **31** ('33) 372–80. — W. E. Kruytbosch †: **32** ('34) 373. — — Alle Arbeiten niederländ.

J. brit. astron. Assoc. The date of Huygens' announcement of the discovery of the rings of Saturn [2]): **43** ('33) 223f.

Jaarb. koninkl. Akad. Wet. Amsterdam On the expanding universe and time: **1932/1933** ('33) 111–25 [niederländ.].

Monthly Notices roy. astron. Soc. On the expanding universe and the time-scale: **93** ('32/33) 628–34. — Robert Thorburn Ayton Innes †: **94** ('33/34) 277–81.

Nature [London] Early astronomy and the Observatory of Leyden: **132** ('33) 771f.

Nederlandsch Tijdschr. Natuurkunde The expanding universe: **1** ('34) 45–56 [niederländ.].

Proc., Koninkl. Akad. Wet. Amsterdam On the expanding universe: **35** ('32) 596–607. — On the foundations of the theory of relativity, with special reference to the theory of the expanding universe: **37** ('34) 597–601.

Proc. nation. Acad. Sci. USA On the relation between the expansion and the mean density of the universe [1]): **18** ('32) 213f.

Publ. astron. Soc. Pacific The size of the universe: **44** ('32) 89–104.

Rep. annu. Meeting, Brit. Assoc. Advancement Sci. Discussion on the evolution of the universe [Beitrag]: **101**. 1931 ('32) 583–87; französ. in: Discussions sur l'évolution de l'univers (Paris '33).

Říše Hvězd Size of the universe: **13** ('32) 157–67 [tschech.].

Sterne Die Größe der Welt: **1932**, 145–55.

University California Publ. Math. The astronomical aspect of the theory of relativity: **2** ('33) Nr. 8, 143–96.

Versl. gewone Vergad. Afd. Natuurkunde, Koninkl. Akad. Wet. Amsterdam On the expanding universe: **41** ('32) 64f. [niederländ.].

Mit: [1]) A. Einstein; [2]) J. Stokley.

VI **SIZOO,** Gerardus Johannes. Physik. — 1930–65 Prof. u. Dir. d. Physikal. Labor., '65 Prof. Emer., '65–72 Präs.-Dir., Freie Univ., Amsterdam; '46–47 Vorsitzender, Niederländ. Physikal. Vereinig.; '47–50 Vorsitzender, Christl. Vereinig. v. Naturwissenschaftlern u. Medizinern in d. Niederlanden; '47–72 Vorsitzender d. Reichsverteidigungsorganisat., Niederländ. Organisat. f. angew. naturwiss. Forschung. — '72 Kommandeur d. Ordens v. Oranien-Nassau (Niederlande).

Zur Biogr. *C. C. Jonker, Nederlands Tijdschr. Natuurkunde **21** ('55) 250–52. — *K. van Nes, T. N. O.-Nieuws **27** ('72) 240–42 (m. Bildn.). — *H. R. Woltjer, Geloof en Wetenschap **53** ('55) 238f. — T. N. O.-Nieuws **2** ('47) 170 (m. Bildn.); **27** ('72) 380f.

MHZ. Orgaan christel. Vereenig. Natuur- en Geneeskundigen Nederland **1936–1944**. — Physica **14** ('48)–**32** ('66).

S. Leerboek der natuurkunde (R. Kronig) **1** (Amsterdam '46) 182–331, [2]('48) 182–331, [3]('51) 189–349, [4]('54) 189–349, [5]('58) 189–349, [6]('62) 189–349: Phänomenologische Elektrizitätslehre [niederländ.]; [7]('66) 228–436: Elektrodynamik [~]; engl. Ausgabe: Textbook of physics (London–NewYork '54) 187–339, [2]('59) 207–375: Electrodynamics; französ. Ausgabe: Précis de physique générale, **2**: Electricité (Paris '61) 1–184: Electrodynamique. — De ouderdom der aarde (Christelijke Vereniging van Natuur- en Geneeskundigen in Nederland) [Vorträge in Amersfoort 1950] (Kampen '51) 3–5: Die Schöpfungsgeschichte und die historische Geologie [niederländ.]; auch in späteren Auflagen: [2]('52), [3]('53), [4]('55). — Een kwarteeuw TNO 1932–1957. Gedenkboek bij de voltooiing van de eerste 25 jaar werkzaamheid van de Organisatie TNO op 1 mei 1957 ('s Gravenhage '57) 102–07: TNO im Dienste der Reichsverteidigung [niederländ.]. — 15 jaar Rijksverdedigingsorganisatie TNO, 1947–1962 ('s Gravenhage '63) 9–20: Aufgabe und Arbeitsweise der Reichsverteidigungsorganisation TNO [niederländ.].

Bitte Anmerkung auf Seite 4201 beachten!

W. Radioactiviteit (Kampen '33) 3 + 209 S. — Physica en werkelijkheid. Referaat voor de 25e Wetenschappelijke samenkomst der Vrije Universiteit op 10 Juli 1940 (Assen '40) 41 S. — Atoomenergie (Amsterdam '46) 95 S. (Natuur en mensch, Natuurwetenschappelijke reeks, 1). — Kernphysica ('s Gravenhage '47) 160 S. (Servire's encyclopaedie, Afd. A3: Natuurkunde, 3). — De herziening van het physische causaliteits-beginsel; rede uitgesproken ter gelegenheid van de dies natalis der Vrije Universiteit op 20 October 1952 (Kampen '52) 20 S.

Applied sci. Res., Sect. B The gas discharge mechanism for the argon–alcohol proportional counter [5]): 7 ('59) 379–99.

Free Univ. Quarterly [Amsterdam] The revision of the physical principle of causality: 2 ('52/53) 205–23. — Physical knowledge and creation: 8 ('62) 99–107.

Handelingen nederl. natuur- en geneeskund. Congr. Neue experimentelle Ergebnisse in der Kernphysik: 28 ('41) 77–81 [niederländ.]. — Ökonomische Aspekte der Atomenergie: 30 ('47) 73–90 [~].

Ingenieur ['s Gravenhage] Kernumwandlung: 52 ('37) Nr. 21, E46–E51 [niederländ.].

Nature [London] Disintegration constant and the upper limit of the continuous β-spectrum: 136 ('35) 142. — Phosphorus metabolism in normal, rachitic and "treated" rats [4])[15])[29]): 139 ('37) 1068. — Formation of lipin phosphorus in normal and rachitic rats, with a radioactive phosphorus isotope as an indicator [4])[15])[1]): 141 ('38) 77. — Distribution of phosphorus in the leg bones of chickens [4])[15])[18]): 142 ('38) 953f.

Nederlands(ch) Tijdschr. Natuurkunde Ein übersichtliches Schema der Röntgenterme: 2 ('35) 65f. — Ein Apparat zur Erläuterung des Begriffs "Gruppengeschwindigkeit": 67–70. — Die Bedeutung James Chadwicks für die Entwicklung der Kernphysik: 3 ('36) 1–8. — Sekundärprozesse bei der β-Emission: 7 ('40) 280–92. — Symposium über Kernphysik, 1: Einleitung: Eigenschaften und Systematik der Atomkerne: 10 ('43) 78–85. — Elastische Streuung schneller Elektronen: 261–73. — Zum 25. Jahrestag der Holländischen Physikalischen Gesellschaft: 12 ('46) 115–22. — Atombombe und Uranreaktor: 13 ('47) 127–39. — Das Curie als Einheit der Mutanz: 237–39. — Gleichzeitigkeit in der Relativitätstheorie und der Einfluß von Translation auf den Gang von Uhren: 29 ('63) 365–86. — — Alle Arbeiten niederländ.

Orgaan christel. Vereenig. Natuur- en Geneeskundigen Nederland Kausalität und Wahrscheinlichkeit in der neueren Physik: 1932, 1–24. — Moderne Alchemie: 1936, 63–75. — Fragmente aus der Geschichte der Beziehungen zwischen Naturwissenschaft und Religion: 1937, 1–21. — Der Positivismus von Ernst Mach und die Entwicklung der modernen Physik: 113–48. — Der Nobelpreis für Physik 1938: 1939, 103–10. — Die Entdeckung des Energiegesetzes durch Robert Mayer: 1940, 80–97. — Atomenergie [35]): 44 ('46) 74–85. — Eröffnungsansprache beim 2. Kongreß der Christlichen Vereinigung von Naturwissenschaftlern und Medizinern: 139–48. — — Alle Arbeiten niederländ.

Geloof en Wetenschap Eröffnungsworte bei der Atomenergiekonferenz [Amersfoort 1947]: 46 ('48) 35–37 [niederländ.]. — Die Schöpfungsgeschichte und die historische Geologie: 49 ('51) 3–5 [~]. — Physik und Gesellschaft: 54 ('56) 273–92 [~]. — Die Bedeutung der Industrie für die Naturwissenschaft: 58 ('60) 137–50 [~]. — Abstände, Zeitabstände und Vorfälle: 60 ('62) 185–208 [~]. — The nature and value of physical knowledge: 63 ('65) 196–206. — Nach 35 Jahren: 253–69 [niederländ.].

Physica Some remarks on the energy of disintegration and a possible structure of the radioactive nuclei: 2 ('35) 472–82. — The gamma radiation of the UX complex [3]): 3 ('36) 921–35. — The period of radioactive phosphorus $^{32}_{15}P$ [16]): 1053–56. — The disintegration energy of artificial radioactive nuclei: 4 ('37) 316. — The conditions for energetic stability of isobaric nuclei: 467–72. — Measurement of the range of the α-particles of U I and U II with the "sphere method" [31]): 791–809. — The absorption of the γ-rays of radium [30]): 5 ('38) 100–04. — Efficiency of a γ-ray counter [30]): 105–10. — Measurements of the radon content of tap-water [16]): 215–19. — The γ-radiation from $^{198}_{79}Au$ [6]): 6 ('39) 332–36. — The efficiency of electron counters [29]): 593–98. — The secondary γ-radiation ("Bremsstrahlung") excited by the β-particles of $^{32}_{15}P$ [6])[9]): 1057–76. — A cloud chamber with electrical automatic control [1]): 1077–84. — The production of positive electrons by β-particles [1]): 1085–100. — Further measurements concerning the production of positive electrons by β-particles [1]): 7 ('40) 490–501. — Measurements on the half-life period of radioactive phosphorus [22])[13]): 849–59. — The positron-spectrum emitted by radiophosphorus $^{32}_{15}P$ [1])[8]): 860–64. — Measurements on the emanation content of ground air [24])[7])[18]): 8 ('41) 647–54. — Resonance neutron capture in aluminum [6]): 868–70. — On the nuclear isomerism of $^{104}_{45}Rh$ [7]): 10 ('43) 57–64. — Radioactivity and granular composition of soil [14]): 13 ('47) 517–28. — Radioactivity of the bottom of the IJselmeer (Zuiderzee) [14]): 561–70. — Radioactivity and grain size of soil [14]): 14 ('48/49) 65–72. — Measurements on the radon content of groundwater [14])[32]): 73–80. — Radioactivity and mineral composition of soil [14]): 357–66. — A random operated Wilson chamber for low and high pressures [25]): 642–49. — On the "positive

Bitte Anmerkung auf Seite 4201 beachten!

tracks" on Wilson photos [25]): **15** ('49) 316–26. — The origin of "positive tracks" observed on Wilson-photos of β-sources [25][26]): **16** ('50) 555–69. — The β-radiations of UX_1 and UX_2 [12][34]): 767–80. — The radiations of UY (^{231}Th) [27][34]): **17** ('51) 164–66. — Beta-gamma coincidences in the UX-spectrum [10][17]): **19** ('53) 1201–04. — The electron spectrum of $^{234}_{91}UZ$ [34]): 1205–07. — On the electron spectra of ^{232}Pa, ^{233}Pa and ^{230}Pa [34]): **20** ('54) 77–84. — Analysis of stereoscopic cloud-chamber photographs [20][21]): 301–06. — A 30 cm double focusing magnetic spectrometer with an annular iron yoke [27][34][10]): 337–49. — The gamma-beta branching ratio of UX_2. The half-life of UZ [33][28]): 727–35. — Beta-gamma coincidence spectrum of the UX-complex [10][17]): **21** ('55) 803–17. — A semi-circular β-ray spectrometer for beta-gamma coincidence measurements [10]): 818–28. — Delays in proportional counters [11][19][2]): **23** ('57) 225–35.

Proc., Koninkl. Akad. Wet. Amsterdam Studies on phosphorus metabolism in normal and rachitic rats with a radioactive phosphorus isotope [,1] [4][15][29]): **40** ('37) 547–58; ~ 2: The total phosphorus and lipin phosphorus content and the formation of lipin phosphorus [4][15][1]): **41** ('38) 997–1003; Studies on phosphorus metabolism in normal and rachitic chickens with a radioactive phosphorus isotope, 3: The distribution of the injected phosphorus in the organs, especially in the different parts of the leg bones [4][15][18]): **42** ('39) 499–505.

Stemmen des Tijds Die Atomkerne als mögliche Energiequelle: **1941**, 405–22 [niederländ.].

Technisch-wetenschappelijk Tijdschr. Der Uranreaktor als Energiequelle: **16** ('47) 60–66 [niederländ. m. französ., engl. u. deutscher Zusammenfassg.].

T. N. O.-Nieuws Jhr. Prof. Dr. G. J. Elias †: 6 ('51) 252 [niederländ.]. — Nach 25 Jahren: **27** ('72) 234–36 [~].

Mit: [1]) F. Barendregt; [2]) Th. J. de Boer; [3]) D. J. Coumou; [4]) M. J. L. Dols; [5]) K. van Duuren; [6]) C. Eijkman; [7]) L. F. C. Friele; [8]) J. Griffioen; [9]) P. Groen; [10]) E. F. de Haan; [11]) H. C. Hamers; [12]) M. Heerschap; [13]) G. W. Hoeksema; [14]) P. J. Hoogteijling; [15]) B. C. P. Jansen; [16]) C. P. Koene; [17]) P. Kramer; [18]) G. J. van der Maas; [19]) A. Marseille; [20]) G. Meijer; [21]) R. Mennega; [22]) D. Mulder; [23]) —; [24]) P. C. Sanders; [25]) J. H. Spaa; [26]) G. Steneker; [27]) P. H. Stoker; [28]) S. Tom; [29]) J. de Vries; [30]) H. Willemsen; [31]) S. A. Wytzes; [32]) J. L. Yntema; [33]) W. L. Zijp; [34]) Ong Ping Hok; [35]) C. C. Jonker.

VI **SJÖBERG,** Karl Oskar Knut. Biochem. — 1922–27 Assist., '27–32 Doz., Hochsch. Stockholm; '29–32 Assist., Chem. Abt. d. Zentralanstalt f. Versuchswesen d. Landwirtsch., Stockholm; '32–33 stellvertr. Laborleiter u. '33–44 Laborleiter am Inst. f. Chem., '44–46 stellvertr. Prof., '46–62 Prof. u. Dir. d. Inst. f. allg. u. med. Chem., '57–59 Prorektor, '62 Prof. Emer., Königl. Tierärztl. Hochsch. Stockholm. — '54 Dr. med. vet. h.c. (Königl. Tierärztl. Hochsch. Stockholm).
*1896, Apr. 24, Stockholm;
†1975, Dez. 24, Stocksund [?].

S. Handbuch der Pflanzenanalyse (G. Klein) **4**, 2 (Wien '33) 839–60: Fermente (Enzyme).

Acta Agric. scand. Metabolism of acetate in the ruminant: **6** ('56) 353–68.

Acta physiol. scand. Die Stabilität der organischen Phosphorverbindungen und Phosphatase in Pferdeblut bei dessen Aufbewahrung in vitro: **1** ('40) 125–38. — Pyrophosphatase im Blut: 220–32. — Über eine Depressorsubstanz, die sich im Serum in vitro bildet [1]): **4** ('42) 317–22. — Pyrophosphatase from horse erythrocytes. Inorganic inhibitors and activators: **32** ('54) 191–99.

Acta veterin. scand. Methods for determining the presence of tranquillizers and other new drugs in urine of dogs [12]): **4** ('63) 209–20 [m. schwed. u. deutscher Zusammenfassg.].

Kungl. Landtbruks-Akad. Handl. och Tidskr. Die Jodzahl des Fettes einiger gewöhnlicher Futtermittel: **71** ('32/33) 30–40 [schwed. m. deutscher Zusammenfassg.]. — Untersuchungen über die chemischen Umsetzungen bei der Sauerfutterbereitung [5]): 162–88 [~]. — Stoffbildung und Stoffwechsel bei einigen Kulturpflanzen, 3: Zeitverlauf bei der Stickstoffaufnahme und Eiweißbildung [9]): **73** ('34/35) 780–821 [~].

Kungl. Lantbruksakad. Tidskr. Einige neuere Beobachtungen über Vitamine, Mineralstoffwechsel und Mangelkrankheiten: **80** ('41) 445–56 [schwed. m. deutscher Zusammenfassg.]. — Der Calcium- und Phosphorstoffwechsel bei jungen Hunden: **81** ('42) 137–58 [~].

Meddelande, Lantbrukshögskolan, Husdjursförsöksanstalten Nutritional experiments with calves [7][2]): Nr. **17** ('44) 45 S. [schwed. m. engl. Zusammenfassg.].

Meddelanden, Statens Växtskyddsanstalt Studien und Versuche über die Weizenmücken Contarinia tritici Kirby und Clinodi plosis mosellana Geh. und deren Bekämpfung, 2: Laboratoriumsversuche zur Bekämpfung der Larven mit chemischen Mitteln: Nr. **13** ('36) 22 S. [schwed. m. deutscher Zusammenfassg.]; ~ 5: Feldversuche zur chemischen Bekämpfung der eierlegenden Mücken im Weizenfeld [10]): Nr. **19** ('37) 20 S. [~].

Bitte Anmerkung auf Seite 4201 beachten!

Naunyn-Schmiedebergs Arch. exper. Pathol. u. Pharmakol. Das Blutbild beim Pferd nach langdauernder Histaminapplikation [1]): **189** ('38) 53–63.

Nordisk Veterinærmed. The use of cobalt for the prevention of fowl paralysis [11]): **4** ('52) 283–89 [schwed. m. engl. u. deutscher Zusammenfassg.].

Skandinavisches Arch. Physiol. Der Gehalt des Bluts an Phosphorverbindungen und Cholesterin bei der puerperalen Hämoglobinämie des Rindes: **81** ('39) 42–50. — Veränderungen im Gehalt des Bluts an Phosphorverbindungen, Phosphatase und Cholesterin im Zusammenhang mit dem Partus beim Rinde: 51–64.

Skandinavisk Veterinärtidskr. Bakteriol., Patol. samt Kött- och Mjölkhyg. Biochemical observations in connection with a deficiency of lime and phosphorus in puppies: **29** ('39) 54–73 [schwed. m. engl. Zusammenfassg.].

Svensk kem. Tidskr. Eine Schnellmethode zur Bestimmung von Phosphor in Heu und anderen Futtermitteln [3]): **52** ('40) 6–9 [schwed.]. — Die Analytische Sektion der Schwedischen Chemischen Gesellschaft 1922–1952: **64** ('52) 341–49 [~].

Svensk Veterinärtidskr. Über Vitamine: **38** ('33) 129–43. — Besteht für grasendes Vieh Chlorat-Vergiftungsgefahr während der Kampagne gegen Berberis vulgaris?: 365–72. — Der Vitamin-C-Gehalt der Milch [6]): **42** ('37) 171–78. — Die chemische Zusammensetzung des Bluts, 1: Veränderungen bei Kühen nach dem Gebären: **43** ('38) 285–305. — Methoden zur Bestimmung und Standardisierung von Vitaminen: **44** ('39) 45–56, 111–21, 155–62, 205–12. — Die Phosphatnachweise bei der Kontrolle von pasteurisierter Milch: 420–24. — — Alle Arbeiten schwed.

Z. Vitaminforsch. Skorbut als Sekundärerscheinung bei A-Avitaminose, 1 [4])[8]): **12** ('42) 300–20; ~ 2 [4])[8]): **15** ('44) 115–40 [m. französ. Zusammenfassg.].

Mit: [1]) E. Åkerblom; [2]) F. Jarl; [3]) M. Jersin; [4]) G. Jonsson; [5]) G. Köhler; [6]) K. Lilleengen; [7]) S. Nordfeldt; [8]) A.-L. Obel; [9]) S. Odén; [10]) J. Mühlow; [11]) H. Sandstedt; [12]) G. Tufvesson.

V, VI **SJÖSTRÖM,** Martin Georg. Physik. — 1931–53 Oberstudienrat, Höhere Lehranstalt der Südvorstadt, Stockholm. — '62 Kommandeur d. Löwen-Ordens (Finnland).
*1887, März 16, Torshälla;
†1966, Dez. 19, Stockholm.

Zur Biogr. Lärarmatrikeln 1946 (H. Gejrot, P. H. Räf, E. Sandén) (Stockholm '46) 620f.

Bitte Anmerkung auf Seite 4201 beachten!

Nekr. *S. Frigell, Södermanlands-Nerikes Nation, Majhälsning till Landsmännen **40** ('67) 561f. — *M. Essén, ibid. 562f.

W. Fysikuppgifter i studentexamen. Ordnade med hänsyn till innehåll och svårighetsgrad (Stockholm '49) 155 S.; [2]('54); [3]('56); [4]('58); [5]('60); [6]('61); [7]('63); [8]('64); [9]('66) 187 S.

Tidskr. elementär Mat., Fysik och Kemi Die Strömung von Flüssigkeiten und Gasen: **20** ('37) 153–81 [schwed.].

IV, VI **SJOLLEMA,** Bouwe. Chem. (physiol.), Pharm., Veterinärmed. — 1895–1907 Dir., Landwirtsch. Versuchsstat. Groningen; '07–18 Doz., Staatl. Veterinärschule, Utrecht; '18–25 Prof., Tierärztl. Hochsch., Utrecht → '25–38 Prof. u. Dir. d. Chem. Labor. u. Leiter d. Apotheke, Tierärztl. Fak., '38 Prof. emer., Univ. Utrecht; '38–44 Leiter d. Labor., Forschungsinst. f. Tierernährung "De Schothorst", Hoogland. — '38 Dr. h.c. (Landwirtsch. Hochsch. Wageningen). — '24 Ritter d. Ordens d. Niederländ. Löwen; '48 Kommandeur d. Ordens v. Oranje-Nassau; '58 Medaille (Niederländ. Ministerium f. Landwirtsch.).
*1868, März 16, Grouw;
†1962, Febr. 18, Utrecht.

Zum 70. Geb.tag *L. Seekles, Chemisch Weekbl. **35** ('38) 242.

Zur Emeritierung *J. Smit, Chemisch Weekbl. **35** ('38) 448 (m. Bildn.). — *J. Hudig, Die Arbeiten Prof. Sjollemas in Groningen: ibid. 448–54 [niederländ.]. — *H. Tromp van Holst, Prof. Sjollema und die Provinz Utrecht: ibid. 454f. [~]. — *L. Seekles, Übersicht über die biochemischen Untersuchungen Prof. Sjollemas in Utrecht: ibid. 455–61 [~]. — *J. Grashuis, Die Bedeutung der Arbeiten Prof. Sjollemas für die Veterinärwissenschaft und -praxis: ibid. 467–73 [~]. — *C. K. van Daalen, Die Bedeutung der Arbeiten Prof. Sjollemas in den Utrechter Jahren für den Ackerbau: ibid. 473f. [~]. — Ibid. 489. — Tijdschr. Diergeneesk. **65** ('38) 645–49 (m. Bildn.).

Zur Biogr. *J. Hudig, Landbouwkundig Tijdschr. **50** ('38) 853–62 (m. Bildn.).

Zum 80. Geb.tag Chemisch Weekbl. **44** ('48) 181. — Landbouwkundig Tijdschr. **60** ('48) 69f. — Tijdschr. Diergeneesk. **73** ('48) 314f.

Zum 90. Geb.tag Landbouwkundig Tijdschr. **70** ('58) 177.

Nekr. *J. Grashuis, Chemisch Weekbl. **58** ('62) 217–19; Landbouwkundig Tijdschr. **74** ('62) 201–05 (m. Bildn.). — *M. Karsemeijer, Tijdschr. Diergeneesk. **87** ('62) 446f. — *L. Seekles, Deutsche tierärztl. Wschr. **69** ('62) 538f.; Jaarb. Rijksuniv. Utrecht **1961/62**, 23–26 (m. Bildn.); Tijdschr. Diergeneesk. **87** ('62) 443–46 (m. Bildn.).

Schriftenverzeichnis Chemisch Weekbl. **35** ('38) 461–67.

Zur Autobiogr. Chemisch Weekbl. **50** ('54) 176. — Landbouwkundig Tijdschr. **50** ('38) 863–68.

S. 13. Internationaler tierärztlicher Kongress, Zürich–Interlaken 1938, **2** (Bern '39) 1256–65: Physiologische Grundzüge für die Ernährung der Haustiere.

W. De diëtetische waarde van groenvoeder ('s-Hertogenbosch '36) 78 S. (Na-Co-Vo-boekje 6). — Over het kunstmatig drogen van gras ('s-Gravenhage '37) 32 S. (Mededeelingen van het Landbouwkundig Bureau der Staatsmijnen in Limburg en N.V. "Mekog"). — Onderzoekingen over de invloed der voeding op gezondheidstoestand, sterfte, voederverbruik en productie van leggende kippen, zomede op de bebroedbaarheid der eieren en op vitamine-A-en carotine-gehalte der eieren en levers. Over de waarde van kunstmatig gedroogde lucernemeel in het ochtendvoeder van kippen en over de betekenis van vitamine A en carotine voor de dieren (m. W. F. Donath) (Rotterdam '40) 35 S. (Mededelingen uit het Instituut voor moderne veevoeding "De Schothorst" te Hoogland bij Amersfoort, Nr. 1). — Onderzoekingen over de oorzaken van afwijkende stevigheid van boter bij weidegang (Rotterdam '43) 16 S. (~ 7). — Onderzoekingen over den invloed der voeding op gezondheidstoestand, sterfte, voederverbruik en productie van leggende kippen, zomede op de bebroedbaarheid der eieren. Voortgezette voederproeven met kippen, in het bijzonder over de betekenis van vitamine A, carotine, vitamine E en lactoflavine (m. W. F. Donath) (Rotterdam '43) 40 S. (~ 8). — Opfokproeven met kuikens in 1940–1941 (m. J. Grashuis, B. Stonebrink) (Rotterdam '43) 10 S. (~ 9). — Het eiwitgehalte van overgangsvoeders voor jonge hennen (m. J. Grashuis, B. Stonebrink) (Rotterdam '43) 12 S. (~ 10). — Bijvoedering van mineralen aan melkkoeien in de weide (m. T. J. de Man, J. Grashuis) (Rotterdam '46) 6 S. (~ 22). — Invloed van het eiwitgehalte van het meelvoeder – al of niet met uitloop op goede, ruime grasrennen – op den gezondheidstoestand, de eierproductie, het voederverbruik en de conditie van leghennen (m. K. Bos) (Rotterdam '46) 19 S. (~ 23). — Vergelijkend onderzoek naar de samenstelling van gras van verschillende groeistadia, zomede van verschillende gedeelten van grasblad (m. T. J. de Man) (Rotterdam '47) 10 S. [m. engl. Zusammenfassg.] (~ 28). — Over de oorzaken en gevolgen van irrationele opname van macro-elementen bij melkkoeien en de behoefte van melkkoeien aan deze elementen (Rotterdam '52) 104 S. (~ 38).

Acta brevia neerl. Physiol., Pharmacol., Microbiol. Zur Pathogenese der Paresis puerperalis. Ein Beitrag über den Zusammenhang zwischen Calciumstoffwechsel und Muskeltonisierung [8])[6]): **2** ('32) 200f. — Der Einfluß von Gravidität und Geburt auf die Zusammensetzung des Blutserums und auf den Tonus des vegetativen Nervensystems [8])[6]): 202–04. — Das Blutbild in der Kaliumnitratvergiftung. Ein Beitrag zur Kenntnis der Methämoglobinbildung im Tierkörper [8]): 226f. — Über Kupferdefizienz bei Pflanzen und Tieren: **3** ('33) 142–44. — Eczema and dermatitis of rats caused by deficiency: **7** ('37) 102–05. — Curing of eczema and dermatitis of rats by means of amino acids of the leucine group: 148–50.

Acta veterin. neerland. Stoffwechselstörungen des Rindes: Untersuchungen über Stoffwechselstörungen und damit zusammenhängende Syndrome des Rindes und des Schafes, ausgeführt im Laboratorium für veterinärmedizinische Chemie der Reichsuniversität zu Utrecht. Zusammenfassender Bericht: **1**, 2 ('33) 128 S.

Archiv wiss. u. prakt. Tierheilkunde Der Herz- und Lungeneffekt von intravenös zugeführtem Calcium in Beziehung zu der Konzentration und dem chemischen Zustand des Calciums im Blutserum nach Versuchen an Rindern [8])[6]): **64** ('32) 536–46. — Untersuchungen über die Ätiologie der Grastetanie, 1: Die Aufnahme, Umsetzungen und Ausscheidung von in Lösung zugeführtem Kaliumnitrat beim Rind; Zusammensetzung des Blutes bei der Nitratvergiftung [8]): **65** ('32) 331–43; ~ 2: Der Einfluß einer Aufnahme von größeren Mengen Eiweißkörper [8]): **66** ('33) 60–69; ~ 3: Die Fütterung von Rindern mit nitrathaltigem Gras; die kombinierte Wirkung von Nitrat und Graseiweiß auf den Mineralbestand des Blutserums [8]): 117–23; ~ 4: Versuche über die allergische Reaktion der Haut bei Rindern und über Sensibilisierung von Kaninchen gegenüber den eiweißfreien Bestandteilen des jungen Grases [8]): **68** ('35) 215–20; ~ 5: Zur Frage der Herabsetzung des Calcium- und Magnesiumgehaltes im Blut durch einen Faktor aus Vegetabilien, sowie durch Blutentnahme, Fasten und Gewebenekrose [8]): 386–96. — Der Einfluß neuro-vegetativer Gifte auf die Herzwirkung des Rindes, 1: Die Wirkung des Adrenalins (Ephedrins) bei graviden und nichtgraviden Kühen und beim Kalbe, sowie in Fällen von Hyper- und Hypocalcämie [8]): **72** ('37/38) 142–50; ~ 2: Das K/Ca-Verhältnis des Blutserums im Zusammenhang mit dem neuro-vegetativen Zustand im Herzen [8]): 191–94.

Biedermanns Zbl. Agrikulturchem. u. ration. Landwirtschaftsbetrieb, Abt. B Die minerale Zusammen-

Bitte Anmerkung auf Seite 4201 beachten!

setzung von Weidegrasproben: **3** ('31/32) 507–19 [m. engl. Zusammenfassg.]. — Untersuchungen über den Natriumbedarf von Kücken und über die Folgen einer fast natriumfreien Fütterung: **7** ('35) 184–97 [m. französ. u. engl. Zusammenfassg.]. — Untersuchungen über die antirachitische Wirkung von bestrahltem Cholesterin bei Kücken [1]): 234–63 [~].

Biochemical J. The vitamin A, carotene and xanthophyll content of the yolk of hens eggs [3]): **34** ('40) 736–48.

Biochemische Z. Die Wirkungsweise des Calciums, 2: Antagonistische Herzwirkung von Calcium und Magnesium bei normalen Kälbern [8])[6]): **244** ('32) 1–4; ~ 3: Die antagonistische Herzwirkung von Calcium und Magnesium bei Rindern mit gestörtem mineralen Regulierungsmechanismus [8])[6]): 5–8; ~ 4: Der Calcium-Magnesium-Antagonismus in der Magnesiumnarkose, nach Versuchen an jungen Kälbern [8]): 167–76; ~ 5: Das autonome Gleichgewicht im Rinderorganismus in Beziehung zu der Zusammensetzung des Blutserums bei experimenteller und pathologischer Hypocalcämie; ein Beitrag zur Kenntnis der Giftwirkung von Oxalsäure- und Citronensäuresalzen nach intravenöser Einspritzung [8])[6]): 258 –67. — Chlorbestimmung auf nassem Wege in organischen Substanzen [2]): **245** ('32) 76–79. — Die Änderungen in der Blutzusammensetzung und im Tonus des vegetativen Nervensystems während der Gravidität und in der Geburtsperiode des Rindes [8])[6]): **249** ('32) 424–37. — Die neuromuskuläre Reizbarkeit in Beziehung zur Biochemie der Minerale, 1: Der Einfluß einer Änderung des Ca/P-Verhältnisses in der Nahrung [8]): **258** ('33) 471–79; ~ 2: Der Einfluß einer Änderung des Ca/P- und Na/K-Verhältnisses in der Nahrung [8]): **262** ('33) 367–79; ~ 3: Die minerale Zusammensetzung von Blutserum und Muskelpreßsaft bzw. deren Ultrafiltraten im Zusammenhang mit der neuromuskulären Reizbarkeit; der Einfluß der Parathyreoidektomie auf das Ca/Mg-Verhältnis des Blutserums [8]): **264** ('33) 316–33. — Kupfermangel als Ursache von Krankheiten bei Pflanzen und Tieren: **267** ('33) 151–56. — Über die Herabsetzung des Magnesiumspiegels des Blutserums in vivo mittels intravenöser Einspritzung magnesiumfällender Substanzen [8]): **272** ('34) 222–26. — Kupfermangel als Ursache von Tierkrankheiten: **295** ('38) 372–76; **296** ('38) 444.

Chemisch Weekbl. Magnesium als Bestandteil des tierischen Organismus: **36** ('39) 591–93 [niederländ.]. — Das Werk von A. I. Virtanen: **42** ('46) 198–203 [~].

Deutsche tierärztl. Wschr. Zur Calciumtherapie bei der Gebärparese des Rindes [8])[6]): **40** ('32) 149f. — Untersuchungen über die Ursachen der Grastetanie und der großen Frequenzzunahme dieser Krankheit: 225–29, 245–50. — Zur Bedeutung des Magnesiums in der Calcium-Magnesium-Therapie der Gebärparese [8]): **44** ('36) 504f. — Lecksucht und Kupfermangel: **46** ('38) 362.

Geneeskundige Bl. Kliniek en Labor. Praktijk Über den Kalium- und Natriumstoffwechsel: **32** ('34) 255–88 [niederländ.].

J. brit. Grassland Soc. On the influence of the composition of pasture herbage on the production of dairy cows and on the benefit of supplementing the grass with protein poor foods: **5** ('50) 179–94.

Klinische Wschr. Der Magnesiumgehalt des Blutes, besonders bei Tetanie [8]): **11** ('32) 989f.

Landbouwkundig Tijdschr. Die Bedeutung der Mineralstoffe für die Ernährung: **44** ('32) 639–55. — Lecksucht: **45** ('33) 722–33. — Futterproduktion und Futterversorgung: **47** ('35) 308–23. — Prof. Dr. G. Grijns zur Pensionierung: 417–20. — Über die Folgen eines niedrigen Natriumgehalts und eines hohen Kochsalzgehalts in Kückenfutter: 434. — Über die antirachitische Wirkung von bestrahltem Cholesterin bei Kücken [1]): 477–82. — Versuche über einige Ernährungsbedürfnisse bei Kückenrassen mit unterschiedlicher Wachstumsgeschwindigkeit [1]): **48** ('36) 75–81. — Ist die Herstellung von Alkohol als Motortreibstoff aus in unserem Land angebauten Gewächsen empfehlenswert?: 679–82. — Soil fertility research: 743–51 [m. engl. Zusammenfassg.]. — Ergebnisse von Stoffwechseluntersuchungen und einige Bemerkungen über die Grundlagen der Futterlehre: **52** ('40) 512–24 [m. deutscher u. engl. Zusammenfassg.]. — Untersuchungen über den Stickstoff-Stoffwechsel, mit besonderer Berücksichtigung der Frage, ob mit dem modernen Weidebau und bei Verwendung bestimmter Winterrationen die Fütterung der Milchkühe den beabsichtigten Erfolg zeitigt: **53** ('41) 1–44, 315–38, 387–441, 579–601, 671–704 [~]. — Bestimmung des Nährwerts von Weidegras durch chemische Analyse [5]): **54** ('42) 69–87 [~]. — Studies on the feeding of dairy cows on pasture and indoors: **58** ('46) 201–26, 317–32, 437–49; **59** ('47) 22–35, 511–31 [m. engl. Zusammenfassg.]. — Iman Gualtherus Jacob van den Bosch †: **61** ('49) 72–74. — The harmonious nutrition of the animal: **62** ('50) 358–61 [m. engl. Zusammenfassg.]. — Causes and consequences of unbalanced intake of macroelements by dairy cows: **63** ('51) 615–21 [~]. — — Alle Arbeiten niederländ.

Naunyn-Schmiedebergs Arch. exper. Pathol. u. Pharmakol. Ein Beitrag zur Pharmakologie des Calciums bei intravenöser Anwendung. Nach Versuchen an Kälbern und Rindern [8])[6]): **164** ('32) 635–40.

Nutrit. Abstr. and Rev. Nutritional and metabolic disorders in cattle: **1** ('32) 621–32.

Recueil Trav. chim. Pays-Bas Bildung von Nitrat, Ammoniak und Fettsäuren aus α-Amino-

Bitte Anmerkung auf Seite 4201 beachten!

säuren, sowie Nitratbildung aus Ammoniumcarbonat durch Oxydation mit Kaliumpermanganat [2]): **52** ('33) 229–33.

Tijdschr. Diergeneesk. Untersuchungen über die Ursachen der Grastetanie: **59** ('32) 57–80, 329–51 [m. deutscher, engl. u. französ. Zusammenfassg.]. — Über die Umstände, die erfahrungsgemäß in der Praxis das Auftreten der Grastetanie beeinflussen: 554–59. — Magnesiummangel als Ursache für die nervöse Reaktion bei der Tetanie: 1052–56 [m. deutscher, engl. u. französ. Zusammenfassg.]. — Die Bereitung von klar bleibenden sterilen Salzlösungen, insbesondere von Calcium- und Magnesiumchlorid: **60** ('33) 82f. — Über die Natur und die Heilung der Lecksucht: 1137–47 [m. deutscher Zusammenfassg.]. — Ist A. T. 10 ein geeignetes Heilmittel zur Verhinderung von Tetanie- und Gebärparese-Rückfällen bei Rindern und zur Heilung leichter Fälle dieser Syndrome?: **61** ('34) 927–29. — Kurze Übersicht über neuere Untersuchungsergebnisse in bezug auf Anämie-Probleme: **62** ('35) 68–76. — Kälbertetanie: 343–53 [m. deutscher, engl. u. französ. Zusammenfassg.]. — Über die Bedeutung des Regulierungsmechanismus: **63** ('36) 423–32, 490–98 [m. deutscher Zusammenfassg.]. — Neue Angaben über durch Vitaminmangel verursachte Tierkrankheiten: 1141–52, 1226–40 [m. deutscher, engl. u. französ. Zusammenfassg.]. — Über Versuche hinsichtlich der Verbesserung der Fortpflanzung mit Getreidekeimen: 1346. — Isoleucin als Antidermatiticum: **64** ('37) 986–88 [m. deutscher u. engl. Zusammenfassg.]. — Die anorganischen Stoffe im gesunden und im kranken Tier: **65** ('38) 589–610. — Über die Weidediarrhoe auf dem Sandboden des Wieringermeerpolders: 1189–98 [m. deutscher, engl. u. französ. Zusammenfassg.]. — Can administration of a potassium salt support the therapeutic treatment of dairy cows in acetonemia, parturient paresis and in related syndroms of muscular paralysis?: **76** ('51) 360–62 [m. engl. Zusammenfassg.], 452. — On the intake of minerals and nitrogen by dairy cows on farms where tetany occurs frequently, and on an explanation of the effect of an infusion of calcium chloride and magnesium chloride in parturient paresis and tetany of dairy cows: **77** ('52) 451–61 [~]. — Untersuchungen über Grastetanie [,1] [4])[7])[5]): **80** ('55) 579–604 [m. engl., französ. u. deutscher Zusammenfassg.]; ~ 2 [7])[4])[5]): 1111–34 [~]. — — Alle Arbeiten niederländ.

Veterinary J. Tetany in calves: **91** ('35) 133–37.

Mit: [1]) W. C. Barbas; [2]) J. W. Dienske; [3]) W. F. Donath; [4]) J. Grashuis; [5]) J. J. Lehr; [6]) F. C. van der Kaay; [7]) E. E. van Koetsveld; [8]) L. Seekles.

VI **SKAU,** Evald Laurids. Chem. (org.-physik.). — 1927–36 Assist. Prof., Trinity College, Hartford, Conn.; '36–39 Consultant; '37–39 Fellow, Int. Cancer Research Foundat., Yale Univ., New Haven, Conn.; '39–67 Principal Chemist and Head of Physic. Chem. Investigations, '67–80 Collaborator (Consultant), Southern Regional Research Labor. → ('73) Southern Regional Research Center, U.S. Departm. of Agric., New Orleans, La. — '55 Silver Medal Award for Superior Service (U.S. Departm. of Agric.); '73 Honor Scroll (Amer. Inst. of Chemists); '75 Distinguished Alumnus (Trinity College, Hartford, Conn.).
*1897, Mai 13, Hartford, Conn.;
†1980, Juli 10, New Orleans, La.

Ehrung Memorial Symposium at the Meeting of the American Oil Chemists' Society, New Orleans, La., 1981.

Bildn. Cotton Gin and Oil Mill Press **65** ('64) 29. — Dyer, Textile Printer, Bleacher and Finisher **117** ('57) 926. — Fibres, Engng. and Chem. **18** ('57) 223.

Nekr. *G. Sumrell, J. amer. Oil Chemists' Soc. **1982** [?]. — Times-Picayune [New Orleans, La.] **1980**, 13. Juli, S. 16 (m. Bildn.).

S. Physical methods of organic chemistry (A. Weissberger) **1** (New York '45) (Technique of organic chemistry 1,1) 1–48, [2]('49) 49–105, [3]('59) 287–355: Determination of melting and freezing temperatures [45]) (3. Aufl.: [46])[45])). — Encyclopedia of chemical technology (R. E. Kirk, D. F. Othmer) **8** (New York '52) 839–57, (H. F. Mark u. a.) **13** [2]('67) 198–217: Melting and freezing temperatures. — Encyclopedia of chemistry (G. L. Clark, G. G. Hawley, W. A. Hamor) (New York '57) 420f.: Freezing point; 582f.: Melting point. — Purity control by thermal analysis. Proc. of the international symposium, Amsterdam 1957 (W. M. Smit) (Amsterdam–London–NewYork '57) 107–13: Freezing point and heating curve behavior for an organic reciprocal salt pair system [23])[29]).

W. Solubility charts for homologous long-chain organic compounds. A comprehensive graphical correlation of literature data for 138 systems involving 11 homologous series and 17 solvents (m. R. E. Boucher) (New Orleans, La. '54) 7 + 69 S. (U.S. Department of Agriculture, Agricultural Research Service, ARS-72-1). — Comprehensive specific gravity tables for mixtures of glyceridic oils with commercial hexane (m. F. C. Magne, R. R. Mod) (New Orleans, La. '55) 8 + 19 S. (~ ARS-72-2).

American Dyestuff Reporter The water repellency of textile fabrics [45])[42]): **34** ('45) 178–82.

Analytica chim. Acta Freezing-point and heating-curve behavior for an organic reciprocal salt pair system [23][29]: **17** ('57) 107–14.

Applied Microbiol. Antimicrobial activity of some N-substituted amides of long-chain fatty acids [49][50][29][23]: **18** ('69) 1050–56.

Bull., Soc. chim. Belgique Purification et propriétés physiques de composés organiques, 5: La chaleur spécifique des phases solide et liquide au point de congélation comme critère de pureté: **43** ('34) 287–98.

Industrial and Engng. Chem. Viscosities and densities of solvent – vegetable oil mixtures [23]: **37** ('45) 1097–101. — General density equation for glyceridic oil–solvent mixtures. Calculation of density–composition–temperature data from oil and solvent densities [23][29][11]: **47** ('55) 1043–49. — Some N-disubstituted amides of long-chain fatty acids as vinyl plasticizers [23][29]: **50** ('58) 617f.

Industrial and Engng. Chem., Analyt. Edit. A rapid volumetric method for determination of sulfur in coal and coke. Comparison of a modified benzidine method with the standard methods [31]: **5** ('33) 180–82. — Colored chromatograms with higher fatty acids [13]: **15** ('43) 340f. — Determination of the pH of textile materials [45]: 616–18. — Purification of solvents for absorption spectroscopy. An adsorption method [13][32]: **16** ('44) 556f.

Analytical Chem. Methods for determination of cyclopropenoid fatty acids [,3]: Infrared absorption method [23][1][24][27]: **36** ('64) 681f.

Industrial and Engng. Chem., Product Res. Development Preparation and plasticizing characteristics of some N,N-disubstituted amides of erucic and crambe acids [29][23][48][52][53]: **8** ('69) 176–82. — Preparation and preliminary evaluation of N,N-disubstituted fatty acid amides [47][23][29][51]: **9** ('70) 42–46.

J. amer. chem. Soc. The purification and physical properties of organic compounds, 7: The effect of impurities on the apparent heat of fusion: **57** ('35) 243–46; ~ 10: The freezing-point diagram for the system acetanilide–propionanilide [39]: 2437f.; ~ 12: The lower aliphatic bromides [25]: 2439f. — The preparation and photochemical oxidation of 2,4-cholestadiene [3]: **60** ('38) 986f. — A tensiometric method for evaluating surface wettability by measurement of the contact angle [45]: **67** ('45) 268–72. — Molecular compound formation between acetamide and long-chain saturated fatty acids [23]: **74** ('52) 2628–30. — Binary freezing-point diagrams for palmitic acid with substituted acetamides and other amides [23][17][29]: 2793–95. — The x-ray diffraction and infrared spectra of molecular compounds of acetamide and long-chain saturated fatty acids [32][29][30]: **77** ('55) 892–95; x-Ray diffraction of molecular compounds of long-chain saturated fatty acids, 2: Some further observations on the diffraction of molecular compounds of acetamide and long-chain saturated fatty acids [32][29][30][23]: **79** ('57) 5129–32.

J. amer. Oil Chemists' Soc. Density–composition data for cottonseed oil – solvent mixtures [23][17]: **27** ('50) 552–55. — Phase relations pertaining to the solvent winterization of cottonseed and peanut oils in acetone [9][7][2]: 556–64. — Phase relations pertaining to the solvent winterization of cottonseed oil in hexane and in acetone–hexane mixtures [4]: **28** ('51) 483–87. — Phase relations pertaining to the solvent winterization of peanut oil in acetone–hexane mixtures [4]: 501–04. — Phase relations in the solvent winterization of molecularly rearranged peanut oil and cottonseed oil [4]: **29** ('52) 382–85. — Phase relations in the solvent winterization of cottonseed oil in 85–15 acetone–hexane mixture at reduced holding-times [4]: 455f. — Density–composition–temperature data for rice bran oil – commercial hexane miscellas [23][11]: **30** ('53) 8f. — Phase equilibrium data pertaining to the extraction of cottonseed oil with ethanol and 2-propanol [23]: 288–91. — Binary freezing-point diagrams for α- and β-eleostearic acids with each other and with acetamide [29][36]: 368–71. — Solubility of hydrogenated peanut oil in peanut oil [23][12]: **31** ('54) 113f. — Phase relations pertaining to the solvent winterization of crude peanut oil in 85–15 acetone–hexane mixture [4]: 268–70. — Phase behavior in the solvent winterization of crude cottonseed oil in 85–15 acetone-hexane mixture as related to reduction in refining loss and color [4]: **32** ('55) 497–501. — Purification of long-chain saturated fatty acids by recrystallization of their molecular compounds with acetamide [23][29]: **34** ('57) 127–29. — Preparation of pure palmitic acid and a by-product plasticizer from cottonseed oil [23][29]: **35** ('58) 477–79. — Freezing-point behavior of the ternary reciprocal salt pair system involving the cyclohexylamine and morpholine salts of stearic and palmitic acids [29][23]: 688–91. — Binary freezing-point diagrams for palmitic acid with various amines and with 2,6-dimethyl-γ-pyrone [29][23]: **36** ('59) 102f. — Preparation and characterization of a number of amine salts of long-chain fatty acids [29][23]: 616–19. — Fatty acid morpholides as plasticizers for vinyl chloride resins, 2: The morpholides of selectively hydrogenated and of epoxidized cottonseed fatty acids [23][29]: **38** ('61) 291–93; ~ 3: Ternary compatibility–composition diagrams for the oleic–linoleic–stearic and oleic–linoleic–palmitic systems [23][29]: 294–96. — Effect of extraction temperature and refining on the Halphen-test response of cottonseed oil [1][23][35]: 505f. — Freezing-point behavior of the ternary reciprocal salt pair system involving the morpholine and 2,2′-dipyridylamine salts of stearic and palmitic acids [29])

[23]): **39** ('62) 444–47. — Reaction of cyclopropenoid fatty acid derivatives with hydrogen halides [1][23][6]): **40** ('63) 69f. — N,N-Bis(2-acyloxyethyl)amides of long-chain fatty acids as plasticizers [23][29]): 541–45. — Methods for the determination of cyclopropenoid fatty acids, 1: Aqueous hydrochloric acid method [23][14]): 716f.; ~ 2: A stepwise hydrogen bromide titration method for cyclopropenoid and epoxy derivatives [14][23]): 718–20; ~ 4: Application of the stepwise HBr titration method to the analysis of refined and crude cottonseed oils [14][23]): **41** ('64) 309–11; ~ 5: A spectrophotometric method for cottonseed oils based upon the Halphen-test reaction [1][35][23]): **42** ('65) 422–24; ~ 6: A direct infrared absorption method [1][6]): 637f.; ~ 7: The dilution-HBr-titration technique as a general method [23][14][35]): **43** ('66) 519–24. — The preparation and plasticizing characteristics of the piperidides of long-chain fatty acids and N-fatty acyl derivatives of other cyclic imines [29][23]): **41** ('64) 237–40. — The preparation and plasticizing characteristics of the N,N-bis-(2-alkoxyethyl)amides of long-chain fatty acids [29][23]): 781f. — Cyclopropenoid fatty acid content and fatty acid composition of crude cottonseed oils from successive solvent extractions [1][37]): **42** ('65) 173f. — N,N-Dialkylamides of long-chain fatty acids as plasticizers [29][23]): 941–44. — Cyclopropenoid fatty acid content and fatty acid composition of crude oils from twenty-five varieties of cottonseed [1][14][19]): **43** ('66) 107–10. — Oxyluminescence of fatty natural substances [35][44]): 422f. — Relationship between the calculated glyceride composition and the iodine value of cottonseed and pecan oils [1][14]): **44** ('67) 117f. — Preparation and plasticizing characteristics of a series of symmetrical and unsymmetrical N,N-disubstituted oleamides [23][29]): 235–38. — Quantitative determination of cyclopropenoid fatty acids in cottonseed meal [22][38][33][8]): 249–52. — A new polymorphic form of elaidic acid [14][29][28]): 737–39. — Solid–liquid phase relations of some normal long-chain fatty acids in N,N-dimethylacetamide and N,N-dimethylformamide [14][1]): **45** ('68) 183f. — Plasticizing characteristics of some N,N-dimethylamides and ester amides of long-chain fatty acids [29][23]): 385–87. — Plasticizing characteristics of some fatty acid morpholides and morpholide-hydrocarbon extender blends [23][29]): 567–70. — Apparatus for low-temperature solubility and freezing-point determination by the thermostatic sealed tube method [14][1]): 639f. — Antimicrobial activity and physical characteristics of some N,N-disubstituted decanamides [49][50][29][23]): **46** ('69) 249–51. — Correlation of solubility data, 3: The isopleth reference method for predicting solubility data for long chain homologous and analogous compounds [1][14]): 583–87; ~ 4: Prediction of solubilities of homologous and analogous long chain compounds in related solvents: **47** ('70) 233–36. — Binary freezing point behavior of some saturated and unsaturated fatty acid methyl esters with methyl heptadecanoate [1][14]): **48** ('71) 170–72. — Binary freezing-point determinations for fatty acid – fatty acid ester mixtures [1][14]): **49** ('72) 340f. — The x-ray diffraction of molecular compounds of 2-aminopyridine with long-chain saturated and unsaturated fatty acids [29][23][32]): 485–88. — Preparation and properties of oxalic acid salts of C_{18} saturated and unsaturated fatty amides [29][23]): **50** ('73) 126f. — Average increase in chain length of crystalline long-chain compounds per carbon atom: 245–48. — Mutual solubilities of some fatty acid methyl esters [1][14][51]): **51** ('74) 278f. — Centrifugal filter: **53** ('76) 671f. — Determination of oil and lipids in cottonseed meal [8]): **55** ('78) 270f.

J. appl. Physics [USA] A comparison of some elastic properties of tire cords [45][16]): **16** ('45) 388–401.

J. chem. Engng. Data Pure acid-free amides of C_{18} fatty acids; their preparation and binary freezing-point behavior [29][23]): **5** ('60) 478f. — Binary freezing-point behavior of some N-substituted amides of palmitic, stearic, oleic, and linoleic acids [29][23]): **7** ('62) 31f. — Freezing-point behavior of the ternary reciprocal salt pair system involving the cyclohexylamine and 2,2'-dipyridylamine salts of stearic and palmitic acids [23][29]): 598–600. — Solubilities of the cyclohexylamine salts of the odd and even normal C_{10} to C_{20} fatty acids in benzene, methanol, and acetone [29][14]): **12** ('67) 108–10. — Binary freezing-point behavior of some normal octadecenoic acids [29][14]): **13** ('68) 115–17. — Binary freezing-point diagrams for a number of long-chain fatty acids in dimethyl sulfoxide [1][14]): 265–67. — Binary freezing-point diagrams for some methyl ketones and their complete solubilities in acetone, methanol, benzene, and carbon tetrachloride [1][28]): **15** ('70) 542–46. — Solubilities of some normal saturated and unsaturated long-chain fatty acid methyl esters in acetone, n-hexane, toluene, and 1,2-dichloroethane [1][14]): 583–85. — Binary freezing-point behavior of methyl and ethyl esters of positional and geometric isomers of octadecenoic acid [1][14]): **16** ('71) 473–75. — Preparation and properties of the 6-octadecenamides [29][14][28]): **25** ('80) 88f. — x-Ray diffraction data for some amine salts of long-chain fatty acids and related compounds [29][28]): 305–07.

J. Chim. physique Purification et propriétés physiques des composés organiques [,3]: La chaleur spécifique des corps solides un peu au-dessous de leur point de fusion comme critère de pureté: **31** ('34) 366–82.

J. med. Chemistry Hexachlorocyclopentadiene adducts of unsaturated amides [29][23][51]): **13** ('70) 332. — Quaternary ammonium salts of tertiary aminoalkyl amides [29][23][51]): **14** ('71) 558–60.

Bitte Anmerkung auf Seite 4201 beachten!

J. org. Chemistry The chemistry of unsaturated steroids, 4: The preparation and photochemical oxidation of 2,4-cholestadiene [3]: **3** ('38) 166–74; ~ 5: Rearrangements and structure of steroid peroxides [3][15]: **4** ('39) 29–39; ~ 7: The action of perbenzoic acid on 2,4-cholestadiene [3]: **5** ('40) 439–42.

J. physic. Chem. Some errors inherent in the usual determination of the binary freezing-point diagram [41]: **37** ('33) 183–96. — The freezing-point–solubility relations of geometrical isomers, 2: The dynamic isomerism of the anisaldoximes [41]: 197–207. — The purification and physical properties of organic compounds, 2: The freezing points of some of the thermometer calibration standards for low temperatures of the Bureau International des Etalons Physico-Chimiques: 609–14; ~ 6: Some applications and limitations of the specific heat method as a "non-comparative criterion of purity": **39** ('35) 541–44; ~ 9: Some binary freezing-point diagrams and a study of their ideality: 761–67. — Physical-chemical investigations of goldenrod rubber, 1: The "precipitation value" and its significance in characterization and evaluation of natural rubbers [40][20][43]: **49** ('45) 281–94; ~ 2: The "precipitation value" as affected by irradiation in the presence of various rubber antioxidants and other reagents [20][40]: 295–303; ~ 3: The fractionation of goldenrod and other natural rubbers [40][20][43]: 304–15; ~ 4: Increase in viscosity and formation of photogels by irradiation of goldenrod rubber in the absence of oxygen [13]: 1–4. — Binary freezing-point diagrams for acetamide with oleic and elaidic acids [29]: **56** ('52) 1016f. — An interpolative method of calculating solubilities of missing members of homologous series [4]: **58** ('54) 460–68. — Binary freezing-point diagrams for 2-aminopyridine with saturated and unsaturated long-chain fatty acids [29]: **60** ('56) 963–65. — Binary freezing-point diagrams for palmitic acid with a series of substituted 2-aminopyridines [29][23]: 1651–54. — Correlation of solubility data for long-chain compounds, 2: The isopleth method of predicting solubilities of missing members of homologous series [1]: **63** ('59) 2047–54. — Freezing-point data for a portion of the ternary system: acetamide–palmitic acid–stearic acid [29][23]: **64** ('60) 1613–16.

J. Textile Inst. Utilization research to improve and control the quality of cotton textile products [10][34]: **48** ('57) P453–P466.

Proc. amer. Acad. Arts and Sci. The purification and physical properties of organic compounds, 1: The interpretation of time–temperature curves in freezing-point determinations and as a criterion of purity: **67** ('33) 551–76.

Proc. nation. Acad. Sci. USA The purification and physical properties of chemical compounds, 4: A development of a theoretical basis for the behavior of controlled time–temperature curves [21]: **19** ('33) 943–47.

Rubber Chem. and Technol. Physical-chemical investigations of goldenrod rubber, 4: Increase in viscosity and formation of photogels by irradiation of goldenrod rubber in the absence of oxygen [13]: **18** ('45) 685–87.

Science [USA] Application of mercury-intrusion method for determination of pore-size distribution to membrane filters [16]: **120** ('54) 805f.

Textile Res. J. The possible contribution of shape to the swelling and moisture-sorption behavior of cotton fiber at the saturation point: **16** ('46) 556–63. — Pore-size distribution in textiles [7][45][16]: **19** ('49) 547–55. — Simple expressions for the circularity and fullness of fibers: **21** ('51) 14–17. — Pore-size distribution in a selected series of closely woven fabrics [16]: 419–27. —• Nonfreezing water and nonfreezing benzene capacities of cottons and modified cottons [23]: **22** ('52) 748–56. — Interfiber pore-size distribution in lint cotton [16][5]: **23** ('53) 798–803. — The effect of partial acetylation on the pore-size distribution of cotton fabrics [16][4]: **26** ('56) 263–71. — Acid and alkali resistance of partially acetylated cotton fabrics [16][18]: **27** ('57) 400–11. — A method for measuring yarn softness and its use to show the effect of single and ply twist on the softness of 31/2 cotton yarns [16][5]: **28** ('58) 207–12. — Topochemical mechanisms involved in the preparation and deacetylation of partially acetylated cottons [1][16]: 861–73. — Iodine sorption value of some chemically modified cottons [1][16]: 895f. — Moisture regain of tightly woven cotton fabrics [16]: **29** ('59) 96f.

Trans. Faraday Soc. Purification and physical properties of organic compounds, 8: A contribution to the thermal study of liquid crystal formation [26]: **31** ('35) 478–80.

Mit: [1]) A. V. Bailey; [2]) L. F. Banowetz; [3]) W. Bergmann; [4]) R. E. Boucher; [5]) W. A. Boudreau; [6]) G. J. Boudreaux; [7]) E. G. Burleigh, jr.; [8]) A. F. Cucullu; [9]) W. N. Dopp; [10]) M. Dupré; [11]) R. L. Durr; [12]) A. F. Freeman; [13]) M. M. Graff; [14]) J. A. Harris; [15]) F. Hirschmann; [16]) E. Honold; [17]) E. J. Hughes; [18]) E. J. Keating; [19]) T. Kerr; [20]) F. B. Kreeger; [21]) W. H. Langdon; [22]) R. S. Levi; [23]) F. C. Magne; [24]) E. R. McCall; [25]) R. McCullough; [26]) H. F. Meier; [27]) S. H. Miles; [28]) D. Mitcham; [29]) R. R. Mod; [30]) M. D. Murray; [31]) I. L. Newell; [32]) R. T. O'Connor; [33]) H. J. O'Neill; [34]) R. M. Persell; [35]) R. A. Pittman; [36]) R. W. Planck; [37]) W. A. Pons, jr.; [38]) H. G. Reilich; [39]) L. F. Rowe; [40]) W. J. Runckel; [41]) B. Saxton; [42]) W. B. Strickland; [43]) M. A. Sullivan; [44]) V. W. Tripp; [45]) H. R. Wakeham; [46]) J. C. Arthur; [47]) L. W. Mazzeno, jr.; [48]) H. J. Nieschlag; [49]) A. F. Novak; [50]) J. M. Solar; [51]) G. Sumrell; [52]) W. H. Tallent; [53]) I. A. Wolff.

V, VI **SKINNER,** Clarence Aurelius. Physik. — 1919–41 Chief of Optics Divis., Nation. Bureau of Standards, Washington, D.C.
*1871, Jan. 6, Loudoun Co., Va.;
†1961.

Scientific Monthly The work of the Bureau of Standards in light and heat: **37** ('33) 273–79.

V, VI **SKINNER,** Ernest Brown. Math. — 1892–95 Instructor, 1895–1910 Assist. Prof., '10–20 Assoc. Prof., '20–34 Prof., '34 Prof. Emer., Univ. of Wisconsin, Madison, Wis.; Dir., University Avenue Bank, Madison, Wis.; '20–29 Pres., Madison Board of Educat.; '22–23 Chairman of Board of Directors, McCormick Theol. Seminary, Chicago, Ill. — '32 Hon. LL.D. (Ohio Univ., Athens, O.).
*1863, Dez. 12, Redfield, Perry Co., O.;
†1935, Apr. 3, Madison, Wis.

Nekr. *R. E. Langer, American math. Monthly **42** ('35) 535–37. — *E. B. van Vleck, Bull. amer. math. Soc. **41** ('35) 593f. — Scripta math. [USA] **3** ('35) 275.

W. Introduction to trigonometry and analytic geometry (New York '32) 11 + 189 S.

IV–VI **SKINNER,** Sidney. Chem., Physik. — 1904–28 Principal, Chelsea College of Sci. and Technol., Chelsea, S. W. (☒)
*1863, Aug. 23, London;
†1944, Nov. 5, Letchworth, Herts.

Todesanzeige Chemistry and Industry **1944**, 400.

VI **SKOBEL'CYN,** Dmitrij Vladimirovič. Physik. — 1911–15 Stud., '15–17 Aspirant, Univ. Petersburg → Petrograd; '16–31 Assist., '32–34 Doz., '34–38 Prof., Polytechn. Inst. Petrograd → Leningrad; '25–39 wiss. Mitarbeiter → Laborleiter, Physikal.-Techn. Inst., Leningrad; '29–31 Mitarbeiter am Radium-Inst., Paris; '34 Dr. d. physik.-math. Wiss.; '37 wiss. Arbeitsleiter, '38 Leiter d. Abteilg. f. Kosmische Strahlung, '40–51 Leiter d. Atomkern-Labor., '49–51 Leiter d. Abteilg. Kernphysik, '51–73 Dir., '73 Konsulent, Physik. Inst. d. Akad. Wiss. UdSSR, Moskva; '40–60 Leiter d. Lehrstuhls ('46–60 Dir. d. Inst.) f. Kernphysik, Staatsuniv. Moskva. — '62 Dr. h. c. (Univ. de la Habana, Cuba). — '36 Mendeleev-Preis, '52 Goldmedaille "S. I. Vavilov" (Akad. Wiss. UdSSR); '44, '45 Rotbanner-Orden, '49, '52, '62, '69, '72, '75 Lenin-Orden, '51 Staatspreis I. Kl., '60, '75, '82 Leninpreis, '69 Ehrentitel "Held d. sozialist. Arbeit" (UdSSR); '59 Joliot-Curie-Silbermedaille (Weltfriedensrat).
*1892, Nov. 24 (12), Petersburg.

Zum 60. Geb.tag Usp. fizič. Nauk **49** ('53) 297–99 (m. Bildn.). — Ž. ėksper. i teoret. Fiziki **23** ('52) 485–87 (m. Bildn.).

Zum 70. Geb.tag *O. Razumovskij, Kul'tura i Žizn' **1962**, Nr. 11, 39f. — *V. I. Veksler, Usp. fizič. Nauk **78** ('62) 539–44 (m. Bildn.).

Zum 80. Geb.tag *N. G. Basov, *S. N. Vernov, *A. I. Isakov, Usp. fizič. Nauk **108** ('72) 771f. (m. Bildn.).

Zur Biogr. *K. Andreev, Die Enträtselung der kosmischen Strahlen: Ogonek **1951**, Nr. 13, S. 12 [russ.] (m. Bildn.). — *V. A. Leškovcev, Fizika v Škole **1961**, Nr. 1, 24f. (m. Bildn.). — *V. L'vov, Strahlen aus dem Kosmos: Neva **1959**, Nr. 12, 164f. [russ.] (m. Bildn.). — In: Obščee sobranie Akademii nauk SSSR 29 nojabrja – 4 dekabrja 1946 goda [Hauptversammlung der Akademie der Wissenschaften der UdSSR 29. 11.–4. 12. 1946] (Moskva–Leningrad '47) 82f. (m. Bildn.). — In: Deputaty Verchovnogo Soveta SSSR. Pjatyj sozyv [Deputierte des Obersten Sowjets der UdSSR. 5. Einberufung] (Moskva '59) 365 (m. Bildn.). — Annuaire, Inst. France, Acad. Sci. **1965**, 161. — Strahlen aus dem Weltall: Ogonek **1958**, Nr. 14, 14–16 [russ.] (m. Titelbild). — Vestn. Akad. Nauk SSSR **1947**, Nr. 1, S. 95 (m. Bildn.); **1951**, Nr. 6, 48f.

Zur Biobibliogr. Dmitrij Vladimirovič Skobel'cyn (Biogr. von *S. N. Vernov, *N. A. Dobrotin, *G. T. Zacepin; Bibliogr. von *T. O. Vreden-Kobeckaja) (Moskva '62) 50 S. (m. Bildn. u. Faks.) (Materialy k biobibliografii učenych SSSR, Serija fiziki, 15).

H. (Redakt.) *V. Veksler, *L. Grošev, *N. Dobrotin, Ėksperimental'nye metody jadernoj fiziki [Experimentelle Methoden der Kernphysik] (Moskva–Leningrad '40). — (Redakt.) *V. I. Veksler, Uskoriteli atomnych častic [Teilchenbeschleuniger] (Moskva '56). — (Hauptredakt.) Frederik Žolio-Kjuri, Izbrannye trudy; Frederik i Iren Žolio-Kjuri, Sovmestnye trudy [Ausgewählte Arbeiten von Frédéric Joliot-Curie und gemeinsame Arbeiten von Frédéric und Irène Joliot-Curie] (Moskva '57); darin eig. Beitr. S. 3–8: Zur Herausgabe der Arbeiten F. Joliot-Curies in russischer Sprache [russ.].

HZ. (Hauptredakt.) Trudy fizič. Inst., Akad. Nauk SSSR **6** ('55)–**73** ('74).

Bitte Anmerkung auf Seite 4201 beachten!

S. Atomnoe jadro [Der Atomkern] (Leningrad–Moskva '34) 65–118: Die Probleme der kosmischen Strahlen [russ.]. — Tezisy dokladov gruppy fizikov Majskoj sessii Akademii Nauk SSSR [Thesen der Vorträge der Gruppe der Physiker auf der Mai-Sitzung der Akademie der Wissenschaften der UdSSR] (Leningrad '35) 1–3: Anregung der Positronenemission bei Absorption von β-Strahlen [russ.] [18]). — Trudy Vsesojuznoj konferencii po izučeniju stratosferi [Arbeiten der Unionskonferenz über die Erforschung der Stratosphäre], 1934 (Leningrad–Moskva '35) 401–12: Der gegenwärtige Stand des Problems "Kosmische Strahlen". — Tezisy dokladov na II Vsesojuznoj konferencii po atomnomu jadru [Thesen der Vorträge auf der 2. Unionskonferenz über den Atomkern] (Moskva–Leningrad '37) 8f.: Anomale Erscheinungen, die die Absorption schneller β-Strahlen begleiten [russ.]. — Bol'šaja sovetskaja ėnciklopedija [Große Sowjetenzyklopädie] **34** (Moskva '37) 413–20: Kosmische Strahlen [russ.]; **3** [2]('50) 432–34: Atombombe [16]) [~]; 437–51: Atomenergie [6]) [~]. — Matematika i estestvoznanija v SSSR. Očerki razvitija matematičeskich i estestvennych nauk za dvadcat' let [Mathematik und Naturwissenschaften in der UdSSR. Skizzen zur Entwicklung von Mathematik und Naturwissenschaften seit 20 Jahren] 1917–1937 (Moskva–Leningrad '38) 177–205: Das Problem des Atomkerns [russ.]. — Dosjagnennja radjans'kych fizykiv. Chrestomatija [Leistungen sowjetischer Physiker; eine Chrestomathie] (O. K. Babenko, M. J. Rozenberg) (Kyïv '50) 171–76: Kosmische Strahlen [ukrain.] (m. Bildn.). — Pamjati Sergeja Ivanoviča Vavilova [Sergej Ivanovič Vavilov zum Gedenken] (Moskva '52) 292–306: Zerfall instabiler Teilchen im Fluge und "anomale" Streuung von β-Strahlen [russ.]. — III Vsesojuznaja konferencija storonnikov mira [3. Unionskonferenz der Friedensbewegung] (Moskva '52) 113–16: Ansprache [russ.]. — Proischoždenie kosmičeskich lučej. Trudy III Soveščanija po voprosam kosmogonii [Die Herkunft der kosmischen Strahlen. Arbeiten der 3. Konferenz über Fragen der Kosmogonie], 1953 (V. A. Ambarcumjan) (Moskva '54) 7–9: Eröffnungsansprache [russ.]. — Sovetskij letčik - pervyj kosmonavt [Ein sowjetischer Pilot - der erste Kosmonaut] (Moskva '61) 94f.: Das bedeutendste Ereignis der Gegenwart [russ.]. — C.R. Congrès international de physique nucléaire, Paris 1964: 30ᵉ Anniversaire de la découverte de la radioactivité artificielle (P. Gugenberger) **1** (Paris '64) 34–: Ansprache auf der Festsitzung am 3. Juli 1964 [ ]. — Voprosy matematičeskoj fiziki: K 75 letiju G. A. Grinberga [Fragen der mathematischen Physik: Zum 75. Geburtstag von G. A. Grinberg] (V. M. Tučkevič) (Leningrad '76) 21–35: Zum Problem des Impuls-Energie-Tensors des elektromagnetischen Feldes [russ.]. — Problemy sovremennoj fiziki. Sbornik statej k 100-letiju so dnja roždenija A. F. Ioffe [Probleme der modernen Physik. Sammlung von Aufsätzen zum 100. Geburtstag von A. F. Ioffe] (Leningrad '80) 339–56: Zwei paradoxe Episoden aus der Geschichte der Physik [russ.].

W. Kosmičeskie luči [Kosmische Strahlen] (Leningrad–Moskva '36) 329 + 2 S. — Rentgenostereoskopija i stereometrija [Röntgen-Stereoskopie und Stereometrie] (Moskva–Leningrad '43) 47 S. — Paradoks bliznecov v teorii otnositel'nosti (Moskva '66) 192 S.; deutsch: Das Zwillingsparadoxon in der Relativitätstheorie (Berlin '72) 226 S.

Analele romino-soviet., Ser. Mat.-Fizică Das physikalische Institut "P. N. Lebedev" der Akademie der Wissenschaften der UdSSR [5]): **12** ('58) Nr. 4, 95–120 [rumän.].

Bull. atom. Scientists A chain reaction of errors: **14** ('58) 246–49.

C.R. (Dokl.) Acad. Sci. URSS La diffusion électronique des rayons-béta rapides: **21** ('38) 427–30. — Le mécanisme anormal de diffusion et d'absorption des rayons-béta: 431–35. — On the soft component of cosmic radiation in connexion with the problem of mesotron disintegration [20]): **26** ('40) 33–36. — On space distribution of particles in "Auger showers": **37** ('42) 14–19. — Altitude dependence of "Auger showers" and the primary spectrum of cosmic radiation: 52–57. — "Trunk" beams of the Auger showers as observed by the method of coincidences: **41** ('43) 57–62. — Density of the stream of particles in the cores ("Trunk" beams) of Auger showers: **42** ('44) 388–92. — Ionization bursts (Hoffmann-Stöße) and Auger showers as related to altitude: **44** ('44) 142–46. — On the origin of ionization bursts (Hoffmann-Stöße) observed at high elevations: 186–90.

Dokl. Akad. Nauk SSSR Über extrem breite atmosphärische Schauer kosmischer Strahlung: **67** ('49) 45–48 [russ.]. — Über den Gang der "Korrelationskurve" der Auger-Schauer auf große Entfernungen: 255–58 [~]. — Über die Struktur anomal breiter atmosphärischer Schauer kosmischer Strahlung [21]): **73** ('50) 1157–60 [~].

C.R. hebd. Séances Acad. Sci., Paris Répartition angulaire des rayons ultrapénétrants (rayons cosmiques): **194** ('32) 118–21. — Sur le spectre des rayons γ des dérivés du radiothorium: 1486–88. — Sur le degré d'homogénéité des rayons γ filtrés de ThC″ et la vérification de la formule de Klein-Nishina: 1568–71. — Sur l' effet Compton de rayons γ très durs du ThC″: 1914–17. — Sur le mécanisme des phénomènes de rayonnement ultrapénétrant (rayons cosmiques): **195** ('32) 315–17.

C.R. hebd. Séances Acad. Sci., Paris, Sér. B Sur l'impulsion-énergie du photon et l'équilibre thermodynamique du champ de radiation dans le milieu réfringent: **280** ('75) 251–54. — Sur les postulats d'Einstein concernant l'émission induite de la lumière

Bitte Anmerkung auf Seite 4201 beachten!

dans un milieu réfringent et le tenseur d'impulsion-énergie du champ de radiation dans ce milieu: 287–90.

Élektričestvo [Moskva] Albert Einstein † [14][19][7][9][12][4]: **1955**, Nr. 6, 85f. [russ.].

Gospital'noe Delo Röntgen-Stereometer zur Bestimmung der Tiefe der Lagerung von Fremdkörpern [2]: **1943**, Nr. 11/12, 45–47 [russ.].

Istoria i Metodol. estestvenn. Nauk Ansprache auf dem Internationalen Kongreß für Kernphysik, Paris 1964 [Würdigung von Irène und Frédéric Joliot-Curie]: Nr. **6** ('68) 3–7 [russ.].

Izvest. Akad. Nauk SSSR, Ser. fizič. Diskussionsbeitrag zu dem Vortrag von I. E. Tamm: "Das Problem des Atomkerns": **1936**, 324–30 [russ.]. — Anomalous phenomena in the scattering of fast β-particles: 651–61 [russ. m. engl. Zusammenfassg.]. — Diskussionsbeitrag zum Vortrag von L. V. Grošev und I. M. Frank: "Paarbildung in Krypton durch γ-Strahlen": **1938**, 67–69 [russ.]. — Les phénomènes anormaux accompagnants l'absorption de rayons-β rapides: 75–90 [russ. m. französ. Zusammenfassg.]. — Diskussionsbeiträge zum Vortrag von P. Auger: "Zwei Gruppen kosmischer Strahlen": 126, 129–33 [russ.]. — Les rayons-δ normaux et anormaux: 759f. [russ. u. französ.]. — The present state of the problem of nature and constitution of the cosmic rays: **4** ('40) 233–47 [russ. m. engl. Zusammenfassg.]. — Auger-Schauer und Hoffmannsche Ionisationsstöße: **8** ('44) 211f. [russ.]. — Die grundlegenden Ergebnisse der Pamir-Expedition zum Studium der kosmischen Strahlen: **9** ('45) 250–58 [~]. — Eröffnungsansprache [auf der Konferenz über kosmische Strahlen, 11.–13. Juni 1952]: **17** ('53) 9–12 [~].

J. Physics, Acad. Sci. USSR The main results of the Pamir cosmic rays expedition: **9** ('45) 151.

J. Physique et Radium La production d'électrons positifs par les rayons β [18]: (7) **6** ('35) 1–11.

Kvantovaja Élektronika [Moskva] Aleksandr Michajlovič Prochorov – zum 60. Geburtstag [3]: **3** ('76) 1617–19 [russ.].

Magyar fizikai Folyóirat Über eine neue Art sehr schneller β-Strahlen: **6** ('58) 611–26 [ungar.].

Mecniereba da Techn. Forscher und Kämpfer [Frédéric Joliot-Curie zum 50. Geburtstag]: **1950**, Nr. 5, 25f. [grusin.].

Meždunarodnaja Žizn' Brief an die Redaktion [aus Anlaß einer Reihe von Aufsätzen des englischen Physikers P. M. S. Blackett „Die britische Politik und die Wasserstoffbombe"]: **1954**, Nr. 2, 111–17 [russ.]. — Zum Problem des Wettrüstens und zur Abrüstung: **1958**, Nr. 6, 90–94 [~].

Nature [London] Positive electron tracks: **133** ('34) 23f. — New source of positive electrons [18]: 565. — Production of positive electrons by β-particles [18]: 646. — Anomalous absorption of β-rays [18]: **137** ('36) 234. — Production of positrons by β-rays [18]: 272. — Scattering of fast β-rays [18]: 456.

Novoe Vremja Der erste Schritt zum Kernwaffenversuchsverbot: **1957**, Nr. 22, S. 3 [russ.]. — Aufruf gegen Atomkriegsdrohung: Nr. 37, 4f. [~].

Ogonek Kosmische Strahlen: **1950**, Nr. 16, 22f. [russ.].

Pensée La découverte de la radioactivité artificielle et son rôle dans le développement de la physique depuis vingt ans: Nr. **56** ('54) 3–13. — Frédéric Joliot-Curie et les découvertes fondamentales du XXe siècle: Nr. **87** ('59) 43–48.

Physical Rev. Atmospheric showers and bursts: **70** ('46) 441f. — The lateral extension of Auger showers [21][13]: **71** ('47) 315–17.

Priroda [SSSR] Aufruf sowjetischer Wissenschaftler für ein Verbot der Atomwaffen und für die Einstellung der Atomwaffenversuche: **1957**, Nr. 12, 3–6 [russ.]. — Die kosmischen Strahlen: **1962**, Nr. 6, 3–13 [~]. — Die Geburt der Quantenphysik (Zum 80. Geburtstag von Max Planck): **1975**, Nr. 12, S. 76 [~].

Socialističeskaja Rekonstr. i Nauka Kosmische Strahlen: **1936**, Nr. 7, 32–49 [russ.].

Sowjetwissenschaft Die Natur der kosmischen Strahlung: **1951**, Nr. 1, 99–118.

Technika — Molodeži Über die Natur der kosmischen Strahlen: **1950**, Nr. 4, 1–4 [russ.].

Trudy fizič. Inst., Akad. Nauk SSSR G. Ch. Frank-Kameneckij †: **2** ('42) Nr. 2/3, 5f. [russ.]. — Grigorij Samuilovič Landsberg †: **9** ('58) 3 [~].

Usp. fizič. Nauk Über die Arbeiten der Pamir-Expedition des Physikalischen Instituts der Akademie der Wissenschaften im Jahre 1944 zur Untersuchung der kosmischen Strahlung: **28** ('46) 50–69. — Die Natur der kosmischen Strahlung: **41** ('50) 331–49. — Das physikalische Institut "P. N. Lebedev" der Akademie der Wissenschaften der UdSSR [5]: **63** ('57) 503–25. — Der bedeutende russische Physiker S. I. Vavilov: **75** ('61) 227–30. — Eine neue Art sehr schneller β-Strahlen: **93** ('67) 331–40. — Nikolaj Gennadievič Basov – zum 50. Geburtstag [8][10][15][17]: **109** ('73) 211–13. — Über den Impuls-Energie-Tensor des elektromagnetischen Feldes: **110** ('73) 253–92. — Aleksandr Michajlovič Prochorov zum 60. Geburtstag [1][u.a.]: **119** ('76) 581–83. — Paradoxa in der Quantentheorie des Vavilov-Čerenkov-Effekts und des Doppler-Effekts: **122** ('77) 295–324. — — Alle Arbeiten russ.

Vestn. Akad. Nauk SSSR Die Natur der kosmischen Strahlung: **1950**, Nr. 4, 31–45. — Worte am Grab S. I. Vavilovs: **1951**, Nr. 2, 28–30. — Ansprache auf der Hauptversammlung der Akademie der Wissenschaften der UdSSR am 16. Februar 1951 anläßlich der Wahl des Akademiemitgliedes A. N. Nesmejanov zum Präsidenten der Akademie der Wissenschaften der UdSSR: Nr. 3, 15f. — Ansprache anläßlich der Enthüllung einer Gedenktafel für S. I. Vavilov: **1952**, Nr. 2, 76f. — Albert Einstein †[14])[19])[7])[9])[12])[4]): **1955**, Nr. 5, 67f. — Irène Joliot-Curie † [14])[19])[9])[11]): **1956**, Nr. 4, 73f. — Offizielle Erklärung der an der Konferenz in Pugwash (6.–10. Juli 1957) teilnehmenden Wissenschaftler: **1957**, Nr. 9, 7–10. — Die kosmische Strahlung: **1962**, Nr. 6, 15–28. — — Alle Arbeiten russ.

Vopr. Filos. Die Entdeckung der künstlichen Radioaktivität und ihre Rolle bei der Entwicklung der Physik seit 20 Jahren: **1954**, Nr. 4, 95–104 [russ.].

Vopr. Istorii Estestvoznanija i Techn. Frédéric Joliot-Curie †: Nr. **9** ('60) 20–25 [russ.].

Ž. èksper. i teoret. Fiziki Zur Arbeit von L. A. Arcimovič: "Die Physik des Atomkerns in der UdSSR 20 Jahre nach der Oktoberrevolution": **8** ('38) 764 [russ.].

Mit: [1]) A. P. Aleksandrov; [2]) M. N. Alencev; [3]) N. G. Basov; [4]) V. A. Fok; [5]) I. M. Frank; [6]) L. V. Grošev; [7]) A. F. Ioffe; [8]) A. I. Isakov; [9]) P. L. Kapica; [10]) O. N. Krochin; [11]) I. V. Kurčatov; [12]) M. A. Lavrent'ev; [13]) V. V. Miller; [14]) A. N. Nesmejanov; [15]) A. M. Prochorov; [16]) I. P. Selinov; [17]) I. I. Sobel'man; [18]) E. G. Stepanova; [19]) A. V. Topčiev; [20]) S. N. Vernov; [21]) G. T. Zacepin.

V, VI **SKOLEM,** Thoralf Albert. Math. — 1923–26 Lehrer am Handelsgymnasium Kristiania → Oslo; '26 Dr. phil., '38–57 ord. Prof., Univ. Oslo; '30–38 Forschungsprof., Christian-Michelsen-Inst. f. Wiss. u. Geistesfreiheit, Bergen; '50–51 Gastprof., Univ. of California, Los Angeles, Cal.; '57–60 Gastprof., Univ. of Notre Dame, Ind. — '60 Dr. rer. nat. h. c. (Humboldt-Univ. Berlin). — '54 Ritter 1. Klasse d. St.-Olav-Ordens (Norwegen); '61 Gunnerus-Medaille (Königl. Norweg. Ges. d. Wissenschaften, Trondheim).

*1887, Mai 23, Sandsvær, Distrikt Buskerud;

†1963, März 23, Oslo.

Zur Biogr. Norsk mat. Tidsskr. **20** ('38) 116. — Universitetet i Oslo 1911–1961, **1** (Oslo '62) 485–87 (m. Bildn.).

Bitte Anmerkung auf Seite 4201 beachten!

Zum 60. Geb.tag *O. Ore, Norsk mat. Tidsskr. **29** ('47) 33f.

Zum 65. Geb.tag *R. Crespo, Gaceta mat. (1) **4** ('52) 109–12.

Nekr. *J. E. Fenstad, Nordisk mat. Tidskr. **11** ('63) 145–53 (m. Bildn.). — *W. Ljunggren, Mathematica scandinav. **13** ('63) 5–8. — *T. Nagell, Acta math. **110** ('63) I–XI, 303 (m. Bildn. u. Schr.verz.). — *S. Selberg, Kongel. norske Vid. Selsk. Forh. **36**.1963 ('64) 165–68 (m. Bildn.).

Teilsammlung Selected works in logic (J. E. Fenstad) (Oslo–Bergen–Tromsö '70) 732 S.

MHZ. Archiv Math. og Naturvid. **47** ('44)–**55** ('61). — (Mitredakt.) Norsk mat. Tidsskr. **12** ('30)–**34** ('52).

S. Åttonde [=8.] Skandinaviska matematikerkongressen, Stockholm 1934 (Lund '35) 163–88: Ein Verfahren zur Behandlung gewisser exponentialer Gleichungen und diophantischer Gleichungen. — Den 10. Skandinaviske Matematiker Kongres, København 1946 (København '47) 1–16: The development of recursive arithmetic. — Den 11te Skandinaviske matematikerkongress, Trondheim 1949 (Oslo '52) 77–98: Some theorems on irrationality and linear independence. — Tolfte [=12.] Skandinaviska matematikerkongressen, Lund 1953 (Lund '54) 273–89: Ergebnisse in der Grundlagenforschung [norweg.]. — C.R. 8ᵉ Congrès international des mathématiciens, Oslo 1936, **2** (Oslo '37): Eine Bemerkung zum Entscheidungsproblem. — Les entretiens de Zurich sur les fondements et la méthode des sciences mathématiques, 1938 (Zürich '41) 25–47: Sur la portée du théorème de Löwenheim-Skolem. — Proc. International congress of mathematicians, Cambridge, Mass., 1950, **1** (Providence, R.I. '52) 695–704: Some remarks on the foundation of set theory. — Mathematical interpretation of formal systems, Amsterdam 1954 (Amsterdam '55) 1–14: Peano's axioms and models of arithmetic. — Festskrift til professor Björn Helland-Hansen i anledning hans virke i 25 år som formann i styret for Chr. Michelsens Institutt (Bergen '56): On the number of solutions of some algebraic congruences modulo p, p prime. — Proc. International congress of mathematicians, Amsterdam 1954, **2** (Amsterdam '57) 408f.: A critical remark on foundational research. — Le raisonnement en mathématiques et en sciences expérimentales (Paris '58) (Colloques internationaux du Centre National de la Recherche Scientifique, 70) 13–18: Une relativisation des notions mathématiques fondamentales. — Essays on the foundations of mathematics, dedicated to A. A. Fraenkel on his 70th anniversary (Y. Bar-Hillel u. a.) (Jerusalem '61, Amsterdam '62), ²(Jerusalem–London '67) 218–25: Interpretation of mathematical theories in the first order predicate calculus.

W. Tallteori. Referat av professor Skolems forelesninger, våren 1947 (Oslo '47) 2 + 63 S. [Skript]. — Diophantische Gleichungen (Berlin '38) 130 S. (Ergebnisse der Mathematik und ihrer Grenzgebiete, 5,4); (New York '50) 130 S. — Abstract set theory (Notre Dame, Ind. '62) 70 S. (Notre Dame mathematical lectures, 8).

Acta Litt. ac Sci. [Szeged], Sect. Sci. math. Ein Satz über Zählausdrücke: **7** ('34/35) 193–99. — Über die Zurückführbarkeit einiger durch Rekursionen definierter Relationen auf "arithmetische": **8** ('36/37) 73–88.

Avh. norske Vid.-Akad. Oslo, I Ein einfacher Beweis der sogenannten Zählertransformationsformel der Jacobischen Symbole: **1932**, Nr. 11, 7 S. — Ein Satz über die Erfüllbarkeit von einigen Zählausdrücken der Form (x) $(Ey_1, \dots, y_n)K_1(x, y_1, \dots, y_n)$ & $(x_1, x_2, x_3)K_2(x_1, x_2, x_3)$: **1935**, Nr. 8 ('36) 10 S. — Einige Reduktionen des Entscheidungsproblems: **1936**, Nr. 6, 17 S. — Über gewisse "Verbände" oder "Lattices": Nr. 7, 16 S. — Über die ganzzahlige Lösbarkeit einiger inhomogener quadratischer Gleichungen mit mehreren Unbekannten: **1937**, Nr. 9, 25 S. — Anwendung exponentieller Kongruenzen zum Beweis der Unlösbarkeit gewisser diophantischer Gleichungen: Nr. 12, 16 S. — Einige Sätze über Polynome: **1940**, Nr. 4, 16 S. — Über die ganzen x, für welche ein Polynom $P(u_x, u_{x+1}, \dots, u_{x+n}) = 0$ ist, wenn u_x eine gegebene lineare rekurrente Gleichung befriedigt: **1941**, Nr. 15 ('42) 23 S. — Unlösbarkeit von Gleichungen, deren entsprechende Kongruenz für jeden Modul lösbar ist: **1942**, Nr. 4, 28 S. — A theorem on the equation $\zeta^2 + \delta\eta^2 = 1$, where δ, ζ, η are integers in an imaginary quadratic field: **1945**, Nr. 1, 13 S. — A remark on the equation $\zeta^2 + \delta\eta^2 = 1$, $\delta > 0$, δ', δ'', ... < 0, where δ, ζ, η belong to a total real number field: Nr. 12, 15 S. — Solutions of the equation $axy + bx + cy + d = 0$ in algebraic integers: **1946**, Nr. 3 ('47) 8 S.

Beretninger Chr. Michelsens Inst. Vid. og Åndsfrihet Some combinatory investigations and a simple method to deduce the laws of reciprocity for quadratic residues: **2** ('32) Nr. 2, 27 S. [norweg. m. engl. Zusammenfassg.]. — Studies on residues of powers in algebraic fields and on the axiomatic determination of the natural number series: **3** ('33) Nr. 4, 25 S. [~]. — A method for the treatment of indeterminate equations: **4** ('34) Nr. 6, 35 S. [~]. — On the integer solubility of certain equations and systems of equations: **5** ('35) Nr. 2, 29 S. [~]. — Auserwählte Kapitel der mathematischen Logik: **6** ('36) Nr. 6, 73 S. [norweg. m. deutscher Zusammenfassg.]. — Linear indeterminate equations and systems of such equations: **7** ('37) Nr. 3, 26 S. [norweg. m. engl. Zusammenfassg.]. — The arithmetical properties of polynomials: **8** ('38) Nr. 3, 27 S. [~].

Bull. Soc. math. Belgique The logical background of arithmetic: **6**. 1953 ('54) 23–34. — Some considerations concerning recursive arithmetic: 35–46. — The use of a p-adic method in the theory of diophantine equations: **7**. 1954 ('55) 83–95. — On relative Pell's equations: 96–105.

Commentarii math. helvet. Ein allgemeines quadratisches Reziprozitätsgesetz in denjenigen algebraischen Zahlkörpern, worin 2 voll zerfällt: **5** ('33) 305–18.

Dialectica Reduction of axiom systems with axiom schemes to systems with only simple axioms: **12** ('58) 443–50.

Fundamenta Math. [Warszawa] Über die symmetrisch allgemeinen Lösungen im Klassenkalkül: **18** ('32) 61–76. — Ein kombinatorischer Satz mit Anwendung auf ein logisches Entscheidungsproblem: **20** ('33) 254–61. — Über die Nichtcharakterisierbarkeit der Zahlenreihe mittels endlich oder abzählbar unendlich vieler Aussagen mit ausschließlich Zahlenvariablen: **23** ('34) 150–61.

Gaceta mat. Sobre la naturaleza del razonamiento matemático: (1) **4** ('52) 113–24. — Una exposición de la teoría de los números algebraicos, 1: **6** ('54) 19–31; ~ 2: 71–84.

Kongel. norske Vid. Selsk. Forh. Ein Satz über ganzwertige Polynome: **9**. 1936 ('36/37) 111–13. — Über die Lösbarkeit gewisser linearer Gleichungen im Bereich der ganzwertigen Polynome: 134–37. — Sätze über ganzwertige Polynome: **10**. 1937 ('37/38) 12–15. — Zwei Sätze über kubische Kongruenzen: 89–92. — Über eine Eigenschaft der Menge aller größten gemeinsamen Teiler von Polynomen für ganze Werte der Variablen: **11**. 1938 ('38/39) 64–67. — Über die Lösbarkeit der Gleichung $f_1(x)F_1(x) + \dots + f_n(x)F_n(x) = 1$, wo $f_1, \dots, f_n$ gegebene ganzzahlige Polynome sind, in ganzzahligen Polynomen $F_1, \dots, F_n$: **12**. 1939 ('39/40) 1–4. — Einfacher Beweis der Unmöglichkeit eines allgemeinen Lösungsverfahrens für arithmetische Probleme: **13**. 1940 ('40/41) 1–4. — Die Anzahl der Wurzeln der Kongruenz $x^3 + ax + b \equiv 0 \pmod{p}$ für die verschiedenen Paare a, b: **14**. 1941 ('41/42) 161–64. — Remarks on recursive functions and relations: **17**. 1944 ('44/45) 89–92. — Some remarks on recursive arithmetic: 103–06. — A note on recursive arithmetic: 107–09. — Some remarks on the comparison between recursive functions: 126–29. — On certain exponential equations: **18**. 1945 ('45/46) 71–74. — On the prime divisors of the values of certain functions: 75–78. — A proof of the algebraic independence of certain values of the exponential function: **19**. 1946 ('46/47) 40–43. — On the existence of a multiplicative basis for an arbitrary algebraic field: **20**. 1947 ('47/48) 4–7. — Two generalizations of a well known theorem on polynomials, 1: 70–73; ~ 2:

Bitte Anmerkung auf Seite 4201 beachten!

74–77. — On the diophantine equation $ax^2 + by^2 + cz^2 + du^2 = 0$: **21**. 1948 ('48/49) 76–79. — Remarks on the representation of natural numbers as sums of three or four squares: 172–75. — Proof of a theorem on 3-lattices: 197–200. — A remark on the induction scheme: **22**. 1949 ('49/50) 167–70. — An arithmetical property of the function

$$\sum_{n=0}^{\infty} \left(x^n \Big/ \prod_{i=0}^{\lambda} p_i^{\varkappa_i(n)} \right),$$

where the p_i are natural primes and the $\varkappa_i(n)$ polynomials with integral coefficients: 183–87. — On the proofs of independence of the axioms of the classical sentential calculus: **24**. 1951 ('51/52) 20–25. — Some remarks on semi-groups: 42–47. — Theorems of divisibility in some semi-groups: 48–53. — On the abscissa of convergence for some Dirichlet's series: 54–59. — A simple proof of the condition of solvability of the diophantine equation $ax^2 + by^2 + cz^2 = 0$: 102–07. — A theorem on some semi-groups: **25**. 1952 ('52/53) 72–77. — A remark on a set theory based on positive logic: 112–16. — Remarks on "elementary" arithmetic functions: **27**. 1954 ('54/55) 27–32. — On the least odd positive quadratic non-residue modulo p: 107–13. — A critical remark on foundational research: **28**. 1955 ('55/56) 100–05. — A version of the proof of equivalence between complete induction and the uniqueness of primitive recursion: **29**. 1956 ('56/57) 10–15. — The abundance of arithmetic functions satisfying some simple functional equations: 47–53. — An ordered set of arithmetic functions representing the least ε-number: 54–59. — Über einige Eigenschaften der Zahlenmengen $[\alpha n + \beta]$ bei irrationalem α mit einleitenden Bemerkungen über einige kombinatorische Probleme: **30**. 1957 ('57/58) 118–25. — Some remarks on the construction of functions by substitution: **32**. 1959 ('59/60) 49–56. — A simple proof of a theorem concerning diophantine approximations: 139–44. — A proof of the quadratic law of reciprocity with proofs of two so-called "Ergänzungssätze": **34**. 1961 ('61/62) 18–24. — On some combinatorial problems: 66–73. — Recursive enumeration of some classes of primitive recursive functions and a majorization theorem: **35**. 1962 ('62/63) 142–48. — A general remark concerning the study of rational points on algebraic curves: **36**. 1963 ('63/64) 1–3.

Mathematica scandinav. Some considerations concerning recursive functions: **1** ('53) 213–21. — Two remarks on set theory: **5** ('57) 40–46. — On certain distributions of integers in pairs with given differences: 57–68. — Remarks on the connection between intuitionistic logic and a certain class of lattices: **6** ('58) 231–36. — Some remarks on the triple systems of Steiner: 273–80. — A new version of some considerations of A. Thue: **8** ('60) 71–80. — A set theory based on a certain 3-valued logic: 127–36. — Remarks on proofs by cyclotomic formulas of reciprocity laws for power residues: **9** ('61) 229–42.

Mathematische Ann. Einige Sätze über p-adische Potenzreihen mit Anwendung auf gewisse exponentielle Gleichungen: **111** ('35) 399–424.

Mathematische Z. Einige Bemerkungen über die Auffindung der rationalen Punkte auf gewissen algebraischen Gebilden: **63** ('55) 295–312.

Memorias Mat. Inst. "Jorge Juan" Una exposición de la teoría de los números algebraicos: Nr. **14** ('54) 31 S.

Monatsh. Math. u. Physik Eine Bemerkung über die Induktionsschemata in der rekursiven Zahlentheorie: **48** ('39) 268–76.

Norsk mat. Foren. Skr. Ludvig Sylow und seine wissenschaftlichen Arbeiten: (2) Nr. **2** ('33) 14–24. — Über die Unmöglichkeit einer vollständigen Charakterisierung der Zahlenreihe mittels eines endlichen Axiomensystems: Nr. **10** ('33) 73–82.

Norsk mat. Tidsskr. Ludvig Sylow und seine Bedeutung für die Mathematik: **14** ('32) 117–23 [norweg.]. — Aufgabe 17: **15** ('33) 25–27 [~]. — Kleine Mitteilungen: **16** ('34) 56–58 [~]; **17** ('35) 14 [~]. — Die mathematische Grundlagenforschung: **16** ('34) 75–92 [~]. — Einige Betrachtungen zur additiven Zahlentheorie: **17** ('35) 97–121 [~]. — Erläuterung zu der vorstehenden Abhandlung von L. Kalmár: **19** ('37) 130–33 [~]. — Einiges über die Aufspaltung einer natürlichen Zahl in die Summe von zwei Quadraten: **21** ('39) 49–55 [~]. — Eine Bemerkung über gewisse Ringe mit Anwendung auf die Produktzerlegung von Polynomen: 99–107. — Einiges über die Aufspaltung eines Polynoms in die Summe von zwei Quadraten: 154–58 [norweg.]. — Eine kleine Studie über transfinite Mechanik: **22** ('40) 5–9 [~]. — Über Funktionen der Form

$$\sum_{i=0}^{m-1} f_i(x)\, P_m(x - i),$$

wo $f_i(x)$ Polynome sind und $P_m(x) = 1$ oder 0, je nachdem $x \equiv 0$ oder $\not\equiv 0 \pmod m$ ist: 52–63 [~]. — Einige Bemerkungen zu L. Reitans Aufsätzen: 119–23 [~]. — Über orthogonal gelegene Gitterpunkte auf Kugelflächen: **23** ('41) 54–61 [~]. — Einige Bemerkungen zu dem vorstehenden Artikel von E. Hoff-Hansen: **25** ('43) 13–16 [~]. — Ein Zusammenhang zwischen der Kongruenz $x^2 + y^2 + z^2 + u^2 \equiv 0 \pmod m$ und der Gleichung $x^2 + y^2 + z^2 + u^2 = m$: 76–87 [~]. — Erweiterung einiger Sätze von Störmer: **26** ('44) 85–95 [~]. — Eine Methode der Lösung der Exponentialgleichung $A_1^{x_1} \dots A_m^{x_m} - B_1^{y_1} \dots B_n^{y_n} = C$: **27** ('45) 37–51 [~]. — Die rekursive Arithmetik: **28** ('46) 1–12 [~]. — A proof of the algebraic independence of e and $e^{\sqrt{-d}}$, d positive integer, with another proof of the irrationality of log x and arctg x for rational x:

Bitte Anmerkung auf Seite 4201 beachten!

97–104. — Die nicht-symmetrischen Funktionen in der Algebra: **29** ('47) 65–74 [norweg.]. — Eine Bemerkung zum vorstehenden Artikel von M. Nyberg: 79 [~]. — Eine Eigenschaft der ternären quadratischen Formen und ihr Zusammenhang mit dem quadratischen Reziprozitätsgesetz: **30** ('48) 1–10 [~]. — Einige Bemerkungen über die Aufspaltung der ganzen Zahlen in eine Summe von Kuben: 77–81 [~]. — A proof of the irreducibility of the cyclotomic equation: **31** ('49) 116–20. — Die logischen Paradoxien und die Heilmittel gegen sie: **32** ('50) 2–11 [norweg.]. — Bemerkungen über die unbestimmte Gleichung $xy + yz + xz = k$, k ganz positiv, und über analoge Gleichungen mit mehreren Unbekannten: **33** ('51) 41–49 [~]. — Theory of divisibility in some commutative semi-groups: 82–88. — Ein einfacher Beweis für die Lösbarkeitsbedingung der diophantischen Gleichung $ax^2 + by^2 + cz^2 = 0$: 105–12 [norweg.]. — Existenz eines n-ten Nichtpotenzrestes mod p kleiner als $\sqrt{p}$: 123–26 [~]. — A remark on algebraic numbers: **34** ('52) 14–17. — Anwendung von triadischer Analysis und "Nebenkörpern" zum Beweis einiger Sätze über gewisse kubische unbestimmte Gleichungen: 45–51 [norweg.]. — The general congruence of 4th degree modulo p, p prime: 73–80. — On a certain connection between the discriminant of a polynomial and the number of its irreducible factors mod p: 81–85.

Notre Dame J. formal Logic Investigations on a comprehension axiom without negation in the defining propositional functions: **1** ('60) 13–22. — Proof of some theorems on recursively enumerable sets: **3** ('62) 65–74; **4** ('63) 44–47. — Studies on the axiom of comprehension: 162–70.

Proc. amer. math. Soc. The diophantine equation $2^{n+2} - 7 = x^2$ and related problems [1][2]: **10** ('59) 663–69.

Rend. Mat. e Appl., Univ. Roma On the diophantine equation $ax^2 + by^2 + cz^2 = 0$: (5) **11** ('52) 88–100.

Revista mat. hisp.-amer. Consideraciones sobre los fundamentos de la matemática, 1: (4) **12** ('52) 169–200; ~ 2: **13** ('53) 149–74.

S.-Ber. berliner math. Ges. Mengenlehre gegründet auf einer Logik mit unendlich vielen Wahrheitswerten: **1957/58**, 41–56.

Skr. norske Vid.-Akad. Oslo Ein elementares Verfahren zur Herleitung der quadratischen Reziprozitätsgesetze in algebraischen Zahlkörpern: **1932**, Nr. 2, 57 S. — Einige Sätze über gewisse Reihenentwicklungen und exponentiale Beziehungen mit Anwendung auf diophantische Gleichungen: **1933**, Nr. 6, 61 S. — Über die ganzzahlige Lösbarkeit einiger diophantischer Gleichungen: **1934**, Nr. 6, 17 S. — Lösung gewisser Gleichungen in ganzen algebraischen Zahlen, insbesondere in Einheiten: Nr. 10, 19 S. — Über die Erfüllbarkeit gewisser Zählausdrücke: **1935**, Nr. 6, 14 S. — Verallgemeinerungen der Betti-Guidiceschen Formel: **1940**, Nr. 1, 18 S. — Über Nebenkörper und Nebenringe: **1944**, Nr. 6, 70 S.

Synthese [Holland] The logical nature of arithmetic: **9** ('54/55) 375–84.

Z. math. Logik u. Grundlagen Math. Bemerkungen zum Komprehensionsaxiom: **3** ('57) 1–17.

Mit: [1] S. Chowla; [2] D. J. Lewis.

V, VI **SLADE,** Roland Edgar. Chem. — 1909–13 Lecturer, Univ. of Liverpool; '14–18 Lecturer, Univ. College, London; '18–20 Dir., Brit. Photogr. Research Assoc.; '20– Staff member, Brunner, Mond & Co., Ltd., Northwich; '27–34 Managing Dir., Synthetic Ammonia and Nitrates Ltd.; '35–45 Controller of Research, Imperial Chemical Industries, Ltd.; '39–49 Treasurer of Faraday Soc.; '44–45 Secretary of the Chemical Council, London; '46–52 Treasurer of the Roy. Instn., London; '54 Pres. of Sect. M., British Assoc. for the Advancem. of Sci. — Hon. D.Sc. (Univ. of Durham). — '51 Centenary Prize and Gold Medal (Roy. Soc. of Arts).

*1886, Mai 23, Northwich;
†1968, Febr. 2.

W. The gamma isomer of hexachlorocyclohexane – "Gammexane". An insecticide (Birmingham '45) 29 S. (Hurter Memorial Lecture 1945).

Agriculture [London] Herbage seed production [8][7]: **56** ('49) 350–56.

Chemical Trade J. and Chemical Engr. Chemical pesticides: **112** ('43) 324f.

Chemistry and Industry Protein extraction [1][3]: **1945**, 194–97. — The γ-isomer of hexachlorocyclohexane (gammexane), an insecticide with outstanding properties: 314–19.

Endeavour Specific poisons: **4** ('45) 148–53.

Fertiliser, Feeding Stuffs and Farm Supplies J. The feeding of cattle [6]: **27** ('42) 39 S.

J. roy. Soc. Arts Two systems of farming: one for grassland, the other for arable: **99** ('51) 501–10.

Nature [London] Digestibility of straw [6][2]: **143** ('39) 942. — Differential effect of plant-growth substances on plant species [5][4]: **155** ('45) 497f.

Trans. Instn. chem. Engr. Development of grass drying: **15** ('37) 233–40.

Bitte Anmerkung auf Seite 4201 beachten!

Mit: [1]) D. J. Branscombe; [2]) W. S. Ferguson; [3]) J. C. McGowan; [4]) W. A. Sexton; [5]) W. G. Templeman; [6]) S. J. Watson; [7]) G. E. Blackman; [8]) T. W. Evans.

VI **SLATER,** John Clarke. Physik. — 1930–51 Prof. and Head of Departm. of Physics, '40–45 Staff member of Radiat. Labor., '51–66 Inst. Prof., '66 Prof. Emer., Massachusetts Inst. of Technol., Cambridge, Mass.; '64–76 Graduate Research Prof., Univ. of Florida, Gainesville, Fla.; '43–45 Member of techn. staff, Bell Telephone Laboratories, Inc.; '51–52 Member of techn. staff, Brookhaven Nation. Labor., Upton, N.Y. — '46 Hon. Sc.D. (Ripon College, Ripon, Wisc.). — '71 Nation. Medal of Science; Presidential Certificate of Merit (USA).

*1900, Dez. 22, Oak Park, Ill.;
†1976.

Ehrung International symposium on atomic, molecular and solid state theory, Sanibel Island, Fla., 1967, held in honor of John C. Slater [Proc. in: International J. Quantum Chem., Sympos. **1** ('67)].

Bildn. Scientific Monthly **35** ('32) 88.

Zum 65. Geb.tag Festschrift: Quantum theory of atoms, molecules, and the solid state; a tribute to John C. Slater (P.-O. Löwdin) (New York '66) 16 + 641 S. (m. Bildn.); darin S. 1–3: *P. M. Morse, A biographical note of appreciation; 5–13: *R. S. Mulliken, J. C. Slater – his work and a bibliography (S. 10–13: Schr.verz.).

Nekr. *H. Jones, Nature [London] **263** ('76) 804.

S. Proc. International conference of theoretical physics, Kyoto and Tokyo 1953 (Tokyo '54) 611–16: Work on molecular theory in the Solid-State and Molecular Theory Group at M. I. T. (617–21: Diskussion); 679–91: Problem of ferromagnetism (691–93: Diskussion). — Photoconductivity conference, Atlantic City, N.J., 1954 (R. G. Breckenridge, B. R. Russell, E. E. Hahn) (New York '56) 489–508: Photoconductivity of PbS [12])[17]). — Theory of alloy phases; a seminar, held during the 27th National metal congress and exhibition, Philadelphia, Pa., 1955 (American Society for Metals) (Cleveland, O. '56) 1–12: Band theory of bonding in metals. — Handbuch der Physik (S. Flügge) **19**: Elektrische Leitungsphänomene, 1 (Berlin–Göttingen–Heidelberg '56) 1–136: The electronic structure of solids. — Computational methods in band theory. Proc. of a conference, IBM Thomas J. Watson Research Center, Yorktown Heights, N.Y., 1970 (New York '71) (IBM research symposia ser., 1) 447–57: The self consistent field method for crystals. — Physics of electronic ceramics (L. L. Hench, D. B. Dove) **A** (New York '71) (Ceramics and glass, Science and technology, 2 [A]) 3–25: Quantum mechanics and ceramics. — Topics in modern physics; a tribute to Edward U. Condon (W. E. Brittin, H. Odabasi) (Boulder, Colo. '71) 297–303: Transition probabilities and fractional occupation numbers in atoms. — The world of quantum chemistry. Proc. 1st International congress of quantum chemistry, Menton, France, 1973 (R. Daudel, B. Pullmann) (Dordrecht–Boston, Mass. '74) 3–15: The history of the X_α method. — Quantum science: methods and structure; a tribute to Per-Olov Löwdin (J.-L. Calais) (NewYork–London '76) 215–47: Power series methods for cellular calculations on atoms, molecules and solids.

W. Introduction to theoretical physics (m. N. H. Frank) (NewYork–London '33) 20 + 576 S. — Introduction to chemical physics (NewYork–London '39) 14 + 521 S.; (New York '63), ('70) 14 + 521 S.; (London '64) 521 S.; italien.: Introduzione alla chimica fisica (Firenze '49), ('63) 10 + 560 S. — Microwave transmission (NewYork–London '42) 10 + 309 S., (NewYork–London–Toronto '60) 309 S.; russ.: (Moskva–Leningrad '47) 344 S. — Electromagnetism (m. N. H. Frank) (NewYork–London '47) 13 + 240 S., (New York '69) 13 + 240 S. — Mechanics (m. N. H. Frank) (NewYork–London '47) 13 + 297 S. — Microwave electronics (Cambridge, Mass.–Princeton, N.J.–NewYork '50) 14 + 406 S., ('54), (Princeton, N.J.–Toronto–London–NewYork '57), (Princeton, N.J. '63), (New York '69) 14 + 406 S.; ungar.: Mikrohullámú elektronika (Budapest '54) 384 S. — Quantum theory of matter (New York '51, London '53) 14 + 528 S.; [2](NewYork–London '68) 17 + 763 S., Neudruck: (Huntington, N.Y. '77). — Modern physics (NewYork–London '55) 11 + 322 S.; Neuaufl. u. d. T.: Concepts and development of quantum physics (New York '69) 11 + 322 S. — Quantum theory of atomic structure, **1** (NewYork–London '60) 12 + 502 S.; **2** ('60) 9 + 439 S. — Quantum theory of molecules and solids, **1**: Electronic structure of molecules (NewYork–SanFrancisco, Cal.–Toronto–London '63) 15 + 485 S.; **2**: Symmetry and energy bands in crystals (NewYork–. . . '65) 12 + 563 S.; **3**: Insulators, semiconductors and metals ('67) 14 + 549 S.; **4**: The self-consistent field for molecules and solids ('74) 17 + 583 S. — Solid-state and molecular theory; a scientific biography (NewYork–London '75) 357 S.

Acta crystallogr. Note on the interatomic spacings in the ions I_3^-, FHF^-: **12** ('59) 197– 00. — Quantum theory of electrons in metals: **13** ('60) 981–83.

Advances Quantum Chem. Energy band calculations by the augmented plane wave method:

1 ('64) 35–58. — Statistical exchange correlation in the self-consistent field: **6** ('72) 1–92.

American J. Physics The electron theory of solids: **19** ('51) 368–74.

Annual Rev. nuclear Sci. High-energy accelerators (Linear accelerators): **1** ('52) 199–206.

Bull. amer. math. Soc. Physics and the wave equation: **52** ('46) 392–400.

International J. Quantum Chem. The current state of solid-state and molecular theory: **1** ('67) 37–102. — Note on the space part of anti-symmetric wave functions in the many-electron problem: **4** ('70) 561–70 [m. französ. u. deutscher Zusammenfassg.].

International J. Quantum Chem., Sympos. Quantum physics in America between the wars: **1** ('67) 1–23. — Energy bands and Fermi surfaces: 523–31. — Correlation problems in solids: 783–89. — The self-consistent field for crystals: **3**. 1969, 2 ('70) 727–46. — Statistical exchange and the total energy of a crystal [29]): **4**. 1970 ('71) 3–34. — Treatment of exchange in atomic, molecular, and solid-state theory: 403–09. — Future prospects for the X_α method: **7** ('73) 533–44. — Comparison of TFD and X_α methods for molecules and solids: **9** ('75) 7–21. — Remarks on the overlapping-sphere method for molecule orbitals [30]): **10** ('76) 141–46.

J. appl. Physics [USA] Electronic structure of alloys: **8** ('37) 385–90. — The effects of radiation on materials: **22** ('51) 237–56. — Electromagnetic resonant behavior of a confocal spheroidal cavity system in the microwave region [23]): **23** ('52) 29f. — The M. I. T. linear electron accelerator [3])[9]): 53–65. — Particle dynamics in the linear accelerator [26]): 66–68. — Field strength measurements in resonant cavities [13]): 68–77. — Determination of field strength in a linear accelerator cavity [13]): 78–83. — Energy-band theory of magnetism: **39** ('68) 761–67.

J. chem. Physics The virial and molecular structure: **1** ('33) 687–91. — Theory of the transition in KH_2PO_4: **9** ('41) 16–33. — Note on orthogonal atomic orbitals: **19** ('51) 220–23. — Atomic radii in crystals: **41** ('64) 3199–204. — Molecular orbital and Heitler-London methods: **43** ('65) S11–S17. — Suggestions from solid-state theory regarding molecular calculations: S228. — Hellmann-Feynman and virial theorems in the X_α method: **57** ('72) 2389–96.

J. Colloid Sci. Presentation of Bingham Medal to P. W. Bridgman: **7** ('52) 199–202.

J. Franklin Inst. Electrodynamics of ponderable bodies: **225** ('38) 277–87.

Kagaku [Tokyo] Anwendungen der Energiebandtheorie der festen Körper: **23** ('53) 499–502 [japan.].

Methods computat. Physics Energy bands and the theory of solids: **8** ('68) 1–20.

Physical Rev. Note on molecular structure: (2) **41** ('32) 255–57. — Analytic atomic wave functions: **42** ('32) 33–43. — Electronic energy bands in metals: **45** ('34) 794–801. — The Thomas-Fermi method for metals [11]): **47** ('35) 559–68. — The ferromagnetism of nickel [,1]: **49** ('36) 537–45; ~ 2: Temperature effects: 931–37. — Theory of inelastic scattering of electrons from solids [20]): **50** ('36) 150–58. — Optical absorption by the alkali halides [22]): 705–19. — The nature of the superconducting state [,1]: **51** ('37) 195–202; ~ 2: **52** ('37) 214–22. — Damped electron waves in crystals: **51** ('37) 840–46. — Wave functions in a periodic potential: 846–51. — The theory of ferromagnetism: lowest energy levels: **52** ('37) 198–214. — Note on Grüneisen's constant for the incompressible metals: **57** ('40) 744–46. — Note on the effect of pressure on the Curie point of iron-nickel alloys: **58** ('40) 54–56. — Preliminary studies on the design of a microwave linear [electron] accelerator [6])[4])[19]): **69** ('46) 688. — Superconductivity of lead at 3 cm wave-length [1])[5])[6])[16])[24]): **70** ('46) 97f. — Surface impedance of metals at 24,000 megacycles per second [18]): **76** ('49) 469. — Surface impedance of normal and superconductors at 24,000 megacycles per second [16])[15]): 1332–47. — Electrons in perturbed periodic lattices: 1592–601. — The Lorentz correction in barium titanate: **78** ('50) 748–61. — A simplification of the Hartree-Fock method: **81** ('51) 385–90. — Magnetic effects and the Hartree-Fock equation: **82** ('51) 538–41. — Note on superlattices and Brillouin zones: **84** ('51) 179–81. — The effect of chemical combination on the internal conversion in technetium: 1261f. — A soluble problem in energy bands: **87** ('52) 807–35. — A generalized self-consistent field method: **91** ('53) 528–30. — A two-electron example of ferromagnetism [25])[10]): 1323–41. — An augmented plane wave method for the periodic potential problem [,1]: **92** ('53) 603–08; ~ 2 [21]): 1126–28. — Wave functions for impurity levels [10]): **94** ('54) 1392. — Simplified LCAO method for the periodic potential problem [10]): 1498–524. — Wave functions for impurity levels [10]): **95** ('54) 1167–76. — Simplified impurity calculation [10]): **96** ('54) 1208–23. — One-electron energies of atoms, molecules, and solids: **98** ('55) 1039–45. — Barrier theory of the photoconductivity of lead sulfide: **103** ('56) 1631–44. — Symmetry and free electron properties of the gallium energy bands [10])[29]): **126** ('62) 1307–17. — Green's-function method in the energy-band problem: **145** ('66) 599–602. — Average energy of states of given multiplicities in atoms: **165** ('68) 655–58. — Exchange in spin-polarized energy bands: 658–69. — Comparison of several exchange potentials for electrons in the Cu^+ ion [28]) [29]): **179** ('69) 28–38. — Nonintegral occupation

Bitte Anmerkung auf Seite 4201 beachten!

numbers in transition atoms in crystals [14][28][29]): **184** ('69) 672–94.

Physical Rev., A Studies of the statistical exchange approximation in first-transition-row atoms and ions: Mn^{2+} ion [28][29]): (3) **2** ('70) 620–34.

Physical Rev., B Self-consistent-field X_α cluster method for polyatomic molecules and solids [8]): (3) **5** ('72) 844–53.

Physics and Chemistry Solids Band theory: **8** ('59) 21–25 (Diskussion: 50). — Calculation of the magnetization and total energy of vanadium as a function of lattice parameter [7][2][27]): **34** ('73) 1627–38.

Physics today Quantum physics in America between the wars: **21** ('68) 43–51. — Energy bands in solids: 61–71. — Quantum chemistry and catalysis [8]): **27** ('74) 34–41.

Proc. physic. Soc. Microwave absorption on metals at low temperatures: **61** ('48) 577.

Quarterly Progr. Rep., Solid-State and molecular Theory Group, MIT Symmetry properties in the space group $D_{4h}^{14}(P4_2/mnm)$: Nr. **48** ('63) 15–28. — Symmetry properties in the space groups $C_{3i}^2(R\bar{3})$, $D_3^7(R32)$, $D_{3d}^5(R\bar{3}m)$, and $D_{3d}^6(R\bar{3}c)$: 29–42. — Basis functions for the double point groups: Nr. **49** ('63) 4–40. — Non-integral occupation numbers in transition atoms [28][29]): Nr. **69** ('68) 2–52.

Semi-annual Progr. Rep., Solid-State and molecular Theory Group, MIT Present status of the X_α statistical exchange: Nr. **71** ('69) 3–23.

Reviews modern Physics The electronic structure of metals: **6** ('34) 209–80. — Microwave electronics: **18** ('46) 441–512. — Design of linear accelerators: **20** ('48) 473–518. — Ferromagnetism and the band theory: **25** ('53) 199–210. — International conference on current problems in crystal physics: **30** ('58) 46. — Interaction of waves in crystals: 197–222. — The electronic structure of atoms; the Hartree-Fock method and correlation: **35** ('63) 484–87. — Discussion on atomic spectra: 520f. — Space groups and wave-function symmetry in crystals: **37** ('65) 68–83.

Science [USA] The electron theory of metallic conduction: (N.S.) **77** ('33) 595–97.

Technical Rep., Res. Labor. Electronics, MIT Electromagnetic waves in iris-loaded waveguides: Nr. **48** ('47) 18 S. — Electrons in perturbed periodic lattices: Nr. **113** ('49) 23 S.

Technical Rep., Solid-State and molecular Theory Group, MIT Electronic structure of atoms and molecules: Nr. **3** ('53) 4 + 212 S. — Electronic structure of solids, 1: The energy band method: Nr. **4** ('53); ~ 2: The perturbed periodic lattice: Nr. **5** ('53 [oder '54?]); ~ 3: Configuration interaction in solids: Nr. **6** ('54). — The interaction of waves in crystals: Nr. **10** ('57) 56 S.

Bitte Anmerkung auf Seite 4201 beachten!

Trans. Faraday Soc. Excited energy levels of insulating crystals: **34** ('38) 828–33.

Usp. fizič. Nauk The design of linear accelerators: **37** ('49) 316–48, 459–99 [russ.].

Mit: [1]) F. Bitter; [2]) J. B. Conklin, jr.; [3]) P. T. Demos; [4]) E. Everhart; [5]) J. B. Garrison; [6]) J. Halpern; [7]) T. M. Hattox; [8]) K. H. Johnson; [9]) A. F. Kip; [10]) G. F. Koster; [11]) H. M. Krutter; [12]) G. W. Mahlman; [13]) L. C. Maier, jr.; [14]) J. B. Mann; [15]) P. M. Marcus; [16]) E. Maxwell; [17]) W. B. Nottingham; [18]) W. B. Nowak; [19]) R. A. Rapuano; [20]) E. Rudberg; [21]) M. M. Saffren; [22]) W. Shockley; [23]) J. C. Simons; [24]) C. F. Squire; [25]) H. Statz; [26]) J. R. Terrall; [27]) S. B. Trickey; [28]) T. M. Wilson; [29]) J. H. Wood; [30]) J. W. D. Connolly.

IV–VI **SLATOR,** Arthur. Chem. — 1905–22 Research Chemist, '22–47 Chief Chemist, Messrs. Bass, Ratcliff and Gretton, Ltd., Burton-on-Trent; Chairman of the Burton-on-Trent Section, Inst. of Brewing; Pres., Burton-on-Trent Natural History and Archeol. Soc. (⊠)
*1879, Apr. 21, Burton-on-Trent;
†1953, Juli 30, Berkhamsted.

Nekr. *J. H. St. Johnston, Chemistry and Industry **1953**, 943f.

J. Inst. Brewing Attenuation limit of worts and beers: **47** ('41) 207.

IV, VI **SLAUGHT,** Herbert Ellsworth. Math. — 1896–1900 Instructor, '00–08 Assist. Prof., '08–13 Assoc. Prof., '13–31 Prof., '31 Prof. Emer., Univ. of Chicago, Ill.; Hon. Life Pres., Nation. Council of Teachers of Math.; '06–16 Secretary of the Chicago Sect., Amer. Math. Soc.; '19– Pres., Math. Assoc. of America. (⊠)
*1861, Juli 21, Watkins, N.Y.;
†1937, Mai 21, Chicago, Ill.

Nekr. *G. A. Bliss, H. E. Slaught – teacher and friend: American math. Monthly **45** ('38) 5–10; Bull. amer. math. Soc. **43** ('37) 595–97; Bull., Kansas Assoc. Math. Teachers **12** ('37) Nr. 3 [?], 9–12; University Chicago Mag. **1937**, Midsummer, 22–24. — *W. D. Cairns, American math. Monthly **45** ('38) 1–4. — *L. E. Dickson, *G. A. Bliss, Science [USA] **86** ('37) 72f. — *N. L. Greene, Educational Screen **16** ('37) Nr. 6, 186. — *W. D. Reeve, Mathematics Teacher **30** ('37) 293. — *S. T. Sanders, National Math. Mag. **12** ('37) 3f. (m. Bildn.). — School Sci. and Math. **1938**, 770f.

Zur Biogr. *H. J. Dark, Life and works of Herbert Ellsworth Slaught (Nashville, Tenn. '48) 152 S.

American math. Monthly John Wesley Young † u. a.): **39** ('32) 309–14. — Eliakim Hastings Moore. An appreciation: **40** ('33) 191–95. — The lag in mathematics behind literature and art in the early centuries: **41** ('34) 167–74.

VI **SLAVÍK,** František. Mineral., Geochem. — 1903–06 Gymnasialprof., Praha; '06–13 Privatdoz., '10–13 tit. außerord. Prof., '13–16 außerord. Prof., '16–39, '45–47 ord. Prof. u. Dir. d. Mineral. Inst., '24–25 Dekan d. naturwiss. Fak., '37–38 Rektor, '47 Prof. Emer., Karls-Univ., Praha. — '46 Dr. h. c. (Karls-Univ., Praha). — '47 Staatspreis, '56 Orden d. Republ. (ČSR).
*1876, Aug. 18, Kutná Hora;
†1957, Jan. 27, Praha.

Zur Biogr. *J. Kratochvíl, Věda přírodní **24** ('48) 3–8. — *K. Tuček, Zwei bedeutsame mineralogische Gedenktage: Čas. národn. Musea **115** ('46) 131–36 [tschech.].

Zum 60. Geb.tag *B. Ježek, Hornický Věstn. **18** ('36) 386; Příroda [Brno] **29** ('36) 212–14. — *J. Kratochvíl, ibid. 209–11 (m. Bildn.). — *V. Malý, ibid. 211. — *J. V. Kašpar, Čas. národn. Musea **110** ('36) 65–68 (m. Bildn.). — *R. Kettner, Sborn. českoslov. Společnosti zeměpisné **42** ('36) 89–91 [m. französ. Zusammenfassg.]. — *V. Rosický, Věda přírodní **17** ('36) 137–39. — Věstn. státního geol. Ústavu českoslov. Republ. **12** ('36) 177–81 (m. Schr.verz. 1927–1936).

Zum 70. Geb.tag *J. Novák, Věstn. státního geol. Ústavu českoslov. Republ. **21** ('46) 126–31 (m. Bildn.).

Zum 75. Geb.tag *J. Kutina, Příroda [Praha] **44** ('51) 124f. (m. Bildn.) Věstn. ústředn. Ústavu geol. **26** ('51) 185–88 (m. Schr.verz. 1945–1951). — *J. Novák, Vesmír **30** ('51) 12. — *F. Prantl, Čas. národn. Musea **120**. 1951 ('52) 164f. — *R. Rost, Za Socialistickou Vědu a Techn. **1** ('51) 422f. — *K. Tuček, Přírodní Vědy ve Škole **2** ('51/52) 153f. (m. Bildn.).

Zum 80. Geb.tag Festschrift: Sborník k osmdesátinám akademika Františka Slavíka. Essays in honour of academician František Slavík on the occasion of his 80th birthday (J. Svoboda) (Praha '57) 549 S. (m. Bildn.); darin 1–6: *J. Novák, Biogr.; 7–34: Schr.verz.; 35–41: Verzeichnis biographischer Artikel über F. Slavík. — *B. Cambel, Naša Věda **3** ('56) 429 (m. Bildn.). — *K. G. Georgiev, Priroda i Znanie [Sofija] **10** ('57) Nr. 3, 18f. (m. Bildn.). — *D. P. Grigorev, Zap. vses. mineral. Obšč. **85** ('56) 135f. (m. Bildn.). — *R. Kettner, Vesmír **35** ('56) 206f. (m. Bildn.). — *J. Kratochvíl, Čas. Mineral. a Geol. **1** ('56) 173f. (m. Bildn.) [russ.: 193f., engl.: 194f.]. — *J. Sekanina, Die Mineralogie und die Geochemie im Schaffen F. Slavíks: ibid. 174–79 [tschech.]. — *R. Kettner, F. Slavík als Petrograph und Geologe: ibid. 180–85 [~]. — *J. Koutek, Die Erzlagerstätten im Schaffen F. Slavíks: ibid. 185–93 [~]. — *J. Kutina, Věstn. ústředn. Ústavu geol. **31** ('56) 246. — *F. Leutwein, Geologie **5** ('56) 664f. (m. Bildn.). — *J. Novák, Universitas carolina: **2** ('56) Nr. 8 (Geologica Nr. 2) 91–96 (m. Bildn. u. Schr.verz.). — *K. Šrágl, Přírodní Vědy ve Škole **6** ('56) 569. — *K. Tuček, Čas. národn. Musea **125** ('56) 209f.

Nekr. *D. Andrusov, Geologický Sborn. **8** ('57) 3f. (m. Bildn.). — *A. G. Betechtin, Zap. vses. mineral. Obšč. **86** ('57) Nr. 4, 409f. (m. Bildn.). — *G. K. Georgiev, Priroda [Sofija] **6** ('57) 97–99. — *R. Kettner, Věstn., Českoslov. Akad. Věd **66** ('57) 196–202. — *R. Kettner, *L. Žak, Zap. vses. mineral. Obšč. (2) **86** ('57) 704–12. — *J. Kunský, Sborn. českoslov. Společnosti zeměpisné **62** ('57) 168f. — *J. Kutina, American Mineralogist **43** ('58) 325–30. — *A. A. Malachov, Izvest. Akad. Nauk SSSR, Ser. geol. **1957**, Nr. 3, 89–91 (m. Bildn.). — *J. Novák, Čas. Mineral. a Geol. **2** ('57) 193–95 (m. Bildn.). — *R. Rost, Vesmír **36** ('57) 171. — *K. Tuček, Čas. národn. Musea **126** ('57) 103 (m. Bildn.). — Věstn. ústředn. Ústavu geol **32** ('57) 81 (m. Bildn.).

S. Copper resources of the world (XVI International geological congress, Washington, D.C., 1933) **2** (Washington, D.C. '33) 555f.: The copper deposits of Czechoslovakia. — Atlas republiky Československé (Česká akademie věd a umění) (Praha '35) Karte Nr. 7: Die Bodenschätze der ČSR: Die Lagerstätten von Erzen und nutzbaren Mineralen [tschech.] [1])[2]); dazu Text S. 11: Die Naturverhältnisse der Tschechoslowakischen Republik [~[. — Akademiku V. I. Vernadskomu k pjatidesjatiletiju naučnoj i pedagogičeskoj dejatel'nosti [Festschrift für das Akademiemitglied V. I. Vernadskij anläßlich seiner 50jährigen wissenschaftlichen und pädagogischen Tätigkeit] **1** (Moskva '36) 245–50: Aus der Geochemie des Mangans und des Phosphors [russ.]. — Sborník Ústředniho ústavu geologického, věnovaný k šedesátinám prof. Dr. Radima Kettnera [= Sonderband d. Jahrgangs 18] (Praha '51) 573–79: Skarn und seine Resorption durch einen Pegmatit-Aplit-Gang bei Dolní Lišná in der Umgebung von Nové Město [tschech. m. russ. u. engl. Zusammenfassg.].

W. Karel Hinterlechner (Praha '33) 20 S. (Česká akademie věd a umění). — Mineralogie speciální, 10: Fosforečnany, arseničnany, atd.; 11: Sírany, chromany, molybdenany, atd.; 12: Organické sloučeniny [2](Praha '35) 103 S. — Úvod do speciální mineralogie (Praha '36) 116 S. (Preslova knižnice přírodovědná, 2); [2]('48) 120 S. — Mineralogie a

Bitte Anmerkung auf Seite 4201 beachten!

petrografie, 1 (m. O. Pacák) (Praha '39) 288 S.; 2('48) 292 S.; ab 3. Aufl. u. d. T.: Mineralogie (m. J. Novák, O. Pacák) 3('52) 336 S.; 4('56) 415 S. — Nerostopis a ložiska užitkových minerálů Slovenska (Praha '39) 61 S. (Carpatica III, 2); slowak.: Nerastopis a ložiská úžitkových minerálov Slovenska (Martin '51) 78 S. (Matica slovenská, Poznanie, 3). — V. Rosicky (Praha '46) 23 S. (Česká akademie věd a umění). — Vznik a výskyt nerostů (Praha '52) 176 S.; 2('54) 181 S.

Bull. Soc. géol. France L'activité volcanique dans le Barrandien: (5) **7** ('37) 527–40.

Čas. národn. Musea Gesteine im Nationalmuseum: **116** ('47) 211–13 [tschech.]. — Chalcedone in den Pelosideriten von Kladno: 213–15 [~].

Čas. vlasteneck. muzejn. Spolku olomuck. Mähren in der wissenschaftlichen Reisebeschreibung F. S. Beudants (1822) über das ehemalige Ungarn: **47** ('34) 83f. [tschech.]. — Über den Kascholong von Olomučany, Rudice, u. a.: **50** ('37) 24–29 [tschech. m. französ. Zusammenfassg.].

Chimie et Industrie Présentation d'une nouvelle carte des gisements de minerais et des minéraux utiles de la Tchécoslovaquie: **29** ('33) No. spéc. 6 bis, 314.

Literární Noviny Staatspreisträger 1952: Prof. Dr. Josef Kratochvíl: **1** ('52) Nr. 17, S. 6 [tschech.].

Mineralogische u. petrogr. Mitt. Index [Bibliographie] 1933 und 1934: Tschechoslowakisches Sprachgebiet: (N.F.) **48** ('36/37) 262–71.

Naše Hory a Hutě Prof. František Pošepný: **1936**, 105 [tschech.].

Naše Věda Jaroslav Šplíchal: **1941**, Nr. 1/2. — Vojtěch Rosický: **24** ('46) 60f. — Radim Nováček, ermordet in Mauthausen, 13. 2. 1942: 115f. — Leben und Werk von Dr. Jaroslav Šulc, ermordet in Berlin-Plötzensee, 20. 5. 1943: 116. — Der Paläontologe Ing. Robert Růžička †: 116. — Mineralogische Arbeiten in "Rozpravy České akademie věd" 1940–1945: 160f. — Josef Škoda und Jan Polák: 215f. — Nachtrag zum Nekrolog Jos. Fišer: 224. — "Věstník Státního geologického ústavu ČSR" in den Jahren 1940–1946: **25** ('47) 181–85. — "Časopis Národního musea, přírodovědný oddíl" Band 115, Gedenk-Jahrgang nach sechsjähriger Unterbrechung wegen der Okkupation: 204. — Vojtěch Smetana: **26** ('48) 135f. — Dr. Ing. Gustav Měska (Geologe und Montanist): 136. — Bohuslav Ježek: **27** ('49/50) 120. — — Alle Arbeiten tschech.

Naší Přírodou Die Entwicklung von der Mineralogie zur Geochemie: **2** ('38/39) 196–99 [tschech.].

Nature [London] The use of X-rays in the metal industries: **157** ('45) 415.

Příroda [Praha] Die Masaryk-Stiftung zur Unterstützung der wissenschaftlichen Forschung: **28** ('35) 97–99 [tschech.]. — Zum 50. Geburtstag von Prof. Dr. Josef Sekanin: **44** ('51) 157f. [~].

Přírodní Vědy ve Škole Von der älteren und der neuen Geochemie: **2** ('52) 884–91 [tschech.].

Sborn. Masarykovy Akad. Práce Aus der Vergangenheit und Gegenwart unserer Mineraliengewinnung: **8** ('34) Nr. 40, 54–68 [tschech.].

Sborn. štátn. bansk. Muzea Dionýza Štúra Hatchettine from the deposits at Merník (Slovakia): **1** ('37) 101–04 [slowak. (?) m. engl. Zusammenfassg.].

Věda přírodní Johann H. L. Vogt und Ferruccio Zambonini †: **13** ('32) 81–84. — Über Pseudometeorite: **14** ('33) 268–72. — Die größten Eisenmeteorite: **15** ('34) 88. — Ph. Dr. Viktor Nejdl †: 221. — M.U.Dr. Bruno Kučera: 285f. — Zum 50. Geburtstag von Prof. Dr. Jaroslav Šplíchal: **16** ('35) 108. — Prof. Dr. J. J. Jahn und sein Lebenswerk: 112. — Bericht von einem beobachteten Fall eines Tektits: 238f. — František Pošepný: **17** ('36) 107f. — Direktor František Kovář: **18** ('37) 156; **20** ('41) 191f. — Bohuslav Ježek, 1877–1937: **18** ('37) 250–52. — Josef Kratochvíl: **19** ('38) 129–31. — Zum 60. Geburtstag von Vojtěch Rosický: **20** ('41) 65–67. — Zwei Pyroxene: Heller Diallag und Spodumen von Kalksteinen des Eisengebirges: 282–85. — Kleinigkeiten von Barrandien [Titel unsicher]: **21** ('42) 26f., 56–60. — — Alle Arbeiten tschech.

Věda a Život Von der Mineralogie zur Geochemie: **4** ('38) 261–70 [tschech.].

Vesmír Der Mineralreichtum der Tschechoslowakischen Republik: **10** ('32) 113–15. — Die Reste unseres Mineralreichtums: **17** ('39) 33–76. — Alexander Orlov: **27** ('48/49) 18. — Die gegenseitigen Beziehungen zwischen den russischen und den tschechoslowakischen anorganischen Naturwissenschaften: **28** ('49/50) 66–70. — Born als Bergmann und Mineraloge: **33** ('54) 343f. — — Alle Arbeiten tschech.

Věstn., České Akad. Věd a Umění Russische Mineralogie: **56**. 1947 ('48) 15–27 [tschech.].

Věstn. král. české Spol. Nauk Basic igneous rocks of the northern Železné Hory: **1941** ('42) Nr. 8, 21 S. [tschech.]; engl.: **1945** ('47) Nr. 13, 9 S. — Notes on jaspers and similar quartz substances of NE Bohemia: **1941** ('42) Nr. 16, 20 S. [tschech.]; engl.: **1945** ('47) Nr. 16, 4 S.

Věstn. státního geol. Ústavu českoslov. Republ. Der Wiedererwecker der tschechischen Petrographie (Zum 70. Geburtstag von Prof. J. L. Barvíř): **9** ('33) 167–70. — Zum 70. Geburtstag von Prof. Dr. Bohuslav Ježek: **22** ('47) 258–61. — Zum 70. Ge-

Bitte Anmerkung auf Seite 4201 beachten!

burtstag von Josef Kratochvíl [3]): **23** ('48) 247–54. — — Alle Arbeiten tschech.

Věstn. ústředn. Ústavu geol. Die Tschechoslowakische Akademie der Wissenschaften: **27** ('52) 193f. [tschech.].

Výroční Zprava moravské přírod. Spol. Direktor František Kovář: **18** ('42) 10–14 [tschech.].

Zap. vser. mineral. Obšč. Die tschechoslowakische Mineralogie während der Zeit der deutschen Okkupation und nach der Befreiung: **76** ('47) 281–83 [russ.].

Ferner ein Beitrag "Die Entwicklung von der Mineralogie zur Geochemie [tschech.] (16 S.) im Rahmen des Jahresberichtes 1936/37 der Tschechischen Karlsuniversität Praha.

Mit: [1]) O. Hynie; [2]) V. Smetana; [3]) J. Kutina.

VI **ŚLEBODZIŃSKI,** Władysław Zygmunt. Math. — 1921–34 Lehrbeauftragter, Techn. Hochsch. u. Univ. Poznań; '34–39 Privatdoz., Univ. Warszawa; '45–51 außerord. Prof., '51–60 ord. Prof., '60 Prof. emer., Techn. Hochsch. Wrocław; '61–63 Präs. d. Hauptverwaltg., Poln. Math. Ges. — '65 Dr. h.c. (Techn. Hochsch. Wrocław); '67 Dr. h.c. (Techn. Hochsch. Poznań); '70 Dr. h.c. (Univ. Wrocław). — '63 Preis d. Stadt Wrocław.

*1884, Febr. 6, Pysznica;
†1972, Jan. 3, Wrocław.

Zur Biogr. *T. Huskowski, Roczn. polsk. Towarz. mat., Ser. 2: Wiadomości mat. **9** ('67) 169–73 (m. Bildn. u. Faks.).

Zur Biobibliogr. *Z. Butlewski, Über die wissenschaftliche und didaktische Tätigkeit Prof. Dr. Władysław Ślebodzińskis: Fasciculi math. [Poznań] **4**. 1969 ('70) 11–14 [poln.].

Autobiogr. Erinnerungen eines Mathematikers aus den Jahren 1903 bis 1968, Roczn. polsk. Towarz. mat., Ser. 2: Wiadomości mat. **12** ('69/71) 17–31 [poln.].

Todesanzeige Roczn. polsk. Towarz. mat., Ser. 2: Wiadomości mat. **15** ('72) 1.

Gedenkband Colloquium math. [Polonia] **26** ('72) (m. Bildn. u. Faks.).

MHZ. Annales polon. math. **1** ('54) - **26** ('72). — Colloquium math. [Polonia] **1** ('48) - **2** ('51).

S. Hauptreferate des Polnischen Mathematikerkongresses, Warschau 1953 (H. Grell) (Berlin '54) 45–68: Der Einfluß moderner mathematischer Methoden auf die klassischen Theorien der Mathematik [2])[u. a.]). — Studia z dziejów katedr Wydziału Matematyki, Fizyki, Chemii Uniwersytetu Jagiellońskiego (Kraków '64) 87–99: Kazimierz Żorawski.

W. Formes extérieures et leurs applications, **1** (Warszawa '54) 6 + 154 S. (Polska Akademia Nauk, Monografie matematyczne, 31), **2** ('63) 271 S. (~ 40); engl.: Exterior forms and their applications (Warszawa '70) 427 S. (~ 52); Bd. **1** auch poln. ('54). — Matematyka (m. S. Drobot) (T. Huskowski) (Wrocław '55) 400 S. (Vorlesungsskript). — Matematyka dla chemików (m. H. Pidek-Łopuszańska, K. Urbanik) (Warszawa '58) 475 S.; [2]('67) 475 S.; [3]('70) 475 S.

Annales polon. math. Sur un pseudogroupe infini et un problème d'équivalence [1]): **10** ('61) 101–13.

Annales Soc. polon. Math. Sur les déformations de l'espace basé sur le groupe $x = hx + a$, $y = kx + h^m y + b$: **25** ('52) 231–37.

Bull. Acad. polon. Sci., Sér. math., astron. et physiques Sur les prolongements d'une connexion linéaire: **8** ('60) 145–50 [m. russ. Zusammenfassg. S. XII].

Čas. Pěst. Mat. a Fysiky Sur quelques problèmes de la géométrie différentielle contemporaine: **74** ('50) 117–22 [poln. m. französ. Zusammenfassg.].

Colloquium math. [Polonia] Géométrie textile et connexions affines: **1** ('48) 245f. — Władysław Nikliborc et son œuvre scientifique: 322–30. — Sur les espaces à parallélisme absolu doués d'une connexion semisymétrique: **2** ('49/51) 142–48. — L'œuvre scientifique de Kazimierz Żorawski, 1866–1953: **4** ('56/57) 74–88. — Contribution à la géométrie différentielle d'un tenseur mixte de valence deux: **13** ('64) 49–54.

C.R. hebd. Séances Acad. Sci., Paris Sur les complexes de géodésiques dans une variété V_3: **196** ('33) 458–60. — Sur la réalisation d'une variété à connexion affine par une surface plongée dans un espace affine: **204** ('37) 1536–38. — Sur une classe de surfaces de l'espace affine: 1701–03.

C.R. Soc. Sci. et Lettres Wrocław Sur une géométrie affine dégénérée: **4**. 1949 ('55) Nr. 3, 1–3.

Kwartalnik filoz. Les mérites de Descartes pour le développement moderne des mathématiques: **19** ('50) 67–70, 166f. [poln., vermutlich m. französ. Zusammenfassg.].

Mathematica [Cluj] Sur les formes différentielles tensorielles et le théorème de Poincaré: **8** ('34) 86–97.

Nauka polska Die Polnische Mathematische Gesellschaft: **12** ('64) Nr. 3, 139–48 [poln.].

Prace mat.-fizyczne Sur les transformations isomorphiques d'une variété à connexion affine: **39**

Bitte Anmerkung auf Seite 4201 beachten!

('32) 55–62 [m. poln. Zusammenfassg.]. — Sur la théorie des affineurs symétriques gauches et des invariants intégraux: **40** ('32) 1–46 [poln. m. französ. Zusammenfassg.]. — Sur deux connexions affines généralisées: **43** ('35) 167–205 [m. poln. Zusammenfassg.]. — Sur la connexion rhéonome et sur un problème de l'équivalence: **45** ('37) 75–92 [~]. — Sur quelques problèmes de la théorie des surfaces de l'espace affine: **46** ('39) 291–345 [~].

Revista Ci. [Lima] Sur une dégénérescence de la variété riemannienne: **47** ('45) 423–33.

Roczn. polsk. Towarz. mat., Ser. 1: Prace mat. Algorithm of exterior forms: **1** ('55) 71–92 [poln. m. russ. u. engl. Zusammenfassg.]. — Das wissenschaftliche Werk Kazimierz Żorawskis: **2** ('56) 79–93 [poln.]. — Le principe dynamique d'E. Cartan: **14** ('70) 1–13.

Roczn. polsk. Towarz. mat., Ser. 2: Wiadomości mat. Über die Definition der Geometrie: **1** ('55/56) 153–62 [poln.]. — Die Polnische Mathematische Gesellschaft in den Jahren 1919–1963: **8** ('65) 85–107 [~]; **9** ('66/67) 161 [~]. — Kasimierz Żorawski (1866–1953): **11** ('69) 49–64 [~].

Roczn. Towarz. nauk. warszawsk. Władysław Nikliborc †: **41** ('48) 159–63 [poln.].

Rozpr. mat. Géométrie textile et les espaces à connexion affine: **3** ('53) 32 S. — Sur l'équivalence des formes différentielles extérieures du second degré: **11** ('56) 32 S.

Sprawozd. Posiedzeń Towarz. nauk. warszawsk., Wyd. III Notice sur les variétés à connexion affine: **27** ('34) 27–31 [französ. m. poln. Zusammenfassg.].

Zastosowania Mat. Sur deux groupes infinis et continus: **10** ('69) 17–30.

Mit: [1]) H. Pidek-Łopuszańska; [2]) T. Ważewski.

VI **SLEPIAN,** Joseph. Physik, Elektrotechn. — 1916–22 Research Engr., '22–26 Manager, '26–38 Consulting Research Engr., '38–56 Assoc. Dir., Research Laboratories, Westinghouse Electric and Manufacturing Co. → Westinghouse Electric Corp., East Pittsburgh, Pa. — '49 Hon. D.Eng. (Case Inst. of Technol., Cleveland, Ohio); '55 Hon. D.Sc. (Univ. of Leeds). — '32 John Scott Medal (Franklin Inst., Philadelphia, Pa.); '43 Lamme Medal, '48 Edison Medal (Amer. Inst. of Electrical Engineers).
*1891, Febr. 11, Boston, Mass.;
†1969, Dez. 19, Pittsburgh, Pa.

Bildn. J. appl. Physics [USA] **9** ('38) 187. — Scientific Monthly **52** ('41) 575.

Zur Biogr. *L. W. Chubb, Electrical Engng. [USA] **62** ('43) 401–03 (m. Bildn.). — *M. W. Smith, Electrical Engng. [USA] **67** ('48) 258–61 (m. Bildn.).

Autobiogr. The fostering of an engineer: Electrical Engng. [USA] **62** ('43) 403f.

S. C.R. Congrès international d'électricité, Paris 1932 (Paris '33) Sect. 4, Nr. 8: L'arc électrique dans les interrupteurs (31 S.). — Physics in industry (American Institute of Physics) (New York '37): Some physical problems in the electrical power industry. — Proc. International symposium on isotope separation, Amsterdam 1957 (Amsterdam '58) 663: Magnetoionic means for separating isotopes in very large quantities.

W. A series of lectures on conduction of electricity in gases (East Pittsburgh, Pa. '33) 4 + 188 S. (Educational Department, Westinghouse Electric and Manufacturing Company). — The magnetoionic expander isotope separator (East Pittsburgh, Pa. '56) 13 S. (Westinghouse Research Laboratories, Scientific papers, Nr. 60-94698-1-P3).

American J. Physics Lines of force in electric and magnetic fields: **19** ('51) 87–90.

Electric J. The ignitron: **33** ('36) 267–72. — A parable on tensor analysis, 1: 541–47; ~ 2: **34** ('37) 115–19.

Electrical Engng. [USA[A new method of starting an arc [5]): **52** ('33) 605–08. — Electric discharges in gases, 3: Selfmaintained discharges [6]): **53** ('34) 511–18. — Condensation of mercury in mercury-arc tubes [2]): **59** ('40) 381–84. — Die dielektrische Festigkeit des Wassers im Hinblick auf die Verwendung bei Stromunterbrechern [3])[7]): **60** ('41) 389–95 [engl.]. — Electrical essay for recreation: Fourier series: **66** ('47) 872. — Magnet field of a solenoid: **67** ('48) 58. — Magnetically charged electrons, or God has fun: 187. — The mathematician, the scientist, the engineer: 261–64 (m. Bildn.). — Which source feeds which load?: 337. — Faraday's law of induction: 530. — Induction motor above synchronous speed: 653f. — Diamagnetic hysteresis in an imperfect world: 771f. — Electrical heat generation in metal bar: 978. — Four terminal network: 1073. — Which box contains the network?: 1141. — Space charge theory exploded: **68** ('49) 29. — Electromagnetic space ship: 145f. — Spark gap in wonderland: 245. — Magnetic speedometer for aircraft: 308. — Turn ratio of transformer: 449. — Which is the primary?: 518f. — Faraday's law of induction No. 2; twosided surface bounded by two turn coil: 613. — Electromagnetic induction intensifier: 677f. — Magnetic control of mutual induction: 762f. — Electrostatic or electromagnetically induced electric field: 877. — Flux linkage of an open circuit: 984f. — Waves of all velocities: 1080f. — Electromagnetic waves on wires: **69** ('50) 50f. — Electrostatic space ship: Coulomb's law and force on an electric charge: 164. — Self-running electrostatic motor: 247–49. — Half and whole solution for commutatorless d.c. machine: 342f. — Force on an dielectric, or physicists are just as confusing: 456f. — Magnetized iron, stretched or swelled: 550f. — Force on a cut iron cylinder: 635. — Polarization or charge in a dielectric: 710. — Motionally induced electromotive force, 1: 1025; ~ 2: 1086; ~ 3: **70** ('51) 67; Motionally induced electric fields, 4: 159f.; ~ 5: 254; ~ 6: 350f. — Switching gravity on and off: **69** ('50) 1026.

Electrical World Deionization has transformed art of circuit interruption: **100** ('32) 177–80.

Elektrotechnik u. Maschinenbau Die Löschung eines Wechselstrom-Lichtbogens im Gasstrom: **51** ('33) 180–84.

J. appl. Physics [USA] Some physical problems in the electrical power industry: **8** ('37) 152–59. — The experimental validity of Paschen's law and of a similar relation for the reignition potential of an alternating current arc [6]): 619–21. — Cathode spot fixation and mercury pool temperatures in an ignitron [8]): **9** ('38) 483f. — Spark gaps with short time lag [1]): **11** ('40) 765–68. — Arc cathodes of low current density at high amperage [1])[4]): **13** ('42) 113–16. — Energy and energy flow in the electromagnetic field: 512–18. — Failure of the ionic centrifuge prior to the ionic expander: **26** ('55) 1283.

J. Franklin Inst. The electric arc in circuit interrupters: **214** ('32) 413–42. — The magneto-ionic expander isotope separator: **263** ('57) 129–39.

Nuclear Sci. and Engng. The magneto-ionic expander isotope separator applied to uranium: **3** ('58) 108–10.

Physical Rev. Ambipolar diffusion of ions and electrons [2]): **72** ('47) 185. — Hydromagnetic equations for two isotopes in a completely ionized gas: **112** ('58) 1441–44.

Physical Rev. Letters Inapplicability of certain hydromagnetic principles to the ionic centrifuge: **1** ('58) 287.

Physics Fluids Electron acceleration against an opposing field in a vacuum electromagnetic discharge: **1** ('58) 547f. — A fundamental error in thermonuclear research: **3** ('60) 490. — Comments on "Plasma confinement by direct-current magnetic fields": **7** ('64) 157f. — Comments on "Natural oscillations of a bounded plasma": 1721f.

Proc. nation. Acad. Sci. USA Electromagnetic ponderomotive forces within material bodies: **36** ('50) 485–97. — Isotope separation by ionic expansion in a magnetic field: **41** ('55) 451–57. — The ionic centrifuge and fusion nuclear power: **47** ('61) 313–19; **53** ('65) 225. — Theoretical structure of plasma equations and application to a simple problem: **47** ('61) 1173–75. — Two changes in the usual equations of a plasma required for magnetodynamic work: 1680–83. — On the containment time of a plasma: an important error: 1883f. — Independence of containment time of a plasma upon the strength of a magnetic field: **48** ('62) 129. — Comments on a paper dealing with hydromagnetic stability of a plasma: 517f. — Some calculations of the currents in the ionic centrifuge: 913f. — The current induced by a magnetic field in a physically bounded plasma: 1306f. — The ionic centrifuge can give fusion nuclear power: **50** ('63) 6–9. — Comment on "Single-particle cyclotron radiation near walls and sheaths" by A. Simon and M. N. Rosenbluth: **51** ('64) 592f. — Drift instabilities in cylindrical discharges involving both ions and electrons: **52** ('64) 1232f.

Proc. physic. Soc. Application of a new method of calculating currents in the ionic centrifuge: **81** ('63) 587–89.

Reviews modern Physics Comment on "Review of high-temperature rotating-plasma experiments": **36** ('60) 1032f.

Science [USA] Magneto-ionic expander isotope separator applied to uranium: **125** ('57) 751. — Two fundamental errors widely held in fusion research: **131** ('60) 1321.

Trans. amer. Inst. electr. Engr. Backfire in mercury arc rectifiers [5]): **51** ('32) 92–104. — The expulsion fuse [3]): 157–65. — A new method for initiating the cathode of an arc [5]): **52** ('33) 695–98. — Electric discharges in gases: Self-maintained discharges [6]): **53** ('34) 511–18. — Condensation of mercury in mercury arc tubes [2]): **59** ('40) 381–84. — Displacement and diffusion in fluid flow arc extinction: **60** ('41) 162–67. — Arcbacks in ignitrons in series [10]): 292–94. — Photographic study of a.c. arcs in flowing liquids [9]): 823–28. — Energy flow in electrical systems, the VI energy flow postulate: **61** ('42) 835–40. — Stability of short arcs in oxygen, pure hydrogen and pure helium: **69** ('50). — — Diese Zitate sind unsicher und mindestens zum Teil identisch mit denen in Electrical Engng. [USA] (siehe oben).

Trans. electrochem. Soc. The ignitron, a new mercury-arc power-converting device: **69** ('36) 399–414 (Preprint 27).

U.S. Atomic Energy Commiss. Ionic centrifuge: **TID-5217** ('49) 337–64.

Mit: [1]) W. E. Berkey; [2]) W. M. Brubaker; [3]) C. L. Denault; [4]) M. J. Kofoid; [5]) L. R. Ludwig; [6]) R. C. Mason; [7]) A. P. Strom; [8]) A. H. Toepfer; [9]) T. E. Browne, jr.; [10]) W. E. Pakala.

Bitte Anmerkung auf Seite 4201 beachten!

VI **SLICHTER,** Louis Byrne. Geophysik. — 1922–24 Physicist, Submarine Signal Co., Boston, Mass.; '24–31 Partner of Mason, Slichter & Gauld; '30–31 Research Assoc., California Inst. of Technol., Pasadena, Cal.; '31–32 Assoc. Prof., '32–45 Prof., Massachusetts Inst. of Technol., Cambridge, Mass.; '45–46 Prof., Univ. of Wisconsin, Madison, Wis.; '46 Rockefeller Foundation Fellow, Univ. of Cambridge, Engl.; '47–62 Prof. and Dir. of Inst. of Geophysics, '63 Prof. Emer., '66– Assoc. Dir. of Inst. of Geophysics and Planetary Physics, Univ. of California, Los Angeles, Cal.; '60 Chairman of Geophys. Sect., Nation. Acad. Sci.; '61–64 Pres. of Sect. of Tectonophys., Amer. Geophys. Union. — '67 Hon. D.Sc. (Univ. of Wisconsin, Madison, Wis.); '69 Hon. LL.D. (Univ. of California, Los Angeles, Cal.). — '47 Presidential Certificate of Merit (USA); '57 Citation "in recognition of eminent professional services" (Univ. of Wisconsin); '60 Jackling Award (Amer. Inst. of Mining, Metallurg. and Petroleum Engrs.); '63 Alumnus of the Year (Joint Wisconsin Alumni Associations of Southern Calif.); '66 William Bowie Medal (Amer. Geophys. Union).
*1896, Mai 19, Madison, Wis.;
†1978, März 25.

Ehrungen '66 Dedication of "Slichter Hall", University of California, Los Angeles, Cal. — "Slichter Foreland", Antarctica.

Zur Biogr. J. appl. Physics [USA] **10** ('39) 106 (m. Bildn.).

Zur Emeritierung Festschrift: Papers in geophysics in honor of Louis Byrne Slichter: J. geophysic. Res. **68** ('63) Nr. 10 (S. 2867–983) (m. Bildn.); darin S. 2867–70: *C. E. Palmer, Louis B. Slichter, builder of the Institute of Geophysics and Planetary Physics.

Nekr. *L. Knopoff, *R. E. Holzer, *C. F. Kennel, Bull. seismol. Soc. America **69** ('79) 655–57 (m. Bildn.); Memorials, Geol. Soc. America **10** ('80) 4 S. (m. Bildn. u. Schr.verz.-Auszug).

MHZ. J. geophysic. Res.

S. Handbook of physical constants (F. Birch u. a.) (New York '42) (Geological Society of America, Special papers, 36) 295–97: Magnetic properties of rocks; 304–18: Electrical properties of rocks and minerals [18]. — Natural resources (M. R. Huberty, W. L. Flock) [2](New York '59) 368–412: Some aspects, mainly geophysical, of mineral exploration. — International dictionary of geophysics (S. K. Runcorn u. a.) **1** (Oxford–London '67) 331–34: Earth, free oscillations. — The nature of the solid earth; papers presented at a symposium, Cambridge, Mass., 1970 (New York '72) 285–320: Earth tides.

W. Gravity observations and the dynamics of the earth (Los Angeles, Cal. '63) 31 S., Neuaufl.: ('66) 31 S. (University of California, Los Angeles, 38th Annual Faculty Research Lecture, 1963).

Advances Physics Remarks relative to Maxwell's formula for the magnetic susceptibility of disseminated materials: **6** ('57) 333–35.

Antarctic J. United States Observations of earth tides and free vibrations at South Pole [6][24]: **3** ('68) 182–. — The long-period earth tide at South Pole [6][29][24]: **4** ('69) 214–. — Gravity tides at South Pole [6][20][8]: **5** ('70) 165f. — Earth tides and earth's free vibrations: Observations at the South Pole [6][28][8][31]: **6** ('71) 227f. — Observations of earth tides and earth's free vibration at the South Pole [31][25]: **8** ('73) 254f. — Gravity tides at the South Pole [28][8][31]: **9** ('74) 246. — Gravity variations at the South Pole [26][21]: **10** ('75) 250. — Search at South Pole for the pendulum mode of the earth's inner core: **12** ('77) 124f.

Bull. geol. Soc. America Seismic studies of crustal structure in New England by means of quarry blasts: **50** ('39) 1934. — Cooling of the earth: **52** ('41) 561–600.

Communications Observat. roy. Belgique Report of earth tides results and other gravity observations at University of California, Los Angeles [22][3][6]: Nr. **236** ('64).

Earthquake Notes, Seismol. Soc. America, Eastern Sect. Progress report on a three-component seismometer and tiltmeter: **8** ('36) Nr. 1/2, S. 76.

Economic Geol. Geophysics applied to prospecting for ores: 50th Anniv.-Vol. **1955** ('56) 885–969.

Geofisica int. [México] Earth tides [6]: **8** ('68) 43–54 [engl. u. span.].

Geophysical J. roy. astron. Soc. Spherical oscillations of the earth: **14** ('67) 171–77.

Geophysical Monogr. The lunar tidal acceleration on a rigid earth [32][31]: **16** ('72).

Geophysics Inductive method of prospecting for conducting ores: **13** ('48) 504. — An electromagnetic interpretation problem in geophysics: **16** ('51) 431–49. — Field of an alternating magnetic dipole on the surface of a layered earth [9]: **24** ('59) 77–88. — Earth's free modes and a new gravimeter: **30** ('65) 339–47.

Gerlands Beitr. Geophysik Studies in reflected seismic waves, 1: Some computations of the reflection of seismic waves at solid boundaries [5]: **38** ('33) 228–38; ~ 2: Surface motions due to reflections in a layered crust: 239–56, **43** ('34) 331.

J. appl. Physics [USA] Problem of ice formation [15]: **10** ('39) 135–37.

J. geophysic. Res. Searching for the earth's free oscillations [1][7][11][13]: **64** ('59) 1334–37. — Deformation of an earth model by surface pressures [3]: **65** ('60) 4151–56. — Observations of the free oscillations of the earth [14][7]: **66** ('61) 621–29. — Earth-tide observations made during the International Geophysical Year [7][14][12][4][10]: **68** ('63) 1497–516. — Secular effects of tidal friction upon the earth's rotation: 4281–88. — An experiment concerning gravitational shielding [3][6]: **70** ('65) 1541–51. — The residual daily earth tides at the South Pole [8]: **79** ('74) 1711–15. — Observation of Rayleigh wave dispersion at very long periods [23][9]: **81** ('76) 4417–21. — Gravity tides and ocean loading in southern Alaska [31][19]: 4923–32. — Long period gravity tides at the South Pole [31][28][9][27][30]: **84** ('79) 6207–12.

Mining Congr. J. Geophysical prospecting for ores: **33** ('47) Nr. 2, 47–51. — Mining geophysics: **45** ('59) Nr. 5, 36–40.

Mining Engng. The need of a new philosophy of prospecting (Jackson Lecture): **12** ('60) 570–76.

Mining J. [London] Current status and potentialities of geophysical prospecting for ore: **229** ('47) 460–63, 477–79.

Nature [London] Frenkel's view on the origin of terrestrial magnetism [2]: **160** ('47) 157.

Pan-american Geologist Geological meaning of deep-seated earthquakes: **72** ('39) 344–48.

Physics Theory of the interpretation of seismic travel-time curves in horizontal structures: **3** ('32) 273–95. — The interpretation of the resistivity prospecting method for horizontal structures: **4** ('33) 311–22, 407. — An inverse boundary value problem in electrodynamics: 411–18.

Proc. nation. Acad. Sci. USA The Rancho Santa Fe conference concerning the evolution of the earth: **36** ('50) 511–14. — The fundamental free mode of the earth's inner core: **47** ('61) 186–90.

Proc. roy. Soc. London, Ser. A An electromagnetic interpretation problem for the sphere: **214** ('52) 356–70. — Exceptional cases of electromagnetic interpretation problem [17]: **216** ('53) 434f. — Seismic interpretation theory for an elastic earth: **224** ('54) 43–63.

Science [USA] Earth sciences: **113** ('51) Nr. 2930, S. 3.

Tech Engng. News Investigation of electrical resistivity of earth's crust at great depth by use of power line and telephone line facilities: **15** ('34) 8–10.

Trans. amer. geophysic. Union Large electrical map of central Massachusetts by the Massachusetts Institute of Technology: **15** ('34) 185. — Earth tides [16][11]: **34** ('53) 174–84; ~: **48** ('67) 355–57. — A glimpse at the geophysical scene: **47** ('66) 345–55.

Trans. amer. Inst. Mining and metallurg. Engr. Observed and theoretical electromagnetic model response of conducting spheres: **102** ('32) 443–59.

Einige weitere Mitteilungen über Gezeiten des Erdkörpers und ihre Messung in Enzyklopädien, Konferenzberichten usw.

Mit: [1]) H. Benioff; [2]) E. C. Bullard; [3]) M. Caputo; [4]) R. F. S. Forbes; [5]) V. G. Gabriel; [6]) C. L. Hager; [7]) J. C. Harrison; [8]) B. V. Jackson; [9]) L. Knopoff; [10]) E. A. Kraut; [11]) L. LaCoste; [12]) I. M. Longman; [13]) W. H. Munk; [14]) N. F. Ness; [15]) C. L. Pekeris; [16]) J. T. Pettit; [17]) A. T. Price; [18]) M. Telkes; [19]) C. Beaumont; [20]) R. Holbrook; [21]) M. Jefferson; [22]) G. J. F. MacDonald; [23]) K. Nakanishi; [24]) R. V. O'Connell; [25]) K. Ritala; [26]) P. Rydelek; [27]) W. D. Smythe; [28]) E. Syrstad; [29]) M. B. Tamburro; [30]) H. Uffelman; [31]) W. E. Zurn; [32]) R. A. Broncke.

VI **SLICHTER,** Walter Irvine. Elektrotechn. — 1896 Member of Student Course, 1897–1905 Assist. to Ch. P. Steinmetz, '05–09 Engr. in Railway and Traction Departm., '09–10 Consulting Engr., General Electric Co., Schenectady, N.Y.; '10–41 Prof., '12–41 Head of Departm. of Electr. Engng., '41 Prof. Emer., '41–46 Spec. Lecturer, Columbia Univ., New York; '23–25 Vice-Pres., '30– Treasurer, Amer. Inst. of Electr. Engrs.
*1873, Mai 7, St. Paul, Minn.;
†1958, Okt. 14, Schenectady, N.Y.

Nekr. Mechanical Engng. **81** ('59) Nr. 1, 126.

VI **SLIPHER,** Earl Carl. Astron. — 1906 A.B., '08 A.M., Indiana Univ., Bloomington, Ind.; '06–08 Fellow, '08–57 Astronomer, '57–58 Dir., Lowell Observat., Flagstaff, Ariz. — '11 Medal (Soc. Astron. de México).
*1883, März 25, Mulberry, Ind.;
†1964, Aug. 7, Flagstaff, Ariz.

Zur Biogr. *J. C. Duncan, Astronomers from Indiana at the Lowell Observatory – the brothers Slipher: Sky **5** ('41) Nr. 10, 3–6.

Bitte Anmerkung auf Seite 4201 beachten!

Nekr. *A. P. Fitz-Gerald, Irish astron. J. **6** ('65) 297f. — Observatory **85** ('65) 52. — Populär astron. Tidskr. **46** ('65) 80.

W. The study of planetary atmospheres, final report (m. anderen) (Flagstaff, Ariz. '52) 6 + 290 S. (Lowell Observatory) [Seit 1949 einzelne "Reports" über dieses Forschungsprojekt]. — Report of the International Mars Committee 1954; a report of the results obtained in the coordinated Mars program by the cooperating observatories in 1954 (m. A. G. Wilson) (Flagstaff, Ariz. '55) 113 S. — A photographic history of Mars, 1905–1961 (Flagstaff, Ariz. '62) 15 + 168 S.; andere Ausgabe u. d. T.: The photographic story of Mars (J. S. Hall) (Cambridge, Mass. '62) 15 + 168 S. — A photographic study of the brighter planets (Flagstaff, Ariz. '64) 16 + 124 S.

Leaflet, Astron. Soc. Pacific Mars [2]): Nr. **301** ('54) 8 S.

National geogr. Mag. New light on the changing face of Mars: **108** ('55) 427–36.

Proc. amer. philos. Soc. The planets from observations at the Lowell Observatory: **79** ('38) 441–51.

Publ., Amer. astron. Soc. Aspects of the edge view of Saturn's rings: **8.** 1934/36 ('36) 253f. — Observations of the present disturbed conditions on Jupiter: 254. — Recent changes and extraordinary coloration in Jupiter's cloud forms: **9.** 1936/39 ('39) 141–48. — Photographs of the twilight ring around Venus and the behavior of her atmosphere [1]): 229–31. — The Lowell Observatory expedition to the Lamont-Hussey Observatory, Bloemfontein, South Africa: **10.** 1940/42 ('46) 26. — The 1939 observations of Mars at the Lamont-Hussey Observatory: 26.

Publ. astron. Soc. Pacific An outstanding atmospheric phenomenon on Mars: **49** ('37) 137–40. — Results of observations of Mars and Jupiter at the Lamont-Hussey Observatory, South Africa: **52** ('40) 284–86.

Sky Saturn, photographed on Aug. 9, 1933, showing the Great White Spot: **4** ('40) Nr. 4, S. 18.

Sterne u. Weltraum Vergleich zwischen Marszeichnungen und photographischen Aufnahmen: **4** ('65) 53.

Telescope Martian phenomena observed from our southern hemisphere: **7** ('40) 102–09.

Mit: [1]) J. B. Edson; [2]) A. G. Wilson.

V, VI **SLIPHER,** Vesto Melvin. Astron. — 1901–05 Astronomer, '15–16 Assist. Dir., '16–26 Acting Dir., '26–52 Dir., '53 Dir. Emer., Lowell Observat., Flagstaff, Ariz. — '33– Vice-Pres. (Sect. Astron.), Amer. Assoc. for the Advancem. of Sci. — '19 Prix Lalande (Acad. Sci. Paris); '32 Henry Draper Gold Medal (Nation. Acad. Sci. USA); '33 Gold Medal (Roy. Astron. Soc. London); '35 Catherine Wolfe Bruce Gold Medal (Astron. Soc. of the Pacific).
*1875, Nov. 11, Mulberry, Ind.;
†1969, Nov. 8, Flagstaff, Ariz.

Bitte Anmerkung auf Seite 4201 beachten!

Zur Biogr. *J. C. Duncan, Astronomers from Indiana at the Lowell Observatory - the brothers Slipher: Sky **5** ('41) Nr. 10, 3–6. — *F. J. M. Stratton, Monthly Notices roy. astron. Soc. **93** ('32/33) 476f.

Nekr. Optical Spectra **4** ('70) Jan.-Nr., S. 72.

Astrophysical J. Fraunhofer's spectrum in the interval from 77,000 to 110,000 A [1]): **84** ('36) 354–58. — The sodium content of the head of the great daylight comet Skjellerup 1921K [1])[4]): **86** ('37) 345–62; **88** ('38) 207f.

J. roy. astron. Soc. Canada Spectra of the night sky, the zodiacal light, the aurora, and the cosmic radiations of the sky: **27** ('33) 365–69.

Monthly Notices roy. astron. Soc. Spectrographic studies of the planets: **93** ('32/33) (Suppl.) 657–68.

Nature [London] Planetary photography: **133** ('34) 10–13. — The atmospheres of the giant planets [1]): **134** ('34) 148f.

Physical Rev. Concerning the carbon dioxide content of the atmosphere of the planet Venus [1]): (2) **46** ('34) 240. — On the identification of the methane bands in the solar spectra of the major planets [1]): 240f. — The constitution of the atmospheres of the giant planets [1]): 902–06. — The principal limit of the transmission of solar radiation by the earth's atmosphere in the far infrared [1]): **47** ('35) 251. — The absorption of sunlight by the earth's atmosphere in the remote infrared region of the spectrum [1])[2]): 580–84. — Difference bands in the spectra of the major planets [1]): 651–53. — The methane content of the giant planet atmospheres [1]): 787f. — Fraunhofer's spectrum in the neighborhood of 96,000 A [1])[3]): **49** ('36) 288–90.

Proc. amer. philos. Soc. The trans-Neptunian planet search: **79** ('38) 435–40.

Proc. roy. Instn. Great Britain Planet studies at the Lowell Observatory: **27.** 1931/33 ('33) 903–21.

Publ., Amer. astron. Soc. Additional observations of the spectrum of the night sky: **8.** 1934/36 ('36) 23. — The detection of stars of high color index with the Lawrence Lowell telescope [6]): 255. — Spectra of the Pleiades, Scorpio and Cygnus nebulosities: **9.** 1936/39 ('39) 168f. — The night sky and twilight auroral radiations: 169f. — Dark bands in comet spectra: 176. — The spectra of faint extended nebulae from Cepheus to Orion: 229. — The spectra of faint extended nebulae: 251f.

Publ. astron. Soc. Pacific The spectrum of the variable nebula NGC 2261: **51** ('39) 115f.

Scientific Monthly Searching out Pluto – Lowell's trans-Neptunian planet X [5]): **34** ('32) 5–21.

Mit: [1]) A. Adel; [2]) E. F. Barker; [3]) O. Fouts; [4]) R. Ladenburg; [5]) R. L. Putnam; [6]) A. M. Rogers.

V, VI **SLOCUM,** Frederick. Astron. — 1914–18, '20–43 Prof. and Dir. of Van Vleck Observat., Wesleyan Univ., Middletown, Conn.; '23 Visiting Prof., Columbia Univ., New York; Vice-Pres. (Sect. D), Amer. Assoc. for the Advancem. of Sci.; Vice-Pres., Amer. Astron. Soc. — '38 Hon. D.Sc. (Brown Univ., Providence, R. I.).
*1873, Febr. 6, Fairhaven, Mass.;
†1944, Dez. 4, Middletown, Conn.

Nekr. *B. W. Sitterly, Monthly Notices roy. astron. Soc. **106** ('46/47) 37f. — *C. L. Stearns, Science [USA] **101** ('45) 136f.; Wesleyan Univ. Alumnus **29** ('44/45) Nr. 2, 11f.

W. Stellar parallaxes, derived from photographs made with the 20-inch refractor of the Van Vleck Observatory (m. C. L. Stearns, B. W. Sitterly) (Middletown, Conn. '38) 11 + 277 S. (Publications of the Van Vleck Observatory, 1).

Astronomical J. Occultations of the Pleiades [3]): **42** ('32) 16; ~: **44** ('35) 103.

Astrophysical J. Frank Schlesinger, 1871–1943: **98** ('43) 241–43.

Beob.-Zirk. der Astronomischen Nachr. Parallax of the white dwarf L 745-46 [1]): **23** ('41) 31.

Harvard Announcement Card Parallax of white dwarf L 745-46 [1]): Nr. **554** ('41).

J. roy. astron. Soc. Canada Iridescent clouds and cosmic dust: **28** ('34) 145–48.

Natural History Calendar through the ages: **36** ('35) 247–54.

Popular Astron. The total solar eclipse of August 31, 1932: **40** ('32) 396. — Stellar distances: **50** ('42) 117–25.

Publ., Amer. astron. Soc. The effect of radial velocity upon the appearance of solar flocculi and prominences: **9.** 1936/39 ('39) 19. — Some striking similarities in solar prominences [2]): 133f.

Publ. astron. Soc. Pacific Galileo Galilei, a pioneer in scientific research: **45** ('33) 103–26. — Observations of solar prominences with a Lyot telescope [2]): 187–89.

School and Soc. Intellectual curiosity: **48** ('38) 157–63.

Science [USA] The total eclipse of the sun of August 31, 1932: **76** ('32) 135f.

Telescope Stellar parallax: **2** ('35) 58–65.

Mit: [1]) W. J. Luyten; [2]) E. Pettit; [3]) L. T. Slocum.

V, VI **SLOCUM,** Stephen Elmer. Math. — 1906–20 Prof., Univ. of Cincinnati, Ohio; '20–25 Consulting Engr., N. W. Akimoff, Philadelphia and Ardmore, Pa.; '25– Private Consulting Engr., Ardmore, Pa. — '27 Gold Medal (Amer. Soc. of Naval Engrs.).
*1875, Juni 5, Glenville, N.Y.;
†1960, Sept. 21, Ardmore, Pa.

Nekr. New York Times **1960**, 23. Sept., S. 29.

W. Noise and vibration engineering (New York '31, London '32) 15 + 171 S.

VI **SLOTNICK,** Morris Miller. Math., Geophysik. — 1922 S.B., '25 M.A., '26 Ph.D., '22–26, '28–29 Instructor Math., Harvard Univ., Cambridge, Mass.; Postgrad. Stud. '26–27 Univ. Hamburg, '27–28 Princeton Univ., Princeton, N.J.; '29–30 Assist. Prof., Grinnell College, Grinnell, Ia.; '30–36 Research Mathematician, Departm. of Geophys., '36–49 Supervisor in Charge of Geophys. Computing, '49–54 Chief Mathematician, Humble Oil & Refining Co., Houston, Tex.; '54–56 Geophys. Consultant and Advisor, Standard Vacuum Oil Co., New York. (⊠)
*1901, Dez. 21, Zel'va, Rußland;
†1956, Mai 9 [oder 7?].

Todesanzeigen American math. Monthly **63** ('56) 514. — Science [USA] **123** ('56) 930.

W. Lessons in seismic computing; a memorial to the author (R. A. Geyer) (Tulsa, Okla. '59) 268 S.

Bull. geol. Soc. America Gravimetric and seismic methods in exploration geophysics: **50** ('39) Nr. 12.

Geophysics Recent and current highlights of geophysical exploration: **13** ('48) 500. — A graphical method for the interpretation of refraction profile data: **15** ('50) 163–80. — Note on well-shooting data and linear increase of velocity [1])[2]): 663–66.

Bitte Anmerkung auf Seite 4201 beachten!

Mit: [1]) J. A. Brooks, jr.; [2]) V. L. Redding.

VI **SLOUKA,** Hubert Josef Jan. Astron. — 1928–35 Assist., Univ. Praha, '35–41, '45–62 Astronom, Staatssternwarte Praha; '36 Leiter der tschechoslowak. Sonnenfinsternisexped. nach Japan; '41–45 KZ-Internierung.

*1903, Febr. 6, Brünn, Mähren; †1973, Sept. 14, Praha.

Nekr. *O. Hlad, Říše Hvězd **54** ('73) 233f.

H. Astronomie v Československu od dob nejstatších do dneška (Praha '52) (Věda a život, 11).

MH. Hvězdné večery; astronomický kalendář pro každého, **1952** (Praha '52); **1953** ('53); **1954** ('54).

HZ. (Hauptredakt.) Říše Hvězd 1935–1941, 1948–1953.

W. O stavbě vesmíru (Praha '32) 40 S. (Populární hvězdářské rozpravy, 2). — Pohledy do nebe; problémy a výsledky moderní astronomie (Praha '42) 394 S.; [2]('42); [3]('47) 464 S.; [4]('50) 469 S. — Poznejte souhvězdí (Praha '55) 121 S. — Severní polární sekvence; textová čast (Valašské Meziříčí '57) 15 + 1 S. [m. engl., französ. u. deutscher Einleitung und Erklärung] (Publikace Oblastní lidové hvězdárny ve Valašském Meziříčí, Ser. A, 1); Mapy severní polární sekvence; obrazová čast ('57) 5 + 1 + 4 + 4 S. (~ Ser. A, 2). — Zářící vesmír (Praha '62) 219 S.

L'Astronomie (BSAF) Tycho Brahe, grand observateur d'étoiles: **75** ('61) 393–97.

Bull. astron. Inst. Czechoslovakia Observations of the partial solar eclipse of June 30, 1954: **8** ('57) 175f.

Čas. Pěst. Mat. a Fysiky Über die Größe und Instabilität des Weltalls: **61** ('32) 312–21 [tschech.]. — Die Sonnenkorona und die Protuberanzen während der totalen Finsternis vom 31. August 1932: **63** ('34) 204–15 [~]. — Willem de Sitter (1872–1934): **64** ('35) 87f. [~].

Česka Bibliogr. Astronomische Bibliographien: **2** ('61) 129–47 [tschech.].

Fotografie [Praha] Das farbige Weltall [6 Farbaufnahmen]: **8** ('64) Nr. 3, 48–51 [tschech.]. — Der Mond als Ziel der photographischen Objektive: **9** ('65) Nr. 1, S. 70 [~].

Gerlands Beitr. Geophysik UV-Messungen während der Sonnenfinsternis am 19. Juni 1936 in Japan und auf der Hin- und Rückreise durch Sibirien und China: **50** ('37) 78–84.

Kagaku Tisiki Über die Farbenphotographie in der Astronomie: **16** ('36) 2 S. [japan.].

Kaizo Bericht über die tschechoslowakische Sonnenfinsternisexpedition in Japan: **1936**, Aug.-Nr., 8 S. [japan.].

Matematicko-přírod. Rozhledy Kopernikus' Weg zum heliozentrischen System: **32** ('53) 50–53 [tschech.].

Nature [London] Leonids observations from an aeroplane: **133** ('34) 103f. — Axial rotation of globular star clusters [1]): **137** ('36) 621.

Orion [Schaffhausen] Das astronomische Prag zu Tycho Brahes und Keplers Zeiten: **12** ('67) 67–71.

Pionýrské Noviny Der dritte Pionier des Weltalls: **8** ('59) Nr. 38, S. 1 [tschech.]. — Ausflüge zum Mond: Nr. 40, S. 1, Nr. 42, S. 2, Nr. 43, S. 2 [~].

Říše Hvězd Bei polnischen Astronomen: **13** ('32) 41–44. — Die totale Sonnenfinsternis am 31. VIII. 1932: **14** ('33) 1–8, 21–26 [m. engl. Zusammenfassg.]. — Nordlicht: 107f. — Die Rechenmaschine in der Astronomie: 122–25. — Sind die Sterne älter als das Weltall?: 167f. — Saturn und sein System: **15** ('34) 8–13. — Angriffe auf das Atom: 61–65, 84–88. — Atome und Sterne: 163–65. — Willem de Sitter †: **16** ('35) 14–16. — Die Entstehung eines optischen Riesen: 25–29. — Wozu dient den Astronomen das neue 5-Meter-Spiegelteleskop?: 101–03. — Der Astronomenkongreß in Paris: 130–33. — Die totale Sonnenfinsternis 1936: 189–95. — Die päpstliche Sternwarte "Specola Astronomica Vaticana": **17** ('36) 1–5, 39–44. — Beim Schöpfer des Štefanik-Denkmals: 106–10. — Die tschechoslowakische Sonnenfinsternis-Expedition nach Japan: 132–35 [auch französ.]; 178–92. — Polarlicht in Böhmen: **18** ('37) 46–50. — Eine Sonnenfinsternis, die einen Tag früher endet als sie beginnt: 117–19. — Sonnenflecken, magnetische Stürme und Nordlicht: **19** ('38) 65–70. — Eine neue Entdeckung am Südhimmel: 129–34. — Die internationale Astronomenkonferenz: 162–71. — Saturn – der schönste Planet des Himmels: 192–203. — Friedrich Wilhelm Bessel. 100 Jahre seit der ersten Messung einer Stern-Entfernung: 223–26. — Die Fotografie im Dienste der Himmelsforschung: **20** ('39) 209–13, 225–28. — Wird ein Flug zum Mond möglich sein? Zum Gedenken an Max Valier, den Bahnbrecher der Astronautik, gestorben am 17. Mai 1930: **21** ('40) 2–6, 34–38. — Die Milchstraße – Zauber der Sommernächte: 6 S. [auch als Broschüre erschienen]. — Lernt die Sternbilder mit bloßem Auge, mit dem Feldstecher und mit dem Fernrohr kennen!: 31 S. [~]. — Merkur: 108–14, 138–45, 212–18. — Ein Fernrohr für jedermann: 169–74. — Leuchtende Beispiele: **22** ('41) 1. — Sternwarten auf dem Mond:

Bitte Anmerkung auf Seite 4201 beachten!

11–14, 49–51. — Die Aufgabe der Astronomie in der Volksbildung des modernen Staates: **29** ('48) 81 f. — Neue Blicke zum Himmel: Monde des Uranus: 105–07. — Ein Spaziergang im Weltall: 161–65. — Der internationale Astronomenkongreß, Zürich 1948: 217–28. — Weiße Zwerge: **30** ('49) 63–65. — Albert Einstein zum 70. Geburtstag: 87–89. — Pierre Simon Marquis de Laplace: 128–32. — Astronomische Probleme der kosmischen Strahlung: 144–48. — Astronomisches Praktikum: Nr. 6, Beilage, 16 S. — Das spektrographische Gerät V-2: 203f. — Die bedeutende Aufgabe des bedeutenden Schmidt: 240. — Das Werk eines Genies – Giordano Bruno: **31** ('50) 28. — Das Moskauer Planetarium als Volksbildungseinrichtung: 60. — Ein freudiger Tag in Vsetín: 154f. — Das Problem der Nebel: 201–05, 230–32. — Leben wir in einem Spiralnebel?: **32** ('51) 7–13. — Sterne rings um den Pol: 35–37. — Die Heterogenität der Galaxien: 59–61, 84–87. — Suchen wir neue Sterne!: 178–83. — Ein Spitzenerfolg der tschechischen Astronomie: Der Sternkatalog von Antonín Bečvář: 183–86. — Die Wiederauffindung von Nova Sagittae 1783: 223–25. — Jupiter: **33** ('52) 11, 14. — Die erste Bekanntschaft mit den Sternen: 64f. — Der Komet Schaumasse: 85f. — Kollisionen von Galaxien?: 156–58, 180–83, 205–08. — Castor, ein vielfältiges Sternsystem: **34** ('53) 10–16. — Über das verschiedene Alter von Sternen: 37–39. — Kopernikus' Weg zum Sonnensystem: 108–13. — Das Weltall mit neuem Maßstab: 209–12. — Über die Rotation der Galaxien: **35** ('54) 56–64, 80–82. — Beobachtung der partiellen Sonnenfinsternis am 30. VI. 1954: 163f. — Über die Notwendigkeit eines Weltkalenders: 190–92. — Probleme des kosmischen Magnetismus: 255–60. — — Alle Arbeiten tschech.

Staletá Praha Die Volkssternwarte auf dem Petřin: **4** ('69) 187–91 [tschech.].

Ferner mehrere philatelistische Aufsätze in der Zeitschrift "Filatelie" **11** ('61), **13** ('63), **14** ('64), **15** ('65). — Eine Broschüre: "Zajímavá hvězdářská čísla. Sluneční soustava" (Praha '50) 8 S. (Československá Astronomická Společnost).

Mit: [1]) Z. Kopal.

V, VI **SLUITER,** Carel Herman. Chem. — 1910–45 Lehrer, Gymnasium u. Höhere Bürgerschule, 's Hertogenbosch.

*1880, Aug. 19, Batavia, Java;
†1953, Mai 13, 's Hertogenbosch.

Todesanzeige Chemisch Weekbl. **49** ('53) 404.

W. Handleiding bij het chemisch practicum (m. H. B. Holsboer) [6](Groningen '36) 96 S.; (ab 7. Aufl. m. H. B. Holsboer u. L. J. Pluim) [7]('47) 92 S.; [8]('53) 95 S.; [9]('63) 95 S. — Atoom en kosmos. Problemen der astrophysica (Amsterdam '49) 231 S.

Bitte Anmerkung auf Seite 4201 beachten!

Hemel en Dampkring Dr. J. Casparie, 12 Oct. 1873 – 27 Dec. 1948: **47** ('49) 31 [niederländ.].

VI **van SLYKE,** Donald Dexter. Biochem. — 1907–10 Assist., '10–12 Assoc., '12–21 Assoc. Member, '14–48 Chief Chemist to the Hospital, '21–48 Member, '48 Emer. Member, Rockefeller Inst., New York; '22 Visiting Prof., Peiping Union Med. College, Peiping; '48–51 Biochemist and Assist. Dir., '51– Senior Scientist, Brookhaven Nation. Labor., Upton, N.Y.; '20–22 Pres., Amer. Soc. of Biol. Chemists; '27–28 Pres., Harvey Soc., New York; '40–47 Pres., Amer. Bureau for Med. Aid to China. — Hon. Sc.D.: '25 (Yale Univ., New Haven, Conn.), '35 (Univ. of Michigan, Ann Arbor, Mich.), '40 (Northwestern Univ., Chicago, Ill.), '41 (Univ. of Chicago, Ill.), '51 (Univ. of London), '66 (Rockefeller Univ., New York); Dr. rer. nat. h.c. (Med.-Naturwiss. Hochsch. Ulm); Dr. med. h.c.: '38 (Univ. Oslo), '62 (Univ. Amsterdam). — '37 Conné Medal (Chemists' Club of New York); '39 Willard Gibbs Medal (Amer. Chem. Soc., Chicago Sect.); '41 Order of Jade (China); '42 Kober Medal (Assoc. of Amer. Physicians); '53 Fisher Award in analyt. Chem. (Amer. Chem. Soc.); '54 John Phillips Memorial Award (Amer. College of Physicians, Philadelphia, Pa.); '57 Van Slyke Award, '65 Ames Award (Amer. Assoc. of Clin. Chemists); '62 Scient. Achievem. Award (Amer. Med. Assoc.); '64 Elliot Cresson Medal (Franklin Inst., Philadelphia, Pa.); '65 Nation. Medal of Honor (Pres. of the USA).

*1883, März 29, Pike, Wyoming Co., N.Y.;
†1971, Mai 4.

Ehrung 1957ff. Van Slyke Award (American Association of Clinical Chemists, NewYork-Metropolitan Sect.); Donald D. van Slyke Lectures.

Zum 70. Geb.tag Chemical and Engng. News **31** ('53) 1094 (m. Bildn.).

Zur Biogr. *I. H. Page, D. D. van Slyke – a tribute and a lesson: Modern Med. [Minneapolis] **30** ('62) Nr. 22, 67–. — A. M. A. heaps more honors on Van Slyke: Chemical and Engng. News **40** ('62) Nr. 27, S. 60.

Zum 80. Geb.tag Clinical Chem. **9** ('63) 645–63 (m. Bildn. u. Schr.verz.). — *I. H. Page, One of God's children, one of science's best: ibid. 664–67.

Nekr. *R. M. Archibald, Yearb., Amer. philos. Soc. **1971** ('72) 194–200. — *J. Sendroy, Jr., Clinical Chem. **17** ('71) 670–72 (m. Bildn.).

H. *L. L. van Slyke, Fertilizers and crop production (New York '32); Neuausgaben: ('39), ('53).

MHZ. J. biol. Chemistry 1914–1924, 1949.

S. Handbuch der biologischen Arbeitsmethoden, (E. Abderhalden) Abt. **5**: Methoden zum Studium der Funktionen der einzelnen Organe des tierischen Organismus, Teil 10, 2 (Berlin–Wien '34) 113–201: Analysen von Gasgemischen [45]); 203–434: Gasometrische Methoden zur Analyse von Blut und anderen Lösungen [45]). — Attualità di terapia medica, **1** (Milano '37) 101–: La cura dietetica del morbo di Bright [1]). — Hilding Berglund 1887 2/6 1947 (A. R. Frisk) (Stockholm '47) (Acta medica Scandinavica, Suppl., 196) 259–: Observations on normal and pathologic kidney tissue with ultraviolet photomicrography [11])[64]). — Festschrift Prof. Dr. Arthur Stoll zum 70. Geburtstag. Arbeiten aus dem Gebiet der Naturstoffchemie (Basel '57) 211–19: Hydroxylysine. — Proc. 2nd United Nations international conference on the peaceful uses of atomic energy, Geneva 1958, **25**, 2 (Genève '58) 34–38: Carbon-14 in the study of metabolic processes in man [56])[23])[16])[29]). — Oxygen supply to the human fetus; a symposium, Princeton, N.J., 1957 (J. Walker, A. C. Turnbull) (Oxford '59) 5–28: General principles of oxygen transport and transfer. — Proc. 4th International congress on clinical chemistry, Edinburgh 1960 (London '61) 189: Development of precise methods with a micro form of VanSlyke-Neill manometric apparatus [47]).

W. Quantitative clinical chemistry (m. J. P. Peters), **1**: Interpretations (Baltimore, Md.–London '31) 1264 S., **2**: Methods ('32) 957 S.; Neuauflagen: **1** (Baltimore, Md. '46), (London '48), **2** (Baltimore, Md. '43), ('56); Nachdruck der Kapitel XII und XVII aus der 1. Aufl. des Bandes **1** u. d. T.: Hemoglobin and oxygen – carbonic acid and acid – base balance (Baltimore, Md. '63) 240 S. — Studies of normal and pathological physiology of the kidney (Ann Arbor, Mich. '49) 27 S. (Mellon Lecture 30). — Micromanometric analyses (m. J. Plazin) (Baltimore, Md. '61) 10 + 89 S.

Advances Enzymol. and related Subj. The kinetics of hydrolytic enzymes and their bearing on method for measuring enzyme activity: **2** ('42) 33–47.

American J. Diseases Children Relation between plasma-protein level and edema in nephrotic children [18]): **57** ('39) 306–08.

American J. med. Technol. The urea clearance as a measure of renal function: **2** ('36) 42–59.

American J. Physiol. The functional effect of explanting one kidney and removing the other [51])[1])[30]): **109** ('34) 329–35. — Relationships between urea excretion, renal blood flow, renal oxygen consumption, and diuresis. The mechanism of urea excretion [51])[30])[1]): 336–74. — The relationship of the urea clearance to the renal blood flow [51])[30])[1]): **110** ('34/35) 387–91. — The effects of novocainization and total section of the nerves of the renal pedicle on renal blood flow and function [51])[30])[1]): 392–98. — The clearance, extraction percentage and estimated filtration of sodium ferrocyanide in the mammalian kidney. Comparison with inulin, creatinine and urea [30])[43]): **113** ('35) 611–28. — The distribution of ferrocyanide, inulin, creatinine and urea in the blood and its effect on the significance of their extraction percentages [30])[43]): 629–41. — Effects of acute hemorrhagic and traumatic shock on renal function of dogs [46])[15])[25])[17])[2]): **145** ('46) 314–36. — The renal extraction of oxygen in experimental shock [15])[17])[46])[25]): 337–45.

Bitte Anmerkung auf Seite 4201 beachten!

Analytical Chem. Wet carbon combustion and some of its applications (Fisher Award Lecture): **26** ('54) 1706–12.

Annals intern. Med. The effects of shock on the kidney: **28** ('48) 701–22. — Renal tubular failure of shock and nephritis (John Phillips Lecture): **41** ('54) 709–38.

Annals New York Acad. Sci. Effects of hemorrhage on the kidney: **49** ('48) 593–604. — The fate of intravenously administered polyvinylpyrrolidone [60])[47]): **55** ('52) 479–84. — Some points of acid–base history in physiology and medicine: **133** ('66) 5–14.

Archives Biochem. The sulfhydryl nature of collagen proline hydroxylase [48])[3]): **133** ('69) 286–92.

Biochemical J. The manometric determination of amino acids: **32** ('38) 1614.

Biographical Mem., Nation. Acad. Sci. USA Phoebus Aaron Theodor Levene, 1869–1940 [31]): **23** ('43) 75–126.

* **Bull. New York Acad. Med.** Acidosis and alkalosis: **10** ('34) 103–37.

Bull. St. Francis Hospital and Sanatorium The role of oxygen and carbon dioxide in cardiovascular physiology and pathology: **14** ('57) Nr. 1, 1–31.

Bull. Soc. Chim. biol. L'équilibre acide–base et la formule d'Henderson: **17** ('35) 1184–86.

Bull. U.S. Army med. Dep. The copper sulfate method for measuring specific gravities of whole blood and plasma [46])[15])[17])[25])[2])[59])[47]): **71** ('43) 66–.

Chemical Bull. The development of controlled oxygen therapy: **26** ('39) 176–.

Chemical Reviews Renal mechanisms controlling composition of the body fluids (Willard Gibbs Lecture): **26** ('40) 105–.

Clinica chim. Acta A study of the alkaline ashing method for determination of protein-bound iodine in serum [20][27]: **5** ('60) 301–26. — The preparation of extracts of plasma lipids free from water-soluble contaminants [47]: **12** ('65) 46–54.

Clinical Chem. A simplified technique for determination of small amounts of calcium as oxalate [5]: **10** ('64) 352–65.

Cold Spring Harbor Sympos. quantitat. Biol. Certain aspects of the physical chemistry of the blood: **1** ('33) 184–89.

C.R. Trav. Labor. Carlsberg, Sér. chim. Gasometric determination of carboxyl groups in amino acids [14]: **22** ('38) 480–86.

Currents biochem. Res. Quantitative analysis in biochemistry: **1946**, 109–21.

Federat. Proc., Amer. Soc. exper. Biol. The source of the ammonia produced in the kidney in acidosis [46][22][25][2][30]: **1** ('42) 67–. — Application of the gasometric ninhydrin-CO_2 method to determination of amino acids in blood [40][25]: 139. — Purification, kinetics and activity measurement of liver arginase [2]: 139–. — Source of the hydroxylysine of collagen [57]: **13** ('54) 297–. — The role of hydroxylysine in the synthesis of collagen [57]: **16** ('57) 250–.

Henry Ford Hospital med. Bull. Oxygen physiology, normal and abnormal (5th Edsel B. Ford Lecture): **5** ('57) 25–30.

J. amer. med. Assoc. A simple test for plasma protein contents below the edema-producing level [44]: **99** ('32) 1344.

J. biol. Chemistry Manometric analysis of gas mixtures, 1: The determination, by simple absorption, of carbon dioxide, oxygen, and nitrogen in mixtures of these gases [55]: **95** ('32) 509–29; ~ 2: Carbon dioxide by the isolation method [55][38]: 531–46; ~ 3: Manometric determination of carbon dioxide tension and pH of blood [55][38]: 547–68; ~ 4: Hydrogen and oxygen by combustion [26]: 569–85; ~ 5: Hydrogen by absorption with Paal's picrate-palladium solution [26]: 587–97. — The use of Somogyi's filtrate to increase the specificity of the gasometric blood sugar method [35]: **102** ('33) 51–55. — Improvements in manometric micro-Kjeldahl and blood urea methods [35]: 489–97. — Determination of ammonia in blood [30]: 499–504. — Studies of gas and electrolyte equilibria in blood, 17: The effect of oxygenation and reduction on the carbon dioxide absorption curve and the pK′ of whole blood [55]: 505–19; ~ 18: Solubility and physical state of atmospheric nitrogen in blood cells and plasma [14][42]: **105** ('34) 571–96; ~ 19: The solubility and physical state of uncombined oxygen in blood [55][14]: 597–632. — A manometric micromethod for determination of carbon in organic compounds [44][32]: **102** ('33) 635–49. — Comparison of gasometric, colorimetric, and titrimetric determinations of amino nitrogen in blood and urine [32]: 651–82. — Gasometric microdetermination of lipids in plasma, blood cells, and tissues [32][44]: **106** ('34) 203–34. — Studies of acidosis, 22: Application of the Henderson-Hasselbalch equation to human urine [55][54]: 463–77; ~ 23: The carbon dioxide tension and acid–base balance of human urine [55][54]: 479–500. — Plasma lipids of normal men at different ages [44][32][37][61]: **111** ('35) 613–39. — A direct microtitration method for blood sugar [43]: **114** ('36) 583–95. — Diurnal variations of hemoglobin in the blood of normal men [39]: **128** ('39) 567–72. — Nitrogenous contaminants in petroleum ether extracts of plasma lipids [19]: **129** ('39) 539–46. — Determination of solubilities of gases in liquids with use of the Van Slyke–Neill manometric apparatus for both saturation and analysis: **130** ('39) 545–54. — On hydroxylysine [30][40][28][33]: **133** ('40) 287f. — Manometric carbon determination [19]: **136** ('40) 509–41. — Phoebus Aaron Theodore Levene † [31]: **141** ('41) 1f. — Gasometric determination of carboxyl groups in free amino acids [14][40][25]: 627–69. — Determination of free amino acids by titration of the carbon dioxide formed in the reaction with ninhydrin [40][25]: 671–80. — The determination of hydroxylysine in proteins [30][40]: 681–705. — Microdetermination of calcium by precipitation as picrolonate and estimation of the precipitated carbon by manometric combustion [34]: **142** ('42) 765–76. — The dissociation constants of hydroxylysine [33][28]: **143** ('42) 433–37. — Solubilities and compositions of the phospho-12-tungstates of the diamino acids and of proline, glycine and tryptophane [30][14]: **146** ('42) 137–57. — Note on the use of the o-phenanthroline ferrous complex as an indicator in the ceric sulfate titration of blood sugar [40]: **149** ('43) 527. — The gasometric determination of free amino acids in blood filtrates by the ninhydrin – carbon dioxide method [25]: **150** ('43) 231–50. — The gasometric determination of amino acids in urine by the ninhydrin carbon dioxide method [25][40]: 251–58. — The synthesis and properties of ninhydrin ureide [25]: 471–79. — Glutamine as source material of urinary ammonia [46][25][2][22][30]: 481f. — Manometric, titrimetric and colorimetric methods for measurement of urease activity [2]: **154** ('44) 623–42. — Microdetermination of potassium by precipitation and titration of the phospho-12-tungstate [50]: **156** ('44) 743–63. — Gravimetric determination of potassium as phospho-12-tungstate [50]: 765–76. — The effects of the volatile aldehydes formed on the accuracy of the manometric ninhydrin – carbon dioxide method in analysis of certain α-amino acids [25][13]: **164** ('46) 249–56. — Gasometric and photometric measurement of arginase activity [2]: **165** ('46) 293–309. — Determination of carbon

Bitte Anmerkung auf Seite 4201 beachten!

monoxide in blood and of total and active hemoglobin by carbon monoxide capacity. Inactive hemoglobin and methemoglobin contents of normal human blood [30][62][12][47]: **166** ('46) 121–48. — Application of Sendroy's iodometric chloride titration to protein-containing fluids [30]: **167** ('47) 107–24. — Comparison of a modified Folin photometric procedure and the ninhydrin manometric method for the determination of amino acid nitrogen in plasma [7]: **169** ('47) 571–81. — Nomogram for correction of low urine chloride values determined by the silver iodate reaction: **171** ('47) 467–69. — A study of conditions for Kjeldahl determination of nitrogen in proteins. Description of methods with mercury as catalyst, and titrimetric and gasometric measurements of the ammonia formed [30][47]: **176** ('48) 1401–20. — Substitutes for saponin in the determination of oxygen and carbon monoxide of blood [30][47]: 1431–37. — Photometric measurement of plasma pH [62][58]: **179** ('49) 743–56. — Photometric measurement of urine pH[62][58]: 757–61. — Measurement of specific gravities of whole blood and plasma by standard copper sulfate solutions [46][25][15][17][2][59]: **183** ('50) 305–30. — The estimation of plasma protein concentration from plasma specific gravity [30][46][25][15][2][16]: 331–47. — Calculation of hemoglobin from blood specific gravities [46][15][25][2][47]: 349–60. — Reagents for the VanSlyke-Folch wet carbon combustion [47][62]: **191** ('51) 299–304. — Determination of total carbon and its radioactivity [,1] [60][47]: **192** ('51) 769–805; ~ 2: Reduction of required voltage and other modifications [57][47][9][4][6]: **213** ('55) 673–80; ~ 3: Transfer of small samples of CO_2 to counting tubes [47]: **235** ('60) 2749–52; ~ 4: Transfer of CO_2 to counting tubes without use of liquid nitrogen [47]: **237** ('62) 3296–98. — Preparation of serum lipide extracts free of inorganic phosphate [53]: **200** ('53) 525–28. — The source and state of the hydroxylysine of collagen [,1] [57]: **216** ('55) 245–50; ~ 2: Failure of free hydroxylysine to serve as a source of the hydroxylysine or lysine of collagen [57][8]: **234** ('59) 918–21. — The course of hydroxylation of lysine to form hydroxylysine in collagen [57]: **232** ('58) 797–806. — The formation of collagen hydroxylysine [48]: **237** ('62) 3491–94. — The formation of collagen hydroxylysine studied with tritiated lysine [48][3]: **240** ('65) 3089–92. — The oxidation of protein-bound hydroxylysine by periodate [3][57][21]: **242** ('67) 809–12.

J. clin. Investigat. Studies of urea excretion, 7: The effects of posture and exercise on urea excretion [1][52]: **11** ('32) 1053–64; ~ 9: Comparison of urea clearances calculated from the excretion of urea, of urea plus ammonia, and of nitrogen determinable by hypobromite [44][30][32]: **14** ('35) 901–10. — The significance of concentration and dilution tests in Bright's disease [1]: **13** ('34) 969–98. — Plasma lipids in chronic hemorrhagic nephritis [44][32]: **15** ('36) 101–07. — Plasma lipids in essential hypertension [44][32]: 109–13. — Estimation of blood volume from change in blood specific gravity following a plasma infusion [46][63][15][18]: **25** ('46) 261–69. — The effect of urine volume on urea excretion: **26** ('47) 1159–67. — A study of the mechanism of edema formation in patients with the nephrotic syndrome [16][36][7][24][11]: **33** ('54) 636–56.

J. clin. Pathol. The significance of the urea clearance [15]: **2** ('49) 273f.

J. exper. Medicine Determination of lung volume by respiration of oxygen without forced breathing [55][30]: **55** ('32) 361–75. — Preparation of hemoglobin solutions for intravenous infusion [25][18][30]: **86** ('47) 455–63. — Preparation of dried hemoglobin without loss of activity [18][30]: 465–75. — Renal effects of hemoglobin infusions in dogs in hemorrhagic shock [25][30]: 477–87.

J. Mount Sinai Hospital The nephrotic crisis [17]: **8** ('42) 495–501.

Lectures sci. Basis Med. Studies of normal and pathological physiology of the kidney: **1** ('51/52) 143–.

Medical Clinics North America Tests of renal function in Bright's disease: **17** ('34) 1179–93.

Médicas Fisiología de los aminoácidos: **2** ('41) 78–.

Microchemical J. Sympos. Ser. Gasometric methods of analysis: **2** ('62) 31–58.

Minerva med. [Torino] L'insufficienza renale tubulare nello shock e nella nefrite: **45** ('54) 1501–08. — Il ruolo dell'ossigeno e dell'anidride carbonica nella fisiologia e nella patologia cardiovascolare: **52** ('61) 3049–60.

Modern Med. [Minneapolis] Renal function tests: **9** ('41) 28–. — Specific gravity estimation of blood volume [46][63][15][18]: **14** ('46) 90–.

Nature [London] Physiology of the amino acids: **149** ('42) 342–45.

New York State J. Med. Renal function test: **41** ('41) 825–.

Proc. nation. Acad. Sci. USA Crystallization of a compound of hemoglobin and carbon dioxide [14][30]: **19** ('33) 828f. — Hydroxylysine formation from lysine during collagen biosynthesis [48][3]: **55** ('66) 393–97.

Proc. Rudolf Virchow med. Soc. City New York Renal tubular function and failure: **17** ('58) 59–.

Proc. Soc. exper. Biol. and Med. Simplified colorimetric determination of blood urea clearance [10]: **29** ('32) 1169–74. — Nature of nitrogenous

Bitte Anmerkung auf Seite 4201 beachten!

constituents in petroleum ether extract of plasma [44][32][18]: **32** ('35) 837f. — Gasometric determination of carboxyl groups in amino acids [14]: **34** ('36) 362f. — The unidentified base in gelatin [30][14][40]: **38** ('38) 548f. — Preparation of blood lipid extracts free from non-lipid extractives [19]: **41** ('39) 514f. — Determination of polyglucose in blood and urine [57][41]: **79** ('52) 163–69.

Scandinavian J. clin. and Labor. Investigat., Suppl. International congress of clinical chemistry, 1: Presidential address: Ivar Christian Bang: **31** ('58) 18–23. — Alkaline incineration methods for determination of protein-bound iodine in serum: 317–.

Science [USA] Physiology of the amino acids: **95** ('42) 259–63.

Soc. biol. Chemists, India Hydroxylysine: Silver Jubilee Souvenir **1955**, 138–44.

Trans. Assoc. amer. Physicians Remarks on acceptance of Kober Medal for 1942: **57** ('42) 42–. — Effect of shock on kidney [46][25][2][15][17]: **58** ('44) 119–. — Presentation of the George M. Kober Medal to William Christopher Stadie, M. D.: **68** ('55) 25–28.

Mit: 1) A. S. Alving; 2) R. M. Archibald; 3) R. B. Aronson; 4) W. Bernstein; 5) P. E. Carson; 6) R. Chase; 7) F. P. Chinard; 8) D. R. Christman; 9) D. Clareus; 10) C. L. Cope; 11) G. C. Cotzias; 12) W. O. Cruz; 13) J. E. Dechant; 14) R. T. Dillon; 15) V. P. Dole; 16) H. A. Eder; 17) K. Emerson, jr.; 18) L. E. Farr; 19) J. Folch; 20) O. P. Foss; 21) C. Franzblau; 22) P. H. Futcher; 23) L. I. Gidez; 24) R. L. Greif; 25) P. B. Hamilton; 26) M. E. Hanke; 27) L. V. Hankes; 28) A. B. Hastings; 29) A. R. Hennes; 30) A. Hiller; 31) W. A. Jacobs; 32) E. Kirk; 33) F. W. Klemperer; 34) F. J. Kreysa; 35) V. H. Kugel; 36) H. D. Lauson; 37) W. H. Lewis, jr.; 38) S. H. Liu; 39) E. F. McCarthy; 40) D. A. MacFadyen; 41) J. MacMullen; 42) R. Margaria; 43) B. F. Miller; 44) I. H. Page; 45) J. P. Peters; 46) R. A. Phillips; 47) J. Plazin; 48) E. A. Popenoe; 49) —; 50) W. K. Rieben; 51) C. P. Rhoads; 52) W. C. Rose; 53) J. Sacks; 54) S. Seelig; 55) J. Sendroy, jr.; 56) W. W. Shreeve; 57) F. M. Sinex; 58) K. K. van Slyke; 59) E. G. Stanley; 60) R. Steele; 61) W. R. Thompson; 62) J. R. Weisiger; 63) A. Yeomans; 64) G. I. Lavin.

VI **SMAIL,** Lloyd Leroy. Math. — 1926–29 Assoc. Prof., '29–53 Prof., '53 Prof. Emer., Lehigh Univ., Bethlehem, Pa.
*1888, Sept. 23, Columbus, Kans.;
†1955, Jan. 26, Honolulu, Hawaii.

Todesanzeige American math. Monthly **62** ('55) 509.

S. Van Nostrand's scientific encyclopedia (New York '38): [Mathematischer Teil].

W. Mathematics of finance [2](London '34) 14 + 273 S.; Neuaufl.: (NewYork–Toronto–London '53) 10 + 282 S. — Preparatory business mathematics (Ann Arbor, Mich. '41) 3 + 182 S.; andere Ausgabe: (New York '47) 10 + 244 S. — Calculus (New York '49) 13 + 592 S. — Trigonometry, plane and spherical (NewYork–London '52) 12 + 316 S.; Ausgabe m. Tafeln: 12 + 406 S. — Analytic geometry and calculus (New York '53) 644 + 70 S.

VI **SMALL,** James. Pharm., Bot. — 1920–54 Prof., '54 Prof. Emer., Queen's Univ. Belfast. — '10 Herbarium Medal (Pharm. Soc. London); '51 Makdougall Brisbane Prize (Roy. Soc. of Edinburgh).
*1889, Sept. 20, Brechin, Forfarshire;
†1955, Nov. 28, Lisburn, Co. Antrim.

Nekr. *J. H. Harrison, Nature [London] **177** ('56) 258f.

S. Moderne Methoden der Pflanzenanalyse. Modern methods of plant analysis (K. Paech, M. V. Tracey) **1** (Berlin–Göttingen–Heidelberg '55) 375–92: Estimation of pH values (Living tissues and saps). — Protoplasmatologia. Handbuch der Protoplasmaforschung (L. V. Heilbrunn, F. Weber) **2**, B2C (Wien '55) 1–116: The pH of plant cells.

W. A textbook of botany for medical, pharmaceutical and other students [3](London '33) 10 + 717 S.; [4]('37) 10 + 717 S. — pH and plants; an introduction for beginners (London–NewYork '46) 7 + 216 S. — Modern aspects of pH; with special reference to plants and soils (London–NewYork '54) 11 + 247 S.

Acta biotheoret. [Leiden] Quantitative evolution, 15: Numerical evolution: **9** ('49) 1–40.

Annals Bot. Quantitative evolution, 16: Increase of species-number in diatoms: (N.S.) **14** ('50) 91–113.

Aquarist Photographing pond life: **9** ('39) Nr. 1, 31f.; Nr. 2, 55f.

Biodynamica [USA] Centrifugal force and gravity in tropistic stimulation: Nr. **44** ('39) 1–12.

Chemist and Druggist Pocket-lens photography: **128** ('38) 151–60. — Pocket-lens studies of ephedras: **129** ('38) 594–96.

Food The clove: a pocket lens study: **9** ('40) 177. — Black pepper: ~: **10** ('41) 129–33. — White pepper: ~: 153–59. — Fenugreek: ~: **11** ('42) 249–51. — Saffron: ~: 305–08. — Cinnamon: ~: 333–36. — White cinnamon: ~: **12** ('43) 13–15. — Star anise: 97–100, 107. — Asa foetida and myrrh, 2: 154–56. — Orange and lemon peel: 179–82, 210–13. — Angelica and celery: 265–69. — Bay leaves: 321–23. — Thyme: **13** ('44) 13–16. — Sage: 43–46. — Marjoram: a pocket lens study: 101–03. —

Bitte Anmerkung auf Seite 4201 beachten!

Celery seed: **17** ('48) 181–83. — Parsley seed: **18** ('49) 268–70.

Gardeners' Chronicle Intimate camera studies of flowers and plants: **105** ('39).

J. agric. Sci. Relative buffer-index values for root saps of some crop plants [3]): **38** ('48) 343f.

New Phytologist Technique for the observation of protoplasmic streaming in sieve tubes: **38** ('39) 176f. — A note on sugar and starch in stomatal guard-cells: **49** ('50) 274–76.

Photography [London] Pocket-lens photography: 7 ('39).

Phyton [Horn, N. Ö.] Quantitative evolution, 17: The shape and pattern of evolution: **1** ('48/49) 269–81; ~ 19: The numerical composition of Copelands Filicales: **5** ('53/54) 211–21.

Plant Physiol. Buffer index values in relation to soil-pH tolerances [3]): **24** ('49) 75–83.

Proc. Leeds philos. and lit. Soc., Sci. Sect. Trends in the degree of diversification of diatoms: **6** ('52/55) 45–47.

Proc. roy. irish Acad. Quantitative evolution, 18: Revision of numerical data for diatom durations and numbers: **53** ('50) Sect. B, 241–63.

Proc. roy. Soc. Edinburgh Quantitative evolution (in compositae) [,1] [4]): **57**. 1936/37 ('38) 26–54; ~ 2: Compositae Dp-ages in relation to time: 215–20; ~ 3: Dp-ages of Gramineae: 221–27; ~ 4: Deductions from the BAT curve: **58**. 1937/38 ('39) 14–23; ~ 5: The free and apparent Dp-ages of compositae: 24–31; ~ 6: Further deductions from the BAT curve: 32–54.

Proc. roy. Soc. Edinburgh, Sect. B pH phenomena in relation to stomatal opening, 2: Some factors in stomatal movements: **61**. 1941/43 ('43) 233–36; ~ 3: Ox-eye daisy and other species [1]): 236–47; ~ 4: Time relations of stomatal movements: 247–54; ~ 5: Time and pH relations in amylase activity [2]): 254–66. — Quantitative evolution, 7: The diatoms: **62**. 1944/47 ('48) 128–31; ~ 20: Correlations in rates of diversification: **64**. 1949/52 ('52) 277–91; ~ 21: Some correlations in the present results of production rates: 367–83.

Protoplasma pH phenomena in relation to stomatal opening, 1: Coffea arabica and some other species [5]): **32** ('39) 272–88. — The new outlook on pH: **41** ('52) 273–76.

Mit: [1]) M. I. Clarke; [2]) J. Crosbie-Baird; [3]) T. Jackson; [4]) I. K. Johnston; [5]) K. M. Maxwell.

VI **SMART,** William Marshall. Math., Astron. — 1919–37 John Couch Adams Astronomer and Lecturer Math., Univ. of Cambridge; '37–59 Regius Prof. Astron., '46–49 Dean of Fac. of Sci., Univ. of Glasgow; '37–38, '45–46, '48–49, '50–59 Elder Lecturer, Roy. Techn. College, Glasgow (→ Univ. of Strathclyde); '31–37 Secretary, '37–38, '51–53 Vice-Pres., '49–51 Pres., Roy. Astron. Soc.; '52–55 Vice-Pres., Roy. Soc. of Edinburgh. — '60 Hon. LL.D. (Univ. of Glasgow). — '08 Cunninghame Medal (Univ. of Glasgow); '14 Tyson Medal (Trinity College, Cambridge); '16 Rayleigh Prize (Cambridge Univ.); '58 Lorimer Medal (Edinburgh Astron. Soc.).
*1889, März 9, Doune, Perthshire;
†1975, Sept. 17, Lancaster.

Zur Biogr. Nature [London] **184** ('59) 23.

Nekr. College Courant, Glasgow Univ. **1975**, Martinmas, S. 40. — Glasgow Herald, **1975**, 19. Sept., 2h. — The Times **1975**, 19. Sept., 16g.

S. Vistas in astronomy (A. Beer) **1** (London–NewYork '55) 194–200: A general expression for a Lagrangian bracket. — Encyclopaedia Britannica; a new survey of universal knowledge **16** (Chicago, Ill.–London–Toronto–. . . '65) 1035f.: Orbit [3]) [auch in früheren Ausgaben].

W. Text-book on spherical astronomy [2](Cambridge '36) 12 + 430 S.; [3]('40) 12 + 430 S.; [4]('44), Neudrucke: ('47), ('49), ('60); [5]('62) 12 + 430 S.; (R. M. Green) [6](Cambridge–NewYork '77) 13 + 431 S.; türk.: Kürevî astronomi (Istanbul '40) 11 + 431 S. — Astronomy (London '37) 7 + 158 S.; [2]('52) 160 S. (Pageant of progress ser., 8), Neuausgabe: ('56); span.: La astronomía al día (Buenos Aires '44) 173 S. — Stellar dynamics (Cambridge '38) 8 + 434 S. — Sea and air navigation (London '41) 48 S. (Oxford University, Halley Lecture 1941). — Astronomical navigation; a handbook for aviators (London–NewYork–Toronto '42) 120 S., Neudruck: ('44). — Foundations of astronomy (London–NewYork–Toronto '42) 6 + 268 S. — Introduction to sea and air navigation (London–NewYork–Toronto '42) 113 S. — A handbook of sea navigation. The theory and practice of astronomical navigation at sea (London–NewYork '43) 160 S. — John Couch Adams and the discovery of Neptune (London '47) 56 S. (Occasional notes of the Royal Astronomical Society, 11). — Some famous stars (London–NewYork–Toronto '50) 219 S. — The origin of the earth (Cambridge–London '51) 6 + 239 S.; [2]('53) 6 + 239 S.; andere Ausgabe: (Harmondsworth, Middlesex '55) 223 S. (Pelican book A 339), Neudruck: ('59); französ.: L'origine de la terre (Paris '52) 236 S. — Celestial mechanics (London–NewYork–Toronto '53) 7 + 381 S., Neudrucke: ('54), (New York '61); russ.: (Moskva '65) 502 S.

— Foundations of analytical geometry (London–NewYork '56) 9 + 249 S. — The combination of observations (London '58) 14 + 253 S. — The riddle of the universe (London–NewYork '68) 10 + 228 S. — Stellar kinematics (London–NewYork '68) 13 + 320 S.

Cambridge Rev. The origin of the earth: **72** ('51) 455.

J. Inst. Navigation, London S-diagrams for solving problems in astronomical navigation: **9** ('56) 354–57.

J. roy. astron. Soc. Canada Sir Harold Spencer Jones, 1890 März 29 – 1960 Nov. 3: **55** ('61) 117–19.

Monthly Notices roy. astron. Soc. Photographic observations of double stars: **92** ('31/32) 37–47, 207–14. — Photometric observations of twilight: **93** ('32/33) 441–43. — The atmospherical extinction factor in photo-electric photometry: **94** ('33/34) 115–30. — A new method of determining the atmospherical extinction factor in photo-electric photometry: 839–46. — Photometric observations of ζ Aurigae [4]): **95** ('34/35) 31–33. — Some theorems in the statistical treatment of stellar motions: 116–31. — Photo-electric light-curves of δ Cephei and β Lyrae: 644–50. — Mean stellar parallaxes derived from proper motions: **96** ('35/36) 132–44. — Radial velocities and star-streaming: 165–71. — On a suspected variation in the light of β Canis Minoris: 258–62. — On the determination of the solar motion: 461–71. — The solar motion and galactic rotation from radial velocities [4]): 471–80. — On the K term of the radial velocities of B-type stars: 568–74. — The photoelectric light-curve of Algol: **97** ('36/37) 396–406. — The constants of the star-streams from the photographic proper motions of 1775 stars [5]): **98** ('37/38) 563–70. — A method of deriving the constants of the velocity ellipsoid from the observed radial speeds of the stars [2]): 658–63. — Determination of the constants of the velocity ellipsoid from radial speeds: **99** ('38/39) 61–70. — The moving cluster in Taurus: 168–80. — The Ursa Major cluster [,1]: 441–50; ∼ 2: 710–22. — On the relation between the stream and ellipsoidal constants: 561–66. — A new member of the Ursa Major cluster: 700. — The constants of the star-streams from the Cape photographic proper motions of 18,323 stars [5]): **100** ('39/40) 30–44. — The Scorpio-Centaurus cluster (the southern stream): 60–85. — The K term and the galactic rotational constants: 370–77. — The Perseus cluster [1]): 560–69. — Star-streaming in relation to spectral type from the Cape photographic proper motions [5]): 688–92. — The systematic corrections to the proper motions of the General Catalogue: **101** ('40/41) 37–42. — H. E. Green, 1889 Aug. 2 – 1944 Sept. 18: **105** ('45) 90f. — On a problem in navigation: **106** ('46) 124–27. — H. C. Plummer, 1875 Okt. 24 – 1946 Sept. 30: **107** ('47) 56–59. — Presidential address on the award of the Gold Medal to Professor Joel Stebbins: **110** ('50) 179–95. — Address on the award of the Gold Medal to Prof. Antonie Pannekoek: **111** ('51) 245f. — The first half of the twentieth century: a partial review: 247–64.

Bitte Anmerkung auf Seite 4201 beachten!

Nature [London] The University Observatory, Glasgow: **143** ('39) 730. — R. A. Sampson †: **144** ('39) 930f. — John Couch Adams and the discovery of Neptune: **158** ('46) 648–52. — H. C. Plummer †: 697. — G. B. Airy and the discovery of Neptune: 829.

Observatory New photoelectric photometer: **56** ('33) 75–77.

Mit: [1]) A. Ali; [2]) S. Chandrasekhar; [3]) R. L. Duncombe; [4]) H. E. Green; [5]) T. R. Tannahill.

VI **de SMEDT,** Jozef Jules Marie. Physik. — 1906–10 Stud. (Philos. u. Theol.), Großes Seminar, Gent; '10 Priesterweihe; '10–13 Stud., '13–14, '18–19 Assist., '19 Dr. (Math. u. Naturwiss.), '19–21 Doz., '21–59 Prof., '59 Prof. Emer., Kathol. Univ. Leuven; '19–21 wiss. Mitarbeiter v. W. H. Keesom, Utrecht u. Leiden. — Commandeur d. Leopoldsordens (Belgien). (☒)
*1888, Okt. 20, St.Niklaas/Waas;
†1969, Dez. 10, St. Niklaas/Waas.

Nekr. *L. Bouckaert, Jaarb., Koninkl. vlaamse Acad. Wet., Letteren en schone Kunsten België **1970** ('71) 324–28 (m. Bildn. u. Schr.verz.).

S. 6e Congrès international du froid, Buenos Aires 1932. 1e Commission internationale (Commission Kamerlingh Onnes) de l'Institut International du Froid. Rapports et communications issus du Laboratoire Kamerlingh Onnes (W. H. Keesom) (Leiden '32) 206–12: Analyses cristallines par les rayons X aux très basses températures. — IIIe Nationaal wetenschappelijk congres, Brussel 1950 (Liège '51) 258f.: Sehr empfindliche elektrische Widerstandsmessung; Methode mit zwei Stromquellen [1]) [fläm.].

W. Praktische oefeningen in de natuurkunde (m. A. de Bock) **1**: Kandidatuur burgerlijk ingenieur, kandidatuur in de wis- of natuurkundige wetenschappen (Leuven '62) (Katholieke Universiteit te Leuven); französ.: Exercices pratiques de physique **1** (Louvain '62) (Université catholique de Louvain).

American J. Physics Didactical absolute viscometer [1]): **25** ('57) 152–54. — Horizontal pendulum with variable modulus of torsion (resonance curve) [1]): 155f.

Annuaire, Univ. cathol. Louvain In memoriam R. De Muynk: **87.** 1944/48 III ('51) 272–78 [fläm.].

Mededeelingen koninkl. vlaams(ch)e Acad. Wet., Letteren en scho(o)ne Kunsten België Methode der übergreifenden Nebenschlüsse mit zwei Stromquellen: **3** ('41) Nr. 8, 8 S. [fläm.]. — Simon Stevin, 1548–1948. Simon Stevins Beiträge zu den Naturwissenschaften: **10** ('48) Nr. 10, 112 S. [~]. — The comparison of two nearly equal electrical resistances using a substitution method with two current sources [1]): **12** ('50) Nr. 9, 14 S. [m. fläm. Zusammenfassg.].

Physica Röntgenanalyse von festem Schwefelkohlenstoff: **9** ('42) 5–8 [fläm.].

Revue Questions sci. Les acheminements vers le zéro absolu de l'échelle des températures: (4) **27** ('35) 376–98.

Ferner zahlreiche vervielfältigte Lehrmaterialien.

Mit: [1]) A. de Bock.

V, VI **SMILES,** Samuel. Chem. (org.). — 1920–38 Daniell Prof. at King's College, '38 Prof. Emer., Univ. of London; '12–20 Hon. Secretary, '20–23 Vice-Pres., Brit. Chem. Soc. — '33 Hon. D.Sc. (Univ. of Belfast). — '18 Officer of the Order of Brit. Empire.

*1877, Juli 17, Belfast;
†1953, Mai 6, Tunbridge Wells.

Nekr. *G. M. Bennett, J. chem. Soc., London **1953**, 4192–200; Obituary Notices Fellows roy. Soc. London **8** ('52/53) 583–600 (m. Bildn., Faks. u. Schr.verz.). — *R. Child, Nature [London] **172** ('53) 13f. — *J. Connell, Cornhill Mag. **167** ('53/54) 321–29.

J. chem. Soc., London The rearrangement of hydroxy sulphones, 1 [8])[12]): **1931**, 3264–69; ~ 2 [16]): **1932**, 1040–47; ~ 3 [8]): 1488–92; ~ 4 [6]): **1934**, 422–28; ~ 5 [4]): **1935**, 1234–38; ~ 6 [10]): **1937**, 1016–21. — Isomeric 3-bromo-derivatives of dehydro-2-naphthol 1-sulphide [9]): **1932**, 637–41. — A rearrangement of ortho-amino sulphones [16]): 2774–78. — Halogen derivatives of dehydro-2-naphthol 1-disulphide [9]): **1933**, 786–88. — A rearrangement of o-acetamido-sulphoxides [8])[16]): 1490–93. — 7-Phenylthio-derivatives of deoxybenzoin [11]): 1529. — A rearrangement of o-acetamido-sulphones and -sulphides [3]): **1935**, 181–88. — A rearrangement of o-benzamido-sulphides [17]): 340–43. — Derivatives of o-thioldiphenylamine [3]): 1263–65. — o-Nitrophenylsulphenates of phenols [7]): **1936**, 327f. — A rearrangement of carbamylsulphones and -sulphides [3]): 329–31. — Covalent alkaline derivatives of di-2-hydroxy-1-naphthyl sulphide and of di-2-hydroxy-1-naphthylmethane [3]): **1937**, 727–30. — Derivatives of o-hydroxybenzylsulphonic acid [13]): 1348–51. — Dehydrodi(2-hydroxy-1-naphthyl)-methane [13]): 1931–33. — Aromatic hydroxy-sulphones [5]): **1938**, 899–905. — A rearrangement of aryl salicylates [15]): 1897–900. — Covalent alkaline derivatives of di-2-hydroxy-1-naphthyl selenide and allied substances [2]): 2022–28. — A rearrangement of o-carbamyl derivatives of diphenyl ether [15]): 2052–56. — Alfred Walter Stewart, 1880–1947: **1948**, 396–98.

Organic Syntheses, Collective Vol. p-Acetamidobenzenesulphonic acid [1]): **1** [2]('51) 7f. — Chloride of p-acetamidobenzenesulphonic acid [14]): 8–10.

Mit: [1]) C. M. Bere; [2]) V. Dvorkovitz; [3]) W. J. Evans; [4]) F. Galbraith; [5]) M. E. Heppenstall; [6]) B. A. Kent; [7]) E. K. Learmonth; [8]) A. A. Levi; [9]) J. A. C. McClelland; [10]) C. S. McClement; [11]) W. A. Mitchell; [12]) H. C. Raines; [13]) E. A. Shearing; [14]) J. Stewart; [15]) B. T. Tozer; [16]) L. A. Warren; [17]) C. F. Wight.

Bitte Anmerkung auf Seite 4201 beachten!

VI **SMILEY,** Charles Hugh. Astron. (math.). — 1930–38 Assist. Prof. Math., '38–45 Assoc. Prof. Astron., '45– Prof., '38– Chairman of Departm. of Astron., '45– Dir. of Ladd Observat., Brown Univ., Providence, R. I.; '61– Collaborator, School of Mayan Culture, Nation. Univ. Mexico, Mexico City; '43–45 Vice-Pres., '45–47 Pres., Amer. Assoc. of Variable Star Observers. — '45 Hon. M. A. (Brown Univ., Providence, R. I.); '61 Hon. Sc.D. (Monmouth College, Monmouth, Ill.). — '49 Franklin L. Burr Prize (Nation. Geogr. Soc., USA).

*1903, Sept. 6, Camden, Mo.

Bildn. Brown Alumni Monthly **1963**, Okt.-Nr., Titelbild.

S. The sciences in navigation; a symposium of papers presented at the 7th Annual national meeting of the Institute of Navigation, New York 1951 (Los Angeles, Cal. '51) 26–29: Mathematics and the science of navigation. — Funk- und Schallortung in der Schiffahrt und Seevermessung. Hamburger Fachtagung 1956, **2**: Regionale und meteorologische Funknavigations-Erfahrungen für die Schiffahrt (Dortmund '57) (Bücherei der Funkortung, 6,2): Hurricanes: a new approach [m. deutscher Übersetzg.]; A note on atmospheric refraction in the horizontal plane [~].

Astronomical J. Lunar occultations observed at Ladd Observatory 1932–1940: **50** ('42) 21–23. — Atmospheric refraction at low altitudes: **52** ('47) 157f. — Orientation and units of length in Aztec and Mayan pyramids: **65** ('60) 501.

Beob.-Zirk. der Astronomischen Nachr. Komet 1929I Schwaßmann-Wachmann II = 1934c: Ephemeride [5]): **17** ('35) Nr. 2.

Brown Alumni Monthly Chasing the moon's shadow: **1963**, Okt.-Nr.

Bull. amer. meteorol. Soc. Hurricane vectors: **37** ('56) 403–05.

Estudios Cultura Maya Bases astronómicas para una nueva correlación entre los calendarios Maya y Cristiano: **1** ('61) 237–42.

Griffith Observer The remarkable Schmidt camera: **2** ('38) 92–95.

Harvard Announcement Card Comet 1934c = 1929I Schwaßmann-Wachmann II: Ephemeris [5]): **314** ('34), **321** ('34). — Comet 1934b = 1928I Reinmuth: Ephemeris [5]): **315** ('34). — Comet 1937c Wilk: Elements, ephemeris [1])[7]): **409** ('37), **410** ('37). — Comet 1939d Jurlof-Achmarof-Hassel: Elements [5]): **483** ('39); ~: **485** ('39).

J. brit. astron. Assoc. On the time spent within a unit sphere: **42** ('31/32) 96–101. — A note on the Schmidt camera: **49** ('38/39) 34–36.

J. opt. Soc. America Flare in Schmidt cameras: **28** ('38) 130–32.

J. roy. astron. Soc. Canada Solar eclipses of long duration of totality [9]): **49** ('55) 69–72. — Artificial satellite approximations: **52** ('58) 145–48. — Polaris and precession [6]): **53** ('59) 249–51. — The antiquity and precision of Mayan astronomy: **54** ('60) 222–26. — The paths of solar eclipses [3]): **55** ('61) 211–17. — Racing the moon's shadow: **58** ('64) 10–12. — Solar eclipse intervals in the Dresden codex: **59** ('65) 127–31. — Stationary conjunctions and near-conjunctions of Jupiter and Saturn: **62** ('68) 181–84. — The Thix and the Fox, Mayan solar eclipse intervals: **67** ('73) 175–82. — A note on the periodicity of eclipses: **69** ('75) 133–35.

Leaflet, Astron. Soc. Pacific The Mayan calendar: Nr. **392** ('62) 8 S.

Mathematics Teacher No space geometry in the space age? [8]): **53** ('60) 18–21.

Monthly Notices roy. astron. Soc. Note on Davidson's method of determining the true anomaly and perihelion-time in hyperbolic orbits: **95** ('34/35) 63–65.

Nature [London] The zodiacal light at a total solar eclipse: **141** ('38) 121f. — Tidal forces and the formation of hurricanes: **173** ('54) 397; **175** ('55) 38f. — Poisson's law and the frequency of hurricanes: **183** ('59) 814f. — A new correlation of the Mayan and Christian calendars: **188** ('60) 215f. — Radio-carbon dates and the Mayan correlation problem: **199** ('63) 473f.

Navigation [USA] Critical tables for correcting observed altitudes for atmospheric refraction in polar latitudes: **1** ('47) 109f. — High altitudes in surface navigation: **2** ('49/51) 11–13. — Atmospheric refraction at low angular altitudes in the tropics: 110–13. — The accuracy of observations made with marine sextants: 342–47. — Atmospheric refraction at low angular altitudes in the temperate zones: **3** ('51/53) 33–36. — Atmospheric refraction at low angular altitudes in polar regions: 81–84. — Note on the selection of stars for navigation: 158–60. — Personal equation and the modern marine sextant [9]): 353–56. — Hurricanes: a new approach: **5** ('56) 130–33. — The Cabot – Captain Thomas Hubbard Sumner, master: **7** ('60) 73f.

Popular Astron. The Ladd Observatory eclipse expedition (Aug. 31, 1932 to Sweden, Me.): **40** ('32) 470. — Total solar eclipses in the United States between the years 1933 and 2000: 526f. — Frank Evans Seagrave: **42** ('34) 504f. — Time signals on short-wave radio: **43** ('35) 152–58. — The Schmidt camera [,1]: **44** ('36) 415–21; ~ 2: Chromatic aberration and other factors governing design: **48** ('40) 175–82. — The Brown University eclipse expedition to Peru (June 8, 1937): **45** ('37) 475–78. — The 61st meeting of the American Astronomical Society: **47** ('39) 59–61. — The 62nd meeting of the American Astronomical Society: 407–10. — The Ladd Observatory eclipse expedition to Thomasville, Ga. (April 7, 1940): **48** ('40) 281f. — Annular eclipses of the sun visible in the United States in the 20th century [5]): **49** ('41) 64–66. — The Brown University-Skyscrapers eclipse expedition to Brazil (Oct. 1, 1940): 189–91. — A report on the activities of the Policy Committee of the American Astronomical Society: **50** ('42) 318–21. — Navigation with a watch, 1: **51** ('43) 136–39; ~ 2: 245–51. — Increased accuracy with Ageton's method: **52** ('44) 379–83. — The Brown University-Skyscrapers expedition, Roblin, Manitoba (July 9, 1945): **53** ('45) 306f. — Measuring halos with stars [10]): **55** ('47) 133–36. — The Brown University-Skyscrapers eclipse expedition of May 20, 1947 (to Araxa, Brazil): 417–22. — Leslie John Comrie: **59** ('51) 115–17. — Suggested improvements in sunrise–sunset–twilight tables: 192–94.

Publ., Amer. astron. Soc. New tables for orbit calculations: **7** ('32) 101f. — Third derivatives in Laplacian orbit methods [12]): 102f. — Indeterminacy and multiple solutions in the determination of orbits: **8** ('34/35) 24f. — A comparison of nearly-parabolic orbit methods: 123f. — Note on the design of Schmidt cameras: 150. — The construction of a Schmidt camera: **9** ('36/39) 19f. — The outer corona at the eclipse of June 8, 1937 (Punta Callan, Peru): 55. — Continuous spectra photographed on three brands of color film: 272f. — Chromatic aberration in the Schmidt camera: **10** ('40/44) 26. — Accuracy of modern navigation tables: 334.

Bitte Anmerkung auf Seite 4201 beachten!

Publ. astron. Soc. Pacific The total solar eclipse of June 8, 1937 [4]): **45** ('33) 33f. — Orientation by sextant and sun: **77** ('65) 241–45.

Publ., Roy. meteorol. Soc., London, Canadian Branch Atmospheric refraction at low altitudes: **1** ('50) Nr. 7, 9 S.

Science [USA] Future total solar eclipses in the United States: **76** ('32) 113. — The Delporte planet 1936 CA [2]): **83** ('36) 433f. — Tidal forces and widespread precipitation: **138** ('62) 731f.

Science News Letter A guide to the moon [11]): **47** ('45) 10f.

Scientific Monthly The history of the Lick Observatory: **47** ('38) 128–35.

Sky Ladd Observatory at Brown University: **3** ('39) Nr. 6, 8f. — The magical Schmidt: **4** ('40) 10f. [?], 22. — Who are these amateurs: 10f. [?].

Sky and Telescope An eclipse of the Sun for North America: **35** ('68) 147–50. — The total solar eclipse of June 30, 1973 - one of the best: **44** ('72) 282–85.

Telescope Building and using a Schmidt camera: **5** ('38) 6–10.

Mit: [1]) L. H. Aller; [2]) W. Crowley; [3]) F. F. Czarnec; [4]) P. Eberhart; [5]) F. W. Hoffman; [6]) A. M. Khan; [7]) A. D. Maxwell; [8]) D. K. Petersen; [9]) M. Quirk; [10]) D. S. Reed; [11]) J. Roberts; [12]) D. M. Whittemore.

V, VI **SMIRNOV,** Dmitrij Aleksandrovič. Geophys. — Stud., 1897 Dipl., Univ. Petersburg; 1902–33 Leiter d. Abt. f. Instrumentenkontrolle, Geophys. Hauptobservat., Petersburg → Leningrad.
*1875, Nov. 6 (Okt. 25), Omsk;
†1933, Jan. 23, Leningrad.

Nekr. *V. Popov, Meteorologičeskij Vestn. **1933**, Nr. 1/2, 45–48.

VI **SMIRNOV,** Vladimir Ivanovič. Math. — 1906–10 Stud., '12–15 Aspirant, '15–18 Assist., '21–25 Lektor, '21– Leiter d. Math. Inst. d. Physik. Fak., '26– Prof., '31–37 stellvertr. Dir. u. '37–57 Dir. d. Forschungsinst. f. Math. u. Mech., '41–44 Leiter einer aerodyn. Arbeitsgruppe in d. Außenstelle Elabuga, Univ. Petersburg → Leningrad; '10–18 Gymnasiallehrer, Petersburg; '12–34 Lektor → Prof., Inst. f. Wasserverkehrsingenieure, Petersburg → Leningrad; '14–16 Lektor, Berg-Inst., Petersburg; '18–19 Prof., Univ. Dnepropetrovsk; '19–21 Doz., Univ. Simferopol'; '29–34 Leiter d. Theoret. Abt. d. Seismol. Inst., Akad. Wiss. UdSSR, Leningrad; '30–31 Lektor, Staatl. Opt. Inst., Leningrad; '36 Dr. d. physik.-math. Wiss. — Lenin-Orden (4mal), '44 Rotbannerorden, '48 Staatspreis II. Kl., '67 Ehrentitel "Held d. Sozialist. Arbeit", '72 Leninpreis (UdSSR). (⊠)
*1887, Juni 10 (Mai 29), Petersburg;
†1974, Febr. 11, Leningrad.

Zur Biogr. *N. P. Erugin, Vestn. leningr. Univ. **1948**, Nr. 9, 122f. (m. Bildn.). — *A. F. Gavrilov, Priroda [SSSR] **1949**, Nr. 4, zwischen S. 3 u. 6 (m. Bildn.). — Vestn. Akad. Nauk SSSR **1943**, Nr. 11/12, S. 91; **1944**, Nr. 3, S. 6; **1945**, Nr. 5/6, Beilage.

Zum 60. Geb.tag *S. L. Sobolev, Usp. mat. Nauk **2** ('47) Nr. 6, 238f. — *S. L. Sobolev, *G. M. Fichtengol'c, Vestn. leningr. Univ. **1947**, Nr. 6, 155–57.

Zum 70. Geb.tag *P. S. Aleksandrov, *I. N. Vekua, *M. V. Keldyš, *M. A. Lavrent'ev, Usp. mat. Nauk **12** ('57) Nr. 6, 197–205 (m. Bildn. u. Schr.verz.). — *O. A. Ladyženskaja, *G. M. Fichtengol'c, Vestn. leningr. Univ. **1957**, Nr. 7 (Mat., Mech., Astron. Nr. 2) 5–14 (m. Bildn.). — *S. L. Sobolev, Izvest. Akad. Nauk SSSR, Ser. mat. **21** ('57) 449–56 (m. Bildn. u. Schr.verz.). — Vestn. Akad. Nauk SSSR **1957**, Nr. 9, S. 105.

Zum 75. Geb.tag *M. I. Radovskij, Priroda [SSSR] **1962**, Nr. 7, 85f. (m. Bildn.); Usp. mat. Nauk **17** ('62) Nr. 6, 185–88 (m. Bildn.). — *V. A. Fok, ibid. 189f.

Zum 80. Geb.tag Festband: Vestn. leningr. Univ. **1967**, Nr. 7 (Mat., Mech., Astron. Nr. 2); darin S. 7–18: *N. A. Lebedev, *S. M. Lozinskij, V. I. Smirnov und die Mathematik an der Universität Leningrad in den Jahren 1917–1967 [russ.] (m. Bildn. u. Literatur über ihn 13 Nrn.). — *O. A. Ladyženskaja, *S. M. Lozinskij, *S. G. Michlin, Usp. mat. Nauk **23** ('68) Nr. 4, 255–67 (m. Bildn. u. Schr.verz. 1956–1966). — *S. M. Lozinskij, *V. A. Pliss, Differencial'nye Uravnenija **3** ('67) 1031–34 (m. Bildn. u. Schr.verz.). — *Ju. A. Mitropol'skij, *I. Z. Štokalo, *E. Ja. Remez, *A. V. Bogoljubov, *V. N. Košljakov, Ukrainskij mat. Ž. **19** ('67) 119–22 (m. Bildn.).

Nekr. Gedenkband: Vestn. leningr. Univ. **1975**, Nr. 1 (Mat., Mech., Astron. Nr. 1) (m. Bildn.); darin S. 5–15: *O. A. Ladyženskaja, Biogr. [russ.]; 16–21: *G. I. Petrašen', V. I. Smirnov - der Begründer der Leningrader Schule auf dem Gebiet der Ausbreitung und Beugung von Wellen [~]. — *F. Janouch, Physikalische Bl. **30** ('74) 269–71 (m. Bildn.). — *A. P. Juškevič, Vopr. Istorii Estestvoznanija i Techn. **50** ('75) 98–100 (m. Bildn.).

— Vestn. Akad. Nauk SSSR **1974**, Nr. 5, S. 121 (m. Bildn.). — Vestn. leningr. Univ. **1974**, Nr. 13 (Mat., Mech., Astron. Nr. 3) 152f. (m. Bildn.).

Zur Biobibliogr. Vladimir Ivanovič Smirnov (Biogr. von *S. L. Soboleva; Bibliogr. von *A. P. Epifanova) (Moskva–Leningrad '49) 44 S. (m. Bildn. u. Faks.) (Materialy k biobibliografii učenych SSSR, Serija matematiki, 5).

H. (Redakt.) Bjulleten' 2-go Vsesojuznogo s-ezda matematikov v Leningrade 1934g. [Bulletin des 2. Unionskongresses der Mathematiker, Leningrad 1934] (Leningrad '34); darin eig. Beiträge: S. 11: Einige Leningrader Arbeiten auf dem Gebiet der Analysis und ihrer Anwendungen (Vortragsthesen) [russ.]; 86: Homogene Lösungen der Wellengleichung und von Elastizitätsgleichungen mit Axialsymmetrie [~]. — (Redakt.) Trudy 2-go Vsesojuznogo matematičeskogo s-ezda [Arbeiten des 2. Unionskongresses der Mathematiker], Leningrad 1934, **1** (Leningrad–Moskva '35), **2** ('36); darin eig. Beiträge: **1**, 3–6: Vorbereitung des Kongresses [russ.]; 109–41: Einige Leningrader Arbeiten auf dem Gebiet der Analysis und ihrer Nachbargebiete [~]; 365: Homogene Lösungen der Wellengleichung [~]. — (Redakt.) Matematika ([Bd. 2 u. 3:] i mechanika) v izdanijach Akademii Nauk SSSR; Bibliografija [Mathematik (und Mechanik) in den Ausgaben der Akademie der Wissenschaften der UdSSR; Bibliographie] [**1**:] 1728–1935 (Moskva '36); **2**: 1936–1947 (Moskva–Leningrad '55), darin eig. Beitr.: 3f.: Vorwort [russ.]; **3**: 1948–1952 ('57). — (Redakt.) Gaspar Monž, Sbornik statej k dvuchsotletiju so dnja roždenija [Gaspard Monge, Sammlung von Aufsätzen zum 200. Geburtstag] 1746–1946 (Moskva–Leningrad '47). — (Redakt.) *A. M. Ljapunov, Izbrannye trudy [Ausgewählte Arbeiten] (Leningrad '48); darin eig. Beiträge: 325–40: Biographie A. M. Ljapunovs [russ.]; 341–450: Übersicht über die wissenschaftlichen Arbeiten A. M. Ljapunovs [~]. — (Hauptredakt.) Sobranie trudov akademika A. N. Krylova [Sammlung der Arbeiten des Akademiemitglieds A. N. Krylov] **3**: Matematika [Mathematik], 1.2 (Moskva–Leningrad '49). — (Redakt.) *A. M. Lukomskaja, Aleksandr Michajlovič Ljapunov. Bibliografija [Bibliographie] (Moskva–Leningrad '53); darin eig. Beiträge: 11–18: Biographie A. M. Ljapunovs [russ.]; 19–88: Übersicht über das wissenschaftliche Werk A. M. Ljapunovs [~]. — (Hauptredakt.) Akademik A. M. Ljapunov, Sobranie sočinenij [Sammlung von Publikationen] **2** (Moskva '56). — (Redakt.) *I. A. Lappo-Danilevskij, Primenenie funkcij ot matric k teorii linejnych sistem obyknovennych differencial'nych uravnenij [Die Anwendung von Matrizenfunktionen in der Theorie der linearen Systeme gewöhnlicher Differentialgleichungen] (Moskva '57); darin eig. Beitr.: 6–18: Die Arbeiten I. A. Lappo-Danilevskijs zur Theorie der linearen Systeme gewöhnlicher Differentialgleichungen [russ.]. — (Redakt.) Bibliografičeskie istočniki po matematike i mechanike, izdannye v SSSR za 1917–1952 gg. [Bibliographische Quellen zur Mathematik und Mechanik, herausgegeben in der UdSSR in den Jahren 1917–1952] (Moskva–Leningrad '57); darin eig. Beitr.: 7f.: Vorwort [russ.]; ~ za 1953–1960gg. ('63). — (Redakt.) *M. V. Ostrogradskij, Izbrannye trudy [Ausgewählte Arbeiten] (Leningrad '58); darin eig. Beitr.: 377–79: Nachwort [russ.]. — (Redakt.) *A. M. Lukomskaja, Bibliografija otečestvennoj literatury po matematike i fizike. Obzor bibliografičeskich istočnikov [Bibliographie vaterländischer Literatur zur Mathematik und Physik. Überblick über die bibliographischen Quellen] (Moskva–Leningrad '61). — (Redakt.) Issledovanija po sovremennym problemam konstruktivnoj teorii funkcij [Untersuchungen zu aktuellen Problemen der konstruktiven Funktionentheorie] (Moskva '61) 368 S. — (Redakt.) Ejler, Leonard [Euler, Leonhard], Pis'ma k učenym [Briefe an Wissenschaftler] (Moskva–Leningrad '63). — (Redakt.) Problemy matematičeskogo analiza [1]: Kraevye zadači i integral'nye uravnenija [Probleme der mathematischen Analysis [1]: Randwertprobleme und Integralgleichungen] (Leningrad '66); **2**: Linejnye operatory i operatornye uravnenija [Lineare Operatoren und Operatorgleichungen] ('69); **3**: Integral'nye i differencial'nye operatory; Differencial'nye uravnenija [Integral- und Differentialoperatoren; Differentialgleichungen] ('72); 4: ~ ('73); **1** u. **2** auch engl. (NewYork '68, '71). — (Redakt.) *T. P. Kravec, Ot Njutona do Vavilova. Očerki i vospominanija [Von Newton zu Vavilov. Skizzen und Erinnerungen] (Leningrad '67). — (Redakt.) Rukopisnoe nasledie akademika Alekseja Nikolaeviča Krylova. Naučnoe opisanie [Der handschriftliche Nachlaß von Akademiemitglied A. N. Krylov. Wissenschaftliche Beschreibung] (Leningrad '69) (Akademija Nauk SSSR, Trudy Archiva, 23); darin eig. Beitr.: S. 3: Vorwort [russ.]. — (Redakt.) Matematika v Peterburgskom–Leningradskom universitete [Die Mathematik an der Petersburger–Leningrader Universität] (Leningrad '70); darin eig. Beiträge: 56–89: Analysis und Theorie der reellen Funktionen [19]); 90–111: Funktionentheorie [17]); 134–72: Gewöhnliche Differentialgleichungen [26])[7])[10]); 173–220: Partielle Differentialgleichungen; 221–26: Integralgleichungen; 227–42: Einige Probleme der mathematischen Physik. [Alle Beiträge russ.].

MH. (Mitredakt.) *I. A. Lappo-Danilevskij, Mémoires sur la théorie des systèmes des équations différentielles linéaires **1** (Leningrad–Moskva '34) (Trudy Fiziko-matematičeskogo instituta im. V. A. Steklova, 6); **2** ('35) (~ 7); **3** ('36) (~ 8). — (Mitredakt.) *P. L. Čebyšev, Polnoe sobranie sočinenij [Gesammelte Werke] **5**: Pročie sočinenija; Biografičeskie materialy [Sonstige Aufsätze; Biographische Materialien] (Moskva–Leningrad '51). — (Mitredakt.) Sobranie trudov akademika A. N. Krylova [Sammlung der Arbeiten des Akademiemitglieds A. N. Krylov] **1**, 1: Vospominanija i memuarnye očerki [Erinnerungen und memoirenartige Skizzen] (Moskva–Leningrad '51), darin eig. Beitr.: 7–39: Übersicht über Leben und Tätigkeit A. N. Krylovs [russ.] [31])[9]); **1**, 2: Naučno-populjarnye stat'i; Biografičeskie charakteristiki [Populärwissenschaftliche und biographische Artikel] ('51); **9**, 2: Teorija korablja [Theorie des Schiffes], 2 ('49); **12**, 1: Raznye raboty [Verschiedene Arbeiten] ('55); **12**, 2: Bibliografija [Bibliographie] ('56). — (Mitredakt.) *N. M. Gjunter, Teorija potenciala i ee primenenie k osnovnym zadačam matematičeskoj fiziki [Die Potentialtheorie und ihre Anwendung auf die fundamentalen Probleme der mathematischen Physik] (Moskva '53); darin eig. Beitr.: 391–405: Biographie N. M. Gjunters [russ.] [32]). — (Mitredakt.) Leonard Ejler, Perepiska, Annotirovannyj ukazatel'. Leonhard Eulers Briefwechsel, Beschreibung und Resümees (Leningrad '67); darin eig. Beitr.: 4–14: Vorwort [russ. u. deutsch] [11]).

HZ. (Hauptredakt.) Vestn. leningr. Univ., Ser. Mat., Mech., Astron. **1956**, Nr. 1 – **1966**, Nr. 4.

S. Jubilejnyj sbornik posvjaščennyj tridcatiletiju Velikoj Oktjabr'skoj socialističeskoj revoljucii [Jubiläumsband zum 30. Jahrestag der Großen Sozialistischen Oktoberrevolution] (Akademija Nauk SSSR) **1** (Moskva–Leningrad '47) 186–213: Die Arbeiten V. A. Steklovs über Entwicklungen nach Orthogonalfunktionen [russ.]. — Leningradskij universitet za sovetskie gody, 1917–1947. Očerki [Die Universität Leningrad während der Jahre der Sowjetmacht 1917–1947. Kurze Aufsätze] (Leningrad '48): [Mitarbeit]. — Matematika v SSSR za tridcat' let, 1917–1947; Sbornik statej [30 Jahre Mathematik in der UdSSR, 1917–1947; Sammlung von Aufsätzen] (Moskva–Leningrad '48) 593–607: Integralgleichungen [russ.]. — Ljudi russkoj nauki; Očerki o vydajuščichsja dejateljach estestvoznanija i techniki [Russische Wissenschaftler; Skizzen über hervorragende Naturwissenschaftler und Techniker] **1** (Moskva–Leningrad '48) 235–40, Neuaufl. [**1**:] Matematika, mechanika, astronomija, fizika, chimija (Moskva '61) 271–76: Vladimir Andreevič Steklov, 1864–1926 [russ.]. — Voprosy istorii otečestvennoj nauki. Obščee sobranie Akademii Nauk SSSR, posvjaščennoe istorii otečestvennoj nauki. Doklady [Fragen der Geschichte der vaterländischen Wissenschaft. Vorträge auf einer allgemeinen Versammlung der Akademie der Wissenschaften der UdSSR unter diesem Thema] (S. I. Vavilov u. a.) (Moskva–Leningrad '49) 100–13: Leben und Tätigkeit von A. M. Ljapunov [russ.]. — Sergej L'vovič Sobolev (Moskva–Leningrad '49) (Materialy k biobibliografii učenych SSSR, Serija matematiki, 6) 6–25: Kurze Charakteristik der wissenschaftlichen Tätigkeit und der grundlegenden Arbeiten [russ.]. — *S. Ja. Štrajch, Aleksej Nikolaevič Krylov; Ego žizn' i dejatel'nost' [Sein Leben und seine Tätigkeit] (Moskva–Leningrad '50) 76–87: Das wissenschaftliche Werk von Aleksej Nikolaevič Krylov [russ.]. — *G. M. Goluzin, Geometričeskaja teorija funkcij kompleksnogo peremennogo [Geometrische Theorie der Funktionen einer komplexen Veränderlichen] (Moskva '52) 3–5, [2]('66) 7f.: Gennadij Michajlovič Goluzin, 1906–1952 [russ.]. — Akademik A. M. Ljapunov, Sobranie sočinenij [Sammlung von Publikationen] **1** (Moskva '54) 5–15: Aleksandr Michajlovič Ljapunov – Biographie [russ.]. — Vladimir Aleksandrovič Fok (Moskva '56) (Materialy k biobibliografii učenych SSSR, Serija fiziki, 7) 5–37: Kurze Übersicht über die wissenschaftliche und pädagogische Tätigkeit [russ.]. — Trudy 3-go Vsesojuznogo matematičeskogo s-ezda [Arbeiten der 3. Mathematischen Unionskonferenz], Moskva 1956, **1** (Moskva '56) 236: Das wissenschaftliche Archiv A. M. Ljapunovs zu Fragen der Stabilität und der Theorie der gewöhnlichen Differentialgleichungen [russ.]; **2** ('56) 102f.: Die Untersuchungen Leonhard Eulers auf dem Gebiet der Differentialgleichungen und ihrer Anwendungen [~]; 103: Der Briefwechsel Leonhard Eulers [~]. — Leonard Ejler. Sbornik statej v čest' 250-letija so dnja roždenija, predstavlennych Akademii Nauk SSSR. Sammelband der zu Ehren des 250. Geburtstages Leonhard Eulers der Akademie der Wissenschaften der UdSSR vorgelegten Abhandlungen (Moskva '58) 47–79: Unveröffentlichte Materialien Leonhard Eulers im Archiv der Akademie der Wissenschaften der UdSSR [russ. m. deutscher Zusammenfassg.] [20]). — Pamjati Alekseja Nikolaeviča Krylova [Aleksej Nikolaevič Krylov zum Gedenken] (Ju. A. Šimanskij) (Moskva–Leningrad '58) 36–46: Die Arbeiten A. N. Krylovs zur mathematischen Physik und Mechanik [russ.]. — *Bernulli Daniil, Gidrodinamika ili Zapiski o silach i dviženijach židkostej. Daniel Bernoulli, Hydrodynamica sive De viribus et motibus fluidorum commentarii (Leningrad '59) 433–501: Daniel Bernoulli, 1700–1782 [russ.]. — Problemy mechaniki splošnoj sredy. K semidesjatiletiju Akademika N. I. Muschelišvili [Probleme der Mechanik der Kontinua. Zum 70. Geburtstag des Akademiemitglieds N. I. Muschelišvili] (Moskva '61) 376–89: Über eine gewisse Klasse isotroper Kongruenzen [russ.]; engl. in: Problems of continuum mechanics (Philadelphia, Pa. '61). — Očerki po istorii Leningradskogo universiteta [Skizzen zur Geschichte der Universität Leningrad] **1** (Leningrad '62) 5–19: Die mathematische Physik an der Universität Petersburg/Leningrad [russ.]. — Analiz i sintez sistem avtomatičeskogo upravlenija. Sbornik statej [Analyse und Synthese von automatischen Steuerungssystemen. Sammlung von Aufsätzen] (B. N. Petrov) (Moskva '68) 251–55: Näherungsmethode zur Bestimmung des Verteilungsgesetzes der Ausgangskoordinaten von nichtlinearen Systemen mit Zufallsparametern [russ.]. — Istorija otečestvennoj matematiki [Geschichte der vaterländischen Mathematik] (I. Z. Štokalo) **4**, 2 (Kiev '70) 486–626: Differentialgleichungen mit partiellen Differentialquotienten [russ.] $^{u.a.}$).

W. Kurs vysšej matematiki (dlja technikov i fizikov) **1** ^{5}(Leningrad–Moskva '32), ^{6}('33) 442 S., ^{7}('34), ^{8}('37), ^{9}('38), ^{10}('40), ^{11}('47) 491 S., ^{12}('51) 472 S., ^{13}('52), ^{14}(Moskva '53), ^{15}('54), ^{16}('56) 478 S., ^{17}('57), ^{18}('58), ^{19}('61), ^{20}('62), ^{21}('65), ^{22}('67), ^{23}('74) 479 S.; **2** ^{3}(Moskva–Leningrad '32), ^{4}('33) 518 S., ^{5}('34), ^{6}('37), ^{7}('38), ^{8}('40), ^{9}('48) 622 S., ^{10}('50), ^{11}('51) 628 S., ^{12}(Moskva '53), ^{13}('54), ^{14}('56), ^{15}('57), ^{16}('58), ^{17}('61), ^{18}('62), ^{19}('65) 655 S., ^{20}('67), ^{21}('74) 655 S.; **3** (Moskva–Leningrad '33) 736 S., ^{2}('34), ^{3}('39), **3**, 1 ^{4}('48) 336 S., ^{5}('51), Neudruck: (Moskva '53) 340 S., ^{6}('54), ^{7}('56), Neudruck ('57), ^{8}('58), ^{9}('67) 323 S., Neudruck: ('70), ^{10}('74) 323 S., **3**, 2 ^{4}(Leningrad–Moskva '48) 672 S., Neudruck: ('50), ^{5}('51), Neudruck: (Moskva '53) 676 S., ^{6}('56), ^{7}('58), ^{8}('69), ^{9}('74) 672 S.; **4** (Leningrad–Moskva '41), ^{2}('51) 804 S., ^{3}(Moskva '53), ^{4}('57) 812 S., ^{5}('58), **4**, 1 ^{6}('74) 336 S.; **5** (Moskva–Leningrad '47) 584 S., ^{2}(Moskva '59) 655 S.; beloruss.: **1** (Minsk '35) 491 S., **2** ('36) [weitere Bände nicht nachgewiesen]; deutsch: Lehrgang der höheren Mathematik **1** (Berlin '53) 12 + 413 S. (Hochschulbücher für Mathematik, 1), ^{2}('56), ^{3}('60) 12 + 419 S., ^{4}('61), ^{5}('62), ^{6}('63), ^{7}('66), ^{8}('67), ^{9}('69), ^{10}('71) 515 S., ^{11}('73), **2** ('55) 12 + 580 S. (~ 2), ^{2}('58), ^{3}('60) 12 + 583 S., ^{4}('61), ^{5}('63), ^{6}('64), ^{7}('66), ^{8}('68), ^{9}('70), ^{10}('71), ^{11}('72) 695 S.; **3**, 1 ('54) 7 + 283 S. (~ 3), ^{2} ('60) 9 + 283 S., ^{3}('61), ^{4}('64), ^{5}('67), ^{6}('71) 9 + 284 S., ^{7}('73) 319 S., **3**, 2 ('55) 11 + 601 S. (~ 4), ^{2}('59) 10 + 599 S., ^{3}('61), ^{4}('63), ^{5}('64), ^{6}('67) ^{7}('70), ^{8}('71), ^{9}('72), ..., ^{11}('76) 11 + 599 S., **4** ('58) 12 + 708 S. (~ 5), ^{2}('61), ^{3}('63), ^{4}('66), ^{5}('68), ^{6}('73) 12 + 708 S., **5** ('62) 13 + 569 S. (~ 6), ^{2}('67), ^{3}('71), ^{4}('72), ^{3}('73), ^{4}('74) 13 + 570 S.; rumän.: Curs de matematici superioare **1** [nicht nachgewiesen], **2** (Bucureşti '54) 680 S., **3**, 1 ('55) 373 S., **3**, 2 ('55) 790 S., **4** ('56) 878 S., **5** ('63) 732 S.; tschech.: Učebnice vyšší matematiky **1** (Praha '54) 544 + 2 S., **2** ('56) 728 S. [mehr nicht nachgewiesen]; moldauisch: **1** (Kišinev '58) 519 S., **2** ('59) 699 S., **3**, 1 ('60) 363 S., **3**, 2 ('62) 756 S.; poln.: Matematyka wyższa **1** (Warszawa '58) 435 S., ^{2}('66) 435 S., **2** ('60) 616 S., ^{2}('63), ^{3}('66) 616 S., **3**, 1 ('64) 323 S., ^{2}('66) 323 S., **3**, 2 ('65) 647 S., ^{2}('67) 647 S., **4**, 1 ('61) 320 S., Neudruck: ('62), **4**, 2 ('62) 531 S.; engl.: A course of higher mathematics **1** (Oxford–NewYork–Paris–London–Reading, Mass.– ... '64) 14 + 546 S. (Adiwes International series of monographs in pure and applied mathematics, 57), **2** ('64) 14 + 632 S. (~ 58), **3**, 1 ('64) 10 + 326 S. (~ 59), **3**, 2 ('64) 10 + 702 S. (~ 60), **4** ('64) 14 + 814 S. (~ 61), **5** ('64) 14 + 638 S. (~ 62); französ.: Cours de mathématiques supérieures **1** (Moskva '69), ^{2}('72) 484 S., **2** ('70) 672 S., **3**, 1 ('70) 328 S., **3**, 2 ('72) 694 S.; **4**, 1 ('75) 341 S.; italien.: Corso di matematica superiore **1** [nicht nachgewiesen], **2** (Moskva–Roma '77) 692 S., **3**, 1 ('78) 316 S., **3**, 2 ('78) 683 S., **4**, 1 ('79) 344 S.; vermutlich einige weitere Ausgaben, auch einzelner Bände, in verschiedenen Sprachen; Auszug engl. u. d. T.: Linear algebra and group theory (R. A. Silverman) (NewYork–London '61) 10 + 464 S., Neuaufl.: (NewYork '70) 10 + 464 S. — Teorija opredelitelej i ee priloženija [Die Determinantentheorie und ihre Anwendungen] (Leningrad '32) 84 + 3 S. (Leningradskij gosudarstvennyj universitet). — Variacionnoe isčislenie [Variationsrechnung] (m. V. I. Krylov, L. V. Kantorovič) (Leningrad '33) 204 S. — Michail Sofronov – russkij matematik serediny XVIII veka [M. S. – ein russischer Mathematiker um die Mitte des 18. Jahrhunderts] (m. E. S. Kuljabko) (Moskva–Leningrad '54) 54 S. — Konstruktivnaja teorija funkcij kompleksnogo peremennogo (m. N. A. Lebedev) (Moskva–Leningrad '64) 438 S.; engl.: Functions of a complex variable: constructive theory (Cambridge, Mass.–London '68) 9 + 488 S.

Artillerijskij Ž. Akademiemitglied P. L. Čebyšev und die Artilleriewissenschaft: **1951**, Nr. 10, 47–49 [russ.].

C.R. (Dokl.) Acad. Sci. URSS La solution d'un problème aux limites pour l'équation des ondes dans le cas du cercle et de la sphère: **14** ('37) 13–16. — La solution des problèmes aux limites de la théorie de l'élasticité dans le cas d'un cercle et d'une sphère: 69–72.

C.R. hebd. Séances Acad. Sci., Paris Sur le problème plan de vibrations élastiques [32]): **194** ('32) 1437–39. — Sur quelques problèmes de vibrations élastiques [32]): 1797–99.

Front Nauki i Techn. Die 2. Mathematische Unionskonferenz: **1934**, Nr. 8, 51–55 [russ.].

Izvest. Akad. Nauk SSSR Sur les formules de Cauchy et de Green et quelques problèmes qui s'y rattachent: **1932**, 337–72 [m. russ. Zusammenfassg.].

Izvest. Akad. Nauk SSSR, Ser. mat. Nikolaj Maksimovič Gjunter, 1871–1941 [32]): **5** ('41) Nr. 3, 193–97 [russ.]. — Rodion Osievič Kuz'min †: **13** ('49) 385–88 [~].

Matematičeskij Sborn. Corrections au mémoire de J. A. Lappo-Danilevskij "Equations intégrales et leur application à la théorie des équations différentielles linéaires" [14]): **1** ('36) 965–68 [französ. u. russ.].

Mathematische Ann. Über die Ränderzuordnung bei konformer Abbildung: **107** ('32/33) 313–23.

Prikladnaja Mat. i Mech. Biographie A. M. Ljapunovs: **12** ('48) 469–78 [russ.]. — Übersicht über das wissenschaftliche Schaffen A. M. Ljapunovs: 479–552 [~].

Priroda [SSSR] Russische Mathematik im 19. und 20. Jahrhundert: **1945**, Nr. 3, 17–23 [russ.]. — Ein hervorragender Geophysiker und Mathematiker: Leben und Werk von A. A. Fridman: **1963**, Nr. 11, 93–96 [~].

Sborn. naučn. Trudov, Mech. Inst., Leningrad Isidor Pavlovič Natanson † [19]): Nr. **50** ('65) 5–14 [russ.].

Trudy Inst. Istorii Estestvoznanija i Techn. Die mathematischen Arbeiten A. N. Krylovs: **15** ('56) 13–23 [russ.]. — Aus dem Briefwechsel P. Appells, J. Hadamards, H. Burkhardts, V. Volterras, P. Duhems, C. Jordans, H. Poincarés und N. Radaus mit dem Akademiemitglied A. M. Ljapunov: **19** ('57) 690–719 [russ., Briefe russ. u. französ.].

Trudy mat. Inst. im. Steklova Zur Erinnerung an Vladimir Andreevič Steklov: **73** ('64) 5–13 [russ.].

Trudy sejsmol. Inst., Akad. Nauk SSSR Sur une méthode nouvelle dans le problème plan des vibrations élastiques [32]): Nr. **20** ('32) 37 S. — Sur l'application de la méthode nouvelle à l'étude des vibrations élastiques dans l'espace à symétrie axiale [32]): Nr. **29** ('33) 49 S. — Über die Arbeiten der Theoretischen Abteilung des Seismologischen Instituts [32]): Nr. **67** ('35) 37 [russ.]. — Sur les solutions singulières de l'équation d'onde et des équations d'élasticité: Nr. **78** ('36) 30 S.

Uč. Zap. leningr. gos. Univ. N. M. Gjunter † [32]): **96** ('48) Ser. mat. nauk Nr. 15, 5–22 [russ.].

Usp. mat. Nauk Das wissenschaftliche Werk Aleksej Nikolaevič Krylovs: (N.S.) **1** ('46) Nr. 3/4, 3–12. — Vladimir Andreevič Steklov - zum 20. Todestag: 17–22. — Grigorij Michajlovič Fichtengol'c - zum 60. Geburtstag [13])[22]): **3** ('48) Nr. 5, 179–81. — Gennadij Michajlovič Goluzin † [3]): **7** ('52) Nr. 3, 97–102. — Nikolaj Sergeevič Košljakov † [18]): **14** ('59) Nr. 3, 115–22. — Leonid Nikolaevič Sretenskij - zum 60. Geburtstag [27])[30])[6]): **18** ('63) Nr. 1, 191–204. — Jurij Evgen'evič Alenicyn - zum 60. Geburtstag [2])[17])[21])[24])[35]): **27** ('72) Nr. 5, 265–70. — Jurij Aleksandrovič Surinov - zum 60. Geburtstag [15])[34])[36]): **28** ('73) Nr. 6, 231 f. — — Alle Arbeiten russ.

Vesn. Druš. Matematičara i Fizičara Narodne Republ. Srbije Moderne Probleme der Stabilität der Lösungen von Differentialgleichungen im Zusammenhang mit den Arbeiten von A. M. Ljapunov: **14** ('62) 25–60 [russ.].

Vestn. Akad. Nauk SSSR Leonard Euler - Zum 250. Geburtstag: **27** ('57) Nr. 3, 61–68 [russ.].

Vestn. leningr. Univ. Grigorij Michajlovič Fichtengol'c - zum 60. Geburtstag [13])[22]): **1948**, Nr. 6, 133–35. — Stalinpreisträger 1948 - Professor G. M. Goluzin: Nr. 8, S. 119. — Über konjugierte Funktionen, 1: **1953**, Nr. 3, 3–12; ~ 2: Nr. 11, 3–12; Über konjugierte Formen im mehrdimensionalen Euklidischen Raum, 3: **1954**, Nr. 5, 3–17. — Aleksandr Danilovič Aleksandrov - zum 50. Geburtstag [38])[18])[24])[27])[5]): **1963**, Nr. 1 (Mat., Mech., Astron. Nr. 1) 7–9. — Mathematik, Mechanik und Astronomie an der Universität Petersburg-Leningrad [27])[23]): **1969**, Nr. 1 (Mat., Mech., Astron. Nr. 1) 5–28. — Nikolaj Ivanovič Muschelišvili - zum 80. Geburtstag [12]): **1971**, Nr. 13 (Mat., Mech., Astron. Nr. 3) 175 f. — Ol'ga Aleksandrovna Ladyženskaja - zum 50. Geburtstag [1])[4])[33])[37]): **1972**, Nr. 7 (Mat., Mech., Astron. Nr. 2) 159 f. — Jurij Vladimirovič Linnik [38])[8])[16])[19])[24])[25])[28])[5]): Nr. 13 (Mat., Mech., Astron. Nr. 3) 146 f. — — Alle Arbeiten russ.

Vestn. vysšej Školy Die höhere Mathematik an der Hochschule [29]): **1966**, Nr. 12, 20–29 [russ.].

Mit: [1]) V. M. Babič; [2]) I. E. Bazilevič; [3]) A. F. Bermant; [4]) M. Š. Birman; [5]) D. K. Faddeev; [6]) S. P. Finikov; [7]) V. N. Fomin; [8]) I. A. Ibragimov; [9]) N. I. Idel'son; [10]) V. A. Jakubovič; [11]) A. P. Juškevič; [12]) L. M. Kačanov; [13]) L. V. Kantorovič; [14]) N. E. Kočin; [15]) K. Ja. Kondrat'ev; [16]) O. A. Ladyženskaja; [17]) N. A. Lebedev; [18]) Ju. V. Linnik; [19]) S. M. Lozinskij; [20]) G. K. Michajlov; [21]) I. M. Milin; [22]) I. P. Natanson; [23]) K. F. Ogorodnikov; [24]) G. I. Petrašen'; [25]) V. V. Petrov; [26]) V. A. Pliss; [27]) N. N. Poljachov; [28]) I. V. Romanovskij; [29]) N. A. Sapogov; [30]) Ja. I. Sekerž-Žen'kovič; [31]) Ju. A. Šimanskij; [32]) S. L. Sobolev; [33]) M. Z. Solomjak; [34]) L. N. Sretenskij; [35]) V. A. Tartakovskij; [36]) A. N. Tichonov; [37]) N. N. Ural'ceva; [38]) S. V. Vallander.

VI **SMIT,** Jan. Mikrobiol., Biochem. — 1913–15 Assist., Prüfungsamt f. Nahrungsmittel, Groningen; '15–17 Mikrobiologe, Hefe- u. Spiritusfabrik Delft; '17–19 Mikrobiologe in einer Milchsäurefabrik, Rotterdam; '19–22 Bakteriologe, Ziviler Gesundheitsdienst in Niederländ.-Indien; '24–29 erster Assist. u. Privatdoz. f. Mikrobiol., '29–36 Lektor, Univ. Amsterdam; '36–56 ord. Prof. u. Dir. d. Labor. f. Mikrobiol., Landwirtsch. Hochsch. Wageningen ('41–44 dispensiert durch Besatzungsmacht); '33–35 Vorsitzender, Niederländ. Chem. Vereinig.
*1885, Okt. 30, Amsterdam;
†1957, Juni 14, Deventer.

Zur Biogr. *H. Gerding, Chemisch Weekbl. **52** ('56) 729 (m. Bildn.). — *E. G. Mulder, ibid. 730–35 (m. Schr.verz.). — Ibid. **33** ('36) 281 f. (m. Schr.verz.-Auszug); **52** ('56) 758 f., 776.

Nekr. *E. G. Mulder, Chemisch Weekbl. **53** ('57) 405 f. (m. Bildn.); Plant and Soil **9** ('57) 1 f. (m. Bildn.). — Landbouwkundig Tijdschr. **69** ('57) 425 f. (m. Bildn.).

Bitte Anmerkung auf Seite 4201 beachten!

S. Report of Proc. 3rd International congress for microbiology, New York 1939 (New York '40) 693f.: Relationship of copper to the development of soil microorganisms. — Report of Proc. 4th International congress for microbiology, Copenhagen 1947 (København '49) 491f.: Estimation of plant-available magnesium in soils. — Atti del VI Congresso internazionale di microbiologia, Roma 1953, **6** (Roma '55) 279f.: The microbiological decomposition of tree litter.

W. Tot stof zult gij wederkeeren. Rede, uitgesproken bij de aanvaarding van het ambt van hoogleeraar in de microbiologie aan de Landbouwhoogeschool te Wageningen op 15 Juni 1936 (Amsterdam '36) 19 S. — Microbiologie van den akker en der landbouwproducten (Gorinchem '43) 93 S. (Noorduyn's wetenschappelijke reeks, 12); 2('44) 93 S. — De weg der natuurwetenschap. Rede uitgesproken tijdens de herdenking van de 30ste verjaardag van de Landbouwhogeschool te Wageningen 1948 (Wageningen '48) 15 S.

Annales Inst. Pasteur Etude sur les propriétés fermentatives des sarcines: **50** ('33) 675–94. — Fermentations anaérobies dans la nature: **77** ('49) 395–99.

Annual Rev. Microbiol. Microbiology of drinking water and sewage: **2** ('48) 435–52.

Archiv Mikrobiol. Über die Ursachen des Aufblähens von Belebtschlamm: **5** ('34) 550–60.

Bull. Assoc. Diplômés Microbiol. Fac. Pharm. Nancy L'Aspergillus niger comme indicateur d'un manque de cuivre dans les terreaux et dans les plantes: Nr. **17** ('38) 3–8.

Chemisch Weekbl. Biologische Reinigung [von Wasser] in Natur und Technik: **29** ('32) 486–90. — Die Niederländische Chemische Vereinigung heute und in nächster Zukunft: **30** ('33) 270f. — Ein unverdienter Vorwurf: **31** ('34) 400f. — Unsere Freunde, die Bakterien: **33** ('36) 402–04. — Moderne Abwasserreinigung: **34** ('37) 139–46. — Synthesen im Mikrobenbereich: **35** ('38) 269–74. — Prof. Dr. B. Sjollema (zur Emeritierung): 448. — Umsetzungen anorganischer Stoffe durch Mikroorganismen im Boden: 494. — Das 25jährige Bestehen der "Société de Chimie biologique" (Paris, 25. u. 26. Mai 1939): **36** ('39) 416f. — Der Siegeszug der Mikroben: **52** ('56) 801–04. — — Alle Arbeiten niederländ.

Handelingen nederl. natuur- en geneeskund. Congr. Wie es wuchs: **34** ('55) 19–34 [niederländ.].

Ingenieur ['s Gravenhage] Das Abwasserproblem in den Niederlanden, 2: Gegenwärtige Erkenntnisse über die biologische, mechanische und chemische Abwasserreinigung: **51** ('36) G3–G6. — Aufbereitung von Abwasserschlamm in Amerika: **55** ('40) G31–G35. — — Beide Arbeiten niederländ.

Bitte Anmerkung auf Seite 4201 beachten!

J. Pathol. and Bacteriol. The biology of the fermenting sarcinae: **36** ('33) 455–68.

Landbouwkundig Tijdschr. Selbsterhitzung von Heu: **52** ('40) 446–49. — Vorgänge der Verwesung organischer Stoffe im Boden: **66** ('54) 281–91. — Die Aufbereitung von Industrie-Abwasser, speziell dessen der Molkereiindustrie: 665–73. — — Alle Arbeiten niederländ.

Mededelingen Landbouwhogeschool Wageningen, Verh. Magnesium deficiency as the cause of injury in cereals [4]): **46** ('42) Nr. 3, 43 S.

Nature [London] Dissolving action of microorganisms on milk-wool [1]): **141** ('38) 647f. — Microbiological decomposition of litter [5]): **171** ('53) 794f.

Nederlands Melk- en Zuiveltijdschr. Colibakterien in roher und pasteurisierter Milch: **3** ('49) 255–66 [niederländ.]. — Der Ringeling-Test [2]): **5** ('51) 186–93 [niederländ. m. engl. Zusammenfassg.].

Nederlandsch Tijdschr. Hyg., Microbiol. en Serol. Die Schwierigkeiten der bakteriologischen Trinkwasseruntersuchung: **6** ('32) 19–39 [niederländ.].

Antonie van Leeuwenhoek Über den Gebrauch von D-Glutaminsäure bei der bakteriologischen Wasseruntersuchung [2]): **2** ('35) 334–42 [niederländ. m. engl. Zusammenfassg.]. — The Bacterium coli test in the routine analysis of raw milk [3])[6]): **6** ('39/40) 1–10.

Officieel Orgaan koninkl. nederl. Zuivelbond Die Molkereiindustrie und ihr Abwasser: **49** ('55) 865–67 [niederländ.].

Proc., Soil Sci. Soc. America The relation between copper and the development of micro-organisms in the soil: **4** ('39) 245–47.

Recueil Trav. chim. Pays-Bas Biological estimation of copper and magnesium in soils and plants [4]): **59** ('40) 623–28.

Sewage Works J. A study of conditions favoring "bulking" of activated sludge, 1: **4** ('32) 960–72; Bulking of activated sludge, 2: **6** ('34) 1041–53.

Water Unser Trinkwasser und wir: **33** ('49) 41–45 [niederländ.].

Woord van de Week Das Problem der Urzeugung: **6** ('53) Nr. 45, 3 S. [niederländ.].

Mit: [1]) B. van der Heide; [2]) W. Kauffmann; [3]) B. M. Krol; [4]) E. G. Mulder; [5]) K. T. Wieringa; [6]) A. J. van Wijk; [7]) A. Zoet.

V, VI **SMITH,** Alpheus Wilson. Physik. — 1909–17 Assist. Prof., '17–46 Prof., '26–46 Chairman of the Departm. of Physics and Astron., '38–46 Dean of the Graduate School, '46 Prof. Emer. and Dean Emer.,

'46–58 Pres. of Univ. Research Foundat., Ohio State Univ., Columbus, O. — '42 Hon. Sc.D. (Ohio Wesleyan Univ., Delaware, O.); '46 Hon. LL.D. (Ohio State Univ., Columbus, O.); '49 Hon. Sc.D. (Capital Univ., Columbus, O.). — '56 Distinguished Service Award (Ohio State Univ.); '58 Exceptional Civilian Service Medal (U.S. Departm. of Air Force).

*1876, Jan. 15, Philippi, W. Va.;
†1968, Apr. 18, Columbus, Ohio.

Nekr. Columbus Citizen Journal **1968**, 20. Apr. — Columbus Dispatch **1968**, 19. Apr.

W. The elements of physics [3](NewYork–London '32) 18 + 778 S.; [4]('38) 19 + 790 S.; [5](New York '48) 16 + 745 S.; (ab 6. Aufl. m. J. N. Cooper) [6](New York '57) 671 S.; [7](NewYork–London '64) 11 + 717 S.; [8](New York '72) 8 + 676 S.; türk. in 3 Bänden: Fiziğin temelleri (Ankara '64). — Analysis of subjects for the 4th edition of "The elements of physics" (West Point, N.Y. '38) 63 S. (U.S. Military Academy). — The radiation laboratory (Columbus, O. '44) 20 S. (Ohio State University, Engineering Experiment Station, Circular Nr. 46). — Careers in physics (Columbus, O. '51) 271 S.; (m. W. L. Hole) ('60) 310 S.

American Physics Teacher Evaluation of student achievement in the physical sciences [4])[2]): **5** ('37) 102–07. — Unfinished business for physics teachers: **6** ('38) 113–.
American J. Physics Diffraction of light by supersonic waves in liquids; apparatus for demonstration and for an intermediate laboratory experiment [1]): **8** ('40) 57–. — Alva W. Smith, 1885–1948: **16** ('48) 251–.

British Clayworker Physics of heat insulation: **48** ('39) 23–25.

Ceramic Age Physics of heat insulation: **33** ('39) 42–44.

Engineering Exper. Stat. News, Ohio State Univ. Physics for the year 1939: **12** ('40) Nr. 1, 22–24.

Industrial Heating Physics of heat insulation: **6** ('39) 639–44, 735f., 738, 740.

J. appl. Physics [USA] Magnetic permeability of iron wires at radio frequencies [6])[7]): **16** ('45) 57–60. — Electrical resistance of iron wires and permalloy strips at radio frequencies [8])[9]): **17** ('46) 33–36.

J. chem. Physics Ultrasonic velocities in and adiabatic compressibilities of mixtures of acetic acid and water [1]): **7** ('39) 632.

Physical Rev. Band spectra of PbSe, SnSe and PbTe in absorption [5])[3]): **53** ('38) 140–45.

Bitte Anmerkung auf Seite 4201 beachten!

Verre et Silicates industr. Physics of heat insulation: **10** ('39) 340–45.

Ferner einige Manuskripte (in der Bibliothek der Ohio State University): "Physics as a way of thinking" ('38) 22 S.; "Nine decades of physics and astronomy at the Ohio State University" ('63) 240 S., Neuschrift u. d. T.: "History of the Department of Physics, 1873–1970" ('69).

Mit: [1]) L. M. Ewing; [2]) L. M. Heil; [3]) J. W. Straley; [4]) R. W. Tyler; [5]) J. W. Walker; [6]) F. P. Dickey; [7]) S. W. Foor; [8]) J. H. Gregory; [9]) J. T. Lynn.

VI **SMITH,** Arthur Whitmore. Physik. — 1895–96, 1898–99 Assist., Wesleyan Univ., Middletown, Conn.; 1900–01 Instructor, Tulane Univ. of Louisiana, New Orleans, La.; '01–02 Prof., Univ. of Mississippi, Oxford, Miss.; '03 Ph.D., Johns Hopkins Univ., Baltimore, Md.; '03–07 Instructor, '07–12 Assist. Prof., '12–14 Junior Prof., '14–23 Assoc. Prof., '23–44 Prof., '44 Prof. Emer., Univ. of Michigan, Ann Arbor, Mich.

*1874, Mai 11, Hartford, Vt.;
†1954, Dez. 1, Ann Arbor, Mich.

W. Electrical measurements in theory and application [3](NewYork–London '34) 18 + 413 S.; [4]('48) 19 + 371 S.; 5. Aufl. u. d. T.: Electrical measurements (m. M. L. Wiedenbeck) (NewYork–London '59) 14 + 307 S.

American Physics Teacher Null method for measuring electromotive force with a ballistic galvanometer and condensers: **6** ('38) 263–.

Review sci. Instruments A reversing and short-circuiting switch for use in hysteresis measurements: (N.S.) **3** ('32) 626–31. — The measurement of the power factor and capacitance of a condenser by comparison with a mutual inductance: **4** ('33) 280–84.

VI **SMITH,** Bernard. Geol. — 1906–20 Geologist, '20–31 District Geologist, '31–35 Assist. to Dir., '35–36 Dir., Geological Survey of Great Britain and Museum of Practical Geol., London. — '13 Barlow Jameson Fund, '27 Bigsby Medal (Geol. Soc., London); '35 Bolitho Medal (Roy. Geol. Soc. of Cornwall).

*1881, Febr. 13, Grantham, Lincs.;
†1936, Aug. 19, Hove, Sussex.

Neffe von Charles Smith IV, VI

Zur Biogr. Nature [London] **136** ('35) 96.

Nekr. *W. Bragg, Proc. roy. Soc. London, Ser. A **157** ('36) 707f. — *W. G. Fearnsides, Obituary Notices Fellows roy. Soc. London **2** ('38) 239–49 (m. Bildn. u. Faks.). — *L. J. Spencer, Mineralogical Mag. and J. mineral. Soc. **25** ('39) 298f. — *L. J. W[ills], Quarterly J. geol. Soc. London **93** ('37) CVII–CIX. — Nature [London] **138** ('36) 354f.

S. The Lake counties (W. G. Collingwood). Neuaufl. (London–NewYork '32): The building of the Lake District. — Encyclopedia Britannica; a new survey of universal knowledge **17** (Chicago, Ill.–London–Toronto '57) 532–34: Permian; **22** ('57) 462–65: Triassic system or Trias. [Beide Beiträge auch in früheren Auflagen].

W. North Wales (m. T. N. George) (London '35) 6 + 92 S. (Department of Scientific and Industrial Research, Geological Survey and Museum, British regional geology); (T. N. George) [2]('48) 6 + 89 S., [3]('61) 6 + 96 S. — Gypsum and anhydrite (m. R. L. Sherlock) [in 1 Band mit: *R. L. Sherlock, Celestine and strontianite] [3](London '38) [insgesamt] 10 + 98 S. (Memoirs of the Geological Survey, Special reports on the mineral resources of Great Britain, 3).

Geography Water supply: **20** ('35) 75–85.

Geological Mag. Levels in the Raised Beach, Black Rock, Brighton: **73** ('36) 423–26.

J. roy. Soc. Arts Geological aspects of underground water supplies (Cantor Lectures): **84** ('36) 321–38, 349–69, 385–400.

Nature [London] H. T. Ferrar †: **129** ('32) 751.

Proc., Geologists Assoc., London The Mynydd Cricor inlier [Wales]: **46** ('35) 187–92.

Quarterly J. geol. Soc. London The glacier-lakes of Eskdale, Miterdale, and Wasdale, Cumberland; and the retreat of the ice during the main glaciation: **88** ('32) 57–83. — Hartley Travers Ferrar †: **89** ('33) LXXXIX–XCI. — Herbert Henry Thomas †: **92** ('36) CXV–CXX. — The age of the Sarn granite [1]): 188–200.

Rep. annu. Meeting, Brit. Assoc. Advancement Sci. Underground water: **103** ('33) 413–17. — The origin of red sedimentary rocks: 483.

Summary Progr. geol. Survey Great Britain and Museum pract. Geol. On a boring at Oxendon, Northamptonshire: **1934** II ('36) 28–31.

Water and Water Engng. Geological aspects of underground water supplies: **38** ('36) 417–19, 470–74.

Mit: [1]) C. A. Matley.

V, VI **SMITH,** David Eugene [Pseud.: David Dunham]. Math., Geschichte d. Math. — 1901–26 Prof., '26 Prof. Emer., Teachers College, Columbia Univ., New York; '02–20 Librarian, '22 Vice-Pres., Amer. Math. Soc.; '08–20 Vice-Pres., '28–32 Pres., '32–44 Hon. Pres., Int. Commiss. on the Teaching of Math.; '20–21 Pres., Math. Assoc. of America; '24 Founder, '27 Pres., History of Science Soc. — '05 Hon. LL.D. (Syracuse Univ., Syracuse, N.Y.); '29 Hon. D.Sc. (Columbia Univ., New York); '36 Hon. L.H.D. (Yeshiva College, New York). — '33 Gold Star of Order of Elim (Persian Governm.).

*1860, Jan. 21, Cortland, N.Y.;
†1944, Juli 29, New York.

Bildn. (zum 75. Geb.tag) Scripta math. [USA] **3** ('35) vor S. 103 (m. Faks.).

Zur Biogr. *F. E. Brasch, Honor bestowed on Dr. David Eugene Smith by the Schah of Persia: Science [USA] **78** ('33) 384. — *G. S[arton], David Eugene Smith in Persia: Isis **22** ('34/35) 232. — Scripta math. [USA] **4** ('36) 182–84.

Zum 76. Geb.tag A volume of studies on the history of mathematics and the history of science, presented to Prof. David Eugene Smith on his 76th birthday: Osiris **1** ('36) 777 S.; darin: *G. Sarton, Dedication: 5–8 (m. Bildn. u. Faks.); *B. M. Frick, Bibliography of the critical, historical and pedagogical writings of David Eugene Smith: 9–78; *B. M. Frick, The David Eugene Smith mathematical library of Columbia University: 79–84. — *F. E. Brasch, *L. Hudgens, The History of Science Society and the David Eugene Smith Festschrift: Science [USA] **83** ('36) 424–26. — *B. M. Frick, Isis **25** ('36) 140.

Zum 80. Geb.tag Mathematics Teacher **43** ('40).

Nekr. *F. E. Brasch, Science [USA] **100** ('44) 257–59. — *E. R. Breslich, School Sci. and Math. **44** ('45) 838f. — *W. B. Fite, American math. Monthly **52** ('45) 237f. — Gedenkheft: Scripta math. [USA] **11** ('45) Nr. 3/4 (S. 207–380); darin: *W. D. Reeve, Biogr.: 209–12 (m. 2 Bildnissen); Biogr.: 364–69 (m. 4 Bildnissen); Extracts from letters to Dr. Smith on his seventy-fifth birthday: 373–79. — *W. D. Reeve, Mathematics Teacher **37** ('44) 278f. — *L. G. Simons, Bull. amer. math. Soc. **51** ('45) 40–50. — *R. Taton, Archives int. Hist. Sci. **28** ('48) 741f.

H. (Redakt. u. Bearb.) *Omar Khayyám, The Rubáiyát of Omar Khayyám, set forth in meter by D. E. Smith, based upon a verbatim translation by Hashim Hussein (New York '33). — Firdausī celebration, 935–1935. Addresses delivered at the celebration of the thousandth anniversary of the

Bitte Anmerkung auf Seite 4201 beachten!

birth of the national poet of Iran held at Columbia University and the Metropolitan Museum of Art in the City of New York. A bibliography of the principal manuscripts and printed editions of the Shāh-nāmah in certain leading public libraries of the world (New York '36). — *A. De Morgan, A budget of paradoxes, reprinted with the author's additions from the Athenaeum. Neudrucke [der 2. Aufl. (Chicago, Ill. '15)], 2 Bände in 1 Band (New York '54), (Freeport, N.Y. '69).

MH. *T. Sundara Row, Geometric exercises in paper folding. Neudrucke (La Salle, Ill. '58), (New York '66).

HZ. Bibliotheca columbiana [New York] **1** ('33)–**4** ('37).

Ue. Delambre and Smithson. A translation and explanation of a letter in the library of Columbia University (Fulton, N.Y. '34) 7 S.

MUe. *F. Klein, Famous problems of elementary geometry: the duplication of the cube, the trisection of an angle, the quadrature of the circle. Neudrucke (New York '50), ('55), (London '56) 92 S. — *R. Descartes, The geometry. Neudruck (New York '54) 13 + 244 S. [Auch in einem Descartes-Sammelband der Reihe "Great books of the Western World", vol. 31 (Chicago, Ill. '52)].

S. National encyclopedia (H. Suzzallo, W. W. Beardsley) (New York '32): Algebra; Arithmetic; Decimals; Finger reckoning; Fraction; Geometry; Mathematics; Measure, units of; Numbers, theory of. — Verhandlungen des internationalen Mathematiker-Kongresses, Zürich 1932, **2** (Zürich–Leipzig '33) 360f.: The International Commission on the Teaching of Mathematics. — *S. Morison, Fra Luca de Pacioli of Borgo S. Sepolcro (New York '33) 4f.: [Opinion on the work of Luca de Pacioli]. — The teaching of arithmetic (W. D. Reeve) (New York '35) (National Council of Teachers of Mathematics, Yearbook 10) 201–11: Retrospect, introspect, prospect. — Dictionary of American biography **18** (New York '36) 256f.: J. J. Sylvester (1814–1897). — The Scripta Mathematica forum lectures (New York '37) (Scripta Mathematica library, 3) 33–53: The story of mathematics. — Monographs on topics of modern mathematics relevant to the elementary field (J. W. A. Young). Neudruck (New York '55) 387–416: The history and transcendence of π. — Encyclopedia Britannica, a new survey of universal knowledge, **1** (Chicago, Ill.–London–Toronto '57) 5–7: Abacus; 603–07: Algebra; **9** ('57) 249: Finger numerals; 574–77: Fraction; **10** ('57) 452: Gnomon; **16** ('57) 610–14: Numerals. [Alle Beiträge auch in anderen Auflagen].

W. Text and tests in plane geometry; a combined textbook, student's workbook, and testbook made for modern courses (m. W. D. Reeve, E. L. Morss) (Boston, Mass.–NewYork '33) 254 + 32 S., ('43); Teachers' key to Text and tests in plane geometry (m. W. D. Reeve, E. L. Morss) (Boston, Mass.–New York '33) 5 + 439 S., ('43) 5 + 444 S. — A history of mathematics in America before 1900 (m. J. Ginsberg) (Chicago, Ill. '34) 10 + 209 S. (Carus mathematical monographs, 5). — The poetry of mathematics and other essays (New York '34) 5 + 91 S. (Scripta mathematica library, 1); ('47) 5 + 90 S. — Exercises and tests in intermediate algebra (m. W. D. Reeve, E. L. Morss) (Boston, Mass.–NewYork '34) 112 S. — The two orphans of Marrakech and other dramatic spots (New York '35) 6 + 68 S. — Hic habes lector benevole fabulas antiquas de arte numerorum (Boston, Mass. '35) 8 + 136, 2 + 14 S. [= Neudruck von: Number stories of long ago, with Number puzzles before the log fire (Boston, Mass. '19)]; weitere Neudrucke unter dem englischen Titel: (Boston, Mass.–New York '51), (Washington, D.C. '55), ('58). — Neuauflagen: Exercises in arithmetic; for practice and testing. Grades 3–8 (6 Bände) (m. W. D. Reeve, E. L. Morss) (Boston, Mass. '36). — Portraits of eminent mathematicians with brief biographical sketches, **1** (New York '36) 12 Tafeln (Pictorial mathematics, Portfolio, 1); **2** ('38) 13 Tafeln (~ 2); **1. 2** ('46). — Every man a millionaire; a balloon trip in the mathematical stratosphere of social relations (New York '37) 6 + 97 S. — Numbers and numerals; a story book for young and old (m. J. Ginsburg) (New York '37) 8 + 52 S. (Contributions of mathematics to civilization, 1); (Washington, D.C. '51) 52 S. (National Council of Teachers of Mathematics, Monograph nr. 1), ('53) 6 + 52 S. — Complete arithmetic (m. G. Wentworth). Neuaufl. (Boston, Mass. '37) 478 S. — The wonderful wonders of one-two-three (New York '37) 47 S. — Neuauflagen: Plane and spherical trigonometry and tables (m. G. Wentworth) (Boston, Mass.–NewYork '38) 5 + 232 + 28, 4 + 104 S., ('43), ('51). — Neuauflagen: Plane trigonometry and tables (m. G. Wentworth) (Boston, Mass. '38) 190 + 22, 5 + 104 S., (Boston, Mass.–NewYork '43); (Boston, Mass. '44) 6 + 141 + 21, 20 + 75 S.; ('51) 190 + 22 + 108 S. — Plane and solid geometry (m. G. Wentworth). Neuaufl. (Boston, Mass. '39) 8 + 480 S. — Neuauflagen: Essentials of trigonometry (m. W. D. Reeve, E. L. Morss) (Boston, Mass.–NewYork '41) 7 + 250 S., ('43) 7 + 254 S. — Text and tests in elementary algebra; a combined textbook, workbook, and testbook made for modern courses (m. W. D. Reeve, E. L. Morss) (Boston, Mass.–NewYork '41) 11 + 318 S. + "Survey tests" 32 S.; ('44). — Rara arithmetica; a catalogue of the arithmetics written before the year MDCI with a description of those in the library of George Arthur Plimpton, Neuaufl. [Erstaufl.: (Boston, Mass.–London '08)] (Boston, Mass.

'48) 507 S.; Addenda to Rara arithmetica (Boston, Mass.–London '39) 10 + 52 S.; Neuaufl. von "Rara arithmetica" einschl. "Addenda": (New York '70) 18 + 725 S. — Neuauflagen: History of mathematics, **1**: General survey of the history of elementary mathematics (Boston, Mass.–NewYork '51), (New York '58) 12 + 596 S., (Gloucester, Mass. '64); **2**: Special topics of elementary mathematics (Boston, Mass.–NewYork '53), (New York '58) 12 + 725 S., (Gloucester, Mass. '64). — Neuauflagen: A source book in mathematics, **1** (New York '59) 12 + 311 S.; **2** ('59) 13 + 395 S. — Mathematics (New York '63) 10 + 175 S. (Our debt to Greece and Rome).

Alumni News, Syracuse Univ. The palace walls of Tūs: **15** ('33) Okt.-Nr., 3f., 16.

American math. Monthly Note on a Greek papyrus in Vienna: **39** ('32) 425. — Mary Hegeler-Carus (1861–1936): **44** ('37) 280–83. — Possible boundaries in the early history of mathematics: **45** ('38) 511–15.

Boletín mat. Francisco Vieta, 1540–1603: **13** ('40) 221–23 [span.].

J. Calendar Reform Stupor of measurement: **8** ('38) 129–31.

Mathematics Teacher Charles Lutwidge Dodgson (Lewis Carroll), 1832–1898 [1]): **25** ('32) 38–43. — Address as retiring president of the International Commission on the Teaching of Mathematics: **26** ('33) 94–97. — Eliakim Hastings Moore, 1862–1932: 109f.

Numerus [București] Mathematische Poesie: **6** ('40) 173–80 [rumän.].

Osiris Sir Thomas Little Heath: **2** ('36) V–XXVII.

Papers bibliogr. Soc. America The influence of the mathematical works of the fifteenth century upon those of later times: **26** ('32) 143–71.

Science [USA] The International congress of mathematicians, Zurich, September 4–12, 1932: **76** ('32) 468–71. — The Ganesh Prasad Prize: **81** ('35) 487. — The David Eugene Smith gift of historical-mathematical instruments to Columbia University: **83** ('36) 79f.

Scientific Monthly Lazare Nicholas Marguérite Carnot: **37** ('33) 188f.

Scripta math. [USA] Thomas Jefferson and mathematics: **1** ('32/33) 3–14, 87–90. — Gaspard Monge, politician: 111–22. — Moritz Cantor: 204–07. — Early American mathematical periodicals: 277–85. — An interesting document relating to American mathematics: **2** ('33/34) 221–23. — Euclid, Omar Khayyâm, and Saccheri: **3** ('35) 5–10. — Changes in elementary mathematical terms in the last three centuries: 291–300. — Algebra of four thousand years ago [,1]: **4** ('36), [2]('42) 111–25; ~ 2: **5** ('38) 15f. — On a remarkable contribution to the history of mathematics: 77–82. — Sir William Rowan Hamilton: **10** ('44) 9–12. — The wise man of Sumatra: **11** ('45) 370–73.

Teachers College Rec. Challenging problems in American schools of education (Julius and Rosa Sachs Endowment Fund Lectures, 4), 1: Certain immediate problems confronting American schools of education: **36** ('34/35) 460–77; ~ 2: Necessary steps for a solution of these problems: 566–92. [Auch als Monographie: (New York '35) 2 + 47 S.].

Tôhoku math. J. Early American mathematics: **38** ('33) 227–32.

Z. math. u. naturwiss. Unterricht Prof. John Wesley Young †: **63** ('32) 195f. [engl.].

Mit: [1]) V. Sanford.

VI **SMITH,** David Frederick. Chem. (physik., techn.). — 1919 Assist., '20–22 Fellow, '22 Ph.D., '22–23 Instructor, California Inst. of Technol., Pasadena, Cal.; '23–26 Research Assoc., '24 Instructor, Univ. of California; '26–30 Supervising Physical Chemist, U.S. Bureau of Mines; '30–32 Dir. of Physical Chem. Research, A. O. Smith Corp., Milwaukee, Wis.; '32–39 Prof., Univ. of Buffalo, N.Y.; '39–40 Divis. Chief, Bureau of Agric. Chem. and Engng., U.S. Departm. of Agric.; '40–42 Dir. of Developm., Michigan Alkali Co., Wyandotte, Mich.; '42–48 Dir. of Research, Developm. and Control and Member of Board of Directors, Johnson and Johnson, New Brunswick, N. J.; '49–50 Dir. of Atomic Energy Commission Project and Head of Departm. of Chemical Engng., Michigan State College of Agric. and appl. Sci., East Lansing, Mich.; '50–57 Dir. of Developm., Davis and Geck, Inc., Amer. Cyanamid Co., Danbury, Conn.; '57–60 Head of Physics Departm., State Departm. of Higher Educat., Massachusetts; '60–62 Prof., Upsala College, East Orange, N. J.; '62– Consultant and Patent Law Practitioner; '32–39 Chemical Advisor, Hooker Electrochem. Co.

*1897, Sept. 10, Springdale, Conn.; †1972.

Fuel Mechanism of combustion of individual particles of solid fuels [1]): **11** ('32)124–34.

Möglicherweise einige weitere Publikationen.

Mit: [1]) A. Gudmundsen.

VI **SMITH,** Donald Prichard. Chem. (physik.), Metallurgie. — 1908–11 Instructor, '11–22 Assist. Prof., '22–47 Assoc. Prof., '47– Assoc. Prof. Emer., Frick Chemical Labor., Princeton Univ., Princeton, N. J.
*1879, Sept. 22, Helena, Mont.;
†1957, Aug. 2, Princeton, N. J.

Todesanzeigen Chemical and Engng. News **35** ('57) Nr. 9, S. 61. — Science [USA] **126** ('57) 349.

Nekr. Princeton Alumni Weekly **1957**, 6. Dez.

S. Gases in metals. A series of 4 educational lectures, presented to members of the American Society of Metals during the 34th National metal congress and exposition, Philadelphia, Pa., 1952 (Cleveland, O. '53): [1 Vortrag].

W. Hydrogen in metals (Chicago, Ill. '48) 13 + 366 S., (London '49) 14 + 368 S.

J. amer. chem. Soc. The role of intragranular fissures in the occlusion and evolution of hydrogen by palladium [2]): **56** ('34) 2513–25. — Arrangement of phases in palladium–hydrogen [1]): **62** ('40) 2565f.

J. appl. Physics [USA] Note on the role of rifting in cold-work and a possible measure of plastic deformation: **20** ('49) 1186f. — Catalysis by metal powders: **22** ('51) 1291f.

Philosophical Mag. Note on some theoretical discussions of palladium–hydrogen and cognate systems: (7) **39** ('48) 477–81.

Science [USA] The widened lattice interval and its essential role in the behavior of crystalline metal: **113** ('51) 348–52.

Technical Publ., Amer. Inst. Mining and metallurg. Engr. The occlusion and evolution of hydrogen by pure iron [3]): Nr. **1065** ('39) 37 S. (= Metals Technol. **6** ('39) Nr. 3).

Trans. electrochem. Soc. The occlusion and diffusion of hydrogen in metals. A metallographic study of palladium–hydrogen [2]): **66** ('34) Preprint 4, 18 S. (S. 25–42). — The occlusion and diffusion of hydrogen in metals. A metallographic study of nickel–hydrogen [3]): **71** ('37) Preprint 23, 19 S. (S. 249–67). — Phase segregation and its relation to the properties of the system palladium–hydrogen: **78** ('40) Preprint 5, 14 S. (S. 53–66).

Z. Elektrochem. u. angew. physik. Chem. Die Mitleitung des Elektrolyten bei der Widerstandsmessung wasserstoffhaltiger Palladiumdrähte; Bemerkung zum gleichbetitelten Aufsatz von C. A. Knorr und E. Schwartz: **39** ('33) 743f.

Z. Physik Über die Elektrizitätsleitung des von Palladium okkludierten Sauerstoffs: **78** ('32) 815–23.

Mit: [1]) C. S. Barrett; [2]) G. J. Derge; [3]) G. A. Moore.

VI **SMITH,** Edgar Reynolds. Chem. (physik.). — 1926–30 Assoc. Chemist, '30–36 Chemist, '35–56 Chief of Physic. Chem. Sect., '36–45 Senior Chemist, '46–57 Principal Chemist, '56–57 Assist. Chief of Chem. Divis., Nation. Bureau of Standards, Washington, D.C.; '28–29, '30–31 Lecturer, George Washington Univ., Washington, D.C. — '48 Hillebrand Prize (Washington Sect. of Amer. Chem. Soc.); '50 Medal for Meritorious Service (U.S. Departm. of Commerce).
*1897, Mai 13, Wilmington, Del.;
†1974, Sept. 19.

Zur Biogr. Chemical and Engng. News **27** ('49) (m. Bildn.).

S. C.R. 13e Conférence, Union Internationale de Chimie, Rome 1938 (Paris '39) 77–80: The differential method of measuring differences in density by means of twin pycnometers [24]).

Bull. int. Acad. polon. Sci. et Lettres, Ser. A The differential method of measuring density by means of twin pycnometers [24]): **1936**, 123–32.

Bur. Standards J. Res. Note on the moving-boundary method for measuring transference numbers. A pycnometer for determining the volume change occuring at an electrode and its application to a cathode of silver chloride in a solution of potassium chloride: **8** ('32) 457–61. — The isotopic fractionation of water [23])[7]): **11** ('33) 453–62. — An examination of water from various natural sources for variations in isotopic composition [23]): **12** ('34) 305–11.

J. Res. nation. Bur. Standards Fractionation of the isotopes of hydrogen and of oxygen in a commercial electrolyzer [23])[17]): **13**.1934 ('35) 599–608; ~ [24]): **15** ('35) 187f. — Difference in atomic weight of oxygen from air and from water [11]): **17** ('36) 625–28. — Boiling-point–composition diagram for dilute aqueous solutions of deuterium oxide [24]): 841–48. — Boiling-point–composition diagram of the system dioxane–water [24]): **18** ('37) 461–65. — Boiling points and densities of acetates of normal aliphatic alcohols [24]): 499–504. — Water as a reference standard for ebulliometry [19]): **20** ('38) 549–53. — Boiling points of benzene, ethylene chloride, n-heptane, and 2,2,4-trimethylpentane over the range 660 to 860 mm pressure [11]): 641–50, — Reproducibility of the silver–silver chloride electrode [20]): 837–47. — Repro-

Bitte Anmerkung auf Seite 4201 beachten!

ducibility of silver–silver halide electrodes [20]): **22** ('39) 307–14. — Effects of methionine, djenkolic acid, and benzylcysteine on the estimation of cystine by the dropping mercury cathode [15]): 669–72. — Boiling points of n-heptane and 2,2,4-trimethylpentane over the range 100 to 1500 mm pressure: **24** ('40) 229–34. — Standard electrode potential of sodium [20]): **25** ('40) 731–46. — Boiling points of benzene, 2,2,3-trimethylbutane, 3-ethylpentane, and 2,2,4,4-tetramethylpentane within the range 100 to 1500 mm of mercury: **26** ('41) 129–34. — Application of the dropping mercury electrode to the investigation of the polyhydroxy acids and lactones [11][8]): **28** ('42) 95–131. — Effect of reaction between mercury and oxygen upon polarographic waves of certain metals at small concentrations [20][18]): **37** ('46) 151–55. — pH standards of high acidity and high alkalinity and the practical scale of pH [2][14]): **45** ('50) 418–29. — Boiling points of aqueous solutions of dextrose within the pressure range of 200 to 1500 mm [22][3]): 458–62. — pH of solutions of potassium hydrogen D-tartrate from 0 to 60 °C [2][3][12]): **47** ('51) 433–38. — pH of solutions of potassium tetroxalate from 0 to 60 °C [3][2]): **51** ('53) 189–94. — Calcium hydroxide as a highly alkaline pH standard [2][3]): **56** ('56) 305–12.

Circular, Nation. Bur. Standards Table of dielectric constants of pure liquids [10]): Nr. **514** ('51) 44 S.

Industrial and Engng. Chem. A method for interpolating data, based on Dühring's rule [13]): **25** ('33) 195–99.

J. amer. chem. Soc. Change in potential of silver–silver chloride electrodes with time [20]): **64** ('42) 3053.

J. chem. Physics The isotopic fractionation of water [23][7]): **1** ('33) 288. — The isotopic fractionation of water by distillation and by adsorption [23]): 426. — A slight difference in the isotopic composition of oxygen made by the fractionation of liquid air and oxygen of ordinary air: **2** ('34) 298.

J. Petroleum Technol. Pressure control by water injection [4]): **4** ('52) Nr. 7, 15–18.

J. Soc. Leather Trades' Chemists Standards for pH determinations [2]): **34** ('50) 397–403.

J. Washington Acad. Sci. Standardization of the pH scale [2]): **38** ('48) 61–66.

Nature [London] Determination of physico-chemical constants [24]): **138** ('36) 30.

Roczn. Chem. Differentialmethode der Dichtemessung mit Zwillingspyknometern [24]): **16** ('36) 104–12 [poln.]. — Über die Siedetemperatur und Dichte aliphatischer Alkohole [24]): **17** ('37) 118–24 [~]. — Die Abhängigkeit der Siedetemperatur des Gemisches Dioxan–Wasser von der Zusammensetzung innerhalb des Systems [24]): 125–31 [~]. — Change in potential of silver–silver halide electrodes with time [20]): **18** ('38) 762–70 [m. poln. Zusammenfassg.].

Science [USA] The isotopic fractionation of water by physiological processes [23]): **79** ('34) 188f.; ~: 454f.

U.S. Atomic Energy Commiss. Properties of uranium pentaethoxide [21][22][11][20]): **TID-5290** ('58) Book 1, 369–428. — Electromotive force in hydrochloric acid solution of the reaction between chlorine and uranous chloride and between hydrogen and uranyl chloride [20]): Book 2, 429–36.

Mit: [1]) —; [2]) R. G. Bates; [3]) V. E. Bower; [4]) E. P. Burtchæll; [5]) —; [6]) —; [7]) M. Frandsen; [8]) H. S. Isbell; [9]) —; [10]) A. A. Maryott; [11]) H. Matheson; [12]) R. G. Miller; [13]) J. H. Perry; [14]) G. D. Pinching; [15]) C. J. Rodden; [16]) —; [17]) F. A. Smith; [18]) R. E. Smith; [19]) W. Świętosławski; [20]) J. K. Taylor; [21]) T. I. Taylor; [22]) J. L. Torgesen; [23]) E. W. Washburn; [24]) M. Wojciechowski.

V, VI **SMITH,** Sir Frank Edward. Physik. — 1901–09 Assist. to Dir., '09–17 Principal Assist., '17–20 Superintendent of Electricity Departm., Nation. Physic. Labor., Teddington, Middlesex; '20–29 Dir. of Sci. and Exper. Departm. of Admiralty, Teddington, Middlesex; '29–39 Secretary of Departm. of Scient. and Industrial Research; '39–55 Adviser on Sci. Research and Developm., Anglo-Iranian Oil (→ British Petroleum); '13–19 Vice-Pres., '19–24 Business Secretary, '24–26 Pres., Physic. Soc., London; '22–29 Hon. Secretary, British Assoc. for the Advancem. of Sci.; '29–38 Physical Secretary, Roy. Soc.; '30–38 Governor, Imperial Inst.; '35–36 Pres., Junior Instn. of Engrs.; '39–42 Dir. of Instrument Product., '39–43 Controller of Bearings Product., '41–47 Chairman of Sci. Advisory Council, Ministry of Supply; '40–42 Controller of Telecommunications Equipm., Ministry of Aircraft Product.; '40–46 Chairman of Technical Defence Committee, Military Intelligence 5; '43–46 Pres., Inst. of Physics; '44–57 Chairman of Research Committee, '47–57 Dir., Birmingham Small Arms Co., Ltd.; '46–54 Chairman, Road Research Board. — '26 Hon. D.Sc. (Univ. of Oxford); '30 Hon. LL.D. (Univ. of Birmingham); '31 Hon. LL.D. (Univ. of Aberdeen); '36 Hon. D.Sc. (Univ. of Sheffield). — '18 Officer, '22 Commander, '39 Knight Grand Cross, Order of the

Bitte Anmerkung auf Seite 4201 beachten!

British Empire; '25 Hughes Medal (Roy. Soc., London); '26 Companion, '31 Knight Commander, '42 Knight Grand Cross of the Bath; '27 Duddell Medal (Physic. Soc., London); '34 Faraday Medal (Instn. of Electrical Engrs. of Great Britain); '34 Gustave Canet Medal (Junior Instn. of Engrs.); '36 Charles Parsons Memorial Medal (North East Coast Instn. of Engrs. and Shipbuilders); '47 Medal of Freedom with Silver Palm (Government of USA).

*1876, Okt. 14, Aston Manor, Birmingham;

†1970, Juli 1, Minehead, Somerset.

Zur Biogr. Chemistry and Industry **11** ('33) 29 (m. Bildn.). — Nature [London] **143** ('39) 56f.

Nekr. *C. F. Goodeve, Biographical Mem. Fellows roy. Soc. **18** ('72) 525–48 (m. Bildn., Faks. u. Schr.verz.).

W. Chemistry and the community (London '32) 22 S. (S. M. Gluckstein Memorial Lecture 3) (Royal Institute of Chemistry). — Industrial research and the nation's balance sheet (London '32) 31 S. (Norman Lockyer Lecture 1932) (British Science Guild).

Annales Postes, Télégraphes et Téléphones Propagation des ondes radio-électriques: **23** ('34) 1085–131.

Engineer [London] Sir Charles A. Parsons: **162** ('36) 513, 544. — Disorderly molecules and refrigerating engineering: **165** ('38) 510f., 527–29.

Engineering The engineer and modern civilisation: **138** ('34) 76–. — Sir Charles Parsons and steam: **142** ('36) 536–.

J. Instn. civil Engr. Disorderly molecules and refrigerating engineering (44th James Forrest Lecture): **7** ('37/38) 239–62.

J. Instn. electr. Engr. The travel of wireless waves (26th Kelvin Lecture): **73** ('33) 574–90. — Fundamental electrical measurements: **81** ('37) 701–06.

J. Junior Instn. Engr. The engineer and modern civilisation (Gustav Canet Memorial Lecture): **44** ('34) 527–48. — Coal, power and smoke: **46** ('36) 185–212.

J. roy. Soc. Arts Chemicals from petroleum (Cantor Lectures): **93** ('45) 565–98.

Nature [London] Sir Alfred Yarrow †: **129** ('32) 193f. — The engineer and modern civilisation: **134** ('34) 126–29, 167–69. — Lord Rutherford †: **140** ('37) 754. — Automatic control and recording in chemical and other processes: **156** ('45) 723–.

Bitte Anmerkung auf Seite 4201 beachten!

Obituary Notices Fellows roy. Soc. London W. B. Hardy (1864–1933) [1]: **1** ('34) 327–33. — John Cadman, Baron Cadman: **3** ('41) 915–27.

Petroleum Press Service Atomic energy: **1945**, 4 S.

Scope [London] Energy - atomic and human: **1946**, Jan.-Nr., 41–47, 90–94.

Television and Short-Wave World Important developments: **11** ('38) 137– [Identität des Autors fraglich!].

Trans. North East Coast Instn. Engr. and Shipbuilders Sir Charles Parsons and steam (Parsons Memorial Lecture 1936): **53** ('36) 31–54.

Mit: [1]) F. G. Hopkins.

VI **SMITH,** George Frederick. Chem. — 1910–12 Stud., Ohio State Univ., Columbus, O.; '17 B.S., '19 M.S., '22 Ph.D., Univ. of Michigan, Ann Arbor, Mich.; '17–18 Chemist, Nation. Lamp Works, General Electric Co.; '21–24 Instructor, '24–27 Assoc., '27–34 Assist. Prof., '34–38 Assoc. Prof., '39–57 Prof., '57 Prof. Emer., Univ. of Illinois, Urbana, Ill.; '28–68 Pres., '68–76 Chairman of Board of Directors, G. Frederick Smith Chem. Comp., Columbus, O.; '34–68 Pres., '68–76 Chairman of Board of Directors, Aeration Processes, Inc., Columbus, O.; '40 Chairman of Physic. and Inorg. Divis., '54 Chairman of Divis. of Analyt. Chem., Amer. Chem. Soc. — '54 Fisher Award, '59 Anachem Award (Amer. Chem. Soc.); '74 Outstanding Achievem. Award (Univ. of Michigan, Ann Arbor, Mich.).

*1891, Juli 29, Lucasville, O.;

†1976, Sept. 23, Urbana, Ill.

Zur Biogr. Chemical and Engng. News **32** ('54) 1140 (m. Bildn.). — Chemical and Engng. News **37** ('59) Nr. 45, 109.

Zum 75. Geb.tag Festgabe: Talanta **13** ('66) Nr. 7 (S. 867–1052) (m. Bildn.); darin S. 867–84: *H. Diehl, G. Frederick Smith; 885–94: Schr.verz.

Nekr. The News-Gazette [Champaign and Urbana, Ill.] **1976**, 24. Sept.

S. Proc. Congress on modern analytical chemistry in industry, St. Andrews 1957 (Cambridge '57) 169–76: Analytical reagents and their applications in industrial plant-control operations. — Proc. International symposium on microchemistry, Birmingham 1958 (Oxford–London–NewYork '60) 36–47: Role of perchloric acid in macro-wet oxidation of organic matter in the preparation for microdetermination of trace elements [13]). — Analytical chemistry 1962. Proc. of the international symposium in honour of Fritz Feigl to commemorate his 70th birthday, Birmingham 1962 (P. W. West u. a.) (Amsterdam–London–NewYork '63) 394–96: Preparation of deuterium perchlorate, deuterium sulfate and deuterium iodate [13]).

W. Analytical applications of periodic acid (H_5IO_6) and its salts (m. anderen) (Columbus, O. '32) 64 S. (The G. Frederick Smith Chemical Company); [2]('33) 68 S.; ab 3. Aufl. u. d. T.: Analytical applications of periodic acid (H_5IO_6) and iodic acid (HIO_3) and their salts ('36) 68 S.; [4]('40) 68 S.; [5]('50) 10 + 108 S. — Ceric sulfate; the use of standard ceric sulfate as modern analytical chemistry's most recently developed widely applicable oxidizing agent (m. anderen) [2](Columbus, O. '33) 64 S. (~); [3]('35); [4]('40). — Perchloric acid; authentic, scientific and practical considerations relative to its use as an important research and routine analytical chemical reagent with special reference to rapidity, accuracy and economy (m. anderen) [2](Columbus, O. '33) 72 S. (~); [3]('34); [4]('40) 72 S. — Elementary special and instrumental methods of analysis (Ann Arbor, Mich. '33) 3 + 58 + 19 + 14 + 57 + 21 + 32 S. — Orthophenanthroline, a high potential, reversible, oxidimetric indicator; its preparations in various forms and numerous applications in analytical procedures (Columbus, O. '34 [?]) 35 S. (The G. Frederick Smith Chemical Company). — Mixed perchloric, sulfuric and phosphoric acids and their applications in analysis (Columbus, O. '35) 8 + 70 S. (~); [2]('42) 8 + 70 S. — Dehydration studies using anhydrous magnesium perchlorate (m. anderen) (Columbus, O. '36) 8 + 59 S. (~); [2]('43); [3]('51) 8 + 59 S. — The electron beam sectrometer; a line operated vacuum tube titrometer for potentiometric titrations with cathode ray tube replacement of the micro-ammeter (m. V. R. Sullivan) (Columbus, O. '36) 40 S. (~). — Special and instrumental methods of analysis (Ann Arbor, Mich. '37) 5 + 348 S. — Cupferron, nitroso phenyl hydroxylamine-ammonium, and neo-cupferron, nitroso naphthyl hydroxylamine-ammonium; their preparation, properties and analytical applications (m. anderen) (Columbus, O. '38) 5 + 42 S. (The G. Frederick Smith Chemical Company). — Cerate oxidimetry; further applications in the use of cerium in volumetric analysis (Columbus, O. '42) 9 + 123 S. (~); [2]('64) 81 S. — Phenanthroline and substituted phenanthroline indicators, their preparation, properties, and applications to analysis (m. F. P. Richter) (Columbus, O. '44) 15 + 103 S. (~). — Quantitative analysis. Elementary principles and practice (m. H. Diehl) (NewYork–London '52) 7 + 539 S. — The determination of butterfat in ice cream and ice cream mix; a modified Babcock test employing mixed perchloric acid and glacial acetic acid using standard Babcock equipment. Speed – accuracy – wide range – convenience (m. anderen) (Columbus, O. '54) 18 S. (The G. Frederick Chemical Company). — The trace element determination of copper and mercury in pulp and paper. Destruction of cellulose by wet ashing employing mixed HNO_3–$HClO_4$–H_2SO_4; the liquid fire reaction (m. anderen) (Columbus, O. '54) 14 S. (~). — The copper reagents: cuproine, neocuproine, bathocuproine (m. H. Diehl) (Columbus, O. '58) 48 S. (~). — The iron reagents: bathophenanthroline, 2,4,6-tripyridyl-s-triazine, phenyl-2-pyridyl ketoxime (Columbus, O. '60) 51 S. (m. H. Diehl) (~); 2. Aufl. u. d. T.: The iron reagents: bathophenanthroline, bathophenanthroline disulfonic acid, 2,4,6-tripyridyl-s-triazine, phenyl-2-pyridyl ketoxime (m. H. Diehl, L. McBride, R. Cryberg) [2]('65) 64 S. — The wet chemical oxidation of organic compositions employing perchloric acid with or without added HNO_3–H_5IO_6–H_2SO_4 (Columbus, O. '65) 5 + 105 S. (~).

Analyst The colorimetric determination of iron in raw and treated municipal water supplies by use of 4,7-diphenyl-1,10-phenanthroline [31])[13]): **77** ('52) 418–22. — 1,10-Phenanthroline and mono-, di-, tri- and tetra-methyl-1,10-phenanthrolines as chelated copper complex cations [31]): 846–57 [m. französ. u. deutscher Zusammenfassg.]. — The dualistic and versatile reaction properties of perchloric acid: **80** ('55) 16–29. — 4,4'-Substituted 2,2'-dipyridyls in chelation reactions with ferrous iron [2]): **83** ('58) 661–66.

Analytica chim. Acta Desiccator data [5])[54]): **6** ('52) 42–46. — Spectrophotometric studies of the 4- and 4,7-dialkylamino-alkylamino-1,10-phenanthrolines as their ferrous chelate complex ions [56])[31]): **8** ('53) 46–56. — 2,4,6-Trinitrobenzoic acid as a primary standard in acidimetry [56]): 209–16. — The wet ashing of organic matter employing hot concentrated perchloric acid; the liquid fire reaction: 397–421. — 2,6-Bis(2-pyridyl)pyridine and its alkyl derivatives. Their properties in the formation of ferrous and cobaltous colored complex cations [56]): **9** ('53) 338–48. — Simultaneous spectrophotometric determination of iron and of copper using 1, 10-phenanthroline [56]): 538–45. — Alkyl-substituted 2,2-diquinolines, and alteration of their spectrophotometric constants following copper(I) chelation [56]): **10** ('54) 139–46. — Determination of copper in whetlerized carbon following destructive oxidation of carbon employing hot concentrated perchloric acid: **13** ('55) 115–19. — 2,6-Bis(4-phenyl-2-pyridyl)-4-phenylpyridine and 2,6-bis(6-phenyl-2-pyridyl)-4-phenylpyridine. Their spectrophotometric constants in reactions of chelation with iron(II), copper(I), and cobalt(II) [44]): **15** ('56) 567–72. — New substituted 2,2'-dipyridines and their chelation as iron(II) and copper(I) complex cations [44]): 16 ('57) 401–05. — The in situ determination of iron and copper in wine [2]): 464–72. — A simplified separatory funnel for use in liquid amalgam reductions: 505–09. — Wet oxidation of organic matter employing perchloric acid at graded oxidation potentials and controlled temperatures: 17 ('57) 175–85. — Variable temperature Dewar type tubular desiccator: 192–94. — The determination of chlorates in the presence of perchlorates. Reduction of chlorate in acid solution employing excess iron(II) or arsenic(III) [53]): 386–89. — Iron(II) and cobalt(II) chelation complexes of 2,6-bis(4-ethyl-2-pyridyl)-4-phenylpyridine [2]): **18** ('58) 269–71. — Spectrophotometric constants in glacial acetic acid of 2,2'-dipyridine and its 4,4'-disubstituted derivatives as iron(II) complex cations [3]): **19** ('58) 304–06. — — Viele Arbeiten m. französ. u. deutscher Zusammenfassg.

Annual Survey amer. Chem. Analytical chemistry, 1934 and 1935: **10** ('36) 102–116.

Archives Biochem. A precision method for the quantitative determination of calcium in blood plasma [43])[19]): **11** ('46) 433–43.

ASTM Bull. Tetravalent cerium and its use in volumetric analysis [57]): **108** ('41) 33–39.

Chemical and Engng. News Ammonium periodate – an explosion hazard: **29** ('51) 1770.

Chemical Products and chem. News Perchloric acid in research and industry: **12** ('49) 158–61.

Chemical Reviews The improved synthesis of o-phenanthroline [20]): **16** ('35) 113–20.

Chemist-Analyst The refractive index of aqueous perchloric acid in the concentration range 50.0–70.0 per cent [29]): **41** ('52) 7f. — A clock mechanism magnetic stirring apparatus: 17.

Chemistry and Industry The improved dehydration of air for use in the manufacture of high pressure tank oxygen, using anhydrous magnesium perchlorate: **12** ('34) 357–61.

Food Res. Instant whipping of cream by aeration [20])[52])[37]): **2** ('37) 409–28.

Industrial and Engng. Chem., Analyt. Edit. Determination of sulfur in coal by perchloric acid method [12]): **4** ('32) 227–29. — Mixed perchloric and sulfuric acids, 1: Simultaneous oxidizing and reducing properties of hot concentrated perchloric acid: **6** ('34) 229f. ~ 2: Potassium ferro- and ferricyanides as reference standards in the evaluation of titanous solutions [20]): 252–54. — Occlusion of water by potassium and sodium chlorides. Influence on the indirect determination of sodium [49])[35]): 314. — Rubber-stopper remolding for reduced pressure filtration [21]): 385f. — Volumetric determination of iron in leather. Wet oxidation of organic matter using mixed nitric, perchloric and sulfuric acids and titration of iron, using titanous chloride [50]): **7** ('35) 301–05. — Determination of manganese in tungsten and ferrotungsten. Mixed perchloric and phosphoric acids as solvent and sodium bismuthate or potassium periodate as oxidizing agents [58])[59]): **8** ('36) 350f. — Hexanitrato ammonium cerate as a proposed reference standard in oxidimetry [50])[16]): 449–51. — An improved design of Rodgers ring burner: 484f. — Rate of dehydration of ethyl alcohol using metallic calcium [20]): **9** ('37) 100–02. — Anhydrous sodium carbonate as a standard of reference in acidimetry. Stability of sodium carbonate in the temperature range 300 to 400 °C [11]): 141f. — Determination of chromium in ferrochrome. Phosphoric acid as solvent with mixed perchloric and sulfuric acids as oxidant [20]): 378–81. — A Wood's metal reductor [55]): 419f. — Determination of chromium in chromite. A new procedure employing a mixture of phosphoric, sulfuric, and perchloric acids [20]): 518f. — Cerate oxidimetry. Theoretical considerations and determination of approximate electrode reference potentials [20]): **10** ('38) 191–95. — Cerate oxidimetry. Evaluation of solutions using sodium oxalate, arsenious acid and iron as standards of reference and ferroin and nitroferroin as indicators [20]): 304–06. — Sulfamic acid as a standard of reference in acidimetry [8])[1]): 690–92. — Rapid qualitative test for the alcoholic hydroxyl group. Use of nitrato and perchlorato cerate anions as test reagents [14]): **12** ('40) 201–03. — Cerate oxidimetry. Electrolytic oxidation of cerium without the use of a diaphragm cell [16])[27]): 268f. — Cerate oxidimetry. Preparation and stability of solutions [20]): 339f. — An electric heating mortar for use in carbon and hydrogen microcombustions [51]): **13** ('41) 203f. — Use of bromate in volumetric analysis. Determination of arsenic and antimony using internal indicators at ordinary temperatures [33]): 460f. — Cerate oxidimetry. Determination of glycerol [14]): 558–60. — Small-scale centrifuge accessories for use with corrosive materials: 824. — New indicators for iodate – iodine monochloride Andrews analytical procedures [55]): **14** ('42) 49–53. — Micro-Kjeldahl nitrogen determination without use of titration procedure [51]): 437–39. — Simplified technique in the use of liquid amalgam reductors [28]): 854f. — Color reactions of 1,10-phenanthroline derivatives [36])[34]): 931–33. — Cerate and periodate oxidimetry. Perchlorato cerate and periodate ions as oxidants in the determination of organic compounds [14]): **15** ('43) 120–22. — Substituted 1,10-phenanthroline ferrous complex oxidation–reduction indicators. Potential determinations as a function of acid concentration [41]): **16** ('44) 580f. — Destruction of organic matter in blood fibrin and chromacized medical catgut by wet oxidation; determination of iron in blood and chromium in sutures: **18** ('46) 257–59.

Analytical Chem. 2,2'-Bipyridine ferrous complex ion as indicator in the determination of iron [9]): **19** ('47) 384f. — Preparation of silver for use in Walden silver reductor [9]): **20** ('48) 183. — Determination of alumina in iron ore [9]): 574–76. — Volumetric microdetermination of arsenic and iron [18]): 874–76. — 5,6-Dimethyl-1,10-phenanthroline. Spectrophotometric constants as ferrous complex and use as redox indicator for determination of iron by oxidation with dichromate [6]): **21** ('49) 948–50. — Ammonium hexanitratocerate as a primary standard in oxidimetry [15]): 1233–37. — Polysubstituted 1,10-phenanthrolines and bipyridines as multiple range redox indicators. Further applications as specific organic analytical reagents: 1313–19. — Determination of formal oxidation potentials of ferric–ferrous and dichromate–chromic systems. Selection of substituted 1,10-phenanthroline indicators for determination of iron at low acidity: **23** ('51) 925–27. — 2,9-Dimethyl-1,10-phenanthroline. New specific in spectrophotometric determination of copper [31]): **24** ('52) 371–73. — New colorimetric reagent specific for copper. Determination of copper in iron [56]): **25** ('53) 510f. — The ferroine, cuproine, and terroine reacting organic analytical reagents (Fisher Award address): **26** ('54) 1534–38. — Preparation and standardization of perchloratoceric acid solutions in perchloric acid: **27** ('55) 1142–44. — New substituted 1,10-phenanthrolines as ferroine and cuproine reacting ligands [56])[44]): 1574f. — Spectrophotometric determination of iron in strong alkali media. 4,7-Dihydroxy-1,10-phenanthroline as iron(II) organic chelation reagent [44])[24]): **28** ('56) 809–12. — 2,4,6-Tripyridyl-s-triazine as a reagent for iron. Determination of iron in limestone, silicates, and refractories [10])[13]): **31** ('59) 1862–67. — Iron(II) derivatives of pyridyl-substituted s-triazines [13])[7]): **32** ('60) 1117–19.

J. amer. ceram. Soc. Use of bromate in volumetric analysis, 7: Potentiometric titration of hydroxyquinoline [33]): **22** ('39) 31–33; ~ 9: Determination of arsenic and antimony by the Győry method: **29** ('46) 143–45.

J. amer. chem. Soc. The separation and determination of the alkali metals using perchloric acid, 4: The perchlorato-chloroplatinate method for the determination of potassium in the presence of sodium [46]): **54** ('32) 1722–30; ~ 5: Perchloric acid and chloroplatinic acid in the determination of small amounts of potassium in the presence of large amounts of sodium [21]): **55** ('33) 3957–61. — New hydrates of magnesium perchlorate. Their structural relation to known forms of the hydrated perchloric acids and properties as intensive dehydrating reagents [40])[22]): **54** ('32) 3513–23. — The preparation, aqueous and perchloric acid solubilities, solution densities and transition temperature of silver perchlorate [42]): **59** ('37) 1889f. — Derivatives of 1,10-phenanthroline [41]): **66** ('44) 396–98. — Effect of the symmetrical situation of methyl groups on the property of dimethyl-2,2'-bipyridyl to complex the ferrous ion [9]): **69** ('47) 1860–62. — Determination of the decomposition pressures of certain 1,10-phenanthroline hydrates [18])[9]): **71** ('49) 2480–82. — Formation of a new nitrogen heterocyclic ring system by the loss of carbon monoxide from 1,10-phenanthroline-5,6-quinone [25]): **72** ('50) 842–44. — The preparation of anhydrous perchloric acid: **75** ('53) 184–86.

J. amer. Leather Chemists Assoc. Determination of chromium in chrome tanned leather. Nitric, perchloric and sulfuric acids as oxidant for organic matter and chromium [50]): **30** ('35) 442–53. — Mixed perchloric and sulfuric acids in the analysis of chrome tanned leather. Destruction of organic matter and determination of chromium [18]): **42** ('47) 195–201.

J. chem. Educat. Applied analytical chemical research necessitates promotional advertising: **9** ('32) 84–91. — A new and simplified colorimeter especially designed for the colorimetric estimation of manganese by the periodate method [50]): 1461–71. — Rapid preparation of anhydrous sodium carbonate for use in acidimetry [22]): **10** ('33) 507f. — Standard mixed chloride samples. Effect of ball-mill grinding and mixing on the actual analyses as compared with calculated values: **14** ('37) 241f.

J. Dairy Sci. Determination of butterfat in ice cream employing mixed perchloric and acetic acids [18])[38]): **31** ('48) 905–08.

J. org. Chemistry Synthesis of 1,2-cyclohexanedione dioxime (nioxime) [39])[4])[13]): **10** ('45) 199–204. — Improved synthesis of 5-nitro-1,10-phenanthroline [9]): **12** ('47) 781–84.

J. physic. Chem. Acid dissociation constants of substituted 1,10-phenanthrolines [44]): **60** ('56) 1546–48.

J. Soc. chem. Industry, Trans. The hydrochloric acid metathesis of barium perchlorate to form perchloric acid [17]): **53** ('34) 299–300. — The determination of chromium in stainless steel, using perchloric, phosphoric, and sulphuric acids [48]): **54** ('35) 185–89. — Mixed perchloric and sulphuric acids, 3: The determination of chromium in chromic oxide [32])[50]): 369–72. — The electron-beam sectrometer. A line-operated vacuum-tube titrometer for potentiometric titrations with cathode-ray tube replacement of the micro-ammeter [50]): **56** ('37) 104–08.

Monthly Rev. amer. Electroplaters' Soc. Analysis of impurities in plating baths, 1 [14]): **32** ('45) 367–70; ~ 2: 805–07, 810; Determination of impurities in electroplating solutions, 3: Lead in nickel-plating baths [45])[30])[14]): **33** ('46) 1079–87; ~ 4: Iron in nickel-

Bitte Anmerkung auf Seite 4201 beachten!

plating baths [45][30][14]: 1189–97. — A miniature laboratory fume eradicator: **32** ('35) 1028f.

Plating Determination of impurities in electroplating solutions, 7: Traces of cadmium in nickel-plating baths [45][30][14]: **35** ('48) 458–62.

Talanta Ultraviolet spectrophotometric properties of ferric complexes of 2,2′-dipyridines in glacial acetic acid [3]: **1** ('58) 153–58. — Wet oxidation of organic matter employing mixed perchloric and sulfuric acids at controlled temperatures and graded high potentials [13]: **2** ('59) 209–19. — The formal oxidation potentials of substituted 1,10-phenanthroline ferrous complexes of low solubility. The preparation and redox potentials of the vanadate–vanadyl system of potentiopoised solutions [3]: 348–54. — The improved preparation of sulfatoceric acid for preparation of standard titrimetric solutions [13]: 382f. — The wet oxidation of bone. Digestion with 100 per cent sulfuric acid followed by the addition of dioxonium perchlorate [13]: **3** ('59) 41–46. — Anhydrous magnesium perchlorate desiccant with added indicator [13]: 107f. — A new general procedure in the low-temperature wet oxidation of organic compositions. Perchloric and periodic acids as oxidants, "the periodic acid liquid fire reaction" [13]: **4** ('60) 185–93. — The rapid determination of water of hydration in magnesium perchlorate desiccant: **5** ('60) 189–92. — A new procedure for preparation of anhydrous perchloric acid employing anhydrous magnesium perchlorate: **7** ('61) 212–14. — Reported explosion in the periodic liquid fire reaction: **8** ('61) 364. — The regeneration of spent magnesium perchlorate desiccant: **9** ('62) 65–70. — A phosphorus pentoxide desiccant employing exfoliated vermiculite as carrier [13]: 84f. — Preparation of fortified 70–80% perchloric acid employing anhydrous magnesium perchlorate as desiccant: **10** ('63) 413–16. — An improved preparation of ammonium hexanitrato cerate(IV) and routine analytical testing procedure to prove primary reference standard purity: 709f. — Dissolution of alunite employing hot concentrated perchloric acid: determination of silica and aluminium [51]: 1107–09. — Wet oxidation of organic compositions; mixed nitric and hydrochloric acids with ammonium perchlorate as oxygen donors: **11** ('64) 633–40. — The preparation of cerium(IV) hydroxide from ammonium hexanitratocerate by employing kinetically controlled precipitation through urea hydrolysis: 1272f. — Miniature magnetic stirring motor for use in teaching and analytical control laboratories [47]: 1380. — Preparation of iodic acid by direct oxidation of iodine with perchloric acid dihydrate [23][13]: **13** ('66) 1019–25. — Teflon chains for use with the Foulk chain hydrometer: 1048f. — Thorium free ammonium hexanitratocerate: **14** ('67) 1031f. — The role of 70–80% perchloric acid as oxygen donor and the oxidation potentials made available: **15** ('68) 489–96. — — Die meisten Arbeiten m. deutscher u. französ., später auch russ. Zusammenfassg.

Trans. Illinois State Acad. Sci. New aeration process for the preparation of whipped cream [20]: **27** ('34) 71f. — Some comparisons of formal and molal oxidation potentials: **36** ('43) 132–35.

Z. anorg. u. allg. Chem. Die Herstellung von wasserfreien Perchloraten des Magnesiums und der Erdalkalimetalle durch Reaktionen zwischen festen Stoffen [22]: **223** ('35) 1–16. — Darstellung und Eigenschaften der Perchloratammine der Erdalkalimetalle [26]: 17–27.

Mit: [1]) L. F. Audrieth; [2]) W. M. Banick; [3]) W. M. Banick, jr.; [4]) C. V. Banks; [5]) D. N. Bernhart; [6]) W. W. Brandt; [7]) E. B. Buchanan, jr.; [8]) M. J. Butler; [9]) F. W. Cagle, jr.; [10]) P. F. Collins; [11]) G. F. Croad; [12]) A. G. Deem; [13]) H. Diehl; [14]) F. R. Duke; [15]) W. H. Fly; [16]) G. Frank; [17]) B. S. Friedman; [18]) J. S. Fritz; [19]) B. W. Gabrio; [20]) C. A. Getz; [21]) J. L. Gring; [22]) V. R. Hardy; [23]) J. M. Hayes; [24]) A. Heimbuch; [25]) G. E. Inglett; [26]) E. G. Koch; [27]) A. E. Kott; [28]) L. T. Kurtz; [29]) C. E. Lamplough; [30]) W. S. Levine; [31]) W. H. McCurdy, jr.; [32]) L. D. McVickers; [33]) R. L. May; [34]) M. G. Mellon; [35]) E. B. Middleton; [36]) M. L. Moss; [37]) M. J. Prucha; [38]) H. Pyenson; [39]) E. G. Rauh; [40]) O. W. Rees; [41]) F. P. Richter; [42]) F. Ring; [43]) K. Salomon; [44]) A. A. Schilt; [45]) E. J. Serfass; [46]) A. C. Shead; [47]) A. H. Smith; [48]) G. P. Smith; [49]) F. M. Stubblefield; [50]) V. R. Sullivan; [51]) W. H. Taylor; [52]) P. H. Tracy; [53]) A. J. Veraguth; [54]) V. R. Wiederkehr; [55]) C. S. Wilcox; [56]) D. H. Wilkins; [57]) H. H. Willard; [58]) J. A. McHard; [59]) K. L. Olson.

V, VI **SMITH,** George McPhail. Chem. (anorg.). — 1919–43 Prof., Univ. of Washington, Seattle, Wash.
*1878, Nov. 15, Nashville, Tenn.;
†1943, Apr. 7 [oder 6?], Seattle, Wash.

Todesanzeige Science [USA] **97** ('43) 419 [m. Todesdatum: 6. Apr.].

Nekr. The Seattle-Post Intelligencer **1943**, 8. Apr. [m. Todesdatum: 7. Apr.]. — The University of Washington Daily **1943**, 8. Apr. [~].

W. Quantitative chemical analysis: for beginning students, with explanatory notes, questions, and analytical problems [3](New York '33) 12 + 199 S., Neudrucke: ('35), ('37), ('40).

J. amer. chem. Soc. Addition products of metallic salts with certain sulfur and oxygen compounds [1]: **61** ('39) 28–30. — Ortho-quinone monoxime inner complexes [3]: 2624–26. — Some addition compounds of morpholine [3]: **63** ('41) 1164. — Inner complexes of phenylazo-phenanthrol, -retenol, and -chrysenol [3]: 1371f. — Preparation and properties of some phthiocol inner complexes [2]: 3071–75. — Preparation and properties of some peri-hydroxyquinone inner complexes [2]: **64** ('42) 1649–51.

Mit: [1]) J. W. Bouknight; [2]) B. P. Geyer; [3]) H. M. Haendler.

IV–VI **SMITH,** George Frederick Herbert. Mineral., Kristallogr., Naturgeschichte. — 1897–1921 Assist., '21–31 Assist. Secretary, '31–35 Secretary, '35–37 Keeper of Minerals, Brit. Museum (Natur. History), London; '13–51 Principal Examiner in Gemmol., '42–53 Pres., Gemmol. Assoc. of Great Britain; '18–25 Joint Hon. Secretary, '25–28 Vice-Pres., '28–32 Pres., Soc. of Civil Servants; '21–53 Hon. Secretary, '42–47 Hon. Secretary of Nature Reserves Investigat. Committee, '49 Hon. Secretary of Brit. Coordinating Committee for Nature Conservat., Soc. for the Promotion of Nature Reserves; '24–29 Hon. Secretary-Treasurer, Civil Service Arts Council; '29–32 Vice-Pres., Brit. Mineral. Soc.; '31–53 Chairman, Wild Plant Conservat. Board; '41–47 Chairman of Executive Committee, Council of Roy. Albert Hall; '46–53 Chairman of Publicity Committee, Civil Service Sports Council; '50–53 Vice-Pres., Int. Union for Protect. of Nature. — '49 Commander of the Order of the Brit. Empire.
*1872, Mai 26, Edgbaston, Birmingham;
†1953, Apr. 20, London.

Nekr. *B. W. A., J. Gemmol. and Proc. gemmol. Assoc. Great Britain **4** ('53) Nr. 3, 148f. (m. Bildn. S. 147). — *W. C. Smith, Nature [London] **171** ('53) 1093f. — Handbook and annu. Rep. Soc. Promot. Nature Reserves **1953**, 4–6 (m. Bildn.).

H. (Neubearb.) A guide to the mineral gallery [14](London '37) (British Museum (Natural History), Department of Mineralogy).

HZ. Quill [London] 1923–1930. — Natural History Mag. 1927–1936.

W. Gemstones and their distinctive character [7](London '35) 16 + 314 S.; [8]('37) 314 S.; ab 9. Aufl. u. d. T.: Gemstones [9]('40) 17 + 443 S.; [10](London–New York '49) 19 + 537 S.; [11](50); [12]('52) 19 + 537 S.; (F. C. Phillips) [13]('58) 560 S., Neudruck: ('62); [14]('72) 12 + 580 S.

Nature [London] Sir Henry Miers †: **151** ('43) 47. — Nature protection in Great Britain: **160** ('47) 457–59.

Quarterly J. geol. Soc. London William Barlow †: **91** ('35) LXXXVf.

Bitte Anmerkung auf Seite 4201 beachten!

VI **SMITH,** Homer William. Physiol., Chem. — 1928–60 Prof. Physiol. and Dir. of Physiol. Laboratories, New York Univ. College (→ School) of Med., New York; '36 Visiting Prof., School of Med., Yale Univ., New Haven, Conn.; '40 Research Assoc., New York Zool. Soc.; '48 Trustee, Bermuda Biol. Stat. for Research; '51–60 Pres., Mt. Desert Island Biol. Labor.; Visiting Lecturer at numerous universities; Chairman of various boards and committees. — '37 Hon. M.S. (Yale Univ., New Haven, Conn.). — '48 Albert Lasker Award (Amer. Publ. Health Assoc.); '48 Medal of Merit (President of USA); '54 Passano Award (Passano Foundat., San Francisco, Cal.).
*1895, Jan. 2, Denver, Colo.;
†1962, März 25, New York.

Nekr. *A. P. Fishman, Circulation **26** ('62) Nr. 5, Teil 2, 984–. — *K. Kramer, Deutsche med. Wschr. **89** ('63) 230 (m. Bildn.). — *R. F. Pitts, Biographical Mem., Nation. Acad. Sci. USA **39** ('67) 445–70 (m. Bildn., Faks., Schr.verz.). — *J. A. Shannon, Trans. Assoc. amer. Physicians **75** ('62) 40–44.

Zur Biobibliogr. Homer William Smith, Sc.D.: his scientific and literary achievements (H. Chasis, W. Goldring) (New York '65) 10 + 282 S. (m. Bildn. u. Schr.verz.).

S. The kidney in health and disease (H. Berglund, G. Medes) (Philadelphia, Pa. '35) 92–110: The excretion of the non-metabolized sugars in the dogfish, the dog and man. — The story of human error (J. Jastrow) (NewYork–London '36): Error in physiology. — Experimental hypertension (New York '46) (Special publications of the New York Academy of Sciences, 3) 177–: Statement on the question of similarity in pathogenesis of experimental renal hypertension and human hypertension [21])[14]). — Adaptation (J. Romano) (Ithaca, N.Y. '49) 25–: Organism and environment: dynamic oppositions. — Renal function in infants and children. Report of the 8th M & R Pediatric research conference, Columbus, O., 1953 (Columbus, O. '53) 11–14: Evaluation of renal function test; 21–25: Renal excretion of sodium and water. — Toxemia of pregnancy. Report of the 1st Ross obstetric research conference, Columbus, O., 1956 (Columbus, O. '56): Interpretation of observations of renal hemodynamics in pre-eclampsia. — Encyclopedia Britannica; a new survey of universal knowledge **8** (Chicago, Ill.–London–Toronto '57) 958–60: Excretion (kidney) [vermutlich auch in früheren u. späteren Auflagen]. — The historical development of physiological thought (C. McC. Brooks, P. F. Cranefield) (New York '59) 109–36: The biology of consciousness. — Circulation of the blood; men and ideas (A. P. Fishman, D. W. Richards) (New York '64) 545–606: Renal physiology.

W. Kamongo (London '32) 191 S., (New York '32) 166 S.; Neuauflagen u. d. T.: Kamongo or The lungfish and the Padre ('49) 151 S., ('56) 151 S. (Compass books, C 11). — The end of illusion (NewYork–London '35) 316 S.; Neuauflagen: (London '36), ('37) 287 S. — The physiology of the kidney (NewYork–London '37) 310 S. — Studies in the physiology of the kidney (Lawrence, Kan. '39) 5 + 106 S. (Porter Lectures, Ser. 9) [auch in folgender Monographie enthalten]. — Lectures on the kidney (Lawrence, Kan. '43) 6 + 134 S. (Porter Lectures, Ser. 9, and William Henry Welch Lectures 1943). — The kidney: Structure and function in health and disease (New York '51) 22 + 1049 S.; Neudrucke: ('58), ('64). — Man and his gods (Boston, Mass. '52) 10 + 501 S., ('55); (London '53) 10 + 501 S.; (New York '56) 10 + 501 S. (Gosset's universal library, UL-5). — From fish to philosopher (Boston, Mass. '53) 264 S.; andere Ausgaben: (Garden City, N.Y. '61) 293 S. (Natural history library, N10); (New York '61) 293 S.; u. d. T.: From fish to philosopher; the story of our internal environment (CIBA Pharmaceutical Products Inc.) (Summit, N. J. '59) 304 S.; italien. [nicht nachgewiesen]: Dal pesce al filosofo (Torino '61). — Principles of renal physiology (New York '56) 10 + 237 S., Neudruck: ('57); italien.: Principi di fisiologia renale (Roma '62) 12 + 286 S.

American J. Med. Hypertension and urologic disease: **4** ('48) 724–43. — Significance of the renal juxtamedullary circulation in man [35][10]: **9** ('50) 216–28. — Salt and water volume receptors. An exercise in physiologic apologetics: **23** ('57) 623–52. — Postural natriuresis and urine osmotic concentration in hydropenic subjects [29]: **30** ('61) 8–25. — Urea and the renal concentrating operation in man [54]: **35** ('62) 727–36.

American J. Pathol. The clinical and pathologic effects of the nitrogen and sulfur mustards in laboratory animals [24][33][30][34]: **24** ('48) 1–47. — Studies on the mechanism of action of the nitrogen and sulfur mustards in vivo [33][24]: 275–90.

American J. Physiol. The excretion of urine in the dog, 3: The use of non-metabolized sugars in the measurement of the glomerular filtrate [31][44]: **100** ('32) 301–12; ~ 4: The effect of maintenance diet, feeding, etc., upon the quantity of glomerular filtrate [44][31]: **101** ('32) 625–38; ~ 5: The effects of xylose and sucrose upon the glomerular and urea clearances [31][44]: 639–46; ~ 6: Filtration and secretion of exogenous creatinine [44][31]: **102** ('32) 534–50. — Excretion of inulin, creatinine, xylose and urea in the normal rabbit [32]: **113** ('35) 354–60. — The excretion of inulin and creatinine by the anthropoid apes and other infrahuman primates [15]: **122** ('38) 132–39. — The removal of diodrast from blood by the dog's explanted kidney [16][37]: **134** ('41) 333–37. — Effect of unilateral splanchnic nerve resection on the renal excretion of sodium [38][5][41][43]: **177** ('54) 194–200. — Urine pH and carbonic anhydrase activity in the marine dogfish [27][26][20]: **183** ('55) 155–62.

Annual Rev. Physiol. Kidney: **1** ('39) 503–28.

Aquarium [Philadelphia, Pa.] Lung-fish: **1** ('32/33) 241–44.

Biological Rev. Cambridge philos. Soc. The retention and physiological role of urea in the elasmobranchii: **11** ('36) 49–82.

Bull. New York Acad. Med. Role of the kidney in the genesis of hypertension [21][14]: **19** ('43) 449–60. — The excretion of water: **23** ('47) 177–95. — Plato and Clementine: 352–77. — The excretion of strong electrolytes [46][2]: **24** ('48) 586–606. — The fate of sodium and water in the renal tubules (6th Harlow Brooks Memorial Lecture): **35** ('59) 293–316.

Bull. New York zool. Soc. The evolution of the kidney: **38** ('35) 120–24.

Circulation Reassurance in the management of benign hypertensive disease: **14** ('56) 260–64. — A knowledge of the laws of solutions: **21** ('60) 808–17. — The plasma membrane; with notes on the history of botany: **26** ('62) Nr. 5, Teil 2 (= Suppl.: Symposium on the plasma membrane) 987–1012.

Federat. Proc., Amer. Soc. exper. Biol. Renal excretion of sodium and water: **11** ('52) 701–05.

Georgetown med. Bull. Highlights in the history of renal physiology: **13** ('59) 4–.

Harvey Lectures Physiology of the renal circulation: **5.** 1939/40 ('41) 166–222.

J. amer. med. Assoc. Present status of National Science Foundation legislation: **137** ('48) 17–22. — Comparative physiology of the kidney: **153** ('53) 1512–14. — De urina: **155** ('54) 899–902.

J. appl. Physiol. Water diuresis after hypnotic suggestion in hydropenic subjects [29][53][52]: **18** ('63) 186–88.

J. biol. Chemistry The diffusion coefficient of inulin and other substances of interest in renal physiology [13][45]: **118** ('37) 667–77. — Protein binding of phenol red, diodrast, and other substances in plasma [45]: **124** ('38) 107–13. — Renal excretion of hexitols (sorbitol, mannitol and dulcitol) and their derivatives (sorbitan, isomannide and sorbide) and of endogenous creatinine-like chromogen in dog and man [45][19]: **135** ('40) 231–50. — The apparent first dissociation constant, pK_1, of carbonic acid in the human erythrocyte [18]): **227** ('57) 101–06.

J. cellular and comparat. Physiol. The absorption and excretion of water and salts by the elasmobranch fishes, 3: The use of xylose as a measure of the glomerular filtrate in Squalus acanthias [15]): **1** ('32) 131–42. — The metabolism of the lung-fish, 1: General considerations of the fasting metabolism in active fish: **6** ('35) 43–67; ~ 2: Effect of feeding meat on metabolic rate: 335–49. — The composition of urine in the seal: **7** ('36) 465–74.

J. clin. Investigat. The action of phlorizin on the excretion of glucose, xylose, sucrose, creatinine and urea by man [14])[31]): **12** ('33) 1083–90. — The excretion of inulin, xylose and urea by normal and phlorizinized man [44]): **14** ('35) 393–401. — The phenol red clearance in normal man [15])[21]): **15** ('36) 221–28. — The measurement of the tubular excretory mass, effective blood flow and filtration rate in the normal human kidney [21])[14]): **17** ('38) 263–78. — The excretion of urea in normal man and in subjects with glomerulonephritis [14]): 347–58. — The control of renal blood flow and glomerular filtration in normal man [14])[39])[21]): 683–97. — The effects of spinal anesthesia on the circulation in normal, unoperated man, with references to the autonomy of the arterioles, and especially those of the renal circulation [42])[21])[14])[39]): **18** ('39) 319–41. — Relations of effective renal blood flow and glomerular filtration to tubular excretory mass in normal man [21])[14])[39]): **19** ('40) 739–50. — Glomerular dynamics in the normal human kidney [14])[21])[39]): 751–64. — Note on the interpretation of clearance methods in the diseased kidney: **20** ('41) 631–35. — Effective renal blood flow in subjects with essential hypertension [21])[14])[39]): 637–53. — Reduction of blood pressure associated with the pyrogenic reaction in hypertensive subjects [14])[21]): **21** ('42) 369–76. — The renal clearances of substituted hippuric acid derivatives and other aromatic acids in dog and man [19])[1])[17])[23]): **24** ('45) 388–404. — The use of sodium p-aminohippurate for the functional evaluation of the human kidney [14])[40])[21])[39]): 583–88. — Hemodynamic alterations in normotensive and hypertensive subjects during the pyrogenic reaction [9])[14])[21]): 749–58. — Effects of salt and protein restriction on blood pressure and renal hemodynamics in hypertensive patients [14])[21])[10])[7]): **28** ('49) 775. — The distribution of sodium and potassium in man [18]): **31** ('52) 197–99. — Distribution of total body chloride in man [18])[49]): 200–03. — The mechanism of formation of osmotically concentrated urine during the antidiuretic state [48])[12]): **33** ('54) 1064–74. — Fate of inulin and sucrose in normal subjects as determined by a urine reinfusion technique [18]): **34** ('55) 681–84. — The elaboration of osmotically concentrated urine in renal disease [3])[6])[26]): 800–07. — Negative pressure respiration, water diuresis, and natriuresis in normotensive, hypertensive, and prehydrated normotensive subjects [29]): **38** ('59) 1972–80.

J. marine biol. Assoc. United Kingdom On the use of sodium bicarbonate and calcium in the rectification of sea-water in aquaria [11]): **18** ('32) 199f.

J. Mount Sinai Hospital Renal physiology [between two wars]: **10** ('43) 41–58. — The application of saturation methods to the study of glomerular and tubular function in the human kidney [21])[14])[39])[9]): 59–108.

J. Pediatrics Glomerular filtration rate, effective renal blood flow, and maximal tubular excretory capacity in infancy [47])[14]): **32** ('48) 10–18.

J. Pharmacol. and exper. Therapeut. Studies on the mechanism of death in dogs after systemic intoxication by the intravenous injection of methyl-bis(2-chloroethyl)amine or tris(2-chloroethyl)amine [28])[17])[4]): **90** ('47) 277–92. — Toxicity and pharmacological action of the nitrogen mustards and certain related compounds [2])[33])[30]): **91** ('47) 224–35. — Intravenous, subcutaneous, and cutaneous toxicity of bis(2-chloroethyl) sulfide (mustard gas) and of various derivatives [2])[33])[30]): **93** ('48) 1–9. — Effects of epinephrine and typhoid vaccine on segmental vascular resistances in the human kidney [35])[22])[20]): **109** ('53) 274–83.

J. physic. Chem. The diffusion of thiourea in water at 25° [50])[55]): **66** ('62) 1540–42.

J. Urology New aspects of renal physiology: **41** ('39) 867–76. — Unilateral nephrectomy in hypertensive disease: **76** ('56) 685–701. — Renal concentrating operation at low urine flows [8]): **78** ('57) 511–24.

Kaiser Foundat. med. Bull. De urina: **6** ('58) 1–. — Acute renal failure: 18–.

New York Univ. med. Quarterly De urina: **11** ('55) 8–.

Ohio State Law J. Science versus metaphysics: **12** ('51) 53–.

Phi Chi Quarterly Biology and government: **1952**, April-Nr., 1–.

Principia cardiol. [México] Evolución del medio interno (Estudio filogenético del riñón): **7** ('60) 103–.

Proc. Soc. exper. Biol. and Med. Inulin and its suitability for intravenous administration in man [21]): **34** ('36) 67f. — Differentiation of glomerular and tubular function in glomerular nephritis [21]): **37** ('37/38) 180–82. — Suitability of inulin for intravenous administration to man [14])[39]): 726–29. — Cardiovascular changes induced by rapid expansion of the extracellular fluid [51])[2])[46]): **74** ('50) 401–03.

Bitte Anmerkung auf Seite 4201 beachten!

Quarterly Rev. Biol. Water regulation and its evolution in the fishes: **7** ('32) 1–26.

Scientific American The kidney: **188** ('53) 40–48.

Sigma Xi Quarterly Functional and structural evolution of the vertebrate kidney: **21** ('33) 141–50.

Technical Bull., Veterans' Administrat. Notes on the history of renal physiology: **10-110** ('55).

Trans. Assoc. amer. Physicians On the reading of scientific papers: **70** ('57) 41–52.

Yale sci. Mag. Religion and modern science: three interpretations [25][36]): **23** ('49) 2–.

Mit: [1]) L. Aliminosa; [2]) W. P. Anslow, jr.; [3]) D. S. Baldwin; [4]) J. H. Bannon; [5]) C. F. Baxter; [6]) H. J. Berman; [7]) A. Bolomey; [8]) S. Boyarsky; [9]) S. E. Bradley; [10]) E. S. Breed; [11]) C. M. Breder, jr.; [12]) C. Brun; [13]) J. J. Bunim; [14]) H. Chasis; [15]) R. W. Clarke; [16]) A. C. Corcoran; [17]) B. Crawford; [18]) N. Deane; [19]) N. Finkelstein; [20]) A. P. Fishman; [21]) W. Goldring; [22]) D. M. Gomez; [23]) M. Graber; [24]) I. Graef; [25]) T. M. Greene; [26]) H. O. Heinemann; [27]) J. Hodler; [28]) C. R. Houck; [29]) W. H. Hulet; [30]) B. V. Jager; [31]) N. Jolliffe; [32]) B. I. Kaplan; [33]) D. A. Karnovsky (Karnofsky); [34]) B. Krichesky; [35]) M. H. Maxwell; [36]) J. C. Murray; [37]) I. H. Page; [38]) L. B. Page; [39]) H. A. Ranges; [40]) J. Redish; [41]) G. H. Reem; [42]) E. A. Rovenstine; [43]) J. C. Scott-Baker; [44]) J. A. Shannon; [45]) W. W. Smith; [46]) L. G. Wesson, jr.; [47]) J. R. West; [48]) G. A. Zak; [49]) M. Ziff; [50]) D. B. Ludlum; [51]) L. G. Raixa; [52]) B. E. Schwarcz; [53]) T. Shapiro; [54]) P. R. Steinmetz; [55]) R. C. Warner.

VI **SMITH,** James Hollingsworth Clemmer. Chem. (org.). — Stud., Monmouth College, Monmouth, Ill., and Harvard Univ., Cambridge, Mass.; 1919–21 Junior Chemist, U.S. Public Health Service; '21 Ph.D., Univ. of Chicago, Ill.; '21–24 Assist. Prof., '24–25 Assoc. Prof., Colorado College, Colorado Springs, Colo.; '25–27 Assoc. Prof., Pomona College, Claremont, Cal.; '27–61 Member of Staff and Research Chemist, Central Labor., Departm. of Plant Biol., Carnegie Instn. of Washington, Stanford, Cal.; '32–61 Assoc. Prof. → Prof., Stanford Univ., Stanford, Cal.

*1895, Dez. 3, Forest, O.;
†1970, Jan. 8, Palo Alto, Cal.

MHZ. Annual Rev. Biochem. **8** ('39) [?]–**15** ('46).

S. Biological effects of radiation (B. M. Duggar) (NewYork–London '36) 1015–58: The light factor in photosynthesis [23]). — Photosynthesis in plants (J. Franck, W. E. Loomis) (Ames, Ia. '49) 53–94: Products of photosynthesis; 209–17: Processes accompanying chlorophyll formation. — Proc. 7th International botanical congress, Stockholm 1950 (H. Osvald, E. Aberg) (Stockholm–Waltham, Mass. '53) 752–54: Chlorophyll formation and its correlation with the development of photosynthetic activity. — Algal culture: from laboratory to pilot plant (J. S. Burlew) (Washington, D.C. '53) (Carnegie Institution of Washington, Publication 600) 105–53: Laboratory experiments on Chlorella culture at the Carnegie Institution of Washington, Department of Plant Biology [6][30][9][18][31][23]). — Moderne Methoden der Pflanzenanalyse (K. Paech, M. V. Tracey) **4** (Berlin–Göttingen–Heidelberg '55) 142–96: Chlorophylls: Analysis in plant materials [3]). — Radiation biology (A. Hollaender) **3**: Visible and near-visible light (New York '56) 393–442: Chlorophyll formation and accumulation in plants [29]). — Essays on science by Herman Augustus Spoehr; a selection from his works (Stanford, Cal. '56) 19–34: Herman Augustus Spoehr: his scientific background and philosophy; 185–212: Scientific researches of Herman Augustus Spoehr. — Research in photosynthesis; papers and discussions presented at the Gatlinburg conference 1955 (H. Gaffron u. a.) (New York '57) 17f.: Fluorescence spectra of protochlorophyll, chlorophylls c and d, and their pheophytins [9][27]); 464–74: The natural state of protochlorophyll [16][17][3][1][10]). — Atti del 2° Congresso internazionale di fotobiologia, 5° Congresso internazionale della luce. Riunioni medico-chirurgiche internazionali, Torino 1957 (Torino '58) 333–42: Protochlorophyll, photoreceptor in the formation and accumulation of chlorophyll. — The photochemical apparatus; its structure and function. Report of symposium, 1958 (Upton, N.Y. '59) (Brookhaven symposia in biology, 11): Quantum yield of the protochlorophyll–chlorophyll transformation. — Comparative biochemistry of photoreactive systems (M. B. Allen) (NewYork–London '60) (Kaiser Foundation Research Institute, Symposia on comparative biology, 1) 257–77: Protochlorophyll transformations. — Biological structure and function. Proc. 1st IUB/IUBS international symposium, Stockholm 1960 (T. W. Godwin, O. Lindberg) **2** (London–NewYork '61) 325–38: Some physical and chemical properties of the protochlorophyll holochrome. — Mechanism of photosynthesis = Proc. 5th International congress of biochemistry, Moskva 1961, **6** (Oxford '63) (International Union of Biochemistry, Symposium ser., 26) 151–62: Chlorophyll formation and photosynthesis.

W. Fatty acid antibacterials from plants (m. H. A. Spoehr, H. H. Strain, H. W. Milner, G. J. Hardin) (Washington, D. C. '49) 3 + 67 S. (Carnegie Institution of Washington, Publication 586).

Annual Rev. Biochem. Plant pigments: **6** ('37) 489–512. — Herman Augustus Spoehr (1885–1954) [9]): **24** ('55) XI–XVI.

Annual Rev. Plant Physiol. The major and accessory pigments in photosynthesis [9]): **14** ('63) 181–224.

Archiv Mikrobiol. Studies on the pigments of the purple bacteria, 1: On spirilloxanthin, a component of the pigment complex of Spirillum rubrum [19]): **6** ('35) 219–29.

Archives Biochem. Protochlorophyll, precursor of chlorophyll: **19** ('48) 449–54.

Archives Biochem. and Biophysics The action spectrum for the transformation of protochlorophyll to chlorophyll a in normal and albino corn seedlings [14])[9]): **31** ('51) 1–17. — Chlorophyll formation in a mutant, white seedling-3 [of corn, Zea mays] [14]): **34** ('51) 189–95. — A spectrophotometer accessory for measuring absorption spectra of light-scattering samples: spectra of dark-grown albino leaves and of adsorbed chlorophylls [22])[13]): **72** ('57) 457–64.

Biochimica et biophysica Acta The chlorophylls of green bacteria [24]): **41** ('60) 478–84.

Chemical Reviews Discussion of remarks on photosynthesis by J. Franck: **17** ('35) 439–41.

J. amer. chem. Soc. Carotene, 10: A comparison of absorption spectra measurements on α-carotene, β-carotene and lycopene: **58** ('36) 247–55. — Organic compounds of magnesium and phosphorus in relation to chlorophyll formation: **69** ('47) 1492–96. — Isolation and spectral absorption properties of protochlorophyll from etiolated barley seedlings [14]): **70** ('48) 3558–62.

J. appl. Physics [USA] The measurement of artificial radioactivity in liquid tracer samples using ^{11}C [4]): **12** ('41) 78–82.

J. biol. Chemistry Carotene, 4: The hydrogenation of carotenes obtained from different sources, of dihydrocarotene, and of lycopin: **96** ('32) 35–51; ~ 6: A note on the hydrogenation of α- and β-carotenes: **102** ('33) 157–60; ~ 7: Physical properties of carotenes from different plant sources [18]): **104** ('34) 437–47.

J. chem. Educat. The relationship of plant pigments to photosynthesis: **26** ('49) 631–38.

Nature [London] Some properties of extracted protochlorophyll holochrome [16]): **178** ('56) 751f.

Plant Physiol. [New York] The absorption of carbon dioxide by unilluminated leaves: **15** ('40) 183–224. — Absorption and utilization of radioactive carbon dioxide by sunflower leaves [4]): **16** ('41) 257–71. — Molecular equivalence of carbohydrates to carbon dioxide in photosynthesis [of sunflower leaves]: **18** ('43) 207–23. — Concurrency of carbohydrate formation and carbon dioxide absorption during photosynthesis in sunflower leaves: **19** ('44) 394–403. — The Hill reaction: Development of chloroplast activity during greening of etiolated barley leaves [9])[14]): **27** ('52) 212f. — The effect of temperature on the conversion of protochlorophyll to chlorophyll a in etiolated barley leaves [3]): **29** ('54) 135–43. — The development of chlorophyll and oxygen-evolving power in etiolated barley leaves when illuminated: 143–48. — Fluorescence-spectrum curves of chlorophylls, pheophytins, phycoerythrins, phycocyanins, and hypericin [9])[27])[2]): **31** ('56) 369–74.. — Formation and bleaching of chlorophyll in albino corn seedlings [7])[28]): **34** ('59) 340–45.

Science [USA] Chlorellin, an antibacterial substance from Chlorella [21])[5])[8])[11])[15])[20])[26])[23])[12])[18])[25]): **99** ('44) 351f.

Mit: [1]) I. Ahrne; [2]) R. L. Airth; [3]) A. Benitez; [4]) D. B. Cowie; [5]) T. C. Daniels; [6]) E. A. Davis; [7]) L. J. Durham; [8]) J. J. Eiler; [9]) C. S. French;. [10]) A. T. Giese; [11]) J. B. Gunnison; [12]) G. J. Hardin; [13]) R. W. Hart; [14]) V. M. Koski; [15]) W. D. Kumler; [16]) D. W. Kupke; [17]) J. E. Loeffler; [18]) H. W. Milner; [19]) C. B. van Niel; [20]) J. F. Oneto; [21]) R. Pratt; [22]) K. Shibata; [23]) H. A. Spoehr; [24]) R. Y. Stanier; [25]) H. H. Strain; [26]) L. A. Strait; [27]) H. I. Virgin; [28]) C. F. Wurster; [29]) V. M. K. Young; [30]) J. Dedrick; [31]) J. Myers.

VI **SMITH,** John William. Chem. (physik.). — 1937–44 Lecturer, '44–49 Senior Lecturer, Battersea Polytechnic, London; '49–65 Reader, '65–70 Prof., Bedford College, Univ. of London. — '28 Sir William Ramsay Memorial Medal for Chem. Research (Univ. College London).

*1903, Apr. 22, Tunstall, Stoke-on-Trent, Staffordshire.

S. Steric effects in conjugated systems. Proc. of a symposium, Hull 1958 (G. W. Gray) (London '58) 141–49: Dipole moment evidence regarding steric effects in aromatic molecules. — Encyclopaedic dictionary of physics (J. Thewlis) **1** (New York–Oxford–London '62) 560f.: Capacity (Electrochemistry); **2** ('62) 419f.: Dipole; **5** ('62) 559–61: Polarization of matter. — The chemistry of the amino group (S. Patai) (London–NewYork '68) (Chemistry of functional groups) 161–204: Basicity and complex formation. — The chemistry of the carbon–nitrogen double bond (S. Patai) (London–NewYork '70) (~) 235–53: Basic and complex forming properties. — The chemistry of the carbon–halogen bond (S. Patai) **1** (London–NewYork '73) (~) 265–300: Hydrogen bonding and complex forming properties.

W. Electric dipole moments (London '55) 7 + 369 S. — Basicity, nucleophilicity and lyophilicity: an inaugural lecture (London '67) 18 S. (University of London, Bedford College).

Bull. Soc. chim. France L'influence de l'humidité dans la réaction entre le soufre et l'argent, 2: (5) **7** ('40) 706–08.

Bitte Anmerkung auf Seite 4201 beachten!

Chemistry and Industry Abnormal dielectric polarization in ternary solutions [5]): **1948**, 29.

J. chem. Soc., London The effect of intensive drying on the rate of distillation and on the vapour pressure of ethyl bromide: **1931**, 2573–83. — The dielectric polarization measurements on some nitroso-compounds [9]): **1932**, 2239–45. — Dipole moments of quinoline and isoquinoline [9]): 2810f. — The dipole moments of some long-chain molecules: **1933**, 1567–70. — The mechanism of the hydrolysis of α,γ-dimethylallyl chloride [2]): **1939**, 1748f. — Molecular polarization and molecular interaction, 1: The apparent dipole moments of aniline, methylaniline, and dimethylaniline in benzene and 1,4-dioxan solutions [8]): **1949**, 753–60; ~ 2: The apparent dipole moments of p-chloro-, 2,4,6-tribromo-, and 2,4,6-tribromo-N-dimethyl-aniline, n- and tert.-butylamine in benzene and dioxan; the mesomeric effect in substituted anilines [8]): 2663–68; ~ 3: The use of dielectric polarization measurements in studying the extent of molecular interaction in solution; the system aniline–dioxan–benzene [8]): 2781–84; ~ 4: The molecular polarization of diphenylamine in solution in benzene, dioxan, and mixtures of benzene with nitrobenzene, triethylamine, and pyridine: **1950**, 3532–35; ~ 5: The apparent dipole moments of mesidine, aminodurene, and methylmesidine in benzene and dioxan solutions: **1953**, 109–13; ~ 6: The apparent dipole moments of m- and p-nitroaniline, m- and p-bromoaniline, and p-toluidine in benzene and dioxan solutions [16]): **1957**, 3217–22; ~ 7: The apparent dipole moments of some di- and tri-substituted anilines in benzene and dioxan [16]): 4527–31; ~ 8: The apparent dipole moments of some derivatives of N-methylaniline in benzene and dioxan solutions [16]): **1959**, 3784–88. — The solvent effect on the dipole moment of aniline [8]): **1949**, 3057–60. — The dipole moments of some derivatives of diphenyl-methanol and related compounds [5]): **1951**, 2321–23. — The relation between configuration and conjugation in diphenyl derivatives, 2: The dipole moments of the monohalogeno- and mononitro-diphenyls [10]): **1953**, 2456–63; ~ 4: The dipole moments of the 2,2′-dihalogeno- and 2,2′- and 3,3′-dinitro-diphenyls [10]): **1954**, 2552–56. — The molecular polarization and association of some hydroxylic compounds in benzene solution [4])[5])[6]): **1955**, 3793–98. — The atom polarization of some co-ordination compounds of metals [11]): **1956**, 1821–27. — Molecular polarization in ternary systems comprising benzene, pyridine, and an alcohol [5])[6]): 4499–507. — Dielectric polarization studies of the formation of hydrogen-bond complexes by alcohols [4]): 4507–13. — The structures and stabilities of the dimeric forms of nitroso-compounds: **1957**, 1124–26. — The dipole moments of some aromatic nitro-compounds in relation to the steric inhibition of the mesomeric effect of the nitro-group [10]): 2476–82. — The steric inhibition of mesomerism in aromatic compounds: 4050–53. — Steric repression of the mesomeric effect in derivatives of N,N-dimethylaniline. The mesomeric moments of amino-, methylamino-, and dimethylamino-groups: **1961**, 81–86. — The dipole moments of some acetylamino compounds and the preferred conformation of the acetylamino-group: 4700–04. — Dipole moments of polyene–acid adducts [3])[17]): **1962**, 864–67. — The dipole moments of 4-nitrobenzo[c]cinnoline and its N-oxide [3]): 5292f. — The dipole moments of some quaternary ammonium salts [3]): **1964**, 4244–49.

J. chem. Soc., London, Sect. A The dipole moments of some tri-n-butylammonium and triethylammonium salts in benzene solution [3]): **1966**, 616–20. — Infrared spectroscopic investigations of acid–base interactions in aprotic solvents, 1: Interaction of tri-n-propylamine and some carboxylic acids [14]): **1968**, 2468–74.

J. chem. Soc., London, Sect. C Biphenylenes, 15: 3,7-Dimethyl- and 3,7-dimethoxy-1,5-dinitrobiphenylene [19])[21])[22])[23])[20]): **1966**, 1769–71.

J. Chim. physique et Physico-Chim. biol. Dipole moments and molecular complexes: **61** ('64) 125–31.

J. electrochem. Soc. Cathode polarization potential during electrodeposition of copper, 1: Non-reproducibility in acid copper sulphate solutions [13]): **98** ('51) 193–203, Diskussion: 521f.; ~ 2: The variation of the cathode polarization potentials with current density and electrolyte concentration [13]): **99** ('52) 64–70; ~ 3: Effect of the cathode base upon the cathode polarization potential and the crystal structure of the deposit [13]): 450–56.

J. physic. Chem. Polarographic behaviour of aromatic nitro-compounds, 1: Mononitro-compounds [12])[15]): **53** ('49) 545–62.

Proc. roy. Soc. London, Ser. A Dipole moments and molecular structure, 1: A simple resonance method for the measurement of dielectric constants: **136** ('32) 251–55; ~ 2: The trichlorides of the elements of group V: 256–63; ~ 3: The oxychlorides of sulphur: **138** ('32) 154–61. — Polarization measurements on basic beryllium acetate and beryllium acetylacetonate [1]): **137** ('32) 372–79.

Science Progr. [London] Recent advances in (general and) physical chemistry: Magnetic susceptibility and molecular structure: **34** ('46) 764–78; ~: The mechanism of oxidation and reduction reactions involving electron transfer: **35** ('47) 108–20; ~: Volatile metallic carbonyls: 283–99; ~: Structure of the boron hydrides and related compounds: 515–28; ~: Hydrogen overpotential: 675–88; ~: Tritium (Radioactive hydrogen): **36** ('48) 101–12; ~: The trans-uranic elements and their chemical significance: 273–83; ~: Solvent effects in dipole moment measurements: 483–96; ~: Swelling and shrinking:

Bitte Anmerkung auf Seite 4201 beachten!

656–66; ~: Molecular interactions in solution: **37** ('49) 82–93; ~: The oxygen overpotential: 274–83; ~: The reaction between hydrogen and oxygen: 503–12; ~: The metaphosphoric acids and metaphosphates: 687–93; ~: Bond energy and the factors controlling it: **38** ('50) 89–97; ~: Radiation chemistry: 289–300; ~: Clathrate compounds: 698–706; ~: Colloidal electrolytes: **39** ('51) 292–304; ~: Adsorption of gases at solid surfaces: 669–78; ~: The mechanism of surface reactions: **40** ('52) 268–79; ~: Chemical bonds: 659–71; ~: The origin of electric dipole moments: **41** ('53) 270–81; ~: The kinetics of gaseous reactions involving methyl radicals: 648–59; ~: The microwave absorption spectra of gases: **42** ('54) 253–66; ~: Atomic polarization: 640–52; ~: Some methods of studying fast gas-phase reactions: **43** ('55) 273–84; ~: Restricted rotation about carbon–carbon single bonds: 660–72; ~: Nuclear magnetic resonance: **44** ('56) 261–74; ~: Paramagnetic resonance absorption: 659–69: ~: Chromatographic methods: **45** ('57) 259–69; ~: The structure and reactions of dinitrogen tetroxide: 653–63; ~: Nuclear quadrupole coupling in relation to the nature of chemical bonds: **46** ('58) 293–304; ~: Strong electrolyte solutions: 653–62; ~: Calculation of the electron distribution in aromatic and other conjugated molecules: **47** ('59) 700–11; ~: The Kerr effect: **48** ('60) 684–95; ~: The interpretation of electrolytic conductance measurements: **49** ('61) 693–703; ~: Charge transfer absorption spectra: **50** ('62) 607–; ~: The hydrogen bond: its nature and detection: **52** ('64) 97–106; ~: Chemical reactions in crossed molecular beams: 601–07. — The Mössbauer effect and its chemical applications: **54** ('66) 103–15.

Scuola in Azione Momenti dipolari e mesomeria nelle molecole aromatiche: **1965**, 59–84.

Trans. Faraday Soc. New method for extrapolating dielectric-polarization data to infinite dilution and recalculation of the apparent molecular polarization and dipole moment of nitrobenzene in various solvents [5]): **45** ('49) 109–21. — Polarographic behaviour of aromatic nitro-compounds, 2: Nitrosobenzene and N-phenylhydroxylamine [15]): **46** ('50) 290–95. — Some developments of Guggenheim's simplified procedure for computing electric dipole moments: 394–99. — Solvent effects in dipole-moment determinations. The molecular polarizations and apparent dipole moments of tert.-butyl chloride and methyl cyanide in various solvents and solvent mixtures [18]): **47** ('51) 1304–18. — Accurate measurement of the dielectric constants of solutions [8])[18]): **48** ('52) 211–15. — Calculation of dipole moments from solution data: 683–85. — Significance of polarization measurements on solutions: 802–08. — The effects of addition agents on the cathode polarization potential during the electrodeposition of copper [13]): **50** ('54) 393–403.

Bitte Anmerkung auf Seite 4201 beachten!

Mit: [1]) W. R. Angus; [2]) C. L. Arcus; [3]) K. E. Bauge; [4]) A. H. Boud; [5]) D. Cleverdon; [6]) G. B. Collins; [7]) —; [8]) A. V. Few; [9]) R. J. W. LeFèvre; [10]) A. C. Littlejohn; [11]) J. Macqueen; [12]) J. E. Page; [13]) L. L. Shreir; [14]) M. C. Vitoria; [15]) J. G. Waller; [16]) S. M. Walshaw; [17]) A. Wassermann; [18]) L. B. Witten; [19]) C. R. Harrison; [20]) J. O. Jenkins; [21]) J. F. W. McOmie; [22]) J. B. Searle; [23]) J. P. Smith.

VI **SMITH,** Lee Irvin. Chem. (org.). — 1920–21 Instructor, '21–28 Assist. Prof., '28–33 Assoc. Prof., '33–60 Prof. and Chief of Divis., '37–38 Administrative Assist. of School of Chem., '60 Prof. Emer., Univ. of Minnesota, Minneapolis, Minn.; '42 Chairman of Divis. of Org. Chem., Amer. Chem. Soc. — '58 Minnesota Award (Univ. of Minnesota).
*1891, Juli 22, Indianapolis, Ind.;
†1973, März 29, Minneapolis, Minn.

Zur Biogr. Chemical and Engng. News **36** ('58) Nr. 47, S. 90 (m. Bildn.).

HZ. Organic Syntheses **22** ('42)–**23** ('43).

S. Chemistry and medicine; papers presented at the fiftieth anniversary of the founding of the Medical School of the University of Minnesota (M. B. Visscher) (Minneapolis, Minn. '40) 57–100: Organic chemistry in the pursuit of vitamin research.

Chemical Bull. A summary of results on vitamin E: **26** ('39) 304–09.

Chemical and Engng. News Problems in postwar education, particularly in the sciences: **23** ('45) 338–44. — Mutual responsibilities of scientists and industry: **24** ('46) 3342–46.

Chemical Reviews Aliphatic diazo compounds, nitrones, and structurally analogous compounds. System capable of undergoing 1,3-additions: **23** ('38) 193–285. — Chemistry of vitamin E [, 25]: A review: **27** ('40) 287–329.

J. amer. chem. Soc. Studies on the polymethylbenzenes, 5: The separation of mesitylene from pseudocumene [16]): **54** ('32) 1603–09; ~ 6: The separation of durene from isodurene [16]): 1609–14; ~ 7: The Jacobsen reaction, 2 [16]): 1614–21; ~ 8: ≈ 3: The monobromo derivatives of the three tetramethylbenzenes [58]): **55** ('33) 1676–82; ~ 9: Addition of ethyl diazoacetate to durene [79]): **56** ('34) 2167–69; ~ 10: Reaction with aromatic diazonium compounds [62]): 2169–71; ~ 11: The nitration of pentamethylbenzene and of hexamethyl- and hexaethylbenzene [35]): **57** ('35) 1289–92; ~ 12: The nitration of bromodurene and the structure of the "dinitrodurylic acid bromide" of Willstätter and Kubli [81]): 1293–96; ~ 13: Mercuration [80]):

2370–72; ~ 14: Reactions between organomercury compounds and nitrosyl compounds [80]): 2460–63; ~ 15: The Jacobsen reaction, 4 [58]): **58** ('36) 1–10; ~ 16: The enolizing action of methylmagnesium iodide upon hindered ketones [31]): **59** ('37) 804–06; ~ 17: Acetopentamethylbenzene [89])[31]): 1078–82; ~ 18: The action of nitric acid upon bromodurene [80])[89]): 1082–86; ~ 20: The addition of ethyl diazoacetate to prehnitene [2]): **60** ('38) 648–52; ~ 21: Side chain bromination of prehnitene and some 2,3,6-trimethylphenyl derivatives [2]): 652–54; ~ 22: The action of aluminum chloride on aromatic hydrocarbons, 1: The 1,3-dimethyl-4-butylbenzenes [60]): **61** ('39) 101–04; ~ 23: 3- and 5-Ethyl pseudocumene and ethyl mesitylene [47]): 284–88; ~ 24: The Jacobsen reaction, 6: Ethyltrimethylbenzenes [47]): 989–96; ~ 25: The reaction between dimethylacrylic acid and the trimethylbenzenes [65]): **62** ('40) 771–77; ~ 26: The nitration of bromopentamethylbenzene [40]): 1349–54; Polyalkylbenzenes, 27: Preparation of pure ethylbenzenes [31]): 2625–29; ~ 28: Physical properties of the tetraethylbenzenes [31]): 2630f.; ~ 29: The Jacobsen reaction, 7: Polyethylbenzenes [31]): 2631–35; ~ 30: Nitration of tetra-, penta- and hexaethylbenzenes; bromination of tetraethylbenzenes [31]): 2635–38; ~ 31: Preparation and physical properties of 1,2,3-trimethylbenzene (hemimelitene) [75]): 2639–42; ~ 32: The reaction between dimethylacrylic acid and m-xylene [75]): **65** ('43) 202–08; ~ 33: 4,6,7-Trimethylcoumaran-3-one and its conversion into 2-isopropyl-4,6,7-trimethyl-5-hydroxycoumaran [49])[32])[59]): 1594–99; ~ 34: The reaction between polymethyl-p-methoxyanilines and formaldehyde [71]): **70** ('48) 2656–61; ~ 35: Action of senecioic acid, and of senecioyl chloride, upon the tetramethylbenzenes and upon pentamethylbenzene [68]): **73** ('51) 3843–47. — The constitution of pyromellitic, mellophanic and prehnitic acids [13]): **55** ('33) 4305–08. — Note on an improved laboratory ozonizer [84]): 4327f. — The reaction between duroquinone and sodium malonic esters, 2: The synthesis and reactions of 2,5-dimethoxy-3,4,6-trimethylbenzaldehyde: **56** ('34) 472–74; ~ 3: Reduction products [23]): **58** ('36) 304–09; The reaction between quinones and sodium enolates, 4: Pseudocumoquinone, sodium acetoacetic ester and sodium malonic ester [55]): 629–35; ~ 5: 2,3-Dimethylnaphthoquinone and sodium malonic ester [89]): **59** ('37) 662–67; ~ 6: Duroquinones and sodium acetoacetic ester [81]): 667–72; ~ 7: Bromopseudocumoquinone and sodium malonic ester [44]): 673–79; The reaction between methylated quinones and sodium enolates, 8: Mechanism; the addition of sodium malonic ester to a methylene quinone [40]): **60** ('38) 676–78; Reaction between quinones and metallic enolates, 10: Trimethylquinone and the enolates of β-diketones [45]): **62** ('40) 133–38; ~ 11: Duroquinone and the enolates of cyanoacetic ester and β-diketones [45]): 138–40; ~ 12: Dibromo-m-xyloquinone and sodium malonic ester [12]): **63** ('41) 612–17; ~ 13: Trimethylethylquinone and sodium malonic ester [61]): 932–36; ~ 14: Synthesis of the three 3-carboxy-6-hydroxy-bz-dimethylethylcoumarins and their ethyl esters [61]): 937–40; ~ 15: Structure of the chloromethylation product of trimethylhydroquinone diacetate [14]): **64** ('42) 524–27; ~ 16: Dibromo-o-xyloquinone and sodium malonic ester [5]): 528–33; ~ 17: The reaction between dibromo-p-xyloquinone and sodiomalonic ester [59]): **65** ('43) 1739–47; ~ 18: Mechanisms [4])[59]): 2131–34; ~ 19: Structure of diduroquinone [82])[84]): **66** ('44) 1320–23; ~ 20: Second paper on bromotrimethylquinone and sodiomalonic esters [91]): **68** ('46) 887–93; ~ 21: Bromo-m-xyloquinone and sodio-ethylmalonate [91]): 894; ~ 24: Synthesis and reactions of bis-(2,4,5-trimethylquinonyl)-methane [21])[74]): **72** ('50) 3651–55. — 2,5-Dimethoxy-3,4,6-trimethylbenzoic acid [23]): **56** ('34) 475f. — Tetramethyl-o-benzoquinone [33]): 477f. — The addition of methylmagnesium iodide to benzalpropiophenone [34]): **57** ('35) 1326–28. — The diene reaction between tetramethyl-o-benzoquinone and cyclopentadiene [33]): **58** ('36) 229–34. — The reaction between diphenylketene and certain dienes [2])[53])[65]): **61** ('39) 7–11. — Prehnitic acid (benzene-1,2,3,4-tetracarboxylic acid) [15]): 288–91. — The rearrangement of 1,3-dimethyl-4-t-butylbenzene with aluminum chloride [63]): 1411f. — The chemistry of vitamin E, 17: The oxidation products of α-tocopherol and of related 6-hydroxychromans [32])[85]): 2424–29; ~ 18: Condensation of phenols and hydroquinones with allylic alcohols, allylic halides and conjugated dienes [85])[77])[17]): 2615–18; ~ 19: Alkenylation of phenol with 4-chloro- and 4-bromo-2-hexene; rearrangement of the phenyl ether [85])[52])[53]): 3079–83; ~ 20: The preparation of o-xylohydroquinone [25]): **62** ('40) 141f.; ~ 21: Dealkylation of hydroquinone ethers related to the tocopherols [85])[32]): 142–44; ~ 22: Reaction between Grignard reagents and coumarins and hydrocoumarins [70]): 145–48; ~ 23: New synthesis of 2,4,6,7-tetramethyl-5-hydroxycoumaran and of 2-methyl-5-hydroxycoumaran; oxidation products of the tetramethylcoumaran [36])[90]): 1863–69; ~ 24: The structure of γ-tocopherol [25]): 1869–72; ~ 29: Studies on the behavior of compounds related to vitamin E at the dropping mercury electrode [51])[87])[70]): **63** ('41) 1018–24; ~ 30: Condensation of butadiene and of crotyl systems with trimethylhydroquinone [49]): 1887–90; ~ 31: 3,5-Dinitrobenzazide as a reagent for preparation of derivatives of tocopherols [76]): **64** ('42) 433f.; ~ 32: 3-Acetoxy-6-hydroxy-2,4,5-trimethylbenzylacetoacetic ester and its transformation into chromene and chroman derivatives [14]): 435–40; ~ 33: A new synthesis of 6-hydroxychromans, including α-tocopherol [57]): 440–45; ~ 34: The three dimethylethyltocols [66]): 445–47; ~ 35: Behavior of tocopherols at the dropping mercury electrode [75])[51]): 447–51; ~ 36: Behavior at the dropping mercury electrode of quinones

Bitte Anmerkung auf Seite 4201 beachten!

related to vitamin E [75][51]): 644f.; ~ 37: The amperometric titration of α-tocopherol with auric chloride at the dropping mercury electrode [51][75]): 646–48; ~ 38: α-Tocopheramine, the amino analog of α-tocopherol, a new vitamin E factor [66][61]): 1082–84; ~ 39: Calcium α-tocopheryl succinate [66][61]): 1084–86; ~ 40: Synthesis and properties of 2-isopropyl-4,6,7-trimethyl-5-hydroxycoumaran [49]): **65** ('43) 441–44; ~ 41: Synthesis of 1-chloro-3,7,11,-15-tetramethylhexadecan-3-ol and its condensation with trimethylhydroquinone to form α-tocopherol [76]): 1276–83; ~ 42: Long-chain aliphatic compounds with recurring "isoprene" units [69]): 745–50; ~ 43: Synthesis of 2,2,7,8-tetramethyl-6-hydroxychroman, and its behavior upon oxidation [82]): **66** ('44) 1523–25; ~ 44: Synthesis of 3,3,5,6,8,8-hexamethylbenzo-[1,2-b,4,3-b^1]dipyran, and its behavior upon oxidation [82]): 1525f.; ~ 45: Synthesis of 2,2,7,8-tetramethyl-5-benzyl-6-hydroxychroman, and its behavior upon oxidation [82]): 1526–31; ~ 46: Conversion of 4,6,7-trimethylcoumaran-3-one into some homologs of 2-isopropyl-4,6,7-trimethyl-5-hydroxycoumaran [10]): **70** ('48) 2687–90; ~ 47: The coumaran isomer of α-tocopherol [10]): 2690–95. — The reaction between diphenylketene and phenylacetylene[s, 1] [36]): **61** ('39) 2619–24; ~ 2: p-Tolylacetylene [36]): **63** ('41) 1175f.; ~ 3: Phenyldiphenylacetylacetylene [36]): 1176–78; ~ 4: Synthesis of 1,4-diphenyl-β-naphthol [36]): 1178f.; ~ 5: Diphenylacetylene [36]): 1180f.; ~ 6: Mechanism [36]): 1181–84. — 3,3,5,6,7-Pentamethylhydrindone and 4,4,5,6,8-pentamethylhydrocarbostyril [65]): **62** ('40) 778–80. — Nitration of β-(3,4,5-trimethylphenyl)isovaleric acid and its methyl ester, 1: Formation of 4,4,6,7,8-pentamethyl-5-nitrohydrocoumarin [65]): 780–84; The nitration of β-(polyalkylphenyl)isovaleric acids, 2: β-(3,5-Dimethylphenyl)isovaleric acid [75]): **65** ('43) 282–89. — Structure of arylhydrazones of unsymmetrically substituted quinones [32]): **63** ('41) 1036–43. — The reaction between lithium and diphenylacetylene [36]): 1184–87. — The action of aliphatic diazo compounds upon α,β-unsaturated ketones, 2: cis- and trans-Dibenzoylethylene [41]): **65** ('43) 159–64; ~ 3: Benzalacetone and diazomethane [41]): 165f. — Alkylation of 3-methyl-4-carbethoxy-2-cyclohexen-1-one (Hagemann's ester) and related substances [69]): 631–35. — Dithymoquinone [82]): **66** ('44) 1323–25. — Certain compounds related to tryptophan [74]): **67** ('45) 822–24. — tert.-Butylphthalimide [25]): 1862. — The Jacobsen reaction, 9: 6,7-Dialkyl-1,2,3,4-tetrahydronaphthalenes [54]): **70** ('48) 2209–15. — Reaction between tetralin and β,β-dimethylacrylic acid [54]): 2215f. — Cyclopropanes, 1: The reaction between nitrocyclopropyl ketones and alkali [26]): **71** ('49) 2671–76; ~ 2: A completely aliphatic 2-nitro-1-cyclopropyl ketone; mechanism of the reaction between nitrocyclopropyl ketone and alkali [26]): 2676–81; ~ 5: Cyclopropyl nitrocyclopropyl ketones and their behavior toward alkaline reagents [67]): **73** ('51) 3831–37; ~ 6: The configuration and reduction of the stereoisomers of cyclopropyl 3-phenyl-2-nitro-1-cyclopropyl ketone [67]): 3837–40; ~ 7: 2-Phenylbicyclopropyl [67]): 3840–42; ~ 8: Cyclopropanecarboxaldehyde [67]): 4047–49; ~ 9: Methyl cyclopropyl ketone [67]): 4049f.; ~ 10: The reaction between nitrocyclopropyl ketones and sodiomalonic ester [46]): **74** ('52) 3300–05; ~ 11: Pyrones from nitrocyclopropyl ketones [46]): 3305–09; ~ 15: Action of sodiomalonic ester upon two β-nitro-α,β-unsaturated ketones [20]): **76** ('54) 5376–80; ~ 16: 1-p-Bromobenzoyl-2-nitro-3-phenylcyclopropane: Preparation and action of basic reagents [37]): **78** ('56) 1472–75; ~ 17: ≈: Action of acidic reagents [37]): 1475–80; ~ 18: ≈: Configurations of the stereoisomers [37]): 1480f.; ~ 19: 1-Benzoyl-2-nitro-2,3,3-trimethylcyclopropane and its reaction with alcoholic sodium methoxide [50][11]): 2532–37; ~ 20: 1-Benzoyl-6-nitrobicyclo[3,1,0]hexane: Behavior toward alkaline reagents [73]): 3412–17. — Cyclization of β-(6-tetralyl)isovaleric acid, and of 6-senecioyltetralin [30]): **73** ('51) 3747–49. — Fries rearrangement of 2,3,5-trimethylphenyl succinate [38]): 3847–50. — Reduction of 1,4-bis(2-hydroxy-3,4,6-trimethylphenyl)butane-1,4-dione; the two stereoisomeric diols [38]): 3851–53. — Action of pyridine and iodine upon two o-phenolic 1,4-diketones: 4,6,7-Trimethylcoumarandione and its 5-hydroxy derivative [38]): 4294–97. — 2,4,5-Trimethyl-6-hydroxybenzoic acid [38]): 4489f. — Synthesis and alkaline hydrolysis of a β,γ-dibromo ketone: 3,4-dibromo-1-phenyl-2-benzyl-2,3-dimethyl-1-butanone [39]): **78** ('56) 3417–21. — Synthesis and properties of an allenic nitrile [78]): **79** ('57) 2962–66.

J. org. Chemistry Action of diazomethane upon α,β-unsaturated ketones, 1: Benzalacetophenone [64]): **2** ('37) 23–28. — The action of diazomethane upon duroquinone [64]): 95–111. — Polymethylbenzenes, 19: The Jacobsen reaction, 5 [58]): 112–37. — Action of diazomethane upon cyclohexandione-1,4 [86][83]): **3** ('39) 603–10. — The chemistry of vitamin E, 4: Synthesis of tocopherols [85]): **4** ('39) 298–304; ~ 5: The direct allylation of phenols and hydroquinones [85][36][87]): 305–10; ~ 6: Addition of dienes to phenols and hydroquinones [85][36][87]): 311–17; ~ 7: Preparation of quinones from methylphenols [61][87][65]): 318–22; ~ 8: The chloromethylation of polymethylhydroquinones and their derivatives: Cleavage of hydroquinone ethers [85][61][65][14][45]): 323–33; ~ 9: Preparation of long chain halides and ketones containing isopentane units [85][5][65][61]): 334–41; ~ 10: Reaction between quinones and metallic enolates, 9 [65]): 342–50; ~ 11: Introduction of the p-hydroxyl group into chromans and coumarans [36][85]): 351–57; ~ 12: Preparation of chromans by action of Grignard reagents upon dihydrocoumarins [85][65]): 358–62; ~ 13: Specificity and relationship between chemical structure and vitamin E activity [27][25][24])

Bitte Anmerkung auf Seite 4201 beachten!

[85][65][5][36][61][87]: 376–88; ~ 14: Absorption spectra of tocopherols, chromans coumarans, and related compounds [88][7][85][65][36][87][61][5]: 389–96; ~ 15: An extension of the analytical method of Furter and Meyer [85]: 397–400; ~ 26: 5-Hydroxy-4,6,7-trimethylcoumaran, 5-hydroxy-2,2,4,6,7-pentamethylcoumaran, 6-hydroxy-2,2,5-trimethyl-7,8-benzochroman and 5-hydroxy-2,4-dimethyl-6,7-benzocoumaron [87][57]: **6** ('41) 229–35; ~ 27: Oxidation of hydroquinones, p-hydroxychromans and p-hydroxycoumarans to quinones with ceric sulfate [70][87]: 236–41; ~ 28: Synthesis of the three dimethylethylquinones [61]: 427–36. — [The synthesis of aldehydes from Grignard reagents, 1:] The Bodroux-Čičibabin, and the Bouveault aldehyde syntheses [8]: 437–42; ~ 2: Polymethylbenzaldehydes [59]: 489–506. — The reaction between quinones and metallic enolates, 22: Nitrotrimethylquinone and sodiomalonic ester [18]: **14** ('49) 732–39; ~ 23: Aminotrimethylquinone and sodiomalonic ester [18]: 740–46; ~ 25: Trimethylquinone and the enolates of cyanoacetic ester, cyanoacetamide, benzyl cyanide, oxaloacetic ester, and the acetal of biacetyl [19]: **15** ('50) 832–40. — Cyclopropanes, 3: Cyclopropylmalonic ester and related compounds [56]: 74–80; ~ 4: Attempted synthesis of a nitrocyclopropyl sulfone [21]: 824–31; ~ 12: The action of bases upon tertiary nitrocyclopropyl ketones [72]: **17** ('52) 827–35; ~ 13: 1-Acetyl-2-nitro-3-phenylcyclopropane and its reaction with sodium methoxide [72]: 836–38; ~ 14: Incidental experiments and an attempt to synthesize bicyclopropyl [72]: 839–44; ~ 21: 1-Acetyl-2-nitro-2,3,3-trimethylcyclopropane [50]: **21** ('56) 816–19; ~ 22: Determination of geometrical isomers by spectrophotometric methods [11]: **22** ('57) 75f. — The rearrangement of the 3-C-phenyltrioses [3]: **16** ('51) 963–71. — The structure of dimeric 3-C-phenylglyceraldehyde and its reactions with amines [3]: 972–80. — Condensation of 4,6,7-trimethyl-5-hydroxyisocoumaranone with carbonyl compounds [43]: **22** ('57) 588f. — On the color of diaminopyromellitic esters and related compounds [1]: 811–16. — Synthesis of compounds related to coenzyme Q [6]: **27** ('62) 1770–73.

Minnesota Chemist Thirty-eight years of organic chemistry: **10** ('58) Nov./Dez.-Nr., 7–16.

Organic Reactions The Jacobsen reaction: **1** ('42) 370–84.

Organic Syntheses Diphenylketene [36]: **20** ('40) 47–49. — Diphenylacetylene (tolan) [28]: **22** ('42) 50f. — β,β-Dimethylacrylic acid (senesioic acid) [65][75]: **23** ('43) 27–29. — Diphenyldiazomethane [41]: **24** ('44) 53–55. — Ozone. A laboratory ozonizer [29][42]: **26** ('46) 63–76. — o-Aminobenzaldehyde [61]: **28** ('48) 11–13. — tert.-Butylamine and tert.-butylamine hydrochloride, 1: Via tert.-butylphthalimide [25]: **29** ('49) 18–21.

Bitte Anmerkung auf Seite 4201 beachten!

Record chem. Progr. The preparation and properties of some cyclopropane derivatives: **11** ('50) 65–73, 83.

Science [USA] The chemistry of vitamin E, 1: The structure and synthesis of α-tocopherol [85][65]: **88** ('38) 37f.; ~ 16: The structure of the red oxidation products of tocopherols and related substances [32][85]: **90** ('39) 334f.

Mit: [1] R. L. Abler; [2] C. L. Agre; [3] R. H. Anderson; [4] R. T. Arnold; [5] F. L. Austin; [6] J. J. Baldwin; [7] W. A. Bastedo, jr.; [8] M. Bayliss; [9] —; [10] G. A. Boyack; [11] R. J. Brotherton; [12] D. J. Byers; [13] G. B. Byrkit; [14] R. B. Carlin; [15] E. J. Carlson; [16] O. W. Cass; [17] C. C. Christman; [18] F. A. Cutler, jr.; [19] W. J. Dale; [20] B. K. Davis; [21] H. R. Davis, jr.; [22] —; [23] R. O. Denyes; [24] G. A. Emerson; [25] O. H. Emerson; [26] V. A. Engelhardt; [27] H. M. Evans; [28] M. M. Falkof; [29] F. L. Greenwood; [30] P. N. Gordon; [31] C. O. Guss; [32] W. I. Guss = W. B. Irwin; [33] L. R. Hac; [34] L. J. Hanson; [35] S. A. Harris; [36] H. H. Hoehn; [37] E. D. Holly; [38] R. R. Holmes; [39] J. R. Holum; [40] J. W. Horner, jr.; [41] K. L. Howard; [42] O. Hudrlik; [43] R. N. Hurd; [44] K. C. Johnson; [45] E. W. Kaiser; [46] R. E. Kelly; [47] M. A. Kiess; [48] —; [49] J. A. King; [50] W. L. Kohlhase; [51] I. M. Kolthoff; [52] W. M. Lauer; [53] R. M. Leekley; [54] Ch.-P. Lo; [55] C. W. MacMullen; [56] S. McKenzie, jr.; [57] H. C. Miller; [58] C. L. Moyle; [59] J. Nichols; [60] D. Nightingale; [61] J. W. Opie; [62] J. H. Paden; [63] H. O. Perry; [64] W. B. Pings; [65] W. W. Prichard; [66] W. B. Renfrow, jr.; [67] E. R. Rogier; [68] J. J. Rosenbaum; [69] G. F. Rouault; [70] P. M. Ruoff; [71] W. M. Schubert; [72] J. S. Showell; [73] R. M. Scribner; [74] A. W. Sogn; [75] L. J. Spillane; [76] J. A. Sprung; [77] J. R. Stevens; [78] J. S. Swenson; [79] P. O. Tawney; [80] F. L. Taylor; [81] D. Tenenbaum; [82] R. W. H. Tess; [83] A. F. Thompson, jr.; [84] G. E. Ullyot; [85] H. E. Ungnade; [86] J. R. Vincent; [87] S. Wawzonek; [88] T. J. Webb; [89] I. M. Webster; [90] A. G. Whitney; [91] P. F. Wiley.

V, VI **SMITH,** Lennart. Chem. (org.). — 1914–22 Doz., '22–51 ord. Prof., '24–51 Dir. des Chem. Inst. u. Vorst. d. Abtlg. f. org. Chem., '30–51 Musikinspektor, Univ. Lund; '31–50 Vorsitzender d. Städt. Orchestervereinigung, Lund; [16 Jahre] Präs., Chem. Vereinigung Lund. — '31 Ritter, '49 Kommandeur (2. Kl.) d. Nordstern-Ordens (Schweden).

*1886, Juli 23, Trälleborg;
†1956, Okt. 25, Lund.

Zur Biogr. Lunds universitets matrikel 1949–50 (W. Norlind M. Persson) (Lund '51) 492–95 (m. Schr.verz.).

Nekr. *B. Holmberg, *E. Larsson, Kungl.fysiogr. Sällsk. Lund Förh. **26** ('56) 59*–67* (m. Bildn., Faks. u. Schr.verz.).

S. The Svedberg 1884 30/8 1944 (A. Tiselius, K. O. Pedersen) (Uppsala '44) 352–69: Verbrennungen von chlor- und bromhaltigen Substanzen in beweglicher Bombe [18]). – 6e Nordiska kemistmötet, Lund 1947. Berättelse och föredrag (Lund '48) 275f.: Versuch zur Herstellung von Isobutylengummi [schwed.]. – Experimental thermochemistry; measurement of heats of reaction (F. D. Rossini) (New York '56) Nr. 8, 23 S.: Combustion in a bomb of organic chlorine compounds [6]); Nr. 9, 15 S.: Combustion in a bomb of organic bromine compounds [3]); Nr. 10, 5 S.: Combustion in a bomb of organic iodine compounds.

W. Kemien i människans hushållning (Lund '32) 68 S. – Handledning i organisk syntes och reaktionslära (Lund '35) 139 S.; [2]('44) 156 S.; 3. u. 4. Aufl. u. d. T.: Organisk syntes; reaktionslära och inledning till kvantitativ elementaranalys [3](Lund '48) 178 S.; [4]('56) 179 S., Neudrucke: ('62), ('63). – Lärobok i organisk kemi (Stockholm '38) 309 S.; [2]('42); [3]('45); [4]('50) 336 S.; [5]('56); (L. Bjellerup) [6]('60) 10 + 350 S., Neudruck: ('62). – Lärobok i oorganiska undervisningsexperiment (Lund '41) 306 S.

Acta chem. scand. Neue Versuche mit beweglicher calorimetrischer Bombe [3]): **1** ('47) 566–70. – Die Bildungsweise der Chlorhydrine, 7: Darstellung von β-Propylenchlorhydrin durch Addition von Chlorwasserstoff an Propylenoxyd [4]): 577–80; ~ 8: Über die Addition von unterchloriger Säure an eine Doppelbindung [17]): **4** ('50) 39–44; ~ 9: Einige Additionsversuche mit Epichlorhydrin und Glyceringlycid: 1375–84; ~ 10: Ein quantitativer Vergleich zwischen Addition von HOCl an Doppelbindungen und von HCl an Äthylenoxyd [17]): **5** ('51) 1415f. – Zur Kenntnis der Reaktion zwischen Chlorhydrinen und Ammoniak oder Aminen, 2: Glycerinmonochlorhydrin und Amine [5]): **4** ('50) 719–24. – Heats of combustion of organic chloro compounds determined by the "quartz wool" method [3])[7])[20]): **7** ('53) 65–86. – Corrected heats of combustion of organic iodine compounds: **10** ('56) 884–86.

Ber. dtsch. chem. Ges. Über das β-Monobromhydrin des Glycerins [8]): **66** ('33) 899–901. – Die Thio-Derivate des Glycerins, 1: Darstellung des α-Monothioglycerins [16]): **69** ('36) 678–80.

Elementa [Stockholm] Die Entwicklung der chemischen Zeichensprache: **26** ('43) 99f. [schwed.]. – Über die Genauigkeit einiger quantitativer chemischer Bestimmungsversuche: **29** ('46) 79–86 [~].

J. prakt. Chem. Zur Kenntnis der Reaktion zwischen Chlorhydrinen und Ammoniak oder Aminen, 1: Der Reaktionsmechanismus [12]): **162** ('43) 63–70.

Kemisk Maanedsbl. og Nordisk Handelsbl. kem. Industri Die chemischen Beziehungen zwischen Kopenhagen und Lund im Laufe der Zeiten: **32** ('51) 95–102 [schwed.].

Bitte Anmerkung auf Seite 4201 beachten!

Kungl. fysiogr. Sällsk. Lund Förh. Carl Wilhelm Scheele, 1742–1786: **7**. 1937 ('38) 80–98 [schwed.]. – Johan Peter Klason, 1848–1937: 85*–90* [~]. – Ludwig Ramberg †: **11**. 1941 ('42) 37*–44* [~]. – Notizen über die Isatropasäuren [4]): **13**. 1943 ('44) 161–68. – Abspaltung von Halogenwasserstoff aus einigen Halogenpyrazolonen und ähnlichen Stoffen [,1]: Orientierende Versuche zur Kenntnis einer neuen Metallionenkatalyse [21]): **18** ('48) 3–17; ~ 2: Cuprisalzkatalyse und chemische Konstitution [10])[13]): **23** ('53) 51–67. – Die Reaktion von Brom mit N-Phenyl- und N-Metyl-α-pyrrolidon [10]): 88–91. – Heats of combustion of some organic chlorocompounds [3]): **24** ('54) 21–33.

Lunds Univ. Årsskr., Avd. 2 Einige Destillationsaufsätze in der Laboratoriumspraxis: **32** ('36) Nr. 5, 24 S. [schwed. m. deutscher Zusammenfassg.]. – Titrimetrische und photometrische Mikrobestimmungen von Alkohol: **39** ('44) Nr. 11, 18 S. [~]. – Die Reaktion zwischen Alkylenoxyden und Aminen, 1: Orientierende Geschwindigkeitsmessungen [9])[1]): **42** ('46) Nr. 7, 18 S. – Isobutylenstudien, 1: Über die Herstellung von "Isobutylengummi" [2]): **45** ('49) Nr. 5, 1–30 [schwed.]; ~ 2: Synthese von Isobutylen aus β-Bromisovaleriansäure [19]): 30–35 [~].

Svensk kem. Tidskr. Oxidimetrische Bestimmung kleiner Alkoholmengen, 2: **44** ('32) 272–79 [schwed.]; ~ 3: **56** ('44) 153–56 [~]. – Über die Verbrennung von chlorhaltigen Substanzen in Berthelots Bombe, 2 [15]): **45** ('33) 110–13. – Über die isomeren Epichlorhydrine [12]): **56** ('44) 156–58 [schwed.]. – Definitionen und Namen von Säuren und Basen: **57** ('45) 237–45 [~]. – The research-work at the University of Lund on the combustion heats of organic compounds containing halogen: **62** ('50) 61–67.

Z. physik. Chem., Abt. A Die Bildungsweise der Chlorhydrine, 6: Einige höhere Homologen des Äthylenchlorhydrins [11]): **166** ('33) 136–46. – Über die Spezifizität der Salzwirkung bei einigen Ionenreaktionen [14]): **177** ('36) 131–57.

Mit: [1]) S. Andersson; [2]) A. Assarsson; [3]) L. Bjellerup; [4]) G. Forsberg; [5]) H. Grimsson; [6]) W. N. Hubbard; [7]) S. Krook; [8]) J. Laudon; [9]) S. Mattsson; [10]) I. Merits; [11]) H. Nilsson; [12]) T. Nilsson; [13]) B. Norlöv; [14]) B. Olin; [15]) E. Schjånberg; [16]) B. Sjöberg; [17]) S. Skyle; [18]) S. Sunner; [19]) L. Tiganik; [20]) H. Westermark; [21]) K. Nilsson.

VI **SMITH,** Herman Lyle. Math. – 1926–31 Assist. Prof. → Assoc. Prof., '31–50 Prof., Louisiana State Univ., Baton Rouge, La. – '28 Pres., Louisiana Acad. Sci.; '36 Chairman of Louisiana-Mississippi Sect., Amer. Math. Soc.; Pres., Sigma Xi.
*1892, Juli 7, Pittwood, Ill.;
†1950, Juni 13, Baton Rouge, La.

Zur Biogr. Mathematics News Letter **7** ('33) März-Nr., S. 2.

Nekr. The Louisiana State University Alumni News **26** ('50) Nr. 7, S. 29. — The Reveille [Louisiana State Univ. student publication] **1950**, 15. Juni, S. 1, 5 (m. Bildn.).

National Math. Mag. The covariants of a quadric surface: **10** ('36) 297–301. — A general theory of limits: **12** ('38) 371–79. — On root approximation, 3: **17** ('42/43) 312–14.

Ferner ein Lehrbuch: Junior college mathematics (m. W. P. Webber) (Ann Arbor, Mich. '29) (2 Bände).

VI **SMITH,** Stanley Parker. Elektrotechn. — 1923–48 Prof., Roy. Techn. College, Glasgow; '48 Organizer of Staff College at Pitlochry, Perthshire, for North of Scotland Hydro-electric Board; '39–41 Chairman of the Scottish Centre, '41 Vice-Pres., Instn. of Electr. Engineers. — '42 Commander of the Order of the Brit. Empire.
*1884, Febr. 23, Grantham, Lincs.;
†1953, Aug. 21, Perth, Scotl.

Nekr. *F. E. Meade, Nature [London] **172** ('53) 481. — Engineer [London] **196** ('53) 273. — Engineering **176** ('53) 276.

H. Problems in electrical engineering, with answers ²(London '35), ³('38), ⁴('43), Neudruck: ('45), ⁵('48); (N. N. P. Smith) ⁶(London '54), ab 7. Aufl. u. d. T.: Problems in electrical engineering (power engineering and electronics), with answers ⁷(London '60), (Bombay '61), ⁸(London '68).

W. Notes on theory and design of continuous current machines. Neuaufl. (London '32) 62 S. — Electrical engineering laboratory manual [**1**:] Machinery (London '33) 16 + 153 S.; [**2**:] Measurements ('36) 12 + 235 S. — The electrical equipment of automobiles; a book on principles for motor mechanics and motorists ³(London '37), Neudruck: ('38) 12 + 250 S.; ⁴('42) 16 + 304 S.; ⁵('49) 12 + 331 S., (New York '53). — Electrical engineering design-class manual (m. M. G. Say) (London '34) 15 + 221 S.; ab 2. Aufl. u. d. T.: Electrical engineering design manual ²(London '50) 13 + 259 S., (New York '53).

Electrical Rev. Cathode-ray oscillograph measurements: **120** ('37) 16–. — Technical books: **122** ('38) 836–.

Engineering The function of laboratory and design work in the education of electrical engineers: **137** ('34) 309–11, 395f.

J. Instn. electr. Engr. A cathode-ray oscillograph equipment embodying a high-voltage, gas-filled, sealed-glass oscillograph tube [2])[1]): **76** ('35) 656–65. — Engineering education and professional institution: **86** ('40) 8 S.

Nature [London] Hydro-electric development in Scotland: **151** ('43) 187f.

Mit: ¹) E. Bradshaw; ²) C. E. Szegö.

V, VI **SMITH,** Percey Franklyn. Math. — 1888–94 Instructor, 1895–1900 Assist. Prof., '00–36 Prof., '36 Prof. Emer., Sheffield Scientific School, Yale Univ., New Haven, Conn. (⊠)
*1867, Aug. 21, Nyack, N.Y.;
†1956, Juni 3.

Todesanzeigen Science [USA] **123** ('56) 1114. — American math. Monthly **63** ('56) 514.

MH. *W. A. Granville, Plane trigonometry, and Four-place tables (of logarithms) (Boston, Mass.–New York '34), ('37), ('41), ('43), ('52). — *W. A. Granville, Plane and spherical trigonometry, and Four-place tables (Boston, Mass.–NewYork '34), ('37), ('41), ('43). — *W. A. Granville, Answers to even-numbered problems in Plane trigonometry and in Plane and spherical trigonometry (Boston, Mass.–NewYork '43). — *W. A. Granville, Spherical trigonometry and tables (Boston, Mass.–NewYork '42), ('43) (Mathematical texts for colleges).

W. Eléments de géométrie analytique (m. A.-S. Gale) (Paris '33) 428 S., ('49), ('54) 428 S. [= Übersetzung von "The elements of analytic geometry" (Boston, Mass.–NewYork '05)]. — Elements of the differential and integral calculus (m. W. A. Granville, W. R. Longley), Neuauflagen (Boston, Mass.–NewYork '34) 11 + 516 S., ('41) 11 + 556 S. (zu dieser Aufl.: Answers to those problems not answered ('41) 31 S.); (Madison, Wis. '44) 11 + 556 S. (U.S. War Departm., Education manual EM 324); Neuaufl. u. d. T.: Elements of calculus ('46) 11 + 549 S.; spätere Auflagen [zum Teil?] wieder unter d. früheren Titel: ('52), ('57), ('62) 556 S.; französ.: Eléments de calcul différentiel et intégral (Paris '39) 548 S., ('52) 8 + 548 S., ('62), ('68) 8 + 680 S. — New analytic geometry (m. A. S. Gale, J. H. Neelley) (Boston, Mass.–NewYork '38) 10 + 336 S.; (Boston, Mass. '58) 336 S. — Eléments de mécanique rationelle (m. W. R. Longley) ²(Paris '41) 320 S. [= Übersetzung von "Theoretical mechanics (Boston, Mass.–NewYork '10)]. — Analytic geometry and calculus (m. W. R. Longley, W. A. Wilson) (Boston, Mass. '51) 9 + 578 + 20 S.

VI **SMITH,** Raymond Stratton. Bodenkunde, Agron. — Stud., Pomona College, Claremont, Cal. ('07 B.S.), Univ. of Illinois,

Bitte Anmerkung auf Seite 4201 beachten!

Urbana, Ill. ('13 B.S. in Agric.); '12–13 Assist., '25–48 Chief, Illinois State Soil Survey; '13–16 Instructor, '16 M.S., Pennsylvania State College, Philadelphia, Pa.; '16–18 Assoc., '18 Ph.D. (soils), Cornell Univ., Ithaca, N.Y.; '18–20 Assoc., '20–23 Assist. Prof., '20–28 Head of Soil Physics Divis. of College of Agric., '23–25 Assoc. Prof., '25–48 Prof., '48 Prof. Emer., Univ. of Illinois, Urbana, Ill.; '29 Pres., American Soil Survey Assoc.

*1880, Apr. 9, Andover, O.;
†1962, Sept. 28, Urbana, Ill.

Zur Biogr. *F. Myers, The News-Gazette [Champaign and Urbana, Ill.] **1948**, 22. Mai. — Champaign-Urbana Courier **1946**, 10. März.

Nekr. Champaign-Urbana Courier **1962**, 28. Sept., S. 10 (m. Bildn.). — The News-Gazette [Champaign and Urbana, Ill.] **1962**, 28. Sept.

S. Farm appraisals; papers presented at a Conference for land appraisers, Urbana, Ill., 1933 (Urbana, Ill. '33) (University of Illinois, College of Agriculture) 13–16: General soil conditions in Illinois. — Reconnaissance report on proposed reservoir sites in the basin of the Big Muddy river in southern Illinois, for the Illinois Emergency Relief Commission, by the University of Illinois (Urbana, Ill. '35) 41–47: Present and potential land use in the Big Muddy basin; 47a–47b: Erosion control in the Big Muddy basin. — A report on certain physical, economic, and social aspects of the valley of the Kaskasia river in the State of Illinois (University of Illinois) **1** (Urbana, Ill. '37) 93–101: Land use. — Encyclopaedia Britannica; a new survey of universal knowledge **20** (Chicago, Ill.–London–Toronto '45) 927f.: Soil classification. [Auch in späteren Ausgaben bis 1959].

W. Parent materials, subsoil permeability and surface character of Illinois soils (m. E. A. Norton, E. Winters, H. Wascher) (Urbana, Ill. '35) 13 S. (University of Illinois, College of Agriculture). — Soils of the United States: The pedocals (Chicago, Ill. '44) 8 S. (American Institute of Real Estate Appraisers, Lecture 6). — Soils of the United States: The pedalfers (Chicago, Ill. '44) 8 S. (~ 7). — Soil and soil material features important in land appraisal (Chicago, Ill. '44) 8 S. (~ 8). — Shall we fall-plow or spring-plow in northeastern Illinois? (Urbana, Ill. '46) 8 S. (University of Illinois, College of Agriculture, Extension Service in Agriculture and Home Economics, Circular 604).

Annual Rep., Illinois Farmers' Inst. and Dep. Household Sci. The right use of land in southern Illinois: **37** ('32) 98–106 (m. Bildn.).

Bull. amer. Soil Survey Assoc. Land use and the soil survey in Illinois: **15** ('34) 32f.

Bull., Associated State Engng. Societies Illinois soil types and their relations to drainage: **15** ('40) Nr. 2, 69–75.

Bull., Missouri agric. Exper. Stat. Relationship of soil classification to land classification: **421** ('40) 95–99.

J. amer. Soc. Agron. Variations in soils with respect to the disposition of natural precipitation [7)]: **29** ('37) 917–23. — Soil changes associated with tillage and cropping in humid areas of the United States [9)]: **33** ('41) 765–77.

Agronomy J. The differential response of two soil associations to rock phosphate: **42** ('50) 495–97.

Proc., Soil Sci. Soc. America A study of crop-yield records by soil types and soil ratings [5)]: **4**.1939 ('40) 375–77.

Soil Rep. Macoupin county soils [3)][2)][1)][6)]: Nr. **50** ('32) 71 S. — Fulton county soils [2)][1)][6)]: Nr. **51** ('32) 48 S. — Fayette county soils [3)][2)][1)][6)]: Nr. **52** ('32) 44 S. — Calhoun county soils [2)][1)][6)]: Nr. **53** ('32) 18 S. — Ford county soils [2)][1)][6)]: Nr. **54** ('33) 27 S.; ~ (Neuausgabe) [8)][5)] ('41) 26 S. — Jackson county soils [3)][2)][1)][6)]: Nr. **55** ('33) 35 S. — Schuyler county soils [3)][2)][1)][6)]: Nr. **56** ('34) 23 S. — Clinton county soils [3)][6)]: **57** ('36) 33 S. — Washington county soils [6)]: Nr. **58** ('37) 25 S. — Marshall county soils [10)][6)]: Nr. **59** ('37) 27 S. — Putnam county soils [8)][6)]: Nr. **60** ('37) 30 S. — Wabash county soils [6)]: Nr. **61** ('37) 28 S. — Vermilion county soils [8)][6)]: Nr. **62** ('38) 36 S. — Stark county soils [10)][6)]: Nr. **64** ('39) 26 S. — Boone county soils [8)][6)]: Nr. **65** ('39) 35 S. — Jasper county soils [6)]: Nr. **68** ('40) 27 S. — Cumberland county soils [6)]: Nr. **69** ('40) 39 S. — Warren county soils [8)]: Nr. **70** ('41) 29 S. — Cass county soils [5)][4)]: Nr. **71** ('47) 47 S. — Livingston county soils [8)][11)]: Nr. **72** ('49) 56 S. — Iroquois county soils [8)][11)]: Nr. **74** ('51) 64 S. — Supplement to Kankakee county soil map and report [= Soil Rep. Nr. 13 ('16) ohne R. S. Smith] including a new map showing underlying till [8)][9)]: Nr. **13**, Suppl. ('47) 8 S. — Peoria county soil types. Revised descriptions and recommendations for use and management [8)]: Nr. **19**, Neuausgabe ('37) 12 S. [Erstausgabe ('21) ohne R. S. Smith].

Trans. Illinois State Acad. Sci. Classification of Illinois lands: **27** ('34) 23–26.

Einige weitere Aufsätze in vervielfältigten Berichten: "Soil identification problems" (University of Illinois, Agricultural Experiment Station) ('35) [6 S.], "Crop yields by soil types in Illinois" (University of Illinois, Department of Agronomy) ('42 [oder '43?]) 5 S.

Bitte Anmerkung auf Seite 4201 beachten!

Mit: [1]) F. C. Bauer; [2]) E. E. DeTurk; [3]) E. A. Norton; [4]) F. F. Riecken; [5]) G. D. Smith; [6]) L. H. Smith; [7]) R. S. Stauffer; [8]) H. L. Wascher; [9]) E. P. Whiteside; [10]) E. Winters, jr.; [11]) R. T. Odell.

IV–VI **SMITH,** Samuel Walter Johnson. Physik. — 1919–36 Prof., '29–32 Dean of the Fac. of Sci., '37 Prof. Emer., Univ. of Birmingham. — '06–08 Member of Council., '08–16 Hon. Secretary, '11–20 Librarian, '16–19 Vice-Pres., Physical Soc. London; '35– Chairman of the Midland Sect., Inst. of Physics. (⊠)
*1871, Jan. 26, London;
†1948, Aug. 20.

Nekr. *T. L. Ibbs, Proc. physic. Soc. **61** ('48) 591–93. — *M. L. Oliphant, *A. A. Dee, Nature [London] **162** ('48) 51f. — *J. S. G. Thomas, Obituary Notices Fellows roy. Soc. London **6** ('48/49) 579–98 (m. Bildn., Faks., Schr.verz.).

Nature [London] Formation of Widmanstätten figures in meteorites [1]): **142** ('38) 1162. — The Widmanstätten structure of octahedral meteoric iron [1]): **143** ('39) 384f.

Proc. roy. Soc. London, Ser. A Hugh Longbourne Callendar, 1863–1930: **134** ('32) XVIII–XXVI.

Mit: [1]) J. Young.

VI **SMITH,** Stanley. Physik. — 1907–14 Stud., Exeter College, Univ. of Oxford; '14–16, '19–20 Lecturer, '20–22 Assist. Prof., '22–26 Assoc. Prof., '26–41 Prof., '30–41 Head of Departm. of Physics, Univ. of Alberta, Edmonton, Alberta.
*1888, Aug., Brixham, Devon, Engl.;
†1944, Sept. 24, Edmonton, Alberta, Can.

Nekr. *R. W. Boyle, Proc. roy. Soc. Canada **39** ('45) 115–17 (m. Bildn.). — *L. H. N., New Trail **3** ('45) Nr. 1, S. 42.

Canadian J. Res. Interferometer measurements of the hyperfine structure of some lines of singly ionized bismuth [1]): **12** ('35) 690–98.

Canadian J. Res., Sect. A The hyperfine structure separations of some terms in the thalliumII spectrum [2]): **14** ('36) 139–51.

Mit: [1]) J. S. Beggs; [2]) J. Convey.

VI **SMITH,** Sydney. Chem. — 1912 B. Sc., Univ. of London; '14 Dr. phil., Univ. Kiel; '15–16 Head of the Exper. Laboratories, '16–36 Head of Exper. Departm., '36–40 Works Manager, Burroughs Wellcome and Comp. at Dartford; '41–48 Dir. of the Wellcome Chemical Research Laboratories, The Wellcome Foundat. Ltd., London. — Pereira Medal (Brit. Pharm. Soc.).
*1886, Sept. 27, London;
†1962, Mai 23, Dartford, Kent.

Entdeckungen Nor- u. Methylephedrin, Digoxin.

Zur Biogr. Nature [London] **163** ('49) 91f.

Nekr. *W. M. Duffin, Proc. chem. Soc., London **1963**, 29f. — Pharmaceutical J. **188** ('62) 497f.

Biochemical J. Narcotine as the alleged precursor of vitamin C [6])[11]): **26** ('32) 1628–32. — The action of substances allied to 4,4'-diaminodiphenylsulfone in streptococcal and other infections in mice [1])[3])[5])[7])[9]): **32** ('38) 1101–10.

Experientia The configuration of digoxigenin [2]): **9** ('53) 367f. [m. deutscher Zusammenfassg.].

J. chem.Soc., London The alkaloids of ergot, 3: Ergine, a new base obtained by the degradation of ergotoxine and ergotinine [10]): **1932**, 763–66; ~ 4: A complex group common to ergotoxine and ergotamine [10]): 1543f.; ~ 5: The nature of ergine [10]): **1934**, 674f.; ~ 6: Ergometrinine [10]): **1936**, 1166–69; ~ 7: Isoergine and isolysergic acids [10]): 1440–44; ~ 8: New alkaloids of ergot: Ergosine and ergosinine [10]): **1937**, 396–401. — Digitalis glucosides, 4: The existence of two anhydrodigitoxigenins: **1935**, 1050f.; ~ 5: On the constitution of digoxigenin: 1305–09; ~ 6: The existence of two anhydrodigoxigenins: **1936**, 354f.; ~ 7: The structure of the digitalis anhydrogenins and the orientation of the hydroxy-groups in digoxigenin and gitoxigenin [2]): **1954**, 2012–23. — The glucosides of Strophanthus emini [8]): **1936**, 442–47.

Lancet The treatment of streptococcal infections in mice with 4,4'-diaminodiphenylsulfone [1])[9])[3])[5]): **232** ('37) 1331–34.

Nature [London] Ergine [10]): **133** ('34) 579. — A new alkaloid of ergot [10]): **136** ('35) 259; **137** ('36) 111. — Dimorphism of ergometrine [6]): 154. — New alkaloids of ergot: ergosine and ergosinine [10]): 1075. — Sulphanilylguanidine [3]): **148** ('41) 24. — Penillic acid, an optically active acid from penicillin [4]): **151** ('43) 251.

Pharmaceutical J. [The alkaloids of ergot:] Ergometrinine [10]): **135** ('35) 212. — Nomenclature of the ergot alkaloids [5])[10]): **157** ('46) 43–.

Quarterly J. Pharm. and Pharmacol. Strophanthin of Strophanthus emini [8]): **8** ('35) 71–74.

Mit: [1]) G. A. H. Buttle; [2]) H. M. E. Cardwell; [3]) T. Dewing; [4]) W. M. Duffin; [5]) G. E. Foster; [6]) R. L. Grant; [7]) W. H. Gray; [8]) I. D. Lamb; [9]) D. Stephenson; [10]) G. M. Timmis; [11]) S. S. Zilva.

VI **SMITH,** Thomas. Physik, Math. — 1906–07 Teacher, Oundle School, Peterborough; '07–12 Assist. and '12–19 Senior Assist. and '19–33 Principal Assist. and '33–40 Principal Sci. Officer, Physics Departm., '40–48 Superintendent of Light Divis., Nation. Physical Labor., Teddington, Middlesex. — '08–25 Member of Council → Secretary, '25–27 Pres., Optical Soc.; '17–38 Member of Council, '22–25, '32–36 Vice-Pres., '36–38 Pres., Physical Soc.; '47–50 first Pres., Int. Commiss. for Optics.

*1883, Apr. 6, Leamington, Warw.;
†1969, Nov. 28, Heathfield, Sussex.

Zur Biogr. Nature [London] **162** ('48) 987.

Nekr. *K. J. Habell, Biographical Mem. Fellows roy. Soc. **17** ('71) 681–87 (m. Bildn., Faks. u. Schr.-verz.). — *E. G. Martin, *A. Walther, J. opt. Soc. America **60** ('70) 583 (m. Bildn.).

Zur Bibliogr. *E. G. Martin, The papers of Thomas Smith, a bibliography (Winchester, Mass. '61) 18 S.; ~, a complete bibliography ('62) 35 S.; Neuaufl.: (Ann Arbor, Mich. '66) 37 S.

S. Report of a joint discussion on vision, held June 3, 1932 at the Imperial College of Science by the Physical and Optical Societies (London '32) 212–26: The colour triangle and colour discrimination. — Report on the teaching of geometrical optics (Physical Society London) (London '34) 52–86: Appendix B. — La théorie des images optiques. Réunions, Paris 1946 (P. Fleury, A. Maréchal, C. Anglade) (Paris '49) (Colloques internationaux du Centre national de la recherche scientifique) 11–17: The treatment of elementary aberration theory with special reference to thin lenses; 18–28: Hamilton's characteristic function and the design of optical instruments; 95–104: Tracing rays through spherical and non-spherical surfaces of an axially symmetrical instrument; 105f.: Example of calculation of an optical system; 239: Suggestions relatives à l'utilisation d'un nouveau test. — Encyclopedia Britannica; a new survey of universal knowledge **16** (Chicago, Ill.-London-Toronto '57) 815–28: Optics. [Auch in anderen Auflagen].

W. The natural lighting of houses and flats with graded daylight factor tables (m. E. D. Brown) (London '44) 21 S.; Suppl. ('47) 8 S.

Anales real Soc. españ. Física y Quím., Ser. A Las matrices y la teoría de los instrumentos ópticos, 1: Las relaciones ópticas fundamentales in forma de matrices: **45** ('49) 301–14; ~ 2: La lente delgada y sus aberraciones: 391–406; ~ 3: Función característica de Hamilton: 483–96; engl. als Monographie erschienen u. d. T.: Matrices and the theory of optical instruments (Ann Arbor, Mich. '69) 47 S.

Bitte Anmerkung auf Seite 4201 beachten!

Builder Post-war fenestration: **167** ('44) 194–, 275–.

Empire Survey Rev. The projective transformation in aerial surveying: **2** ('33/34) 137–50, 206–21. — Duality in bi-projective correspondence: 340–44.

J. sci. Instruments Photographic shutters and their properties: **9** ('32) 40–47. — Notes to: H. G. Taylor and J. M. Waldram "Improvements in the schlieren method": **11** ('34) 32.

Nature [London] Maximum optical paths: **133** ('34) 830f. — Interpretation of Fermat's principle: **135** ('35) 587. — The meaning of probability: **136** ('35) 604. — Colour measurement [4])[3]): **149** ('42) 76. — F. J. Selby †: 495. — H. D. Taylor †: **151** ('43) 442f.

Philosophical Mag. Variations in colour vision and colour measurement: **20** ('35) 1055–62.

Philosophical Trans. roy. Soc. London, Ser. A Systematic constructional tables for thin cemented aplanatic lenses [2]): **240**.1946/48 ('48) 59–116.

Proc. physic. Soc. The optics of photometric measurements: **44** ('32) 314–24. — Change of variables in Laplace's and other second-order differential equations: **46** ('34) 344–49. — Note on integrals of products of experimentally determined magnitudes: 365–71. — Condensed tables for colour computation: 372–83, 478–80. — The mid-course method of fitting a parabolic formula of any order to a set of observations: 560–73. — An optical calibration problem: **48** ('36) 75–78. — Vision through optical instruments (Presidential address): **50** ('38) 863–87. — Notes on optical instruments of symmetrical construction: **52** ('40) 266–68. — Note on image formation by rotating mirrors: **55** ('43) 210–14. — The designing of non-spherical surfaces [1])[7])[5])[6]): 481–96. — A mean scotopic visibility curve [8]): **56** ('44) 251–55. — On tracing rays through an optical system, 5: **57** ('45) 286–93. — Theoretical investigation on telephoto lenses: 543–58. — Variational formulae in optics: 558–64. — Note on measurements of glass absorption: **58** ('46) 472–75. — A series for the stationary value of a function: **59** ('47) 323–26. — Note on aplanatic lenses for unit magnification: 844–46. — On perfect optical instruments: **60** ('48) 293–304.

Proc. physic. Soc., Sect. B The contribution of Thomas Young to geometrical optics and their application to present-day questions: **62** ('49) 619–29. — Supplementary note on ray tracing: **65** ('52) 822f.

Proc. roy. Soc. London, Ser. A Appendix II to: *G. I. Harper "On crystal and slit systems for x-ray monochromatization and spectroscopy": **151** ('35) 138–41. — Systematic constructional tables for thin cemented aplanatic lenses [2]): **178** ('41) 525. — The optical imagery of curved surfaces: **240** ('57) 458–61.

Rep. Progr. Physics Optics, 1: Optical instruments: **1**.1934 ('34) 131–37. — Optics, 1: The theory of optical instruments: **2**.1935 ('36) 356–59; ~ 2: The teaching of elementary optics: 359f.

Revue Opt. théor. et instrument. Measurement of the transmissivity of optical glass: **27** ('48) 371–73. — National Physical Laboratory apparatus for measuring the departures from parallelism of binocular telescopes: 374–76. — National Physical Laboratory apparatus for measuring the dioptric power of telescopes: 377–81. — — Alle Arbeiten m. französ. Zusammenfassg.

Trans. illuminating Engng. Soc., London Note on window calculations: **8** ('43) 110–18.

Trans. opt. Soc. The C.I.E. colorimetric standards and their use [4]): **33** ('32) 73–134. — The hiding power of diffusing media: 150–58. — A reading of elementary colorimetric theory: 214–27. — The effect of variation in the filters on the calibration coefficients of colorimeters: 228–30. — Note on the correction of the luminosities of colorimetric units: 231–33. — The stationary value of axially symmetric functions, 2: 234f.

Mit: [1]) T. Y. Baker; [2]) E. D. Brown; [3]) R. Donaldson; [4]) J. Guild; [5]) J. H. Jeffree; [6]) E. H. Linfoot; [7]) L. C. Martin; [8]) W. S. Stiles.

VI **SMITH,** William Griswold. Mech. Technol., Techn. Zeichnen. — 1920–39 Prof., '39 Prof. Emer., Northwestern Univ., Chicago, Ill.; '41–43 Spec. Lecturer, Defense Training Inst., New York.

1869), Juli 18, Toledo, O.;

†1943, Dez. 25, Packanack Lake, N. J.

*) Einige Quellen geben als Geburtsjahr 1870 an.

Nekr. The Evanston Review **1944**, 6. Jan.

W. Engineering drafting (NewYork–London '34) 8+236 S. — Practical descriptive geometry [4](New York–London '36) 9+275 S.

VI **SMITH-ROSE,** Reginald Leslie. Radiotechn. — 1919–25 Assist. and '25–33 Senior Assist., Electricity Divis., '33–34 Senior Scient. Officer and '34–38 Principal Scient. Officer and '39–47 Superintendent, Radio Departm., '48–52 Acting Superintendent of Radio Divis., '49, '56 Acting Dir., National Physical Labor., Teddington, Middlesex; '48–60 Dir. of Radio Research Board (→ Radio Research Stat., Ditton Park, Slough, Bucks), Departm. of Scient. and Industr. Research; '42–43 Chairman of Radio Sect., '53–56, '60–61 Member of Council, '61–65 Vice Pres., Instn. of Electr. Engineers, London; '48 Vice-Pres., Amer. Inst. of Radio Engineers; '51–70 Chairman of Study Group on Tropospher. Propagat., Int. Radio Consultative Committee; '60–63 Pres., Int. Scient. Radio Union; '60–80 Chairman, Postmaster-General's Frequency Advisory Committee; '61–73 Secretary-General, Inter-Union Commiss. on Allocation of Frequencies for Radio Astronomy and Space Research. — '14 Governor's Prize in Physics (Imperial College of Sci. and Technol., Univ. of London); '37, '53 Coronation Medal (United Kingdom); '47 U.S. Medal of Freedom with Silver Palm; '52 Commander of the Order of the Brit. Empire; '78 Honours Award (Int. Radio Consultative Committee).

*1894, Apr. 2, London;

†1980, März 19 (Banstead, Surrey ?).

Bildn. Rep. Radio Res. Board **1960** ('61) Plate 2.

Zur Biogr. Nature [London] **143** ('39) 109; **185** ('60) 353.

Nekr. COSPAR Information Bulletin **1980**, Nr. [?], 3f. — The Times [London] **1980**, 24. März, S. 17.

HZ. Space Res. **6**.1965 ('66)–**7**.1966 ('67).

MHZ. Space Res. **9**.1968 ('69).

S. International meeting on radio aids to marine navigation, London 1946, **2**: Radio navigation, radar and position fixing systems for use in marine navigation (London '46) Kap.3, S.7–: Radio wave propagation in relation to marine navigational aids. — Meteorological factors in radio-wave propagation. Report on a conference, London 1946 (Physical Society and Royal Meteorological Society) (London '47) 18–37: An experimental study of the effect of meteorological conditions upon the propagation of centimetric radio-waves [6]). — Atti del Congresso internazionale per il cinquantenario della scoperta marconiana della radio, Roma 1947 (Roma '48) 877–901: Recent progress in radio-direction finding. — Encyclopaedia Britannica; a new survey of universal knowledge **14** (Chicago, Ill.–London–Toronto '57) 869f.: Marconi, Marchese Guglielmo; **18** ('57) 230f.: Popov, Aleksandr Stefanovich. [Beide Beiträge vermutlich auch in anderen Ausgaben].

W. James Clerk Maxwell, F.R.S., 1831–1879 (London '48) 6+34 S. (Science in Britain series).

Advances Electronics and Electron Physics Radio-wave propagation. A review: **9** ('57) 187–238.

Electronics and Power Early days in radio research: **13** ('67) 253–58.

Engineering Position finding by radio: **186** ('58) 315f.

ICSU Review Balthasar van der Pol †: **2** ('60) 53–55. — The allocation of radio frequencies for scientific research: **3** ('61) 61–66.

Information Bull., Int. sci. Radio Union Letter to radio astronomers [5]): Nr. **150** ('65) 56–64.

IRE Student Quarterly Speed of radiowaves: **5** ('58) Sept.-Nr.

J. brit. Instn. Radio Engr. The influence of an eclipse of the sun on the ionosphere: **6** ('46) 82–. — International radio organizations: some aspects of their work: **18** ('58) 631–39.

J. geophysic. Res. Electron density profiles in the ionosphere during the I.G.Y.: **63** ('58) 570–72.

J. Instn. electr. Engr. Electrical measurements on soil with alternating currents: **75** ('34) 221–37. — Radio direction-finding on wavelengths between 6 and 10 metres [1]): **83** ('38) 87–97. — Symposium on radio direction-finding: **85** ('39) 203–14. — Radio direction finding on wavelengths between 2 and 3 metres (frequencies 100–150 Mc/s) [1]): **87** ('40) 154–60.

J. Instn. electr. Engr., Part 1 Wireless section: Chairman's address: **90** ('43) 29–.

J. Instn. electr. Engr., Part 3 A study of propagation over the ultra-short-wave radio link between Guernsey and England on wavelengths of 5 and 8 metres (60 and 37,5 Mc/s) [6]): **90** ('43) 12–24. — Future possibilities of wireless: **91** ('44) 104. — The use of earth mats to reduce the polarization error of U-type Adcock direction finders [8]): **94** ('47) 91–98.

Proc. Instn. electr. Engr., Part 3 Radio field strength measurements: **96** ('49) 31–36.

J. Instn. electr. Engr., Part 3a A preliminary investigation of radio transmission conditions over land and sea on centimetre wavelengths: **93** ('46) 98–. — Radio-wave propagation research in the Department of Scientific and Industrial Research during the years 1937–46: **94** ('47) 879–.

Proc. Instn. electr. Engr., Part 3a A survey of British research on wave propagation with particular reference to television: **99** ('52) 270–80, 310–12.

J. Instn. Telecommunicat. Engr. [NewDelhi] Sir Edward Appleton and the propagation of radio waves: **12** ('66) 129–32.

J. Res. nation. Bur. Standards, D The protection of frequencies for radio astronomy: **67** ('63) 99–105.

J. sci. Instruments Radio and allied instruments etc. – 22nd Annual exhibition: **9** ('32) 81–84.

J. Télécommunicat. La propagation des ondes radioélectriques: Un siècle de recherches: **32** ('65) 109–14.

J. Television Soc. Some aspects of the propagation of ultra-short waves: **2** ('38) 475–85 (Diskussion: 485–88). — Radio wave propagation and the problems of television bands IV and V: (2) **8** ('56) 59–69.

Journal UIT The propagation of radio waves: **1960**, Nr. 4, E73–E83 [engl.], F83–F89 [französ.], S73–S79 [span.].

Nature [London] Velocity of radio-frequency waves: **150** ('42) 477–79. — The solar eclipse of 1945 and radio wave propagation: **157** ('46) 40–42. — J. L. Baird †: **158** ('46) 88f. — Scientific radio: **161** ('48) 793–96. — International radio conferences: **163** ('49) 493–95. — Solar noise and ionospheric fading: **165** ('50) 37f. — Anniversary of transatlantic radio: **168** ('51) 980. — Progress in colour television: **169** ('52) 563–66. — The British contribution to television: **170** ('52) 136–38. — International Scientific Radio Union. Meeting in Sydney: **171** ('53) 628–31. — F. Morley Colebrook †: **174** ('54) 204f. — The jubilee of the thermionic valve: 1076–78. — Radio Research Station, Ditton Park, Bucks: **175** ('55) 921–23. — Materials for radio valves: 1029f. — The International Scientific Radio Union, Proceedings of the 11th General assembly: **176** ('55) 451f. — H. L. Kirke †: 813. — International research in radio astronomy: 1110f. — E. C. S. Megaw †: **177** ('56) 409f. — The new Radio Research Station, Ditton Park, Slough: **180** ('57) 163–66; **181** ('58) 1642f. — Radio transmission by wave-guide: **183** ('59) 727. — B. van der Pol †: **184** ('59) 1020f. — J. Zenneck †: 1188f. — W. J. Chalk †: **188** ('60) 623. — Lee de Forest †: **191** ('61) 749f. — Radio and international geophysical research: **199** ('63) 11–15; **200** ('63) 156. — The International Scientific Radio Union, 14th General assembly: **199** ('63) 436f. — Long-distance radio communication at high frequencies: 545f. — Radio research 1962: 1046f. — Frequencies for radio astronomy and space science: **200** ('63) 18f. — Allocation of frequencies for radio astronomy and space science: **203** ('64) 7–11. — Balthazar van der Pol Gold Medal for Scientific Radio: 241f. — Meteorological factors in radio-communications at very short wave-lengths: **204** ('64) 518–22. — Sir Edward Appleton † [2]): **206** ('65) 1094f. — U.S. Standard frequency and time services: **208** ('65) 25.

Nautical Mag. An automatic recorder of signals from a rotating beacon transmitter: **127** ('32) 120–. — The equi-signal zone radio beacon and air navigation: **129** ('33) 140–.

Bitte Anmerkung auf Seite 4201 beachten!

Proc. IRE The speed of radio waves and its importance in some applications: **38** ('50) 16–20. — The value of abstracting services: **39** ('51) 969f. — Electron-density profiles in the ionosphere during the IGY: **46** ('58) 1874.

Proc. IEEE URSI: The International Scientific Radio Union: **51** ('63) 1406f. — Protection of radio frequencies for scientific research: **52** ('64) 451.

Proc. physic. Soc. The propagation along the earth of radio waves on a wave-length of 1,6 metres [3]): **44** ('32) 500–510. — The measurement of the electrical constants of soil by a Lecher-wire method at a wave-length of 1,5 m [3]): **46** ('34) 649–58. — The electrical properties of soil at frequencies up to 100 megacycles per second; with a note on the resistivity of ground in the United Kingdom: **47** ('35) 923–31. — The application of ultra short wave direction finding to radio sounding balloons [1]): **58** ('46) 184–98. — George William Osborn Howe, 1875–1960: **77** ('61) 1229f.

Proc. roy. Soc. London, Ser. A The electrical properties of soil for alternating currents at radio frequencies: **140** ('33) 359–77. — The electrical properties of sea-water for alternating currents: **143** ('33) 135–46. — The ionosphere over Halley Bay: **256** ('60) 217f.

Recueil Trav. Assemblée gén., Union radio-sci. int. Report on Commission I on existing methods of measuring radio field intensity [9]): **4**.1934 ('35) 166–. — Report to Commission I on the measurement of radio field intensity: **5**.1938, 1 ('[?]) 28–. — Report to Commission II on investigations of the propagation of waves carried out in Great Britain from July 1934 to June 1938: 41–. — Report on the work of the Study Group V of the International Radio Consultative Committee at the 8th Plenary assembly in Warsaw 1956: **11** [= 12e Assemblée, 1957] ('57) Commiss. 2, Nr. 114, 2 S.

Rep. Radio Res. Board A survey of the investigations carried out during the years 1934–1947: **1933/48** ('50) 11–27. — — Ferner Jahresberichte des Direktors 1948–1960.

R.S.G.B. Bull. Presidential address to the Radio Society of Great Britain: (8) **34** ('59) 370–74.

Wireless Engr. Tests on five ultra-short wave receivers. On wave lengths from 7 to 13 meters [7]): **9** ('32) 186–94. — Ultra-short waves: refraction in the lower atmosphere [3]): **11** ('34) 3–11. — Ultra-short wave propagation [6]): **16** ('39) 111–20.

Wireless World Radiolocation: **51** ('45) 34–37, 66–70. — Frequency allocation: 133–36. — Velocity of radio waves: **60** ('54) 590f. — Geophysical research. International investigation of phenomena affecting radio transmission: **61** ('55) 188–90. — UHF television broadcasting [4]): 343–46. — Radio and the I.G.Y.: **66** ('60) 52–58. — Scientific radio conference. U.E.S.I. and international radio measurements: **67** ('61) 10f. — Fifty years' research in radio wave propagation: 203–07.

World Radio Ultra-short wave communication: **14** ('32) 471, 529, 589, 692, 797. — The testing of wireless receivers: 950, 1005, 1106. — The influence of the earth in radio communication: **16** ('33) 861; **17** ('33) 46, 77.

Ferner ein Beitrag "A survey of British research on wave propagation with particular reference to television" (IEE Television Convention, Paper 1289 ('52) 11 S.).

Mit: [1]) H. G. Hopkins; [2]) N. Kemmer; [3]) J. S. McPetrie; [4]) J. A. Saxton; [5]) F. G. Smith; [6]) A. C. Stickland; [7]) H. A. Thomas; [8]) W. Ross; [9]) R. A. Watson-Watt.

IV–VI **SMITHELLS,** Arthur. Chem. — 1885–1923 Prof., '04–12 Pro-Vice-Chancellor, '05–12 Dean of the Fac. of Sci., '23 Prof. Emer., Univ. of Leeds, Yorkshire; '22–37 Dir., Salters' Inst. of Industr. Chem., London; '02–04 Pres., Leeds Philos. and Literary Soc.; '05–08, '17–20, '27–30 Vice-Pres., Chem. Soc.; '07 Hon. Educational Adviser on Home Sci. and Household Economics to King's College, London; '07 Pres. of Sect. B, Brit. Assoc. for the Advancem. of Sci.; '11 Pres., Soc. of Brit. Gas Industries; '15–17, '23–26, '30–33 Vice-Pres., '27–30 Pres., '27–35 Censor, Inst. of Chem., London; '16 Vice-Pres., Royal Soc. — '23 Hon. D.Sc. (Univ. of Leeds); '30 Hon. D.Sc. (Univ. of Manchester). — '35 Harrison Memorial Medal (Chem. Soc. London).
*1860, Mai 24, Bury, Lancashire;
†1939, Febr. 8, Highgate, London.

Zur Biogr. Prof. A. Smithells and Salters' Institute fellows: Nature [London] **141** ('38) 864.

Nekr. *W. Bragg, Proc. roy. Soc. London, Ser. A **173** ('39) 289f. — *J. W. Cobb, Nature [London] **143** ('39) 321f. — *R. B. Pilcher, Analyst **64** ('39) 244f. — *H. S. Raper, Obituary Notices Fellows roy. Soc. London **3** ('39/41) 97–107 (m. Bildn. u. Faks.).

Gas J. [London] William Cransfield †: **212** ('35) 182.

Pharmaceutical J. Teaching of chemistry (Harrison Memorial Lecture): **135** ('35) 509–12.

VI **SMITHELLS,** Colin James. Metallurgie. — 1919–38 Research Scientist, General Electric Co., Ltd., Wembley, London; '38–44 General Manager, Lodge Plugs, Rugby, Warw.; '44–56 Dir. of Research, British Aluminium Co., Ltd., Chalfont Park, Bucks; '56–63 Managing Dir., Magnesium Elektron Ltd. — '45 Founder Fellow, '51–52 Pres., Instn. of Metallurgists; '52–53 Pres., Inst. of Metals. — '48 [?], '55 Plantinum Medal (Inst. of Metals).
*1892, Sept. 30, Leeds;
†1977, März 25.

Nekr. *G. L. Bailey, Nature [London] **268** ('77) 280.

H. Metals reference book (London–NewYork '49); **1.2** [2]('55); **1.2** [3]('62); **1–3** [4]('67); **1–3** (London–Boston, Mass. '76).

S. C. R. Congrès international des applications électrocalorifiques et électrochimiques, Schéveningue 1936 ('s Gravenhage '36) 47–59 (Diskussion S. 60–63): Resistance materials for electric furnaces [1]).

W. Tungsten; a treatise on its metallurgy, properties and applications [2](NewYork–London '36) 8+272 S.; Neuauflagen: (London '45) 8+272 S., ('52) 12+326 S., (New York '53) 326 S. — Gases and metals: an introduction to the study of gas–metal equilibria (London–NewYork '37) 7+218 S., [2]('38) 18 + 226 S.

Chemistry and Industry Applications of photoelectric cells in chemical engineering: **10** ('32) 446–51.

Foundry Trade J. Gases and metals: **59** ('38) 159–62.

Industrial Heating Sintered copper-nickel-tungsten alloys [4])[6]): **5** ('38) 500–02.

Iron and Steel Industry Metals in the electrical industries: **6** ('33) 327–30.

J. Inst. Metals Mechanical properties of nickel wires [5]): **1932**, Advance copy, 12 S. — Sintered alloys, 1: Copper-nickel-tungsten alloys sintered with a liquid phase present [4])[6]): **62** ('38) 117–32.

J. roy. Soc. Arts Gases and metals (Cantor Lectures), 1: **86** ('38) 936–49; ~ 2: 951–64; ~ 3: 971–83. — The manufacture, properties and applications of aluminium and its alloys: **98** ('50) 822–63.

J. sci. Instruments A new alloy especially suitable for use in radium beam therapy [3]): **12** ('35) 159f.

Metal Industry [London] Resistance materials for electric furnaces [1]): **49** ('36) 134–38.

Metal Treatment Gases and metals: **1** ('35) 8 S.

Nature [London] Diffusion of gases through metals [5]): **134** ('34) 814. — Diffusion of hydrogen through aluminium [5]): **135** ('35) 548. — A new alloy of high density: **139** ('37) 490f. — Permeability of metals to hydrogen: 1113.

Proc. roy. Soc. London, Ser. A The diffusion of gases through metals [,1] [5]): **150** ('35) 172–97; ~ 2: Diffusion of hydrogen through aluminium [5]): **152** ('35) 706–13; ~ 3: The degassing of nickel and the diffusion of carbon monoxide through nickel [5]): **155** ('36) 195–212; ~ 4: The diffusion of oxygen and of hydrogen through nickel at very high pressures [5]): **157** ('36) 292–302. — A theoretical formula for the solubility of hydrogen in metals [2]): **160** ('37) 37–47.

Vermutlich einige weitere Aufsätze in technischen Zeitschriften.

Mit: [1]) P. R. Bardell; [2]) R. H. Fowler; [3]) J. C. McLennan; [4]) G. H. S. Price; [5]) C. E. Ransley; [6]) S. V. Williams.

IV–VI **SMITS,** Andreas. Chem. (allg. u. anorg.). — 1907–40 Prof. u. Dir. d. Labor. f. allg. u. anorg. Chem., Univ. Amsterdam. — '36 Ritter des Ordens "Niederländischer Löwe".(⊠)
*1870, Juni 14, Woerden;
†1948, Nov. 13, Doorn.

Zur Biogr. *R. E. Oesper, J. chem. Educat. **17** ('40).

Zum 70. Geb.tag u. zur Emeritierung Chemisch Weekbl. **37** ('40) 430–36 (m. Ansprachen u. Schr.-verz. 1931–1940); darin eig. Ansprache S. 430–33.

Nekr. *E. H. Büchner, Chemisch Weekbl. **45** ('49) 149–51 (m. Bildn. u. Schr.verz. 1940–1946). — *J. Gillis, Jaarb., Koninkl. vlaamse Acad. Wet., Letteren en schone Kunsten België **1949** ('50) 188–206 (m. Bildn. u. Schr.verz.).

W. Die Theorie der Komplexität und der Allotropie (Berlin '38) 12+371+1 S.; Neudruck (Ann Arbor, Mich. '44) 12 + 371 S.

Chemisch Weekbl. In memoriam Dr. N. F. Moerman: **35** ('38) 111f. [niederländ.].

Faraday [Groningen] Die Bedeutung des Werkes von J. D. van der Waals Sr. für die chemische Wissenschaft: **8** ('37/38) 50–71 [niederländ.].

Mededelingen koninkl. vlaamsche Acad. Wet., Letteren en schoone Kunsten België Die Komplexität des Eisens: **6** ('44) Nr. 5, 19 S. [niederländ.]. — Innere Umwandlungen im System SO_3: **8** ('46) Nr. 7, 26 S. [~].

Nature [London] Complexity of the solid state [12]): **134** ('34) 698f. — The low-temperature transformation of heavy ammonium chloride [13]): **139** ('37) 804.

Bitte Anmerkung auf Seite 4201 beachten!

Physikalische Z. Innere Gleichgewichte in den festen Phasen, 2: **35** ('34) 914–18; ~ 3: **36** ('35) 367–71. — Antwort auf die zwei Bemerkungen der Herren K. Clusius und A. Perlick: **35** ('34) 919.

Proc., Koninkl. Akad. Wet. Amsterdam Allotropie bei Flüssigkeiten, 2: **35** ('32) 186–93. — Die Komplexität des Aluminiumchlorids, 2 [11])[5]): 193–96. — Über die Dampflinie der Dreiphasenstreife für die Koexistenz von den zwei festen Komponenten mit Dampf eines binären Systems [4]): 700–05.

Recueil Trav. chim. Pays-Bas The transition from the ferromagnetic to the paramagnetic form for manganese arsenide and manganese phosphide [3]) [18]): **51** ('32) 1178–93. — Die Dielektrizitätskonstante des flüssigen Schwefeltrioxyds [12]): **56** ('37) 169–73.

Wis- en natuurkund. Tijdschr. Allotropie bei Flüssigkeiten [3]): **6** ('33) 195–201 [niederländ.].

Z. Elektrochem. u. angew. physik. Chem. Untersuchungen zur Realisierung eines Zerfalls des Bleiatoms [17])[8])[15]): **40** ('34) 71–73.

Z. physik. Chem., Abt. A Allotropie bei Flüssigkeiten, 2: **160** ('32) 225–30; ~ 3 [3]): 231–44. — Die Umwandlung von festem NH_4Cl bei ungefähr —30° [9]): **166** ('33) 97–112. — Die Komplexität des Arsentrioxyds [1]): **167** ('33) 273–94. — Direkte Methode zur Bestimmung der Kondensationswärme, 1: Versuche mit nicht intensiv getrockneten Flüssigkeiten [2]): **168** ('34) 391–410; ~ 2: Versuche mit intensiv getrockneten Flüssigkeiten [2]): **172** ('35) 1–32. — Untersuchungen über den Einfluß intensiver Trocknung auf die Einstellung des inneren Gleichgewichts, 3 [2]): **171** ('34) 445–53. — Die verzögerte Ionenentladung als Ursache der Wasserstoffüberspannung und im allgemeinen der kathodischen Polarisation: **172** ('35) 470–72. — Die Umwandlung von festem NH_4Br bei ungefähr —39° [6])[13]): **175** ('36) 359–76.

Z. physik. Chem., Abt. B Über die intensive Trocknung: **28** ('35) 31–42. — Innere Umsetzungen im System SO_3, 1 [12]): **32** ('36) 369–82; ~ 2 [12]): **35** ('37) 69–81. — Das Dipolmoment des Schwefeltrioxyds [12])[14]): 60–68. — Die Umwandlung von festem NH_4J im Temperaturgebiet von —58° bis —40° [13]): **36** ('37) 140–45. — Bemerkungen über das Studium binärer Systeme, deren eine Komponente eine heterogene Umwandlung mit heterogener Hysterese zeigt [13]): 146–54. — Der Schmelzprozeß von Quecksilber [13]): 288–90. — Die Art der Tieftemperaturumwandlung von ND_4Cl [13])[7]): **38** ('37) 177–86. — Über die Vorbereitung für die Bildung neuer Phasen: **39** ('38) 50–58. — Die Komplexität des Phosphorpentoxyds, 2 [6])[11]): **41** ('38) 87–97; ~ 3: Das Auftreten von zwei flüssigen Phasen: **46** ('40) 43–61. — Die Komplexität des Aluminiumchlorids [11]): **41** ('38) 98–111. — Die Art der Tieftemperaturumwandlungen von ND_4Br, 1: "Eine retrograde Umwandlung" [16])[7]): 215–35; Die retrograde Umwandlung von ND_4Br, 2: Das piezoelektrische Studium [10]): **49** ('41) 13–20, **50** ('41) 142; Die retrograde Umwandlung, 3: **49** ('41) 126–30. — Die retrograden Umwandlungen: **41** ('38) 441–52. — Die Stelle der "Fehlordnungen" in dem Gebiet der Komplexitätserscheinungen: **49** ('41) 21–26. — Die Erscheinung der Hysterese: **51** ('41) 1–8. — Die Art der Tieftemperaturumwandlung von ND_4J [16]): **52** ('42) 222–29. — Die Pseudokomponenten der Ammoniumhaloidsalze: 230–33.

Mit: [1]) E. Beljaars; [2]) D. Cannegieter; [3]) H. Gerding; [4]) E. J. Harmsen; [5]) M. A. Kamermans; [6]) J. A. A. Ketelaar; [7]) F. A. Kröger; [8]) J. A. A. Kruger; [9]) C. H. MacGillavry; [10]) P. G. Meerman; [11]) J. L. Meyering; [12]) N. F. Moerman; [13]) G. J. Muller; [14]) J. C. Pathuis; [15]) H. G. Roebersen; [16]) D. Tollenaar; [17]) H. S. Vening Meinesz; [18]) F. Vermast.

VI **SMOLEŃSKI,** Kazimierz. Zuckertechnol. — 1901–07 Chemiker in d. Zuckerindustrie; '07–16 Doz., '16–17 außerord. Prof., Technol. Inst., Petersburg; '18 Mitglied d. Techn. Komitees d. Poln. Versorgungsministeriums; '19–39 ord. Prof. u. Dir. d. Lehrstuhls f. allg. org. u. Kohlehydrat-Technol., Techn. Hochsch. Warszawa; '25– Dir. d. Zentrallabor. f. Zuckerindustrie, Warszawa. — Kommandeur d. Ordens "Polonia Restituta"; Kreuz d. Kronenordens (Belgien).

*1876, März 4, Mława;
†1943, Mai 13, Warszawa [?] (von Faschisten ermordet).

Nekr. *S. Porejko, Przemysł chem. **37** ('58) 282–87 (m. Bildn. u. Schr.verz.). — Gazeta cukrownicza **1946**, 129–41. — Przegląd chem. **4** ('46) 93f. (m. Bildn.).

HZ. Prace centraln. Labor. cukrown. **1928–1931** ('32); **1932–1933** ('34); **1934** ('35); **1935** ('36); **1936** ('37); **1937–1938** ('38).

S. 4ᵉ Congrès international technique et chimique des industries agricoles, Bruxelles 1935, **1** (Bruxelles '35) Q 5 A: Langsames Kalken von Zuckersäften [französ.?] (49 S.). — C.R. 6ᵉ Congrès international technique et chimique des industries agricoles, Budapest 1939, **2** (Budapest '40) 713–40: Über die Saturationsgeschwindigkeit [französ.?]; 741–58: Die Adsorption am Calciumcarbonat [10]) [~].

W. Centralne Laboratorjum Cukrownicze w dziesięcioleciu 1925–1935 r. (Warszawa '36) 17 S. (Instytut Przemysłu Cukrowniczego w Polsce).

Bull. Assoc. Chimistes Vitesse de la cristallisation du saccharose [18]): **52** ('35) 449–66. — Influence diminuante du saccharose sur le pH des solutions alcalines [6]): 505–15. — Pouvoir rotatoire des solutions alcalines de saccharose [6]): **53** ('36) 837–50. — Le pH des solutions de chaux dans l'eau et dans des solutions de saccharose [11]): 957–65.

Bull. int. Acad. polon. Sci. et Lettres, Sér. A Influence du saccharose sur le pH des solutions alcalines [6]): **1934**, 161–71. — Vitesse de la cristallisation du saccharose [18]): 172–89. — Réduction de l'acide galacturonique et de l'éther méthylique du méthylgalacturonide [20]): 293–303. — Transformations pyrogénétiques de l'alcool éthylique [5]): 304–14. — Un combustible liquide obtenu à partir de l'éthylène [5]): 315–28. — Sur la saponine acide de betterave: **1935**, 572–85. — Solubilité de la chaux dans l'eau et dans les solutions de saccharose [19]): 586–601. — Pouvoir rotatoire des solutions alcalines de saccharose [6]): **1936**, 345–57. — Le pH des solutions de chaux dans l'eau et dans des solutions de saccharose [11]): 358–66.

Chemické Listy Vědu a Průmysl Über das Diacetat und das Dinitrat der Polygalacturonsäure [8]): **26** ('32) 446–49 [poln.].

Chimie et Industrie Beurteilung des technischen Wertes von Aktivkohlen: **39** ('38)967 [französ.].

Collection Trav. chim. Tchécoslovaquie Sur l'acide D-galacturonique et les produits de sa méthylation [2]): **4** ('32) 500–03.

Deutsche Zuckerindustrie Reinheitsgrad und Aschegehalt von Säften und Zuckerprodukten: **59** ('34) 62f. — Optisches Drehungsvermögen der Saccharose in alkalischen Lösungen [6]): **61** ('36) 793–. — Einmalige Saftscheidung mit der theoretischen Kalkmenge: 1028–. — Die Löslichkeit des Kalkes in Wasser und in Saccharoselösungen [19]): **62** ('37) 187–. — Die Filtration des Saftes in Filterpressen [16])[19]): 328–. — Studium verschiedener Scheidungsmethoden: **63** ('38) 540–.

Gazeta cukrownicza Die Methode der Zuckerreinigung von D. Teatini in Theorie und Praxis [16]): **70** ('32) 531–47, 559–72, 585–97. — Über die Zuckertechnologische Versuchsstation an der Technischen Hochschule Warszawa, 5 [14]): **72** ('33) 85–. — Saftreinigung nach dem "Mutosel"-Verfahren: 144–49. — Vergleichende Bewertung einiger Aktivkohlensorten [19]): 206–22, 250–63. — Studien über die verschiedenen Methoden der Scheidung, 1: **73** ('33) 99–119, 155–78; ~ 2: **75** ('34) 157–70, 195–207; ~ 3: **80** ('37) 200–10, **81** ('37) 3–14. — Tätigkeitsbericht des Zentralen Zuckerlaboratoriums für den Zeitraum vom 1. 10. 1932–1. 10. 1933: **73** ('33) 293–. — Reinheitsgrad und Aschegehalt von Säften und Zuckerprodukten: 324–32, 352–63. — Reinigung der Klären: **74** ('34) 57–73, 93–104. — Chemische Zusammensetzung und Verarbeitungswert von hochzuckerhaltigen und hochertragsfähigen Zuckerrüben [17]): 150–63. — Erniedrigende Wirkung von Saccharose auf den pH alkalischer Lösungen [6]): 206–14. — Über die Geschwindigkeit der Kristallisation von Saccharose [18]): 303–17. — Bericht vom III. Internationalen Kongreß für Technik und Chemie in der Landwirtschaft [16]): **75** ('34) 1–. — Die konduktometrische Bestimmung der Asche in Rohsäften [,1] [9]): 263–81; ~ 2 [9]): **79** ('36) 75–89. — Bestimmung des Verarbeitungswertes von Zuckerrüben: **75** ('34) 301–. — Tätigkeitsbericht des Zentralen Zuckerlaboratoriums für die Jahre 1933–1934: **76** ('35) 3–. — Die chemische Zusammensetzung der "wilden" Rübe (Beta maritima L.): 69–82. — Bericht von der 1. Sitzung des Polnischen Komitees für Zuckeranalytik am 22. 1. 1935 [16]): 117–. — Über Rübenmaterial, das in der polnischen Zuckerfabrik verarbeitet wird: 141–46. — Färbung, pH und Invertzuckergehalt von Melassen: 171–82. — Der gegenwärtige Stand des Problems der Reinigung der Zuckersäfte: **77** ('35) 35–53, 69–87. — Scheidung mit der theoretischen Kalkmenge [16]): 233–. — Löslichkeit des Kalks in Wasser und in Saccharoselösungen [19]): 277–91. — Über das saure Zuckerrübensaponin: 308–. — Methodik für Versuche zu den verschiedenen Scheidungsverfahren: **78** ('36) 29–45. — Zuckergehalt der im Jahrzehnt 1925–1934 in polnischen Zuckerfabriken verarbeiteten Zuckerrüben [17]): 157–65. — Das Zentrale Zuckerlaboratorium in dem Jahrzehnt 1925–1935: 185–. — Optisches Drehungsvermögen alkalischer Saccharoselösungen [6]): 255–. — Bericht von der 2. Sitzung des Polnischen Komitees für Zuckeranalytik: 348–. — pH von Calciumhydroxid in Wasser und in Saccharoselösungen [11]): **79** ('36) 58–65. — Prüfung des technischen Wertes von Aktivkohlen: 177–. — 9. Kongreß der Internationalen Kommission zur Vereinheitlichung der Methoden der Zuckeranalytik: 222–. — "Collactivit" - ein neues Hilfsmittel zum Filtrieren und Entfärben von Zuckerprodukten [16]): **80** ('37) 12–. — Über die Saftfiltration in Schlammpressen [16])[19]): 36–56, 74–99. — Tätigkeitsbericht des Zentralen Zuckerlaboratoriums für das Jahr 1936: **81** ('37) 121–. — Prüfung einiger polnischer Aktivkohlen [17]): **82** ('38) 139–47. — Die chemische Zusammensetzung des Marks von "weichen" und "harten" Rüben [7]): 171–77. — Dikalit, ein neues Mittel zur Erleichterung des Filtrierens [16]): 180–82. — Synthetische Rohstoffe: **83** ('38) 115–23, 149–61. — Über "Collactivit" und seine Verwendung in der Zuckerindustrie [9]): 225–37, 257–73. — Über die Saturationsgeschwindigkeit [9]): **85** ('39) 133–51. — — Alle Arbeiten poln., einige m. französ. Zusammenfassg.

International Sugar J. Influence of sucrose on the pH of alkaline solutions [6]): **37** ('35) 402. — Solubility of lime in water and in sucrose solution [19]): **38** ('36) 149. — "Slow liming" of juices: 186f. — Single liming with the theoretical amount of lime [16]): 433.

Bitte Anmerkung auf Seite 4201 beachten!

Prace centraln. Labor. cukrown. Tätigkeitsbericht des Zentralen Zuckerlaboratoriums für die Jahre 1928–1931: **1928–1931** ('32) XXIII–. — Die Saftreinigung in den polnischen Zuckerfabriken [17]): 6–19. — Die Saftreinigung in der Kampagne 1929/30: 20–22. — Über die Verarbeitung der Zuckerrüben nach dem Verfahren von Komers und Cuker: 23–25. — Über das neue Verfahren der Saftreinigung nach der Methode von D. Teatini: 26–; ~ [16]): 29–52. — Das Verfahren von D. Teatini in Theorie und Praxis [16]): 53–97. — Über die Leistungsnormen von Kalköfen und von Gaspumpen: 100–. — Ergebnisse einer Untersuchung über Kalköfen und Gaspumpen: 111–. — Weitere Untersuchungen über Kalköfen [12]): 120–. — Charakteristik und Beurteilung des in der polnischen Zuckerindustrie verwendeten Kalks [12]): 128–. — Kalkstein- und Koksanalysen in der polnischen Zuckerfabrik [12]): 137–. — Die Qualität des Saturationsgases [12]): 143f. — Über die Geschwindigkeit des Kalkbrennens [3]): 145–59. — Ein ungewöhnlicher Niederschlag in einem Turbokompressor für Saturationsgas [12]): 160–75. — Aktivkohlen: 176–83. — Die Celite und ihre Anwendung in der Zuckerfabrikation: 212–14. — Über die Anwendung der Celite zur Filtration in Zuckerfabriken und Zuckerraffinerien [16]): 215–37. — Untersuchungen über das Kochen von Füllmasse: 238–. — Verarbeitung der Produkte in polnischen Zuckerfabriken: 241–. — Charakteristik und Bewertung der polnischen Weißzucker: 249–65. — Über die Trocknung, das Abkühlen und das Absieben des Weißzuckers [16]): 266–. — Zusammensetzung von polnischen Melassen: 299–303. — Schmutzwässer und Abwässer in polnischen Zuckerfabriken: 304–. — Über einige Stellen des Auftretens von "Froschlaich" in Zuckerfabriken: 364–. — Über die günstigste Zeitdauer der Kampagne: 367 [?]–. — "Lystonol" als Antiseptikum [4]): 370–81. — Weitere Untersuchungen über Pektinverbindungen: 406–12. — Untersuchungen über die Kolloide der Melasse [1]): 413–31. — Untersuchungen über die Kolloide des Rübensaftes und des Diffusionssaftes und über ihre Koagulation: 432–41. — Alkalität und pH bei der Saftsaturation: 442–59. — Oberflächenspannungen von Zuckerprodukten: 471–81. — Über die Oberflächenspannung wässeriger Saccharoselösungen [6]): 482–87. — Konduktometrische Bestimmung der Asche in Weißzucker [9]): 552–67. — Eine der Ursachen der Bildung von Niederschlägen in den Verdampfern [17]): 584–89. — Über bestimmte Ursachen des Schmelzens von Ofenummauerungen: 591–. — Ungewöhnliche Niederschläge in geleerten Dampfkesseln [12]): 595–. — Neue Methoden und Apparate für die Betriebskontrolle in Zuckerfabriken und Raffinerien: 604–11. — Über die Verfälschung des Malzbiers mit Saccharin: 625–. — Über die Zuckertechnologische Versuchsstation an der Technischen Hochschule Warszawa, 4 [14]): 632–; ~ 5 [14]): **1932–1933** ('34) 202–. — Tätigkeitsbericht des Zentralen Zuckerlaboratoriums für den Zeitraum vom 1. 10. 1932–1. 10. 1933: VII–. — Studien über die verschiedenen Methoden der Scheidung, 1: 1–46; ~ 2: **1934** ('35) 39–63; ~ 3: **1936** ('37) 1–. — Saftreinigung nach dem "Mutosel"-Verfahren: **1932–1933** ('34) 47–53. — Vergleichende Bewertung einiger Aktivkohlensorten [19]): 64–95. — Reinheitsgrad und Aschegehalt von Säften und Zuckerprodukten: 96–117. — Tätigkeitsbericht des Zentralen Zuckerlaboratoriums für die Jahre 1933–1934: **1934** ('35) V–. — Chemische Zusammensetzung und Verarbeitungswert von hochzuckerhaltigen und hochertragsfähigen Zuckerrüben [17]): 1–15. — Bestimmung des Verarbeitungswertes von Zuckerrüben: 16–19. — Die konduktometrische Bestimmung der Asche in Rohsäften [,1] [9]): 20–38; ~ 2 [9]): **1936** ('37) 80–. — Reinigung der Klären: **1934** ('35) 64–92. — Über die Geschwindigkeit der Kristallisation von Saccharose [18]): 118–32. — Erniedrigende Wirkung der Saccharose auf den pH alkalischer Lösungen [6]): 133–41. — Die chemische Zusammensetzung der "wilden" Rübe (Beta maritima L.): 142–55. — Bericht vom III. Internationalen Kongreß für Technik und Chemie in der Landwirtschaft [16]): 184–. — Bericht von der 1. Sitzung des Polnischen Komitees für Zuckeranalytik am 22. 1. 1935 [16]): 195–. — Das Zentrale Zuckerlaboratorium in dem Jahrzehnt 1925–1935: **1935** ('36) V–. — Über Rübenmaterial, das in der polnischen Zuckerfabrik verarbeitet wird: 1–. — Zuckergehalt der im Jahrzehnt 1925–1934 in polnischen Zuckerfabriken verarbeiteten Zuckerrüben: 7–. — Der gegenwärtige Stand des Problems der Reinigung der Zuckersäfte: 16–54. — Scheidung mit der theoretischen Kalkmenge [16]): 55–67. — Löslichkeit des Kalks in Wasser und in Saccharoselösungen [19]): 68–. — Über das saure Zuckerrübensaponin: 83–92. — Methodik für Versuche zu den verschiedenen Scheidungsverfahren: 93–109. — Färbung, pH und Invertzuckergehalt von Melassen: 110–21. — Tätigkeitsbericht des Zentralen Zuckerlaboratoriums für das Jahr 1936: **1936** ('37) V–. — Über die Saftfiltration in Schlammpressen [16])[19]): 23–. — Prüfung des technischen Wertes von Aktivkohlen: 70–. — pH von Calciumhydroxid in Wasser und in Saccharoselösungen [11]): 95–. — Optisches Drehungsvermögen alkalischer Saccharoselösungen [6]): 103–. — "Collactivit" - ein neues Hilfsmittel zum Filtrieren und Entfärben von Zuckerprodukten [16]): 189–. — Bericht von der 2. Sitzung des Polnischen Komitees für Zuckeranalytik: 206–. — 9. Kongreß der Internationalen Kommission zur Vereinheitlichung der Methoden der Zuckeranalytik: 209–. — Tätigkeitsbericht des Zentralen Zuckerlaboratoriums in den Jahren 1937–1938: **1937–1938** ('38) XI–. — Die chemische Zusammensetzung des Marks von "weichen" und "harten" Rüben [7]): 1–. — Prüfung einiger polnischer Aktivkohlen [17]): 8–. — Über "Collactivit" und seine Verwendung in der Zuckerindustrie [9]):

Bitte Anmerkung auf Seite 4201 beachten!

98–. — Dikalit, ein neues Mittel zur Erleichterung des Filtrierens [16]): 133–. — Synthetische Rohstoffe: 171–. — — Alle Arbeiten poln., einige m. französ. Zusammenfassg.

Przemysł chem. L'usine expérimentale à gaz d'huile de l'Institut de Technologie Organique Générale de l'Ecole Polytechnique de Varsovie [5]): **18** ('34) Jubliläumsheft, 283–89. — La sucrerie expérimentale à l'Institut de Technologie des Hydrates de Carbone de l'Ecole Polytechnique de Varsovie [14]): 289–94. — Un combustible liquide obtenu à partir de l'éthylène [5]): 546–51. — Décomposition pyrogénétique de l'alcool éthylique sous une haute pression [5]): 551–55. — — Alle Arbeiten poln. m. französ. Zusammenfassg.

Publ. Inst. belge Amélioration Betterave Chemische Zusammensetzung und Verarbeitungswert von hochzuckerhaltigen und hochertragsfähigen Zuckerrüben [17]): **2** ('34) 111–27 [französ.]. — Le dosage conductimétrique des cendres dans le jus brut de betteraves [,1] [9]): **3** ('35) 295–310; ~ 2 [9]): **4** ('36) 175–90.

Roczn. Chem. [Untersuchungen über Pektinverbindungen, 9:] Über das Diacetat und das Dinitrat der Polygalakturonsäure [8]): **12** ('32) 902–12; [~ 10:] Über die D-Galakturonsäure und ihre Methylierungsprodukte [2]): **13** ('33) 37–43. — Erniedrigung des pH von alkalischen Lösungen durch Saccharose [6]): **14** ('34) 1262–69. — Über die Reduktion der Galakturonsäure und des Methylesters des Methylgalakturonids [20]): 1270–78. — Über die Geschwindigkeit der Kristallisation von Saccharose [18]): 1279–92. — Über das saure Saponin der Zuckerrüben: **15** ('35) 554–64. — Löslichkeit des Kalks in Wasser und in Saccharoselösungen [19]): **16** ('36) 24–36. — Optisches Drehungsvermögen alkalischer Saccharoselösungen [6]): 270–80. — pH von Calciumhydroxid in Wasser und in Saccharoselösungen [11]): 281–87. — — Alle Arbeiten poln.

Sucrerie belge Le dosage conductimétrique des cendres dans le jus brut de betteraves [9]): **54** ('35) 321–30, 344–53. — Sur la saponine acide des betteraves à sucre: **55** ('36) 345–51, 370–75. — Kalkscheidung mit der theoretischen Kalkmenge [16]): **56** ('36/37) 2–7, 21–30 [französ.]. — La solubilité de la chaux dans l'eau et dans les solutions de saccharose [19]): 146–54, 165–71. — Sur la vitesse de la saturation [9]): **59** ('39/40) 101–08, 122–32, 141–46. — L'adsorption dans le carbonate de calcium [10]): 181–88, 202–07, 221–24.

Z. Wirtschaftsgruppe Zuckerindustrie Bestimmung der Entfärbungskraft und Filtrationseigenschaft von Kohlen: **87** ('37) Techn. Teil, S. 75.

Z. Zuckerindustrie čecho-slovak. Republ. Lystonol als Antiseptikum [4]): **56** ('32) Rundschau 20. — Vom sauren Rübenzucker: **60** ('36) Rundschau 5.

Życie cukrown. Die Rolle des Chemikers in der Zuckerfabrik: **1932**, Jubiläums-Nr. (Juni), S. 40– [poln.].

Mit: [1]) A. Brodowski; [2]) M. Cichocki; [3]) H. Iwanik; [4]) W. Jurewicz; [5]) S. Kowalewski; [6]) W. Kozłowski; [7]) G. Openheim; [8]) W. Pardo; [9]) T. Pietrzykowski; [10]) F. Pollak; [11]) S. Porejko; [12]) W. Reicher; [13]) –; [14]) A. Siwicki; [15]) –; [16]) M. Werkenthin; [17]) J. Zaleski; [18]) A. Żelazny; [19]) W. Żero; [20]) A. Złotnik.

VI **SMORODINCEV,** Ivan Adreevič. Biochem. — Bis 1907 Stud., Dr. d. biol. Wiss., später Prof. u. Leiter d. biol.-chem. Laboratorien d. med. Fak., II. Staatsuniv. Moskva; '21–39 Leiter d. Abt. Chemotherap. u. stellvertr. Dir., Tropen-Inst., Moskva; '33–46 Leiter d. Lehrstuhls f. Biochem., Chem.-Technol. Inst. f. Fleischindustrie, Moskva. (☒)
*1881, Juni 30 (18), Ekaterinburg;
†1946, Febr.

Zur Biogr. Vysšaja Škola **1938**, Nr. 3, 105–07.

Nekr. *N. S. Drozdov, Kurzer Abriß der wissenschaftlichen Tätigkeit von Prof. I. A. Smorodincev: Ž. obščej Chim. **19** ('49) 200–03 [russ.] (m. Bildn. u. Schr.verz.-Auswahl 23 Nrn.). — Medicinskaja Parazitol. i parazit. Bolezni **15** ('46) Nr. 2, 94f.

S. Proc. and papers of the 2nd International congress of soil science, Leningrad–Moscow 1930, **6** (Moskva '32) 284–91: Säure–Alkali-Koeffizient des Torfes [russ.]. — Trudy VI Vsesojuznogo Mendeleevskogo s-ezda po teoretičeskoj i prikladnoj chimii [Arbeiten des VI. Mendeleev-Unionskongresses für theoretische and angewandte Chemie], Char'kov 1932 **2**, 2 (Char'kov–Kiev '35) 122–27: Über die Autolyse des Fleisches [russ.].

W. Obščaja biochimija [Allgemeine Biochemie] (Moskva–Leningrad '34) 300 S. — Praktikum biologičeskoj chimii [Praktikum der biologischen Chemie] (m. A. N. Adova) (Moskva–Leningrad '34) 215 S. — Častnaja biochimija. Biochimija mjasa [Spezielle Biochemie. Biochemie des Fleisches] (Moskva–Leningrad '36) 187 S. — Biochimija mjasa [Biochemie des Fleisches] (Moskva '52) 332 S.

Annales Chim. analyt. et Chim. appl. Formation de l'indol dans la décomposition de la viande [7]): **18** ('36) 174–76.

Annales Parasitol. humaine et comparée Répartition de l'azote des fractions albumineuses dans le corps des Ténias [19]): **14** ('36) 489–94.

Archiv biol. Nauk Die Dynamik der Extraktivstoffe im Prozeß der Autolyse der Muskelsubstanz bei +4 und +36°, 1 [15]): **37** ('35) 449–56 [russ. m.

Bitte Anmerkung auf Seite 4201 beachten!

deutscher Zusammenfassg.]; Die Dynamik der Schwefelverbindungen des Muskelextraktes bei der Autolyse des Gewebes, 2 [6]): 457–62 [~]; Die Dynamik der Extraktivstoffe im Prozeß der Autolyse des Muskelgewebes, 3: Die elektrische Leitfähigkeit und der Gefrierpunkt [13]): 463–67 [~]; Die Dynamik der stickstofffreien Extraktivstoffe bei der Autolyse des Muskelgewebes, 4 [11]): 469–80 [~].

Biochemische Z. Beiträge zur Chemie der Helminthen, 1: Die chemische Zusammensetzung von Taenia saginata [4])[19]): **261** ('33) 176–78; ~ 2: Untersuchungen der chemischen Zusammensetzung einzelner Teile des Taenia saginata [4]): **276** ('35) 271–73. — Zur Kenntnis der Muskelautolyse, 1: Der Einfluß der Temperatur auf die Verteilung des Stickstoffs im Rindfleisch [25])[6]): **262** ('33) 425–31; ~ 2: Die Veränderungen der Gesamtmenge der reduzierenden Substanzen, der Milch- und Phosphorsäure [25])[11]): **266** ('33) 274–80; ~ 3: Veränderungen in der aktiven Reaktion, der Oberflächenspannung, Viskosität und Refraktion [25])[13]): **267** ('33) 18–21.

Bull. Acad. Méd. Action de la pepsine sur le collagène et la globuline musculaire [1]): **114** ('35) 203–07.

Bull. Soc. Chim. biol. Le coefficient A/B (acide-base) appliqué à l'appréciation de la qualité de la viande: **15** ('33) 1256–62. — Augmentation du glycogène au cours de l'autolyse de la viande [11]): **16** ('34) 140–44. — Modifications du coefficient acide-base A/B en rapport avec la température et la durée de conservation de la viande [13]): 1344–51. — Sur la question de la teneur en albumoses et en peptones dans la musculature du gros bétail à cornes [13]): **17** ('35) 1149–56. — La dynamique du changement qualitatif des albumines de la viande, déterminé par la méthode de sa digestion par la pepsine [14]): 1549–53. — Le changement de solubilité des composés de calcium en cas d'autolyse du tissu musculaire [14]): 1814–21. — Changement de solubilité des composés de sodium dans l'autolyse du tissu musculaire [14]): **18** ('36) 741–46. — La valeur de l'azote ammoniacal et de l'azote aminé dans l'appréciation de la qualité de la viande [13]): 747–49. — Les protéinases des Ténias [4]): 1097–105. — Le mécanisme de l'action des sels neutres sur les protéines, 1 [18]): **19** ('37) 915–21; ~ 2 [18]): 1339–42. — Influence de la température sur la résistance des érythrocytes du gros bétail à cornes [9]): **20** ('38) 807–11. — Influence de la température sur le taux de l'hémolyse [9]): 1429–31. — La teneur en lipoïdes dans le corps de Taeniarhynchus saginatus [4]): **21** ('39) 478–82. — Les lipoïdes du Taeniarhynchus saginatus [4]): 1194–203.

Bull. Soc. sci. Hyg. aliment. et Alimentat. ration. Homme L'influence de la congélation de la viande sur le coefficient acide-base [5]): **25** ('37) 361–69.

Chimie et Industrie Effet de basses températures sur les propriétés physico-chimiques de la viande [5]): **41** ('39) 264. — Effet de la vitesse de congélation sur les propriétés physico-chimiques de la viande [5]): 901. — La chimie de la putréfaction des produits alimentaires: **42** ('39) 155. — Effets de sels de métaux lourds sur l'hémolyse [12]): 710.

Cholodil'naja Promyšl. Einfluß tiefer Temperaturen auf die physikalisch-chemischen Eigenschaften des Fleisches [5]): **16** ('38) Nr. 3, 20–22 [russ.]. — Der Einfluß der Gefriergeschwindigkeit auf die physikalisch-chemischen Eigenschaften von Fleisch [5]): Nr. 4, 36f. [~]. — Chemische Veränderungen beim Gefrieren von Fleisch: **17** ('39) Nr. 5, 11–16 [~].

C.R. (Dokl.) Acad. Sci. URSS Content of glycogen in tapeworms (cestoids) [4]): **1935** III, 413f. — La teneur en glycogène des Ascarides [4]): **1936** II, 189–91. — La composition chimique des œufs de Taeniarhynchus saginatus et de Diphyllobothrium latum [19]): **1936** III, 29–31. — Modification de la cathepsine en cas d'autolyse du tissu musculaire [15]): 375–77. — Appréciation critique des méthodes du dégagement de la thyréoglobuline [10]): **14** ('37) 365–68. — Influence de la congélation sur le gonflement de la viande [5]): 369–72. — Changes of protein fractions in meat ripening [13])[17]): **15** ('37) 49–52. — La méthode de la détermination du coefficient D [18]): 487–90. — Détermination du point isoélectrique de la thyréoglobuline [10]): 491–94. — Détermination de la constante de dissociation de la thyréoglobuline [10]): **16** ('37) 51–53. — Oxydoreduktionspotential bei der Pepsinverdauung des Proteins [1]): 359–61. — Action des métaux alcalins sur le collagène [18]): **17** ('37) 217–20. — Rate of enzymic hydrolysis of proteins [28]): **24** ('39) 893f. — Die Kinetik der chlorwasserstoffsauren Hydrolyse von Muskeleiweiß [28]): **26** ('40) 581–83. — Über den Einfluß der Proteasen-Konzentration auf die Hydrolysen-Geschwindigkeit des Muskeleiweißes [28]): **31** ('41) 604–06. — Influence of papain and pepsin on proteins of meat and gluten [28]): **33** ('41) 70–72. — Change in activity of peptidase on autolysis of muscular tissue [15]): **34** ('42) 233f. — Variation of activity of tryptase upon autolysis of muscular tissue [15]): **40** ('43) 161–63. — Problem of the utilization of intestinal mucus [26]): 201f.

Fermentforschung Zur Kenntnis der Proteasennatur, 11: Die Beziehungen zwischen Aktivität der Pepsinpräparate und Viskosität der Verdauungsgemische [1]): **13** ('31/33) 36–46; ~ 12: Viskositätsänderung bei Lösungen von Muskeleiweiß und Kollagen während der Pepsinverdauung [1]): 563–72.

Hoppe-Seyler's Z. physiol. Chem. Zur Kenntnis der Proteasennatur, 2: Zusammenhang zwischen den chemischen Eigenschaften einer Reihe von Pepsinpräparaten und ihrer Aktivität gegenüber ver-

Bitte Anmerkung auf Seite 4201 beachten!

schiedenen Proteinen [1]): **182** ('29) 1–7; ~ 3: Der Parallelismus zwischen der nach dem Verschwinden des Substrats und der Zunahme der Carboxylgruppen bestimmten Aktivität der Pepsinpräparate [1]): **183** ('29) 133–48; ~ 4: Hängt das pH-Optimum im Prozeß der Eiweißverdauung von der Aktivität der Fermentpräparate ab? [1])[3]): **189** ('30) 107–11; ~ 5: Die Beziehungen zwischen Aktivität der Fermente und Oberflächenspannung ihrer Lösungen [1]): 165–73; ~ 6: Die Beziehungen zwischen Pufferungskapazität und Verdauungsfähigkeit verschiedener Pepsinpräparate [1]): **191** ('30) 193–99; ~ 8: Refraktometrische Studien über Aktivität von verschiedenen Pepsinpräparaten [1])[8]): **195** ('31) 113–20.

J. Biochemistry [Tokyo] Die Wirkung von Pepsinpräparaten verschiedener Aktivität auf Muskelglobuline und Kollagen [1]): **18** ('33) 325–32. — Acid–base equilibrium and the acid–base coefficient [11]): **21** ('35) 1–8. — Beiträge zur Chemie der Helminthen, 3: Die chemische Zusammensetzung des Taenia solium [4]): **23** ('36) 19f.; ~ 4: Die chemische Zusammensetzung des Diphyllobotrium latum [4]): 21f.; ~ 5: Die chemische Zusammensetzung der Ascaris lumbricoides [4]): 23–25. — Zur Frage über den Chemismus des Rigoris mortis [15]): 27–39. — La propriété "tampon" des extraits de viande et le coefficient D [6]): 449–52. — La détermination de la conductibilité électrique et de la tension superficielle des extraits de viande en tant que procédé d'appréciation de la qualité de celle-ci [13]): 453f. — Altersveränderungen am Gesamtstickstoff und an den Lipoiden im Kinderhirn [4]): **24** ('36) 245–55.

Kolloidnyj Ž. Veränderungen der Quellbarkeit des Muskelgewebes im Verlauf der Autolyse [15]): **3** ('37) 387–94 [russ.].

Koževenno-obuvnaja Promyšl. SSSR Die Struktur des Eiweißmoleküls: **11** ('32) 238–41, 290–95 [russ.]. — Die Anwendung des Koeffizienten D zur Beurteilung der Qualität der Lederrohstoffe [18]): **13** ('34) 598f. [~].

Mjasnaja Industrija SSSR Prinzipien der quantitativen Charakteristik von Eiweißstoffen: **3** ('32) Nr. 4, 60–66 [russ.]. — Bedeutung der Biochemie im System der Vorbereitung des Ingenieurtechnologen der Fleischindustrie: **9** ('38) Nr. 4, 3f. [~]. — Chemie der Fäulnis von Nahrungsmitteln: Nr. 11, 22–25 [~]. — Einfluß von Schwermetallen auf die Hämolyse [12]): Nr. 12, 28–30 [~]. — Theorie der Ablagerung von Fleisch: **10** ('39) Nr. 3, 22–28 [~]. — Zum Problem der Rationalisierung der Gewinnung von Labgärstoff [24]): Nr. 10, 30–32 [~]. — Gleichgewicht zwischen Säure und Lauge bei der Fleischlagerung [21]): **11** ('40) Nr. 10/11, S. 29 [~].

Revue gén. Froid L'influence de la congélation de la viande sur le coefficient acide–base [5]): **19** ('38) 103–05.

Rivista Freddo Der Einfluß des Gefrierens von Fleisch auf den Säure–Base-Koeffizienten [5]): **24** ('38) 243–46 [ ].

Terapevtičeskij Arch. Über die Natur der helminthischen Toxine: **14** ('36) 846–49 [russ.].

Ukrains'kyj biochem. Ž. Das Reifen von Fleisch: **9** ('36) 791–803 [russ. (oder ukrain.?) m. französ. Zusammenfassg.]. — The establishment of the relationship between the organoleptic and the physicochemical and chemical indicators of ripe meat [27]) [13])[15])[14])[17]): **10** ('37) 81–106 [russ. m. ukrain. u. engl. Zusammenfassg.]. — Choice of procedure for determining the quality of meat and meat products by their digestibility by pepsin [1]): 309–50 [~]. — A method for studying the quantitative distribution of protein in muscle tissue [13]): 719–24 [~].

Biochimičnyj Ž. Fermentative hydrolysis of muscle proteins [28]): **13** ('39) 647–69 [russ. m. engl. Zusammenfassg.]. — Dissociation of muscle tissue proteins with successive action of protease [28]): **16** ('40) 123–41 [ukrain. m. engl. Zusammenfassg.].

Usp. biol. Chim. [Leningrad] [Titel unbekannt]: **9** ('32) 147–57 [russ.]. — Die Dynamik des Purinstoffwechsels: 158–76 [~]. — Das Molekulargewicht von Eiweißstoffen: **11** ('35) 103 [~].

Usp. Chim. Der heutige Stand der Frage der Autolyse von tierischen Geweben: **4** ('35) 632–55 [russ.].

Z. Fleisch- u. Milchhyg. Über die chemische Zusammensetzung des Labmagens des Großrindviehs [23]): **46** ('35/36) 6f. — Der Einfluß der elektrischen Betäubung auf die Qualität des Fleisches beim Großvieh [13])[15])[17]): 253–55.

Z. Unters. Lebensmittel Beurteilung der Fleischqualität durch künstliche Verdauung mit Pepsin: **67** ('34) 429–32. — Veränderungen der Fleischeiweißstoffe, bestimmt mittels ihrer Verdauung durch Pankreatin [14]): **70** ('35) 355–65. — Chemische Zusammensetzung des Schweinemagens [16]): 365f.

Ž. Mikrobiol., Ėpidemiol. i Immunobiol. Gegenseitige Beziehungen zwischen dem Bau und dem therapeutischen Index der chemotherapeutischen Präparate: **16** ('36) 501–09 [russ.].

Ž. obščej Chim. Mechanismus der Einwirkung von Neutralsalzen auf Eiweißkörper, 1 [18]): **7** ('37) 1982–85 [russ.]; ~ 2 [18]): 2461–63 [~]. — Akademiemitglied V. S. Gulevič, 1867–1933: **9** ('39) 471–78 [~]. — Vergleichende Hydrolyse von Muskelproteinen [28]): **10** ('40) 962–66 [~]. — Nachträgliche Einwirkung der Proteasen auf die Proteine des Fleisches und des Glutens [28]): **16** ('46) 125–28 [~].

Ž. prikl. Chim. Ein Schnellverfahren der Wasserbestimmung im Blut [23]): **10** ('37) 1140f. [russ. m. französ. Zusammenfassg.]. — Kinetik der Muskel-

Bitte Anmerkung auf Seite 4201 beachten!

proteinspaltung durch Proteasen [28]): 16 ('43) 227–33 [~]. — Theorie des Gefriervorgangs bei Fleisch: 368–74 [~]. — Chemische Veränderungen bei der Konservierung und beim Auftauen von gefrorenem Fleisch: 375–82 [~].

Mit: [1]) A. N. Adova; [2]) —; [3]) O. N. Barmina; [4]) K. V. Bebešin; [5]) S. P. Bystrov; [6]) P. A. Cyganova; [7]) B. S. Diskina; [8]) S. S. Drozdov; [9]) T. P. Fedial; [10]) A. M. Fel'dt; [11]) L. A. Filippova; [12]) M. Kopelevič; [13]) N. N. Krylova; [14]) Ju. N. Ljaskovskaja; [15]) N. V. Nikolaeva; [16]) V. V. Palmin; [17]) V. I. Passonina; [18]) S. A. Pavlov; [19]) P. I. Pavlova; [20]) —; [21]) L. Polonskaja; [22]) L. M. Rejn; [23]) R. V. Ryšova; [24]) E. Šabanova; [25]) N. V. Širokov; [26]) G. G. Ter-Sarkisov; [27]) V. Vol'ferts; [28]) V. P. Žigalov.

VI **SMOSARSKI,** Władysław (Ladislas). Meteorol., Klimatol. — 1924–37 Außerord. Prof., '37–39, '45–60 ord. Prof., Land- u. forstwiss. Fak. d. Univ. Poznań → ('50) Landwirtsch. Hochsch. Poznań; '39–45 wiss. Mitarbeiter, Inst. de Physique du Globe, Paris. — Ritterkreuz d. Ordens "Polonia Restituta".
*1876, Sept. 30, Warszawa;
†1960, Mai 21, Poznań.

Nekr. *A. Rojecki, Acta geophysica polon. 9 ('61) 282–85 (m. Schr.verz.-Auszug 34 Nrn.). — Review polish Acad. Sci. 5 ('60) 103.

Schr.verz. *J. Witkowski, *K. Olpińska-Warzechowa, Przegląd geofiz. 6 ('61) 213–16 (78 Nrn.).

S. C.R. Congrès international d'électricité, Paris 1932, 12 (Paris '33) 135–38: Sur l'exactitude des mesures du champ électrique terrestre et de la conductibilité de l'air et sur les corrections d'isolement d'après les observations visuelles.

W. Meteorologia ^{2}(Poznań '52) 129 S.; ^{3}('54) 129 S.; Neuaufl. ('57) 97 S.

Acta geophysica polon. Electricité atmosphérique à Poznan: **1** ('53) 32–43 [ ]. — La pression atmosphérique et la température du sol sous une couche de neige: **3** ('55) 103–09.

Annales Géophysique Un cirrus nacré extraordinaire: **1** ('44/45) 275. — Intensité et polarisation de la lumière atmosphérique: **2** ('46) Nr. 1, 1–18.

Annales Inst. Physique Globe Univ. Paris Etoiles au crépuscule: **22** ('44) 69–81.

Biuletyn Towarz. Geofizyki Polarisation des Himmelslichtes in der Dämmerung: **1934**, Nr. 9/10, 7–10 [poln.].

Bull., Assoc. Magnétisme et Electr. terrestres; C.R. Assemblée Sur la corrélation du champ électrique terrestre et de la conductibilité de l'air: **9**. 1933 ('34) 327f. — Sur les caractéristiques de l'appareil de Gerdien et leur variation saisonnière: **10**. 1936 ('37) 375–78. — Mesures comparatives de la conductibilité de l'air: **11**. 1939 ('40) 454– [Zitat unsicher].

Bull., Soc. Amis Sci. et Lettres Poznań, Sér. B Les tétraèdres de volume maximum inscrits dans un ellipsoïde: **8** ('47) 45–55. — Quelques résultats des observations simultanées du champ électrique, de la conductibilité et des phénomènes météorologiques: **9** ('48) 143–46. — Surface des tétraèdres de volume maximum inscrits dans un ellipsoïde: **10** ('49) 40–49. — Polarisation de la lumière atmosphérique et radiation solaire: **11** ('51) 23–37. — Polarisation de la lumière atmosphérique, l'éclairement et les couleurs crépusculaires: **12** ('53) 87–106.

C.R. hebd. Séances Acad. Sci., Paris Sur un phénomène extraordinaire de rayons d'ombre avant et après le coucher du Soleil: **219** ('44) 491f.

Gerlands Beitr. Geophysik Über die Polarisation des Himmelslichtes: **38** ('33) 97–111 [m. französ. u. engl. Zusammenfassg.]. — Polarisation des Himmelslichtes im Weltpol und andere Beobachtungen: **48** ('36) 213–24 [~]. — Dämmerungsfarben-Intensität in den Jahren 1913–1936: **50** ('37) 252–63 [~]. — Zur Theorie des Cornu-Photopolarimeters: **54** ('38) 235–44 [~].

Météorologie Le cirrus en forme de tore: **1944**, 225f.

Prace Komisji mat.-przyrodn., Poznańsk. Towarz. Przyjaciół Nauk, Ser. A Tagesgang der Niederschläge und Gewitter in Poznań: **6**, Nr. 14 ('52) 307–28 [poln. m. französ. Zusammenfassg.]. — Die Ionisation der atmosphärischen Luft in Poznań: Nr. 16 ('53) 353–68 [poln. m. französ. u. russ. Zusammenfassg.]. — Die Bodentemperatur in Poznań (1926–1953): **7**, Nr. 3 ('56) 69–96 [~].

Przegląd meteorol. i hydrol. Atmosphärische Polarisation und Sonnenstrahlung: **1950/51**, 148–65 [poln.].

Revue Opt. théor. et instrument. Théorie du photopolarimètre de Cornu: **23** ('44) 169–79.

Roczn. Nauk rolniczych i lesnych Electricité atmosphérique près de Poznan: **33** ('34) 1–12 [poln. u. französ.]. — Température du sol à Poznan: **34** ('35) 329–42 [poln. m. französ. Zusammenfassg.]. — Klima der Wojewodschaft Poznań: **42** ('37) 1–9 [poln.]. — Langzeitliche Klimaschwankungen in Poznań: **44** ('38) 323–30 [poln. m. deutscher Zusammenfassg.]. — Klima der Wojewodschaft Pommern: **59** ('47) 1–9 [poln.].

Sprawozd. Posiedzeń Towarz. nauk. warszawsk., Wyd. III Polarisation des Himmelslichtes in der Dämmerung: **26** ('33) 52–55 [deutsch m. poln. Überschrift].

Sprawodz. poznańsk. Towarz. Przyjaciół Nauk Der Meteorschauer am 9. Oktober 1933 beobachtet in Poznań: **8** ('34) Nr. 1/2, 54f. [poln.]. — Das Nordlicht am 25. Januar 1938 in Poznań beobachtet vom Meteorologischen Observatorium bei Golęcin (φ = 52°26′ N, λ = 16°53′ O): **12** ('38) Nr. 1 [~].

IV, VI **SMYTH,** Charles Henry Jr. Geol. — 1905–34 Prof., '34 Prof. Emer., Princeton Univ., Princeton, N.J.
*1866, März 31, Oswego, N.Y.;
†1937, April 4, Princeton, N.J.

Nekr. *A. F. Buddington, Proc. geol. Soc. America **37** ('38) 195–202 (m. Bildn., Faks., Schr.-verz.); Yearb. Amer. philos. Soc. **1937**, 396. — *W.

F. Magie, *W. B. Scott, *A. F. Buddington, Princeton Alumni Weekly **1937**, 11. Juni. — J. Washington Acad. Sci. **27** ('37) 224.

VI **SMYTH,** Charles Phelps. Physikal. Chem. — 1920–23 Instructor, '23–27 Assist. Prof., '27–38 Assoc. Prof., '38–63 Prof., '63 Prof. Emer., '63–68 Senior Research Chemist, Princeton Univ., Princeton, N.J.; '43–45 Chemist, Manhattan District Project; '63–69, '71– Consulting Chemist, '69–70 Liaison Scientist in London, U.S. Office of Naval Research. — '70 Hon. D.Sc. (Univ. of Salford, Engl.). — '45 Certificate of Appreciation (U.S. War Departm.); '47 Medal of Freedom (U.S. Army); '54 William H. Nichols Medal (Amer. Chem. Soc.); '58 Certificate of Recognition (U.S. Departm. of State).
*1895, Febr. 10, Clinton, N.Y.

Zur Biogr. Chemical and Engng. News **32** ('54) 1209, 1212 (m. Bildn.).

MHZ. J. chem. Physics **1** ('33)–**4** ('36), **20** ('52)–**22** ('54).

S. Recent advances in surface chemistry and chemical physics (F. R. Moulton) (Washington, D.C. '39) (Publications of the American Association for the Advancement of Science, Section on chemistry, 7) 98–102: Dipole moments. — Technique of organic chemistry (A. Weissberger), **1**: Physical methods of organic chemistry (New York '46) 989–1009: Determination of dipole moments; [2]('49/54) 1611–50: Determination of dipole moments; 2279–320: Measurement of dielectric constant and loss [66]); [3]('60) 2553–97: Measurement of dielectric constant and loss [66]); 2599–634: Determination of dipole moments. — Chemical architecture (R. E. Burk, O. J. Grummitt) (NewYork '48) (Frontiers in chemistry, 5) 23–51: Dipole moment, resonance and molecular structure. — Polarisation de la matière (Paris '49) (Centre National de la Recherche Scientifique, Colloques internationaux, 17) 5–9: Microwave absorption and molecular structure in liquids. — The collected papers of Peter J. W. Debye (New York '54) XVI–XVIII: A survey of papers on molecular dipole moment and polarizability. — The encyclopedia of chemistry (G. L. Clark, G. G. Hawley, W. A. Hamor) (New York '57) 306: Dipole moment. — The encyclopedia of electronics (C. Susskind) (New York '62) 180f.: Dielectric theory; 192: Dipole moment. — Physics and chemistry of the organic solid state (D. Fox, M. M. Labes, A. Weissberger) **1** (New York–London '63) 697–743: Dielectric phenomena. — Molecular relaxation processes. Chemical Society symposium, Aberystwyth 1965 (London '66) (Chemical Society special publications, 20) 1–13: Dielectric relaxation times.

W. Dielectric behavior and structure; dielectric constant and loss, dipole moment and molecular structure (New York '55) 10 + 441 S. — Research on dielectric properties and the structure of matter (Washington, D.C. '67) 15 S. (U.S. Clearinghouse for Federal Scientific and Technical Information, AD 654206).

Advances molecular Relaxat. Processes [Amsterdam] Dielectric relaxation by intramolecular mechanisms: **1** ('67) 1–11.

Annals New York Acad. Sci. The dielectric constants of some organic crystals and glasses [4]): **40** ('40) 447–81.

Annual Rev. physic. Chem. Dielectric polarization and relaxation: **17** ('66) 433–56.

Bull. Soc. chim. France Microwave absorption and molecular structure in liquids: **1949**, D336–D340 (Diskussion: D351f.).

Chemical Reviews The dielectric constants of solids and molecular rotation: **19** ('36) 329–61.

Electrical Engng. [USA] Dielectric relaxation in liquids and solids: **69** ('50) 975–80.

Insulation [USA] The structure and relaxation of dielectrics (J. B. Whitehead Memorial Lecture): **1958**, 13f.

Izvest. Akad. Nauk SSSR, Ser. fizič. Dielectric relaxation and molecular size and shape: **24** ('60) Nr. 1, 25–31 [russ.].

J. amer. chem. Soc. Electric moment and molecular structure, 7: The carbon valence angle [80]): **54** ('32) 1854–62; ~ 8: Complex dipoles and long-chain molecules [80]): 2261–70; ~ 9: The oxygen and sulfur valence angles [80]): 3230–40. — Dipole rotation in crystalline solids [37]): 4631–47. — Polarity in certain hydrocarbon vapors [55]): **55** ('33) 453–62. —

The possibility of dipole rotation in certain crystalline solids [47]): 462–65. — The rotation of molecules or groups in crystalline solids [37]): 1296f. — Dipole rotation and the transitions in the crystalline hydrogen halides [37]): 1830–40. — The dielectric constants and transitions of solid ammonia, hydrogen sulfide and methyl alcohol [37]): **56** ('34) 1084–87. — The effect of solvent upon the moment of a molecule containing movable dipoles [75]): 1667–70. — The dipole moments of phosgene, hydrogen cyanide and certain substituted methanes [55]): 1697–700. — The moments and internal potential energies of two molecules containing movable dipoles [55]): **57** ('35) 979–83. — The dipole moment of deutero-ammonia [10]): 1203–05. — A cryoscopic investigation of anomalies in the behavior of ethylene chloride [40]): 1523–26. — Molecular rotation in solid aliphatic alcohols [57]): **58** ('36) 1597–600. — Non-rotation of molecules in a number of solids [57]): 1718–22. — Molecular rotation in solid arsine and other hydrides [57]): 1723–28. — The polarities of covalent bonds: **60** ('38) 183–89. — The possibility of molecular rotation in the solid forms of cetyl alcohol and three long-chain ethyl esters [4]): 1229–36. — Molecular freedom and melting in alkyl halides [4]): **61** ('39) 1695–701. — The vitrification and crystallization of organic molecules and the dielectric behavior of i-butyl and i-amyl bromides [4]): 2063–71. — Molecular rotation and polymorphism in the t-butyl halides [4]): 2798–805. — The dipole moments and structures of ozone, silicobromoform and dichlorogermane [52]): 3063–66. — The dipole moments and structures of certain nitro-compounds and amines [52]): 3067–70. — The dipole moments and structures of chlorine compounds of germanium, chromium, selenium and tellurium [31])[28]): **62** ('40) 192–95. — Dipole moment, induction and resonance in tetra-, penta- and hexa-substituted benzenes [52]): 721–27. — Solubility and molecular rotation of certain tetra-, penta- and hexa-substituted benzenes [52]): 949–52. — Color and constitution, 1: Halochromism of anhydronium bases related to the cyanine dyes [9])[74])[52]): 1116–25; ~ 2: Absorptions of some related vinylene-homologous series [9])[82])[48]) [62]): **63** ('41) 3192–203. — The dipole moments and structures of certain compounds of sulfur, selenium and phosphorus [52])[31])[43]): **62** ('40) 1219–23. — The dipole moments and structures of the esters of some fatty and some inorganic acids [52]): 1529–33. — Molecular rotation and polymorphism in the methyl chloromethanes [78]): 2468–74. — The dipole moments of alkyl and phenyl lead halides [52])[62]): 3243–46. — Induction, resonance and dipole moment: **63** ('41) 57–66. — The equilibrium diagram of the system carbon tetrachloride – t-butyl chloride as revealed by dielectric constant measurements [15]): 3424–28. — The dipole moments and structures of five organometallic halides [62]): **64** ('42) 173–75. — The dielectric behavior, supercooling and vitrification of certain chlorobutanes and chloropentanes [78]): 737–45. — The dipole moments and structures of diketene and of certain acid anhydrides and related oxygen and sulfur compounds [62]): 768–71. — The reduction of dipole moment by steric hindrance in di-t-butylhydroquinone and its dimethyl ether [62])[49]): 937–40. — Dipole moment and resonance in heterocyclic molecules containing nitrogen and sulfur [62])[52]): 1130–33. — The dipole moment of a free radical [85])[62]): 1179f. — The dielectric investigation of polypeptides, 1: The dielectric increments of amino acid polypeptides [15])[13]): 1379–87; ~ 2: The dispersion of simple amino acid polypeptides [15]): 1870–78. — Dipole moments in the vapor state and resonance effects in some substituted benzenes [41]): 2212–16. — Dipole moment, induction and resonance in nitroethane and some chloronitroparaffins [41]): 2829–34. — The structural effects of unsaturation and hyperconjugation in aldehydes, nitriles and chlorides as shown by their dipole moments in the vapor state [41]): **65** ('43) 89–96. — The dielectric dispersion and absorption of water and some organic liquids [15]): 382–89. — Hyperconjugation in methyl butadienes as shown by dipole moments [33]): 1931–34. — Dielectric dispersion and absorption in Neoprene gum and tread stocks [73])[12])[59]): **67** ('45) 959–63. — The dipole moment of hydrogen fluoride and the ionic character of bonds [33]): **68** ('46) 171–73. — Further investigations of polarity in hydrocarbons possessing conjugated systems [33]): 244–47. — Dipole moment and resonance in vinyl sulfide and six unsaturated chlorohydrocarbons [33]): 1005–08. — The dipole moments and structures of ketene and of several polar molecules containing conjugated systems [33]): 1357–60. — The dielectric polarization and molecular association of hydrogen fluoride vapor [63]): **70** ('48) 125–30. — Microwave absorption and molecular structure in liquids, 1: Measurement in organic halides at 1.27 cm wave length [35])[34]): 4093–97; ~ 2: Measurement in organic halides at 3.22 cm wave length [51]): 4097–102; ~ 3: Dielectric relaxation and structure in organic halides [34])[35]): 4102–11; ~ 4: The dielectric losses and absolute dielectric constants of some non-polar liquids [35]): **72** ('50) 99–101; ~ 5: Measurement of the dielectric constant and loss of low-loss solution [35])[25])[34]): 3443–47; ~ 6: Dielectric relaxation of four organic halides and camphor in different solvents [25])[35])[34]): 3447–54; ~ 7: Effects of viscosity and dipole–dipole forces [18])[56])[70]): **74** ('52) 644–48; ~ 8: Dielectric relaxation in some long-chain esters [56])[18])[70]): 3541–45; ~ 11: Relaxation times of three nearly spherical molecules in the pure liquid and in solution [39])[72]): **78** ('56) 20–23; ~ 14: The apparent critical wave lengths of liquid long-chain alcohols [70])[18])[56]): 2035–38; ~ 15: The critical wave lengths of some short-chain aliphatic and cyclic ketones and of phenyl ether [11]): 1295–97; ~ 18: The relaxation times of four rigid polar molecules surrounded by non-polar

Bitte Anmerkung auf Seite 4201 beachten!

molecules of similar sizes and shapes [60]): **79** ('57) 308–10; ~ 19: The effect of internal field upon molecular relaxation times in liquids [60]): 3310–13; ~ 20: Dielectric relaxation times and molecular shapes of some substituted benzenes and pyridines [64]): 6142–47; ~ 21: Relaxation times, viscosities, and molecular shapes of substituted pyridines, quinolines, and naphthalenes [69]): **80** ('58) 1057–61; ~ 22: The dielectric relaxation times of three prolate ellipsoidal molecules in benzene solution [65]): 1061–63; ~ 23: The dielectric relaxation times and dipole moments of several aryl isocyanates and related compounds [45]): 1064–66; ~ 27: The mutual viscosities and dielectric relaxation times of several polar aromatic compounds in solution [65]): **81** ('59) 783–86; ~ 28: The dielectric relaxation of some rigid molecules in viscous solutions [46]): **82** ('60) 783–87; ~ 29: Dielectric relaxation and group rotation in some aromatic methoxy compounds [71]): 2106–10; ~ 30: The anomalous dielectric relaxation of diphenyl ether and some similar molecules [71])[46]): 3523–26; ~ 33: Change of mesomeric moment as a mechanism of dielectric relaxation [36]): 4759–62; ~ 36: The relaxation of the methylene chloride group in three aromatic molecules [67])[22]): 6299–301; ~ 37: The relaxation times of spherical polar molecules in carbon tetrachloride solution [79])[67]): **83** ('61) 571–74; ~ 38: The effect of structural factors upon group rotation in some aromatic molecules [67]): 1060–63; ~ 39: The relaxation times of some substituted phenyl ethers and analogous molecules [67]): 1063–66; ~ 41: The dielectric relaxation of three substituted naphthalenes in a slightly viscous and a very viscous solvent [32]): 4122–24; ~ 42: Molecular and group rotation in aromatic methoxy and ethoxy compounds [32]): 4873–78; ~ 43: Dielectric relaxation and intramolecular rotation in ten aromatic amines [32]): 4879–83; ~ 46: The apparent dipole moments of several symmetrical molecules [20]): **84** ('62) 1128–32; ~ 48: The dielectric relaxation of diphenyl sulfide, triphenylamine and diphenylmethane [20]): 3638–40; ~ 50: The dielectric relaxation of several substituted naphthalenes and 4-acetyl-o-terphenyl [23]): **85** ('63) 548–50; ~ 51: The molecular and intramolecular relaxations of two substituted biphenyls, 1-naphthol, 2,6-dimethylphenol, and p-diacetobenzene [23]): 1565–68; ~ 52: Charge-transfer complexes [2]): 2904–07; ~ 53: Hydrogen bonding and dielectric properties in chloroform mixtures [3]): **86** ('64) 152–56; ~ 54: Dielectric relaxation and intramolecular hydrogen bonding in hydroxy- and methoxyacetophenones [3]): 156–58; ~ 55: Intramolecular structural effects in the dielectric relaxation of six aromatic compounds [24]): 3474–77; ~ 69: Atomic polarization and relaxation in several siloxanes and hexamethyldisilazane [19]) [26]): **89** ('67) 2243–46; ~ 71: Polarity and atomic polarization in three metal acetylacetonates [19]): 5532–34; ~ 72: Dielectric relaxations and atomic polarizations of several molecules containing librating polar groups [19]): **90** ('68) 6318–21; ~ 75: The relaxation processes of several long-chain aliphatic molecules in n-heptane solutions [44])[16]): **91** ('69) 5197–201. — Molecular rotation in the solid forms of some long-chain alcohols [38]): **71** ('49) 431–39. — Resonance and polarity in the molecules of three colored compounds [50]): 1401–06. — Molecular freedom and proton transfer in solid long-chain amines [38]): 3591–95. — The mechanism of rotation of long-chain alkyl bromides and other molecules in the solid state [38]): **72** ('50) 171–80. — The dipole moments and the interconvertibility of diethyl disulfide and trisulfide [81])[51]): 436–38. — The dipole moments and structures of some alkyl disulfides and of methyl trisulfide [50])[30]): 477–79. — The heat capacities and dielectric constants of some alkyl halides in the solid state [50])[17]): 1091–98. — Thermal and dielectric evidence of polymorphism in some long-chain n-alkyl bromides [17]): 1098–106. — Dielectric constants, viscosities, densities, refractive indices and dipole moment caculations for some organic halides [35])[34]): 2071–75. — Heat capacities, dielectric constants, and molecular rotational freedom in solid trichloroethanes and disubstituted propanes [17]): 4009–15. — Molecular rotation and proton transfer in the solid forms of 1-monopalmitin and 1-monostearin [17]): 4427–32. — The dielectric and molecular behavior of 1,3-dipalmitin, 1,3-distearin, tripalmitin, tristearin, and tetradecyl palmitate [17]): 5281–87. — The low-frequency dielectric properties of some symmetrical mixed triglycerides in the solid state [17]): **73** ('51) 2040–45. — Dipole moment, induction, and structure in four fluorine-substituted molecules [27]): 5115–18. — Molecular rotation in some long-chain fatty acid esters in the solid state [17]): 5401–06. — The dielectric and polymorphic behavior of cyclohexanol, cyclohexanone, chlorocyclohexane, and cyclohexane [17]): 5406–11. — The dipole moments and molecular structures of cycloheptatrienone and three tetracyclones [21]): **74** ('52) 4411–13. — The dipole moments and structures of cis- and trans-1,2-dichlorocyclohexane [77]) [21]): **75** ('53) 3552–54. — The dielectric properties and molecular structure of hexamethyldisiloxane [39]): **77** ('55) 268–71. — The dipole moments and molecular structures of some highly fluorinated hydrocarbons and ethers [21]): 774–77. — Dipole moment and restricted rotation in four fluorochloroethanes, 1,1,2-trichloroethane and chloromethyl methyl ether [21]): 1361–64. — Dipole orientational freedom in certain solid long-chain ethers and triglycerides [21]): **78** ('56) 2027–32. — Hydrogen bonding and anomalous dielectric dispersion in long-chain alcohols and mercaptans [21]): 2032–35. — Dipole moments and structures of two heteropolar cyanine dye molecules [64])[9]): 3040–43. — Molecular shape and rotational freedom in the tetrahalogenated methanes in the solid state [60]): **79** ('57) 20–24. —

Bitte Anmerkung auf Seite 4201 beachten!

The dipole moment and dielectric relaxation time of acepleiadylene [65][64]: 5633f. — Dipole moment and steric strain in hexaaryldisilanes [64]: 6147–49. — The determination of atomic polarizations and dipole moments for slightly polar liquid hydrocarbons [64]: **80** ('58) 73–76. — The dielectric relaxation of dibromodichloromethane, succinonitrile and several camphor derivatives in the solid state [83]: **84** ('62) 1808–12. — Dielectric relaxation process of rigid molecules [44]: **91** ('69) 5168.

J. chem. Physics The dipole moment of nitric oxide [55]: **1** ('33) 60f. — Induction between bond moments in some halogenated methanes [55]: 190–96. — The dipole moments and structures of certain long-chain molecules [80]: 200–04. — The problem of atomic polarization: 247–50. — The dipole moments of some mercaptans and sulfides [80]: 337–40. — The dipole moments of the methyl and ethyl halides [55]: **2** ('34) 499–502. — The constancy of the polarization of non-polar molecules [55]: 571–73. — The dipole moments of certain monosubstituted benzenes in the vapor state [55]: **3** ('35) 55–57. — The constancy of two dipole moments in the vapor state and their apparent variation in solution [55]: 347–50. — Dielectric investigations on nitromethane and chloropicrin [80]: 557–59. — The rotation of some long molecules in the solid state [4]: **5** ('37) 666. — Dipole moments: **6** ('38) 173f. — The mechanism of orientation in isobutyl and isoamyl bromide glasses [4]: **7** ('39) 574–77. — Internal rotation and dipole moment in succinonitrile [52]: 1085–93. — The measurement of the dielectric constants of vapors and the polarizations of trimethylaluminum, dimethylaluminum chloride and methylaluminum dichloride [84]: **9** ('41) 352–56. — Induction and dipole moment in chloro- and nitroparaffins [84]: 356–61. — Molecular association in hydrogen fluoride vapor [5]: **15** ('47) 337. — Dipole moments and internal rotation in some substituted hydrocarbons [63]: **16** ('48) 930. — The hydrogen fluoride dipole moment and the structure of the dimer [63]: 1167f. — Dipole moment and restricted rotation in some chlorinated hydrocarbons [63]: **17** ('49) 1174–78. — A new type of disorder affecting the dielectric properties of long-chain esters [17][38]: **20** ('52) 550–55. — Microwave absorption and molecular structure in liquids, 9: Measurements in organic halides at 10-cm wave length [8]: 1121–28; ~ 12: Critical wave lengths and intermolecular forces in the tetrahalogenated methanes [60]: **24** ('56) 814–17; ~ 13: The critical wave lengths of some aliphatic ethers and long-chain ketones [70][18][56]: **25** ('56) 413–16; ~ 24: The dielectric relaxation of liquid ammonia [22][60]: **29** ('58) 745f.; ~ 25: Measurements of dielectric constant and loss at 3,1-mm wave length by an interferometric method [69][60]: **30** ('59) 566–73; ~ 44: Investigation of dielectric relaxation by an interferometric method for the measurement of dielectric constant and loss at 2.2-mm wave length [79][53]: **36** ('62) 535–39; ~ 45: The dispersion of alkyl halides at millimeter wave lengths [79][53]: 753–58; ~ 56: The dielectric behavior of water and heavy water in dioxane [14][24]: **40** ('64) 2123–28; ~ 57: Interpretation of the parameters for the dielectric relaxations of 2,6-dimethylanisole and 3,5-dimethylanisole and dipole moments of seventeen aromatic compounds [23]: 2404–07; ~ 60: Intramolecular relaxation mechanisms in aromatic ethers and several related molecules [2]: **42** ('65) 473–78; ~ 63: Dielectric behavior of rigid polar molecules at 2.2-mm wave length and atomic polarization [26]: 1397–401; ~ 65: A precise Michelson interferometer for millimeter wave lengths and the dielectric constants and losses of some low-loss liquids at 2.1 mm [26][86]: **43** ('65) 2341–46; ~ 66: The dielectric relaxation of the water–dioxane system and the structure of water [26]: 2959–65; ~ 67: The dielectric behavior of mixtures of two polar components [86][26]: **45** ('66) 2799–804; ~ 68: Dielectric behavior at 2.2-mm wave length and intramolecular motion in five substituted benzenes and cyclohexanes [26]: **46** ('67) 373–77; ~ 70: Dipole moment, atomic polarization, and dielectric relaxation in polymethylpolysiloxanes [19]: **47** ('67) 2911–16; ~ 74: Dielectric relaxation mechanism of alkyl ethers and didodecyl sulfide [19][1]: **50** ('69) 4810–14; ~ 77: Relaxation mechanisms in hexamethyldisiloxane and hexaphenyldisiloxane [19]: **54** ('71) 4648–50; ~ 78: Dielectric and association behavior of six isomeric octyl alcohols in n-heptane solution [16][29]: **55** ('71) 2197–206; ~ 79: Dielectric behavior and association of some normal alcohols in n-heptane solution [29][16]: **57** ('72) 3977–86; ~ 82: The dielectric relaxation mechanisms of benzyl- and benzoylpyridines [16][44]: **62** ('75) 1399–401. — Dielectric dispersion in the microwave region of six tetrasubstituted methanes in the solid state [66][83]: **21** ('53) 136–41. — Atomic polarization, 1: Vibrational polarization of gases [42]: **32** ('60) 787–98; ~ 2: Vibrational polarization of liquids [42]: **35** ('61) 392–96; ~ 3: Vibrational polarization terms associated with forbidden transitions in polyatomic molecules [42]: 397–400; ~ 4: Temperature dependence of the vibrational polarization of gases [42]: 400–09. — Dielectric dispersion of a polar–nonpolar liquid mixture near the critical solution temperature [68]: **39** ('63) 2385–88. — Dielectric properties of a binary mixture of polar liquids having a critical solution temperature [68]: **41** ('64) 2037–41. — Dielectric relaxation, far-infrared absorption, and intermolecular forces in nonpolar liquids [26][7][86]: **49** ('68) 2551–62; **51** ('69) 2292. — Dielectric behavior of dilute solutions of water in p-dioxane [16]: **50** ('69) 2259f. — Relaxation behavior of aliphatic alcohols in n-heptane solution [16][29]: **52** ('70) 6203f. — Dielectric relaxation of rigid molecules in supercooled decalin [44]: **56** ('72) 4411–18. — Influence of intramolecularly compen-

Bitte Anmerkung auf Seite 4201 beachten!

sated dipoles upon collision absorption in liquids [19]): **60** ('74) 1746–50.

J. Chim. physique et Physico-Chim. biol. Dielectric constant and loss and molecular motion in the solid state: **63** ('66) 59–64 (Diskussion S. 64–66) [m. französ. Zusammenfassg.].

J. electrochem. Soc. The structure and relaxation of dielectrics: **107** ('60) 855–58.

J. org. Chemistry Contributions from the study of dipole moments to the problems of organic chemistry: **1** ('36) 17–30. — Dipole moment and bond character in organometallic compounds: **6** ('41) 421–26.

J. physic. Chem. Bond moment and electronegativity: **41** ('37) 209–19. — The effect of intermolecular action upon dielectric polarization: **43** ('39) 131–42. — Dielectric relaxation, viscosity and molecular shape: **58** ('54) 580–82. — Microwave absorption and molecular structure in liquids, 10: The relaxation times of nine heterocyclic molecules [39]): **59** ('55) 1088–92; ~ 16: Dipole direction and relaxation time in pyridine, trioxane and their symmetrical trimethyl derivatives [60]): **60** ('56) 1354–56; ~ 26: The dielectric relaxation times of two large oblate ellipsoidal molecules in benzene solution [65]): **63** ('59) 582–87; ~ 31: Analysis in terms of two relaxation times for some aromatic ethers [6])[71]): **64** ('60) 665–67; ~ 32: Analysis of the relaxation times of n-alkyl bromides in terms of a distribution between limiting values [36]) [6]): 880–83; ~ 34: An interferometric method for the measurement of dielectric constant and loss at 4.3 mm wave length [79])[6]): **65** ('61) 94–97; ~ 35: Absorption by pure polar liquids at 4.3 mm wave length [79]): 98–101; ~ 47: The dielectric relaxation of quinoline, isoquinoline and several monosubstituted biphenyls in a very viscous solvent [20]): **66** ('62) 1105–08; ~ 49: A method of analyzing simultaneous relaxation processes and its application to 2-naphthol and 2-naphthalenethiol [23]): **67** ('63) 226–29; ~ 58: The dielectric relaxations, infrared spectra, and intramolecular hydrogen bonding of 2,6-dichloro-p-nitroaniline and four substituted phenols [3]) [23]): **68** ('64) 2035–39; ~ 59: The relation between dielectric relaxation, viscosity, and molecular size [61]): 2704–08; ~ 61: The dielectric relaxation mechanism for molecules similar in structure to diphenyl ether [61]): **69** ('65) 1006–09; ~ 62: The three dielectric dispersion regions of the normal primary alcohols [26]): 1294–301; ~ 64: The dielectric behavior of mixtures of polar nonassociative liquids [24]): 1302–05; ~ 80: 1,4-Dibromopentane and three dibromobutanes [2]): **77** ('73) 230f.; ~ 81: Dielectric behavior of α,ω-dibromoalkanes [26])[53])[14]): 232–35. — Bond moment and type: **59** ('55) 1121–24. — Dielectric relaxation, nuclear magnetic resonance, infrared absorption, and hydrogen bonding in benzene solutions of phenols and anilines [23])[58])[26]): **70** ('66) 3567–71.

J. Polymer Sci. Microwave absorption and molecular structure in liquid, 40: The dielectric relaxation of a polyester of 1,2-propylene glycol and adipic acid in solution [67]): **47** ('60) 321–25.

Macromolecules Dielectric properties of polypropylene oxide as a function of concentration [54])[76]): **2** ('69) 446f.

P.B. Rep., U.S. Dep. Commerce, Office techn. Serv. Dielectric investigation of polar molecules in liquids and solids: **139904** ('58 [oder '59?]) 12 S.

Physics and Chemistry Solids Dielectric evidence of molecular rotation in solids: **18** ('61) 40–45.

Proc. amer. philos. Soc. Molecular rotation in solids: **76** ('36) 485–89.

Proc. nation. Acad. Sci. USA Microwave absorption and molecular structure in liquids, 17: Dielectric relaxation times and shapes of rigid molecules: **42** ('56) 234–39.

Publ., Nation. Acad. Sci., Nation. Res. Council The molecular and dielectric properties of tetrahalogenated methanes [60]): Nr. **368** ('54) 58–60. — The dielectric relaxation of solid succinic acid dinitrile at microwave frequencies [83]): 60f. — The dielectric relaxation of some spheroidal molecules [60]): Nr. **396** ('56) 48. — The dipole moments of some supposedly symmetrical molecules [20]): Nr. **973** ('61) 81–85.

Record chem. Progr. Molecular orientation and dielectric behavior in liquids and solids: **11** ('50) 1–15.

Science [USA] G. A. Hulett, great experimentalist: **123** ('56) 93. — Dielectric relaxation times and shapes of rigid molecules: 675.

Trans. Faraday Soc. Dipole induction effect and the moments of individual bonds: **30** ('34) 752–58. — Molecular freedom in solid dielectrics: **42A** ('46) 175–80. — Dielectric dispersion and absorption in natural rubber, neoprene, butaprene-NM and butaprene-S, gum, and tread stocks [12])[59])[73]): 213–20.

U.S. Atomic Energy Commiss. Dipole moment and molecular structure of uranium hexafluoride [33]): **TID-5290**, 2 ('58) 437–40.

Mit: [1]) K. N. Abd-El-Nour; [2]) J. E. Anderson; [3]) A. A. Antony; [4]) W. O. Baker; [5]) H. A. Benesi; [6]) K. Bergmann; [7]) J. E. Bertie; [8]) F. H. Branin, jr.; [9]) L. G. S. Brooker; [10]) J. M. A. de Bruyne; [11]) J. H. Calderwood; [12]) W. C. Carter; [13]) R. P. Clarke; [14]) C. J. Clemett; [15]) W. P. Conner; [16]) J. Crossley; [17]) R. W. Crowe; [18]) A. J. Curtis; [19]) S. Dasgupta; [20]) E. N. Di Carlo; [21]) A. Di Giacomo; [22]) K. Fish; [23]) F. K. Fong; [24]) E. Forest; [25]) A. D. Franklin; [26]) S. K. Garg; [27]) J. H. Gibbs; [28]) S. R. Ginsburg; [29]) L. Glasser; [30]) G. Gorin; [31]) A. J. Grossman; [32]) E. L. Grubb; [33]) N. B. Hannay; [34]) E. J. Hennelly; [35]) W. M. Heston, jr.; [36]) K. Higasi; [37]) C. S. Hitchcock; [38]) J. D.

Bitte Anmerkung auf Seite 4201 beachten!

Hoffman; [39]) R. S. Holland; [40]) H. Huettig, jr.; [41]) E. C. Hurdis; [42]) K. H. Illinger; [43]) F. B. Jennings, III; [44]) G. P. Johari; [45]) B. R. Jolliffe; [46]) O. F. Kalman; [47]) S. E. Kamerling; [48]) G. H. Keyes; [49]) M. S. Kharasch; [50]) L. M. Kushner; [51]) H. L. Laquer; [52]) G. L. Lewis; [53]) W. S. Lovell; [54]) P.-Ch. Lue; [55]) K. B. McAlpine; [56]) P. L. McGeer; [57]) S. A. McNeight; [58]) J. P. McTague; [59]) M. Magat; [60]) R. C. Miller; [61]) R. D. Nelson, jr.; [62]) P. F. Oesper; [63]) R. A. Oriani; [64]) A. J. Petro; [65]) D. A. Pitt; [66]) J. G. Powles; [67]) W. P. Purcell; [68]) R. G. Quinn; [69]) R. W. Rampolla; [70]) G. B. Rathmann; [71]) D. M. Roberti; [72]) G. N. Roberts; [73]) W. C. Schneider; [74]) R. H. Sprague; [75]) A. E. Stearn; [76]) A. V. Tobolsky; [77]) A. Tulinskie; [78]) A. Turkevich; [79]) W. E. Vaughan; [80]) W. S. Walls; [81]) H. E. Westlake, jr.; [82]) F. L. White; [83]) D. E. Williams; [84]) R. H. Wiswall, jr.; [85]) J. Turkevich; [86]) H. Kilp.

VI **SMYTH,** Henry De Wolf. Physik. — 1921 Ph.D., Princeton Univ., Princeton, N.J.; '23 Ph.D., Univ. of Cambridge, Engl.; '24–25 Instructor, '25–29 Assist. Prof., '29–36 Assoc. Prof., '36–66 Prof., '35–49 Head of Departm. of Physics, '55–59 Chairman of Board of Sci. and Engng. Research, '59–66 Chairman of the Univ. Research Board, '66 Prof. Emer., Princeton Univ., Princeton, N.J.; '40–45 Consultant on war research projects; '40–44 Member of Council, '56 Vice-Pres., '57 Pres., Amer. Physical Soc.; '61–70 U.S. Representative, Int. Atomic Energy Agency, Wien; '65–77 Chairman of Board of Trustees, Universities Research Assoc. — '50 Hon. Sc.D. (Drexel Inst. of Technol., Philadelphia, Pa.); '53 Hon. Sc.D. (Case Inst. of Technol., Cleveland, O.); '65 Hon. Sc.D. (Hamilton College, Clinton, N.Y.); '68 Hon. LL.D. (Rutgers Univ., New Brunswick, N.J.).

*1898, Mai 1, Clinton, N.Y.

W. Matter and electricity **1** (Ann Arbor, Mich. '37), **2** ('38) [Als Manuskript gedruckt]. — Matter, motion and electricity; a modern approach to general physics (m. C. W. Ufford) (NewYork–London '39) 13+648 S. — A general account of the development of methods of using atomic energy for military purposes under the auspices of the United States government, 1940–1945 (Washington, D.C. '45) 7+182 S.; (London '45) 4+144 S.; andere Ausgabe u. d. T.: Atomic bombs, a general account ~ (Washington '45); weitere, etwas veränderte Ausgaben u. d. T.: Atomic energy for military purposes, the official report on the development of the atomic bomb under the auspices of the United States government, 1940–1945 (Princeton, N.J. '45) 9 + 264 S., ('46) 7+308 S., ('47), ('48) 7+308 S.; schwed.: Atombomben, en allmän redogörelse för utbildandet av metoder att använda atomenergien för militära ändamål under Förenta Staternas regerings auspicier 1940–1945 (Stockholm '46) 265+1 S.; italien.: L'energia atomica (Roma '46) 6+257 S.; französ. in: L'énergie atomique et son utilisation militaire, documents officiels (Paris '46); tschech.: Atomová energie pro vojenské účely (Praha '46) 254 S.; russ.: Atomnaja ėnergija dlja voennych celej (Moskva '46) 276 S.; deutsch: Atomenergie und ihre Verwertung im Kriege (Basel '47) 352 S.; japan.: (Tokyo '51) 318 S.; chines.: (Taiwan '64). — Jokamichen atomikirja: helppotajuinen selostus atomien rakenteesta (Yonkers, N.Y. '47) 63 S. — Secret weapons and free speech. Press release (Washington, D.C. '50) 11 S. (U.S. Atomic Energy Commission). — Science and national policy: a lecture delivered under the auspices of the Walter J. Shepard Foundation (Columbus, O. '61) 20 S. — Three tributes to J. Robert Oppenheimer (m. H. A. Bethe, G. Kennan) (Princeton, N.J. '67) 29 S. (Institute for Advanced Study).

American Physics Teacher Lecture room determination of the velocity and e/m of the electrons in a cathode-ray oscillograph [3]): **6** ('38) 158–.

American Scientist From x-rays to nuclear fission: **35** ('47) 485–501.

Annual Rep. Board Regents Smithsonian Instn. The development of nuclear power for peaceful purposes: **1955**, 189–202.

Chemistry [Washington] Research in atomic energy: **26** ('53) Nr. 6, 31–37.

Foreign Affairs [New York] Nuclear power and foreign policy: **35** ('56) Nr. 1, 1–16.

Nucleonics The National Laboratories. Their role in atomic energy development: **6** ('50) Nr. 1, 4–9, 67.

Physical Rev. The spectrum of carbon dioxide, 2: Electron levels: (2) **39** ('32) 380–82. — The ionization of water vapor by electron impact [7]): **43** ('33) 116–20. — The ionization of sulphur dioxide by electron impact [7]): 121 f. — The emission and fluorescence spectra of sulphur dioxide: **44** ('33) 690. — The production of $^{3}_{1}H$ by a canal-ray discharge in deuterium [4])[10])[5]): **45** ('34) 655 f. — The production and identification of helium of mass three [1])[4])[6])[8]): **46** ('34) 81 f. — Ionization of carbon disulphide by electron impact [2]): 276 f. — Purification and spectroscopic evidence for $^{3}_{2}He$ [4])[9]): 437.

Proc. amer. philos. Soc. Fifty years of atomic physics: **90** ('46) 1–6.

Reviews modern Physics Atomic energy for military purposes: **17** ('45) 351–471.

Science in Progr. From x-rays to nuclear fission: **6** ('49) 1–22.

Shizen Die friedliche Nutzung thermonuklearer Reaktionen: **11** ('56) Nr. 2, 16–21 [japan.].

Mit: [1]) W. Bleakney; [2]) J. P. Blewett; [3]) C. W. Curtis; [4]) G. P. Harnwell; [5]) J. B. H. Kuper; [6]) W. W. Lozier; [7]) D. W. Mueller; [8]) P. T. Smith; [9]) W. D. Urry; [10]) S. N. van Voorhis.

Bitte Anmerkung auf Seite 4201 beachten!

NOTIZEN

Zur Grundlegung der theoretischen Physik

Beiträge von HERMANN von HELMHOLTZ und HEINRICH HERTZ

Herausgegeben von ROBERT ROMPE / HANS-JÜRGEN TREDER

(Wissenschaftliche Taschenbücher, Reihe Texte und Studien)

1984. 139 Seiten — 4 Abbildungen — 11 × 18 cm — 12,50 M
Bestell-Nr.: 763 089 4
Bestellwort: Rompe/Treder 7284

Die Herausgeber veranschaulichen, daß die Untersuchungen von Hermann von Helmholtz und Heinrich Hertz über Ziele und Methoden der Physik wegweisend für die Begründer der Quantenphysik und der Relativitätstheorie waren. Sie erläutern, daß die „Einleitungen" von Helmholtz und Hertz zu den „Vorlesungen über die theoretische Physik" und zu den „Prinzipien der Mechanik" Grundlagenfragen über die Beziehungen zwischen Theorie und Experiment klären und die Stellung der Physik im System der Wissenschaft verdeutlichen.
Die Herausgeber wollen zeigen, daß die Texte dieser beiden großen physikalischen Denker auch begeisternde Einführungen in das Studium der Physik sind. Sie verfolgen, anknüpfend an Planck, der den ersten Kommentar zu den Vorlesungen von Helmholtz und Hertz gab, das Weiterwirken der Helmholtzschen Gedanken in der heutigen Physik.

Bitte richten Sie Ihre Bestellungen an eine Buchhandlung

THEORIA CUM PRAXI

AKADEMIE-VERLAG · BERLIN
DDR-1086 Berlin, Leipziger Straße 3—4

FSC
www.fsc.org
MIX
Papier | Fördert
gute Waldnutzung
FSC® C083411

Zeitfracht Medien GmbH
Ferdinand-Jühlke-Straße 7
99095 Erfurt, Deutschland
produktsicherheit@kolibri360.de